豆制品生产工艺与配方

赵良忠　李明　编著

中国纺织出版社有限公司

图书在版编目(CIP)数据

豆制品生产工艺与配方／赵良忠，李明编著．--北京：中国纺织出版社有限公司，2022.7

ISBN 978-7-5180-8865-2

Ⅰ．①豆… Ⅱ．①赵… ②李… Ⅲ．①豆制品加工－高等学校－教材 Ⅳ．①TS214.2

中国版本图书馆 CIP 数据核字(2021)第 188331 号

责任编辑：毕仕林 国 帅　　责任校对：王蕙莹
责任印制：王艳丽

中国纺织出版社有限公司出版发行
地址：北京市朝阳区百子湾东里 A407 号楼　邮政编码：100124
销售电话：010—67004422　传真：010—87155801
http://www.c-textilep.com
中国纺织出版社天猫旗舰店
官方微博 http://weibo.com/2119887771
唐山玺诚印务有限公司印刷　各地新华书店经销
2022 年 7 月第 1 版第 1 次印刷
开本：880×1230　1/32　印张：13.875
字数：387 千字　　定价：49.80 元

前言

中国是大豆的原产地，大豆及其制品在我国已有5000多年的食用历史，豆制品已成为中国饮食文化中最具代表性的民生食材和健康美味食品。在大健康和消费升级的背景下，在传承传统技艺基础上，豆制品创新成为豆制品行业发展的灵魂，更是豆制品企业发展的法宝，而工艺和配方则是开启法宝的钥匙。

21世纪以来，人们的生活水平逐渐提高，豆制品成为人们重要的休闲食品，尤其在疫情时期，国内市场豆制品供不应求。因此，人们开始在网络上搜索豆制品的生产方法，并走进厨房试做多样的个性化豆制品。因此，为满足人们的需求，市场上亟需实用性强，可操作性好，适用于普通消费者和豆制品生产者的豆制品专著。作者多次与豆制品加工与安全控制湖南省重点实验室的同事们研讨，请教豆制品行业专家、豆制品生产技术人员、豆制品设备生产企业，最终完成了本书的编写。本书旨在为我国豆制品产业结构的绿色转型、消费升级贡献绵薄之力。

本书是团队继《休闲豆制品加工技术》《豆制品加工技术》后的第三部专著。本书内容全面，在重视理论的基础上，也强调实践过程的操作性，具有较强的科学性、逻辑性、代表性和实用性。本书在介绍豆制品产品和技术上传统和创新并重，内容包含豆腐起源及其蕴含的饮食文化、豆制品加工基本原理、豆制品加工设备、非发酵豆制品配方及其工艺、发酵豆制品生产加工及其配方、休闲豆制品生产工艺与配方、植物肉及其制品生产工艺及其配方、豆制品品质控制和豆制品工厂生产规范管理等。

本书编写得到了豆制品加工与安全控制湖南省重点实验室、北京康得利智能科技有限公司的大力支持。同时在本书编写过程中，徐振宇先生提供了本书的设备图片；王建荣博士、文明博士、张雪娇博士、陈浩博士、周小虎博士、周晓洁博士、黄展锐博士、谢乐博士（按姓氏笔画排序)提供了本书的资料并仔细校对书稿。全书由李明先生统稿,并绘制了全书的图表。

本书旨在全面展现豆制品加工原理、典型的加工设备、生产工艺与配方,因此编者以严谨的科学态度在编写过程中参考并引用了大量的书籍、论文及相关法规等,在此向参考文献的作者表示感谢。但由于参考文献数量较大,如有疏漏标注之处,编者特此致歉。

鉴于作者专业水平有限,书中难免有疏漏和不足之处,敬请广大读者批评指正。

赵良忠

2022 年 1 月

目录

第一章　绪论

第一节　豆腐的起源及其蕴含的饮食文化

一、豆腐的起源

大豆源于中国，已有超过 5000 年栽培历史，商代甲骨文中有大豆。大豆古称为“菽”，而今英语中的大豆（soybean）都源自“菽”的发音。从大豆到豆腐，经历漫长探索过程。《辞源》记载：“以豆为之。造法，水浸磨浆，去渣滓，煎成淀以盐卤汁，就釜收之，又有入缸内以石膏收者。”豆腐，腐者，形声字，从肉，府声，本义烂也，或败也，所以，豆腐是大豆腐化后的产物。豆腐是我国典型的传统食品，豆腐文化源远流长。但迄今，在历史考古学和化学史，学者对豆腐的发明人和发明过程没有统一的认识。明代，《本草纲目》言“豆腐之法，始于汉淮南王刘安”。也有专家根据清代文献有孔子不吃豆腐的记载，认为在周时已有豆腐，但是这种说法及豆腐一词并不见于先秦文献，可信度不高。1959—1960 年，河南省考古工作者在密县打虎亭村发掘了两座汉墓，在 1 号墓的东耳室有大面积画像石，画像石清晰画出豆腐浸豆、磨豆、过滤、点浆、压榨等工艺程序。打虎亭汉墓画像石所刻画豆腐生产图说明汉代已有豆腐制作生产的史实，该墓的年代为东汉晚期，说明早在公元 2 世纪，豆腐生产已在中原地区普及，所以才在汉墓画像石上得以表现。生产豆腐的最重要工具石磨在西汉也已经普及，豆腐生产虽不一定是由刘安发明，但始于西汉却是完全有可能的。所以，豆腐的起源准确的年代，从目前的历史考究来看，尚无明确论断，还需历史文物和考古的进一步挖掘。

二、豆腐蕴含的饮食文化

图 1－1　陶谷(903 年—970 年)
北宋大臣

“豆腐”之名，首次出现于五代（907 年—960 年）文人陶谷（图 1－1）在《清异录》中称：“日市豆腐数个，邑人呼豆腐为小宰羊。”元朝农学家王祯（公元 1271 年—1368 年）在《农书》中坦言：“大豆为济世之谷，……可做豆腐，酱料。”事实说明，豆腐是劳动人民长期探索、经验积累的产物。研究表明，大豆富含蛋白质，其表面附着羧基和氨基。在水的作用下，蛋白质颗粒表面形成一层带有相同电荷的水膜胶体。盐卤中集聚着以钙、镁等离子为主的电解质，在水中电解质分成带电的正负离子，通过水化作用，这些离子剥夺了大豆蛋白质的水膜，以致没有足够的水溶解蛋白质，而金属离子抑制了蛋白质表面的电荷斥力，造成蛋白质溶解度降低，生产颗粒沉淀，形成豆腐。豆腐味美可口，价廉物美，是它广受好评的主要原因。

中华饮食文化源远流长，药食同源是古代先贤推崇的养生良方。陶谷将豆腐和羊肉相提并论，并不过分。化学分析证明，大豆含有蛋白质、氨基酸、植物性脂肪、胆黄素、维生素及微量元素等。以 100 g 为单位，豆腐蛋白质含量为 8.1 g，羊肉蛋白质含量为 14.6 g，人体对羊肉蛋白质的消化吸收率只有 65%，而对豆腐的消化吸收率达到了 92% 以上。正因如此，豆腐被人们称为“植物肉”。

大豆蛋白能降低血液中甘油三酯和低密度脂蛋白，有效预防结肠癌和心脑血管疾病的发生。大豆中含有 18 种氨基酸，其中有 8 种是人体必需的，是粮食中唯一接近全价蛋白的优质蛋白，大豆氨基酸中的赖氨酸能够增进食欲，促进儿童生长发育。此外，研究证实，豆腐中含有皂苷，能够清除体内自由基，具有抗癌、抗血栓的功效。

豆腐中的大豆异黄酮有益于抗氧化、抗急性心肌缺血、抗溶血等方面，其中三氢基异黄酮能在恶性肿瘤孕育过程中，可以阻滞血管增长，延缓或阻止肿瘤恶化。大豆异黄酮和大豆蛋白同时共存，起到养生保健的作用。据调查，常吃大豆的日本人乳腺癌和前列腺癌的发生率比少吃大豆的美国人低4倍。

中医认为豆腐味甘性凉，具有益气和中、生津润燥、清热解毒的效果。明朝医书《食物本草》记载着豆腐医治饮酒过度的偏方："饮烧酒过多，遍身红紫欲死，心头尚温者，热豆腐切片，满身贴之，冷则换，苏醒乃止。"豆腐养生保健的功效，是它长期受宠的根本动力。

豆有"十德"文化传承。人们爱吃豆腐，还注重它的文化。北宋文豪苏轼嗜食豆腐，有诗赞曰："煮豆作乳脂为酥，高烧油烛斟蜜酒。"他创制的"东坡豆腐"享誉一时。南宋诗人陆游也喜食豆腐，常用它待客，他赞美豆腐："浊酒聚邻曲，偶来非宿期。拭盘推连展，洗釜煮黎祁。"元朝诗人郑允瑞写有《豆腐》诗一首："种豆南山下，霜风老荚鲜。磨砻流玉乳，煎煮结清泉。色比土酥净，香逾石髓坚。味之有余美，五食勿与传。"从色、香、味、美等角度夸赞豆腐。

明初学者谢应芳好禅，古稀之年通过豆腐悟得"令问维摩，闻名之如露入心，共语似醍醐灌顶"的禅机，由此豆腐得了"素醍醐"的美名。明末名儒刘宗周以豆腐修身，克己寡欲，"日给不过四分，每日买菜腐一二十文"，为人却清廉果敢，屡次抗疏直言，时人称"刘豆腐"。

清初文学家褚人获在《坚瓠集》中称颂豆腐："水者柔德，干者刚德。无处无之，广德。水土不服，食之则愈，和德。一钱可买，俭德。徽州一两一盌，贵德。食乳有补，厚德。可去垢，清德。投之污则不成，圣德。建宁糟者，隐德。"古代儒士有着甘于清贫，洁身自好，不畏强权的精神追求，与纯洁的豆腐产生了共识，并以食豆腐磨砺意志，践行理想。

南宋诗人杨万里首创了以豆腐为题材的散文《豆卢子柔传——豆腐》，后人纷纷效仿。古典小说中，《水浒传》《红楼梦》《西游记》《儒林外史》都有与豆腐有关的情节，《红楼梦》和《儒林外史》涉及豆腐的描写多达数十处。豆腐跨界成为文化，影响力自然与日俱增，加深了人们对豆腐的喜爱之情。

豆腐可热食，可凉拌，可火锅，可作馅，可煮炒炖煮，也可荤素搭配，堪称“百搭”食材。以豆腐为原料的菜肴多达数千种，分布在全国各地，如四川“麻婆豆腐”、江苏“镜相豆腐”、吉林“砂锅老豆腐”、广东“蚝油豆腐”、山东“锅塌豆腐”等，主辅皆宜，别具风味，不一而足。

宋朝时期，豆腐传入朝鲜。天宝十年（公元 757 年），鉴真和尚东渡日本，将豆腐制作技术带到了日本，深刻改变了当地的饮食结构，鉴真也被奉为豆腐制作的祖师。1782 年，曾谷川本出版了《豆腐百珍》，介绍了 100 多种豆腐烹饪食谱。19 世纪初，豆腐传入欧美和非洲。如今，豆腐在日本、韩国、泰国和越南等国成为主要食物之一。豆腐有了国际范，变成了中华美食的响亮名片。

豆腐做的是方便，吃的是美味，看的是悦目，说的是典故，清朝名医汪汲在《事物原会》（图 1－2）中感叹：“腐乃豆之魂。”随着现代化工业技术的出现，出现了海绵豆腐、咖啡豆腐、蔬菜豆腐、鸡蛋豆腐、牛奶豆腐等各式各样的豆腐，满足广大美食者的爱好。

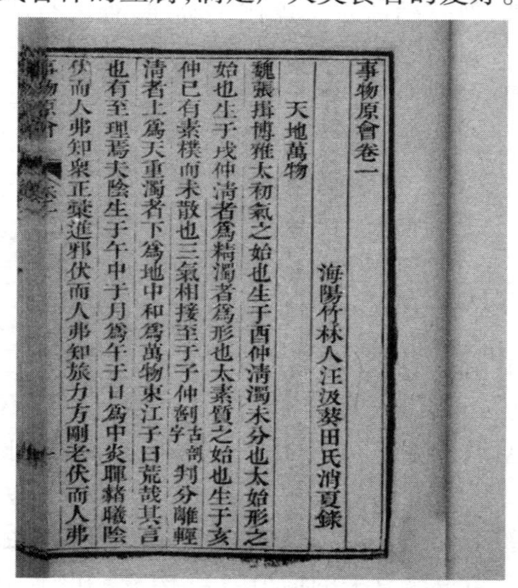
事物原會卷一
海陽竹林人汪汲葵田氏湝夏錄
天地萬物
魏張揖博雅太初氣之始也生于酉仲清濁未分也太始形之
始也生于戌仲清者爲精濁者爲形也太素質之始也生于亥
仲已有素樸而未散也三氣相接至于子仲剖古剖字判分離輕
清者上爲天重濁者下爲地中和爲萬物東江子曰荒哉其言
也有至理焉夫陰生于午中于月爲午于日爲中炎聑赭曦陰
伏而人弗知衆正蘖進邪伏而人弗知旅力方剛老伏而人弗

图 1－2 《事物原会》是清代汪汲创作

三、豆制品前景和趋势

根据中国豆制品专业委员会提供数据，全国豆制品 50 强企业中生鲜豆制品企业 21 家，休闲豆制品企业 14 家，豆浆及豆粉企业 9 家，其他豆制品企业 6 家，同时规模以上企业分布在华东、中南和华南等人口相对密集、经济相对发达地区。2019 年豆制品 50 强企业销售额及投豆量分别为 265.90 亿元和 174.04 万吨，较 2018 年销售额及投豆量分别为 233.71 亿元和 157.86 万吨均有上升，增长率分别为13.77% 和10.25%；2019 年规模企业用于豆腐等生鲜豆制品的投豆量为 50.98 万吨，2018 年为 46.27 万吨，上升幅度为 10.18%，这反映豆腐等生鲜类大豆食品是我国百姓餐桌上的必需品，总体消费量保持稳定增长。规模企业生鲜豆制品的产量增长速度较快，也反映了生鲜豆制品开始向规模企业集中。规模企业的研发和深加工能力不断加大，新品日益丰富，至 2021 年，豆制品上市企业达到 2 家，分别为祖名豆制品股份有限公司和劲仔食品股份有限公司。此外，东方食品注资厦门银祥豆制品有限公司，这也体现资本市场逐渐看好豆制品行业的发展。随着资本的注入，豆制品行业的发展将迎来新的春天。

随着科技的发展，特别是新《环境税法》和《环境税法实施条例》的实行，对豆制品行业的环保问题提出了更高的要求，同时也加速豆制品企业的硬件和软件的升级。传统豆制品的半自动化将升级智能化和数字化，目前北京康得利智能科技有限公司豆制品加工与安全控制和湖南省重点实验室联合研制的酸浆豆腐全自动生产线在浙江莫干山食品有限公司调试成功，成为行业焦点和热点。豆制品硬件和软件的升级必将带来豆制品产品和工艺的升级，进而促进消费升级，方便、健康、绿色和美味的豆制品将走进日常百姓的厨房，豆制品的产品附加值将随之提升，有利于豆制品行业的发展和创新。此外，以植物蛋白为主要原料的植物基素肉的兴起，将豆制品引入全新的行业，从而使豆制品从传统行业升级到互联网、数字化、智能化的 3D 打印行业，也使定制化和个性化的豆制品成为可能。目前外国植物肉品牌 Béyondmeat 和 impossible 进入消费者的视野，带来了全方位的视角冲击。

第二节 豆制品发展历程及其工艺分类

一、豆腐发展历程

从河南新密打虎亭东汉墓的石壁画(图1-3),可以看出古代豆腐的制作工艺过程。大豆经浸泡,然后磨浆,再煮浆、过滤、点浆、压榨成型,然后在集市出售。从这石壁画可以看出,豆腐的传统工艺以熟浆工艺为主。日本加工业者一直认为,中国加工豆腐只会用生浆工艺,而熟浆工艺是日本特有的技术,其熟浆法加工豆腐的技术和产品质量均优于中国的生浆法。但河南新密打虎亭东汉墓的石刻壁画表明,“熟浆法”在我国古代后汉时期,即豆腐发明的早期就已流行。而采用二次浆渣共熟法制浆的武冈卤豆腐是国家非物质文化遗产,最早记载武冈卤豆腐的制作是在西汉文景年间(公元前179年—前141年,公元前179年始设武冈县)。由此可知,我国才是最早发明和应用熟浆法的国家。

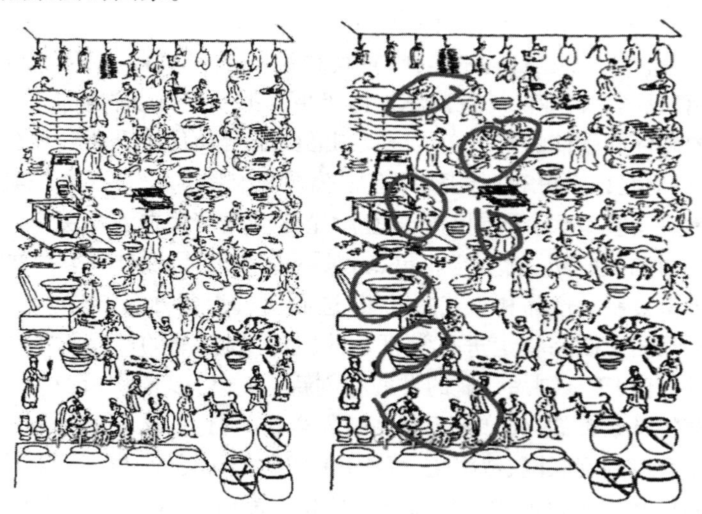

图1-3 河南新密打虎亭东汉墓的石壁画(对比图)

二、豆制品发展经历的阶段

1. 初期阶段(石磨时代)

石磨是由我国发明的传统磨浆设备,石磨磨浆的动力以人力为主,辅以畜力。纵观豆腐的发展史,应该是豆制品经历最长的阶段,豆腐的科技发展极其缓慢,科技元素没有融入豆腐加工中,直至上世纪中期,豆腐制作以小手艺作坊为主,人推磨、手工过滤、石块压。豆腐的煮浆是木材烧铁锅煮浆,浆渣分离,采用刮浆或纱布摇浆的形式,整个制作过程全部以人工为主,过程较为原始。所以,俗语曰:世行三样苦,打铁、撑船、磨豆腐。此外,由于木材烧浆容易出现糊锅的烧焦味,以至于现代人还以为这是豆腐原本的味道,其实不然。豆制品的种类也比较有限,仅限于生鲜豆制品、熏制豆腐干或卤制豆干。

2. 机械化时代

新中国成立后,由于国家的重视,豆腐加工出现以电力代替人力,从而出现砂轮磨和钢磨。砂轮磨是目前国内外应用最广泛的磨浆设备,其制造企业遍布全国各地,并有大量出口。砂轮磨两扇磨片的表面为16# ~24#金刚砂材质。大豆进入磨室后,先粗磨后精碎,保证磨碎程度均匀,有利于浆渣分离。砂轮磨占地小,工作噪声低且效率高。砂轮磨的出现,大幅提升了豆腐加工行业的效率,促进了行业的快速发展。浆渣分离出现了吊浆、挤浆和离心过滤代替手工过滤。在新中国刚成立时“多快好省,力争上游”的时代口号下,由于熟浆工艺豆糊黏度大,浆渣分离难度大,从而科技人员发明了生浆工艺,采用先浆渣分离,然后煮浆的工艺。1958 年,上海研发了薄百叶烧制机和薄百叶脱布机,开启了豆腐新纪元,豆制品开始迈入机械化时代。随后,北京和湖南省相继研制出豆腐烧制机。豆制品从手艺作坊时代,迈入工业化的企业时代,以北京市豆制品二厂为代表,涌现出一批豆制品企业。

3. 自动化时代

自唐代鉴真大师将豆腐带入日本,豆腐在日本生根发芽。20 世纪 90 年代,日本研制出豆腐自动化生产线,并在上海和深圳建厂生产,以旭阳为代表,开启了豆腐生产自动化生产线时代。同时,国内也出现了一批豆制品企业,如上海清美豆制品有限公司、深圳福荫食品集团有限公司、浙江祖名豆制品有限公司等。对于豆制品生产线,我国本土企业从引进、仿制豆制品生产线开始,逐步发展并自主研发豆制品生产线,其中出现了一批豆制品设备制造企业,如北京康得利智能科技有限公司、上海旺欣豆制品设备制造有限公司、北京市洛克机械有限责任公司、浙江中禾机械有限公司。大豆提升、浸泡清洗、磨浆分离、煮浆系统,内酯豆腐、冲浆板豆腐、老豆腐、日本豆腐、机制百叶(千张)、豆腐干、豆浆豆奶等自动化生产线系列设备展现在豆制品行业从业者的面前。豆制品企业从作坊式生产真正迈入工业化时代。循环式点浆凝固机由供豆浆系统、供凝固剂系统、点脑搅拌系统、凝固桶转盘导轨及倒脑机组成。该型设备目前在国内应用广泛,技术先进,自动化程度高,运行稳定,一般自动点浆设备(生产线)均为此类型,如 NGJ－18/26/32 连续旋转桶式凝固机,北京康得利机械设备制造有限公司。该设备可使用氯化镁、硫酸钙、豆清发酵液等各类凝固剂对豆浆进行混合、凝固。系统采用 PLC 控制,豆浆与凝固剂添加比例、凝固时间等均可设定和调节。配有先进的定量控制系统,可精准控制豆浆与凝固剂添加比例,保证了产品质量,并且适合各类休闲豆干的加工。该型设备充分吸收国内外先进制造技术,与工艺配套性好,运行稳定,代表国内全自动点浆设备的最高水平。

此外,北京市洛克机械制造公司生产 ZDJ16 全自动点浆凝固机,山西瑞飞机械制造有限公司生产 ZD－NJ 系列自动点卤连续凝固机。哈尔滨泛亚食品机械有限公司、上海旺欣豆制品设备有限公司、浙江中禾机械有限公司、杭州豆富机械有限公司、浙江省温岭市永进机械制造有限公司菌有制造销售自动豆浆凝固剂、全自动电脑机。

4. 智能化和数字化时代

工业 4.0 时代,开启企业新纪元。人工智能代替传统机械化和自动化,基于大数据互联网信息技术,豆制品企业也迎来了新时代的春风。研究大豆蛋白热集聚的原理,大豆蛋白中 7S 蛋白和 11S 蛋白在形成凝胶过程与凝固作用的靶点,氢键、疏水基团和二硫键形成过程的时间顺序和特点，开发人工生态模拟系统，将人工点浆的过程用数字技术采集并模糊数据模型处理，研制仿真自动点浆系统。目前北京康得利智能科技有限公司和豆制品加工与安全控制湖南省重点实验室联合研制了全自动酸浆豆制品生产线。同时大豆蛋白热凝胶过程的工艺参数自动采集、智能传感器研究及其自动控制和数据自动采集的数字化和智能化管理系统开发，可以实现生产线远程监控。豆制品设备的智能化和数字化才开始起步，随着机器人技术、5G 技术和物联网技术的发展，豆制品将迎来新的时代。

三、豆腐生产工艺的分类

豆腐加工历史悠久，地域广阔，大豆品种之多，从而造就豆腐加工工艺的多样性。不同的工艺、不同的品种，从而使豆腐品质和味道差异性显著。现代研究表明，大豆原料品种不同时，生产出的豆腐出品率和品质差异较大，主要是源于不同品种大豆原料的品质特性；同时也有研究者表示豆腐制作过程中大豆浸泡时间及温度、磨浆时豆糊的粗细、加热温度及加热时间、凝固时间等条件不同时也会对豆腐品质特性产生影响。乔明武等研究表明当大豆浸泡时间及温度、磨浆时料水比及水温等条件不同时，生产的豆腐的出品率和感官评分有较明显的差异，表明了豆腐加工过程中的浸泡工艺和磨浆工艺对豆腐品质有一定的影响。制浆工艺是豆腐加工过程中的核心关键工艺，陈洋等人研究了 3 种不同制浆工艺对豆腐品质的影响，实验结论表明无论是在实验室还是企业中试条件下，熟浆法生产的豆腐出品率和保水性均高于其他两种方法。Tod 等人研究也发现熟浆工艺不仅充分提取了大豆蛋白和脂肪，而且使大豆中的多糖成分易析出，从而溶入豆浆中，提高豆浆的营养成分物质含量。所以说优化加工工艺与研究豆腐品质之间的定性定量关系，对豆腐生产者选择豆腐加工工艺、提高豆腐出品率、改善豆腐质构及实现豆腐生产自动化具有重要的价值。图 1 -4 为豆腐制作简易流程图。随着现代食品工业的发展，豆浆、豆腐的生产也发生了新的变化，制浆工艺得到了完善和改进，已经从古老的手工作坊生产转变成机械化、规模化生产，使豆浆的口感和品质得到了很大程度的提升。根据过滤与热处理的先后顺序不同,将豆浆制备工艺分为生浆工艺与熟浆工艺,生浆工艺是将浸泡好的大豆磨浆,将过滤后得到的豆浆加热煮熟的一种方法;熟浆工艺是将磨碎的豆糊先经加热煮熟,然后再过滤得到豆浆的一种方法。

图 1－4　豆腐制作简易流程图

1. 生浆工艺

生浆工艺,其典型特点是将磨好的豆糊先过滤筛进行分离豆渣后,再进行煮浆操作的工艺方法。此工艺生产的豆浆和豆腐具有较大豆腥味,同时其产品的蛋白质含量相比其他工艺较低;生浆工艺由于是过滤完再进行煮浆,此过程会使豆浆中的纤维素膨胀变大,从而使其豆浆的口感粗糙糊口,很大程度上影响豆浆和豆腐的口感。此外,生浆工艺从原料到煮浆的过程,经历时间过长,工序较多,从而很容易使豆浆发生美拉德等变质反应,特别是当生产环境较热时,会使豆浆和豆腐产生较为严重的酸味,对豆浆和豆腐的品质具有极为严重的影响。

有研究表明目前我国大部分企业都采用生浆工艺生产豆腐,因为采用生浆工艺生产产品,其对厂房、设备等因素要求低。但生浆工艺还是存在一些工艺缺陷:一是整个加工过程中控制点较多,会对产品品质和产品的安全性有一定的影响;二是豆糊暴露在空气中的时间较长,使其与脂肪氧化酶、葡萄糖苷酶发生氧化反应,也可能会发生美拉德反应,因此其产品会产生较为明显的豆腥味和苦涩味;三是过滤的豆渣不适合进行食品再加工或作为动物饲料,会造成浪费现象和污染生态环境;四是其产品稳定性较差,贮存过程容易出现沉淀和脂肪上浮分层。

2. 熟浆工艺

熟浆工艺,其工艺特点是先将豆糊进行加热煮沸后,再过滤筛将豆渣过滤出去。熟浆工艺生产的豆浆能有效提高大豆原料中的蛋白质含量和脂肪含量,其生产的豆浆色泽和滋味较好,目前日本普遍采用熟浆工艺的方法生产豆浆。熟浆工艺的工艺特点一般是先将大豆进行长时间浸泡才进行磨豆工序,而最大的不同点就是对加工设备类型和加热处理的方式有不同的选择。随着科学技术的不断进步和科研人员对豆制品研究的发展,Wilken 等研发了可以不通过浸泡而直接磨豆的熟浆工艺,其方法是使用 95℃ 的热水对脱皮豆进行磨浆,然后加热夹层锅煮沸豆糊,最后过滤制得豆浆。目前熟浆法制浆在我国逐渐推广应用,因为是先煮浆后分离,破坏了酶,产品的豆腥味和苦涩味明显下降,但熟浆工艺在煮沸时,其豆糊中主要溶出的是蛋白质,而蛋白质溶出的种类、时间会影响其质构,如果控制不当就会形成蛋白质大分子的凝聚,增加过滤难度,故做出的产品口感粗糙,没有豆腐应有的弹性,赵良忠团队长期研究,精确掌握浆渣共熟的温度、升温的曲线和保持时间,可以将 7S、11S 蛋白以合适的比例和结构溶出。

第三节　大豆的营养成分及其活性成分

一、营养成分

根据杨月欣主编的《中国食物成分表 2004》,大豆的主要成分:每 100 g 大豆含蛋白质 33.1 g、脂肪 15.9 g、碳水化合物 37.3 g、热量 389 kcal、钙 367 mg、磷 571 mg、铁 11 mg、胡萝卜素 0.4 mg、维生素 B_1 0.79 mg、维生素 B_2 0.22 mg。不同气候、生长季节和地理位置,蛋白质和脂肪的含量均有不同。一般情况下,夏季大豆的蛋白质高于春季大豆,南方大豆的蛋白质含量高于北方大豆,而脂肪的含量则相反。然而，大豆主要构成部分中的蛋白质、脂肪、碳水化合物又有不同。

1. 大豆蛋白质

蛋白质是人类主要的营养物质之一，是生命活动的能量来源。大豆蛋白质含量是所有植物中蛋白含量最高的，大豆蛋白质的含量因品质、栽培时间和栽培地域不同而变化，一般而言，大豆蛋白质的含量为35%～45%。

根据蛋白质的溶解特性，大豆蛋白可分为非可溶性蛋白质和水溶性蛋白质，水溶性蛋白质占80%～90%。水溶性蛋白质可分为白蛋白和球蛋白，二者的比例因品种及栽培条件不同而略有差异，一般而言，球蛋白占主要比例，约为90%。中国的豆腐主要是球蛋白组成的凝胶。

根据生理功能分类法，大豆蛋白质可分为贮藏蛋白和生物活性蛋白两类。贮藏蛋白是主体，占总蛋白的70%左右（如7S大豆球蛋白、11S大豆球蛋白等），它与大豆的加工性关系密切；生物活性蛋白包括胰蛋白酶抑制剂、β－淀粉酶、血球凝集素、脂肪氧化酶等，虽然它们在总蛋白中所占比例不多，但对大豆制品的质量却非常重要。

现代科学研究表明：大豆蛋白已经成为一种重要的植物化学成分，它将在食品保健（或功能食品）中发挥有益作用：

①大豆蛋白与骨质疏松：与动物蛋白相比，大豆蛋白可以降低尿钙水平，有利于机体对钙的吸收。

②大豆蛋白与血清胆固醇水平：长期的研究结果表明，人体血清胆固醇水平的降低与大豆蛋白的摄入密切相关。

③大豆蛋白与肾脏病：研究表明，在低蛋白饮食中用大豆蛋白代替动物蛋白，其效果与完全控制蛋白质的摄入相同。

④大豆蛋白与高血压：Kawamura研究发现，大豆11S球蛋白和7S球蛋白中含有3个可抑制血管紧张肽原酶活性的短肽片段。因此，大豆蛋白具有抗高血压的潜在功能。

大豆蛋白质主要由18种氨基酸组成，其中还包含人体所需的8种必需氨基酸，只是赖氨酸相对稍高，而蛋氨酸、半胱氨酸含量略低。

同时大豆是最好的谷物类食品的互补性食品，因为谷物食品中蛋氨酸高、赖氨酸低，而大豆赖氨酸高、蛋氨酸低，对于以谷物类食品为主食的人群，常食用大豆及制品，使氨基酸的配比也更加科学合理，氨基酸的代谢更加平衡。

世界卫生组织（WHO）建议，将鸡蛋蛋白质作为参考蛋白质，并根据它所含必需氨基酸的构成提出参考构成比例，即理想蛋白质的必需氨基酸构成比例，食物蛋白质的必需氨基酸构成比例与此比例越接近，其营养价值越高（见表1－1）。

表1－1 部分食物蛋白质的必需氨基酸组成

食物	缬氨酸	异亮氨酸	赖氨酸	蛋氨酸+胱氨酸	苯丙氨酸+酪氨酸	苏氨酸	色氨酸
理想蛋白质	50	40	55	70	60	40	10
鸡蛋	74	66	66	88	108	50	17
人乳	63	55	66	91	99	45	16
牛乳	70	65	79	100	101	47	14
猪肉（瘦）	54	41	78	78	71	49	13
牛肉（瘦）	55	40	76	77	75	49	11
大豆	47	48	73	72	78	38	9
大豆分离蛋白	48	49	61	77	91	37	14
大米	55	34	38	90	—	39	16
小麦	42	36	24	71	—	31	11
小米	53	36	22	144	—	45	20
玉米	49	33	37	152	—	44	8

从表1－1中可以看出，大豆及大豆制品中的蛋白质所含必需氨基酸的比例虽然较鸡蛋、牛乳等蛋白的必需氨基酸比例略低，但在植物性食物之中是最合理的、最接近于人体所需比例的，只是大豆蛋白质的第一限制氨基酸——含硫氨基酸（蛋氨酸、胱氨酸）的含量略低。从此点来看，大豆蛋白质是植物蛋白质中营养价值最高的蛋白质。

2. 脂类

大豆脂类总含量为21.3%，主要包括脂肪、磷脂类、固醇、糖脂和脂蛋白。其中中性脂肪（豆油）是主要成分，占脂类总量的88%左右。磷脂和糖脂分别占脂类总含量的10%和2%左右。此外还有少量游离脂肪酸、固醇、固醇脂。

大豆脂类主要储藏在大豆细胞内的脂肪球中，脂肪球分布在大豆细胞中蛋白体的空隙间，其直径为0.2～0.5 μm。

（1）大豆油脂

大豆含有16%～24%的脂肪，是人类主要食用的七大油料作物之一，全球大约一半的植物油脂来自大豆。大豆油脂的主要特点是不饱和脂肪酸含量高，61%为多不饱和脂肪酸，24%为单不饱和脂肪酸。大豆油脂中还含有可预防心血管病的一种 $\omega-3$ 脂肪酸——$\alpha-$亚麻酸。大豆油脂在常温下为液体，分粗油和精炼油。粗油为红褐色，精炼油为淡黄色。

不饱和脂肪酸具有防止胆固醇在血液中沉积及溶解沉积在血液中胆固醇的功能，因此，大量食用豆制品或大豆油对人体有很大的好处。但是不饱和脂肪酸稳定性较差，容易氧化，不利于豆制品加工与贮藏。另外，大豆脂肪还是决定豆制品营养和风味的重要物质之一。

（2）大豆类脂

大豆类脂分为可皂化类脂和不可皂化类酯两类。大豆中的类脂主要是磷脂和固醇。大豆中不可皂化物总含量为0.15%～1.6%，除固醇外，还有类胡萝卜素、叶绿素及生育酚类似物等物质。

大豆中含有1.1%～3.2%的磷脂，在食品工业中广泛用作乳化剂、抗氧化剂和营养强化剂。大豆磷脂的主要成分是卵磷脂、脑磷脂及磷脂酰肌醇。其中卵磷脂占全部磷脂的30%左右，脑磷脂占全部磷脂的30%，磷脂酰肌醇占全部磷脂的40%。卵磷脂具有良好的乳化性和一定的抗氧化能力，是一种非常重要的食品添加剂。从油脚中可以提取大豆卵磷脂。

大豆中的固醇类物质是类脂中不皂化物的主要成分，占大豆的0.15%，主要包括豆固醇、谷固醇和菜油固醇。在制油过程中，固醇转入油脚中,因而可从油脚中提取固醇。固醇在紫外线照射下可转化为维生素 D。

3. 碳水化合物

大豆中的碳水化合物含量约为 25%,分为可溶性与不可溶性两大类。大豆中含 10% 的可溶性碳水化合物,主要指大豆低聚糖(其中蔗糖占 4.2% ~5.7%,水苏糖占 2.7% ~4.7%、棉子糖占 1.1% ~1.3%),此外还含有少量的阿拉伯糖、葡萄糖等。存留于豆腐内的可溶性糖类,因为其会产生渗透压,可有效提升豆腐的持水性能。大豆中含有 24% 的不可溶性碳水化合物,主要指纤维素、果胶等多聚糖类,其组成也相当复杂,种皮中多果胶物质,子叶中多纤维素。大豆中的不溶性碳水化合物——食物纤维,共性是都不能被人体所消化吸收,但他们对豆腐的口感有十分重大的影响。磨豆时磨的间隙过少,可磨浆的次数太多,由于剪切力的作用,会产生分子直径较小的纤维素,这些纤维素在过滤压力或过滤离心力过大时会穿过滤网,进入豆浆中,导致豆腐口感变粗,同时影响豆腐的弹性。加热浆渣,然后过滤,可让纤维素在加热条件下通过亲水基团的氢键与水形成水合物,而使分子体积增大,从而减少纤维素分子通过滤网的数量,有效改善豆腐的口感,这也是国内外越来越多生产厂家采用熟浆法生产豆腐的原因之一。

此外,除蔗糖外的所有碳水化合物都难以被人体所消化,它们在豆腐加工过程中大部分会进入到豆清液中,水苏糖和棉子糖是胀气因子,在大豆废水综合利用时要引起高度的重视,但他们是可发酵性糖类,乳酸发酵会消耗部分水苏糖和棉子糖,但它们进入人体内,一经发酵就引起肠胃胀气,这是因为人体消化道中不产生 α - 半乳糖和 β - 果糖苷酶,所以在胃肠中不进行消化,当它们达到大肠后,经大肠细菌发酵作用产生二氧化碳、甲烷而造成人体有胀气感。所以,大豆用于食品时,往往要设法除去这些不易消化的碳水化合物,而这些碳水化合物通常也被称为“胃胀气因子”。大豆低聚糖,在酸性条件下对热稳定,pH 为 5 的情况下加热到 120℃ 几乎没有分解。其甜度约为蔗糖的 70%,除掉蔗糖的水苏糖和棉子糖甜度仅为蔗糖的 22%。

人体内的消化酶不能分解水苏糖、棉子糖,因此不能形成能量。但人体肠道内的双歧杆菌属中的几乎所有菌种都能利用水苏糖和棉子糖,而肠道内的有害细菌则几乎都不能利用。

4. 无机盐

大豆中无机盐(也称大豆矿物质)总量为5% ~6%,其种类及含量较多,其中的钙含量是大米的40倍(2.4 mg/g),铁含量是大米的10倍,钾含量也很高。钙含量不但较高,而且其生物利用率与牛奶中的钙相近。维生素B族、维生素E含量丰富,维生素A较少,但维生素B_1易被加热破坏。

大豆中的无机盐含有10余种,多为钾、钠、钙、镁、磷、硫、氯、铁、铜、锌、铝等,由于大豆中存在植酸,某些金属元素如钙、锌、铁和植酸形成不溶性植酸盐,妨碍这些元素的消化利用。

大豆的无机成分中,钙的含量差异最大,目前测得的最低值为163 mg/100 g大豆,最高值为470 mg/100 g大豆,大豆的含钙量与蒸煮大豆(整粒)的硬度有关,即钙的含量越高,蒸煮大豆越硬。

此外,除钾以外的大豆的无机物中磷的含量最高,其中大豆中的存在形式有75%植酸钙镁态、13%磷脂态、其余12%是有机物和无机物。植酸钙镁态是由植酸与钙、镁结合成的盐,它严重影响人体对钙、镁的吸收。

5. 维生素

大豆中含有多种维生素,特别是B族维生素,但大豆中的维生素含量较少,而且种类也不全,以水溶性维生素为主,脂溶性维生素则更少。大豆中含有的脂溶性维生素主要有维生素A、β-胡萝卜素、维生素E等,而水溶性维生素有维生素B_1、维生素B_2、维生素B_5、维生素B_6、泛酸、抗坏血酸等。就我国产的大豆来讲,每百克成熟的大豆中维生素含量(东北产13个品种平均值)如下:胡萝卜素0.4 mg、维生素B_1 0.79 mg、维生素B_2 0.25 mg、维生素B_5 2.1 mg、维生素B_6 0.9 mg、泛酸1.7 mg、维生素C 2.0 mg、叶酸0.4 mg。此外还含有一定的维生素E,只是在大豆加热处理时绝大多数已被破坏,很少一部分转移到制品中。

二、活性成分

1. 大豆多肽

大豆多肽即“肽基大豆蛋白水解物”的简称,是大豆蛋白质经蛋白酶作用后,再经特殊处理而得到的蛋白质水解产物。大豆多肽是由大豆蛋白质水解后的多种肽分子混合物所组成的。大豆多肽,是指大豆蛋白质经微生物发酵间接处理或蛋白酶直接作用后,再经过分离和精制等处理得到的低聚肽混合物,通常由 3 ~6 个氨基酸组成,其中还包括一些游离氨基酸、少量糖类、水分和灰分等。据大量资料报道,大豆多肽具有良好的营养特性,易消化吸收,尤其是某些低分子的肽类,不仅能迅速提供机体能量,同时还具有降低胆固醇、降血压和促进脂肪代谢、抗疲劳、增强人体免疫力、调节人体生理机能功效等优势。

大豆多肽与传统大豆蛋白相比而言,虽然大豆多肽的生产工艺较复杂、成本较高,但其具有独特的加工性能,如无蛋白变性、无豆腥味、易溶于水、流动性好、持水性好、酸性条件下不产生沉淀、加热不凝固、低抗原性等,这些均为以大豆多肽做原料开发功能性保健品及食品奠定了坚实基础。目前世界上很多国家已经积极致力于大豆多肽生产新途径的研究,大豆多肽在保健食品及食品生产等诸多领域已崭露头角。大豆多肽的必需氨基酸组成与大豆蛋白质完全一样,含量丰富而平衡,且多肽化合物易被人体消化吸收,并具有防病、治病、调节人体生理功能的作用。大豆多肽是极具潜力的一种功能性食品基料,已逐渐成为21 世纪的健康产品。

大豆多肽的生物活性主要表现如下:

(1)易于消化吸收,提高氨基酸利用率

大豆多肽的相对分子质量大小、肽链长度及各种理化性质是由所选用的酶类、水解条件和分离方法所决定的。大豆多肽氨基酸组成与大豆蛋白质基本相同,必需氨基酸平衡良好且含量丰富。现代生物代谢研究表明,人类摄食的蛋白质经消化酶作用后,不一定完全以游离氨基酸形式吸收,更多的是以低肽形式吸收。而经过酶解的大豆蛋白可以与一些气味物质和脂类物质结合,使大豆蛋白的豆腥味有明显的改善。大豆多肽产品的这些特性,使得它保留了原蛋白的营养特性,而且通过蛋白质的改性作用消除了原蛋白中的一些营养抑制因子,这在一定程度上更加增强了它的吸收和利用效率。表1-2为大豆多肽中氨基酸的主要种类及质量分数。

表1-2 大豆多肽中氨基酸的主要种类及质量分数

氨基酸	含量/%	氨基酸	含量/%
天冬氨酸	12.34	异亮氨酸	4.48
苏氨酸	3.99	亮氨酸	8.18
丝氨酸	5.49	酪氨酸	4.09
谷氨酸	21.54	苯丙氨酸	5.54
甘氨酸	4.20	赖氨酸	6.26
丙氨酸	4.13	组氨酸	2.15
胱氨酸	0.95	精氨酸	7.70
缬氨酸	5.30	脯氨酸	2.98
蛋氨酸	1.31		

(2)降低胆固醇和促进脂肪代谢的效果

大豆多肽不仅易消化吸收,而且能与机体内的胆酸结合,具有降低胆固醇和降血压等功能,此外,还有较强的促进脂肪代谢的效果。大豆蛋白经酶水解后,经喂养小白鼠实验,血清胆固醇浓度降低;大豆蛋白消化物的疏水性与胆汁酸的结合成正相关。因此,表明消化生成的肽能刺激甲状腺激素的分泌增加,促进胆固醇的胆汁酸化,粪便排泄胆固醇增加,由此起到降低血液胆固醇的作用。

(3)对高血压患者具有降血压作用

大豆多肽能抑制血管中的血管紧张素转换酶的活性,防止末梢血管收缩,因而具有降血压作用,其降压作用平稳,不会出现药物降压过程中可能出现的大的波动,尤其对原发性高血压患者具有显著的疗效,对血压正常的人没有降压作用。

(4)促进矿物元素吸收

大豆多肽具有与钙及其他微量元素有效结合的活性基团,可以形成有机钙多肽络合物,大幅促进钙的吸收。目前补钙制剂主要是乳酸钙,但吸收率并不高。而大豆肽和钙形成的络合物其溶解性、吸收率和输送速率都明显提高。此外,大豆肽还可以与铁、硒、锌等多种微量元素结合,形成有机金属络合肽,是微量元素吸收和输送的很好载体。大豆肽也可以添加到普通食品中,使人在日常膳食中即可达到补钙的目的。

(5)对微生物的生长有促进作用

由大豆蛋白经酶法降解得到的肽,对乳酸菌、双歧杆菌和酵母菌等多种微生物有生长促进作用。并能促进有益代谢物的分泌;大豆肽对肠道内双歧杆菌和其他正常微生物菌群的生长繁殖具有很好的促进作用,能保持肠道内有益菌群的平衡,对防止便秘和促进肠道的蠕动具有显著的作用(双歧因子),使排便顺畅。如果发生便秘,一些有毒害的物质就会在肠道内累积浓缩被吸收进人体,对健康不利。

(6)降低血糖的作用

对α-葡萄糖苷酶有抑制作用,对蔗糖、淀粉、低聚糖等糖类的消化有延缓作用,能够控制机体内血糖的急剧上升,具有降低血糖的作用。

2.大豆低聚糖

低聚糖又称寡糖类或少糖类,低聚糖与单糖类相似,易溶于水,部分糖有甜味,一般聚合十个单糖以下的糖称为低聚糖。大豆低聚糖是大豆中可溶性寡糖的总称。主要成分是水苏糖、棉子糖和蔗糖,占大豆总碳水化合物的7%～10%。在大豆被加工后,大豆低聚糖含量会有不同程度的减少。水苏糖、棉子糖都是由半乳糖、葡萄糖和果糖组成的支链杂聚低聚糖,由于人体小肠中缺乏α-D-半乳糖苷分解酶而不为人体所吸收,所以有人称为可溶性膳食纤维。此外,大豆中尚有少量的其他糖类如蔗糖、毛蕊糖、淀粉、粗纤维、葡萄糖、果糖、右旋肌醇甲醚、半乳糖甲醚等。

大豆低聚糖是大豆中所含可溶性碳水化合物的总称,属于α-半乳糖苷类,主要分布在大豆胚芽中,主要成分为水苏糖、棉子糖、蔗糖。

大豆低聚糖是一种低甜度、低热量的甜味剂,其甜度为蔗糖的70%,其热量是每克8.36 kJ,仅是蔗糖热量的1/2,而且安全无毒,可代替部分蔗糖作为低热量甜味剂。大豆低聚糖的保温、吸湿性比蔗糖小,但优于果葡糖浆。水分活性接近蔗糖,可用于清凉饮料和焙烤食品,也可用于降低水分活性、抑制微生物繁殖,还可以达到保鲜效果。

大豆中的低聚糖含量因品种、栽培条件、气候等不同略有差异。成熟后的大豆约含有10%低聚糖,大致是水苏糖为4%左右、棉子糖为1%左右、蔗糖为5%左右。水苏糖和棉子糖属于储藏性糖类,在未成熟期几乎没有,随大豆的逐渐成熟其含量递增,且随着发芽而减少。另外,大豆储藏温度低于15℃,相对湿度60%以下,水苏糖、棉子糖含量也会减少。大豆低聚糖具有以下生物活性:

①促进双歧杆菌增殖作用:众所周知,人类的肠道内约有100兆个细菌,由100多种细菌构成肠道菌群。其中双歧杆菌是人体有益菌。低聚糖是双歧杆菌生长的必需营养物质,双歧杆菌利用低聚糖产生醋酸、乳酸等代谢产物,这些产物可抑制大肠杆菌等有害菌生长繁殖,从而抑制氨、吲哚、胺类腐败物质的生成、促进肠道的蠕动、防止便秘。双歧杆菌还能合成B族维生素、分解某种致癌物,提高人体免疫力。

②能抑制肠道内有毒物的产生:大豆低聚糖在肠道内被双歧杆菌吸收利用后,能被发酵降解成短链脂肪酸(主要是醋酸和乳酸,摩尔比为3:2)和一些抗菌物质,可降低肠道内的pH值和电位,抑制外源性致病菌和肠道内固有腐败细菌的增殖,从而减少有毒发酵产品及有害细菌的产生。

③其他作用:大豆低聚糖在体内还与B族维生素合成有关;促进肠道的蠕动,防止便秘;有一定的预防和治疗细菌性痢疾的作用,提高人体的免疫力;分解致癌物质等生物活性。

3. 大豆磷脂

大豆磷脂是指以大豆为原料所提取的磷脂类物质,是卵磷脂、脑磷脂、磷脂酰肌醇、游离脂肪酸等成分组成的复杂混合物,大豆磷脂的含量占全豆的1.6%~2.0%,共有近40种含磷物质。大豆磷脂是公认安全的、人体每日允许摄入量无限制的天然物质。

大豆磷脂为非极性脂类化合物，可与植物油相溶，随榨油或溶剂提取而一道榨出，存在于粗制植物油中，含量为0.5% ~3.5%。磷脂还具有乳化性，可使水和油溶性物质形成乳化液。天然磷脂的乳化液不强，在热水及偏碱性条件下，会具有乳化力增强的水包油乳化性，脑磷脂等则有较强的油包水乳化性。

大豆磷脂是生命基础物质，具有以下生物活性：

①维持细胞膜结构和功能完整性的作用：磷脂普遍存在于人体细胞中，是人体细胞膜的组成成分。特别是脑、神经系统、循环系统、血液、肝脏等主要组织器官的磷脂含量高。因此，磷脂是保证人体正常代谢和健康必不可少的物质。

②强化大脑功能、增强记忆力的作用：磷脂是脑神经细胞信息传递的生物活性物质。磷脂在脑中的含量是人体各组织中最多的，约为肝、肾的2倍，心肌的3倍。脑内磷脂含量随年龄增长而增加，细胞内大部分磷脂半衰期可达220天，磷脂在细胞结构中是稳定的。磷脂参与细胞新陈代谢的代谢产物就是各种神经细胞信息传递所必须的化学物质——乙酰胆碱。磷脂是乙酰胆碱的前体，在体内会水解成胆碱、甘油磷酸及脂肪酸。水解的胆碱，随血液进入大脑，在大脑中与乙酸结合转化成乙酰胆碱。乙酰胆碱越高，传递信息的速度越快，记忆力就越好。因此，适时补充磷脂能强化大脑功能、增强记忆力。

③保护肝脏的作用：磷脂中胆碱对脂肪代谢有重要作用，若体内胆碱不足，则影响脂肪代谢，使脂肪在肝脏内积蓄。肝脏能合成脂肪，却不能大量存贮脂肪。因为肝脏含4% ~5%的脂肪，2% ~3%的磷脂，0.3% ~0.5%的胆固醇，组分较为固定。肝脏中脂肪过量会形成脂肪肝，因此，适量补充磷脂可防止脂肪肝，还可促进肝细胞再生。

④降低胆固醇、调节血脂的作用：磷脂是性能较好的天然乳化剂，在血液中能起到乳化作用，可形成脂蛋白，除去多余胆固醇与甘油三酯，并清除部分沉淀物，同时改善脂肪的吸收和利用。因此，磷脂可降低血液黏度，改善血液供氧循环状况。

⑤大豆磷脂还有增强免疫功能、延缓衰老的作用。

正因为大豆磷脂营养价值高，具有多种生理活性功能，我国卫生部批准，磷脂可以用于调节血脂、调节免疫、延缓衰老和改善记忆功能等保健食品的开发生产。

4. **大豆异黄酮**

异黄酮在自然界中的分布只局限于豆科的蝶形花亚科等极少数植物中，如大豆、墨西哥小白豆、苜蓿和绿豆等植物中，其中异黄酮含量最高的只有苜蓿和大豆，一般苜蓿中异黄酮的含量为0.5%～3.5%，大豆中异黄酮含量为0.1%～0.5%，可见异黄酮在大豆中的含量较高，故特别称其为大豆异黄酮。

大豆异黄酮是大豆生长过程中形成的次级代谢产物，大豆籽粒中异黄酮含量为0.05%～0.7%，主要分布在大豆子叶和胚轴中，种皮中极少。虽然大豆胚轴中异黄酮浓度高，约为子叶的6倍，但子叶占大豆粒重的95%以上，因此，大豆异黄酮主要分布在大豆子叶中。大豆异黄酮包括大豆苷（Daidzin），大豆苷元（Daidzein），染料木苷（Genistin），染料木素（Genistein），大豆黄素（Glycitin），大豆黄素苷元（Glycitein）。

长期以来，大豆异黄酮被视为大豆中的不良成分。但近年的研究表明：大豆异黄酮对癌症、动脉硬化症、骨质疏松症及更年期综合征具有预防甚至治愈作用。自然界中异黄酮资源十分有限，大豆是唯一含有异黄酮且含量在营养学上有意义的食物资源，这就赋予大豆及豆制品特别的重要性。

大豆异黄酮生物活性主要表现在如下：

①类雌激素和抗雌激素作用，防治妇女更年期综合征的作用。

②维持骨吸收和骨形成的平衡作用。

③对骨代谢中的细胞因子的影响。

④抗癌作用：具有抗癌、抗恶性细胞增殖的作用，能诱导恶性细胞的分化、抑制细胞的恶性转化、抑制恶性细胞侵袭，并对肿瘤转移有明显的治疗作用。

⑤抗氧化作用：能防止维生素C的氧化。

⑥调节免疫功能作用。

⑦对心血管的防护作用：在生理活性方面也与黄酮类物质相似，

表现出对心血管的保健作用，如抗血栓和降血脂的作用。

各种大豆制品中异黄酮含量和种类分布不同，不仅与大豆品种和栽培环境有关，还与大豆制品的加工工艺密切相关。水处理、热处理、凝固、发酵等加工环节和方法显著地影响了大豆制品中异黄酮的含量和种类分布。

泡豆可使10%左右的异黄酮流失于浸泡水中，且经过浸泡处理后的大豆中游离型异黄酮增加，这是因为豆类自身存在的β－glucosidase水解葡萄糖苷。

热水泡豆会增加大豆异黄酮向外渗透的速率，使大量异黄酮因渗入热水中而丢失，同时热水浸泡还显著改变了豆制品中异黄酮种类的分布，因为热处理时β－glucosidase活性增强，使异黄酮葡萄糖苷水解为游离型异黄酮，因而制品中游离型异黄酮较原料大豆或大豆粉中有所增加。

5.大豆皂苷

皂苷（Saponins），又名皂草苷，是甾族或三萜系化合物的低聚配糖体的总称，是存在于植物界的比较复杂的苷类化合物，是由糖中的羟基与非糖基化合物的羟基脱水而成，苷元主要包括萜类、甾体、甾体生物碱等结构；糖链的结构非常多，但糖基组成比较简单，其水溶液似肥皂水，即在遇震荡时会产生持久的蜂窝状泡沫，故名皂苷。皂苷一般具有特殊的生理活性。大豆皂苷是大豆生长中的次生代谢产物，含量为0.1%～0.5%，主要存在于大豆胚轴中，含量为0.5%～1.9%，较子叶大豆皂苷含量多出5～10倍。大豆皂苷的含量还与大豆的品种、生长期及环境因素的影响有关。大豆皂苷是由皂苷元与糖（或糖酸）缩合形成的一类化合物。大豆皂苷中的糖基由6种单糖组成，分别是β－D－半乳糖、β－D－木糖、β－L－阿拉伯糖、β－L－鼠李糖、β－D－葡糖酸醛酸等。早期研究发现，大豆皂苷元有5个种类，分别是大豆皂苷元A、大豆皂苷元B、大豆皂苷元C、大豆皂苷元D、大豆皂苷元E。近年来，随着科学技术的发展，对多种豆类中的大豆皂苷进行分析发现，天然存在的大豆皂苷只有3种，即大豆皂苷A、大豆皂苷B、大豆皂苷E，其余的大豆皂苷元是在水解态下的人工产物。不同的皂苷元与糖基可形成很多种类的皂苷，大豆皂苷多达十余种，一般分为 A 族大豆皂苷、B 族大豆皂苷、E 族大豆皂苷和 DDMP 族大豆皂苷，其中，A 族和 B 族含量高，是主要成分。

大豆皂苷的苷元分别为苷元 A（Soyasapogenol A）、B（Soyasapog - enol B）、E（Soyasapogenol E）和含 DDMP 结构的苷元，如图 1 – 5、图 1 – 6所示。

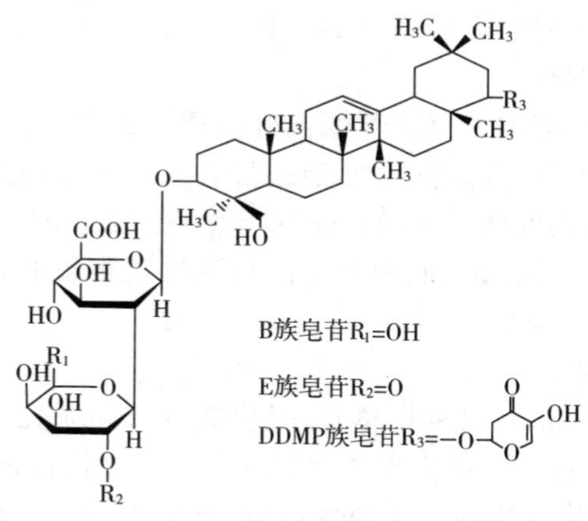

图 1 – 5　大豆苷元 A 式结构图

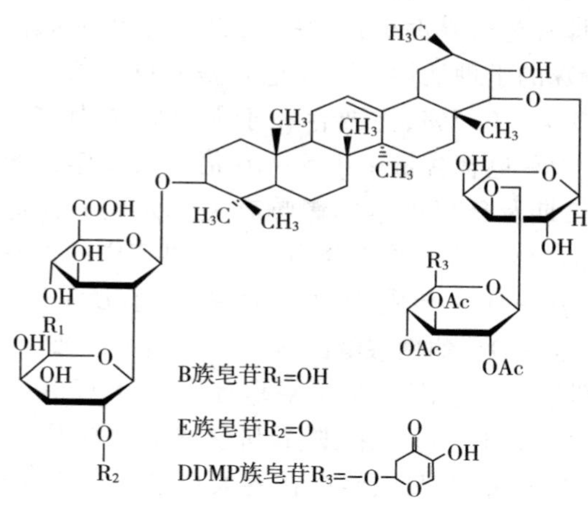

图 1 – 6　大豆苷元 B 式结构图

因各苷元所接糖链的种类、数目和顺序不同,每组皂苷中又包含多个皂苷单体。在大豆皂苷中出现的糖基共有如下六种:葡萄糖(D－glucose)、半乳糖(D－galactose),葡萄糖醛酸(D－glucuronate)、木糖(D－xylose)、阿拉伯糖(L－arabinose)和鼠李糖(L－ramnose)。大豆皂苷结构具有亲脂(皂苷元)亲水(糖)的两性特性,决定了大豆皂苷具有非常高的表面活性和较强的生物活性。因此,大豆皂苷能够降低水溶液的表面张力,其水溶液经剧烈震荡后可产生持久性泡沫,具有发泡性和乳化作用。大豆皂苷属酸性皂苷,在其水溶液中加入硫酸酐、醋酸铅或其他中性盐类,会形成沉淀并呈现颜色变化。

大豆皂苷具有溶血作用,过去认为是抗营养因子。此外,大豆皂苷所具有的不良气味而导致豆制品中具有苦涩味。因此,在豆制品加工中要求尽可能除去大豆皂苷。但近年来的研究表明,大豆皂苷具有多种有益于人体健康的生物活性。

大豆皂苷的生物活性主要表现在以下几个方面:

①调节血脂:增加胆汁分泌,降低血中胆固醇和三酰甘油含量,预防高脂血症。

②调节血糖作用:肌注大豆皂苷能降低糖尿病大鼠的血糖和血小板聚集率,提高胰岛素水平。

③防止肥胖:肥胖者每天进食 50 mg,可产生减肥作用。

④抗病毒作用:大豆皂苷对疱疹性口唇炎和口腔溃疡效果显著,具有广谱抗病毒能力,无论是对 DNA 病毒还是 RNA 病毒都有显著作用。

⑤抗血栓作用:抑制由血小板减少和凝血酶引起的血栓纤维蛋白的形成。可抑制纤维蛋白原向纤维蛋白的转化,并可激活血纤维蛋白溶解酶系统的活性。

⑥抑制肿瘤细胞的生长:直接对毒细胞作用,破坏肿瘤细胞膜的结构或抑制 DNA 的合成,对 S180 细胞和 YAC－1 细胞的 DNA 合成有明显抑制作用,对 K562 细胞和 YAC－1 细胞有明显的抑制作用。

⑦抗氧化和降低过氧化脂质(LPO)的作用:通过自身调节,能增加 SOD 的含量,清除自由基,具有抗氧化和降低过氧化脂质(LPO)的

作用，以促进 DNA 的损伤修复和消除某些皮肤疾患。

⑧免疫调节作用：大豆皂苷能明显促进 Con A 和 LPS 对小鼠皮细胞的增殖反应，能明显增强脾细胞对 IL-2 的反应性，增加小鼠脾细胞对 IL-2 的分泌，并明显地提高 NK 细胞、LAK 细胞毒活性，从而表现出明显的免疫调节作用。

⑨延缓衰老：可将雌雄果蝇的平均存活天数及平均最长生长天数延长 4~7 天（雄性果蝇延长 7 天，雌性果蝇延长 6 天）。北京大学分校保健食品功能测试中心的实验结果也证明，中高剂量的大豆皂苷可使果蝇寿命平均延长 8.0%~9.0%。北京宣武医院的实验，可使人胚肺成纤维二倍体细胞（HELDF）生长寿命比对照细胞延长 30% 左右（对照组织生长了 51 代，而添加了皂苷溶液组的细胞生长了 84 代）。

对于大豆皂苷生物学功能的研究报道还有很多，如大豆皂苷可以加强中枢交感神经的活动，通过外周后交感神经节后纤维释放去甲肾上腺素和肾上腺髓质分泌的肾上腺素作用于血管平滑肌的 α 受体，使血管收缩，作用于心脏。

第四节　大豆蛋白的特性及抗营养因子

一、热变性

蒸煮温度及时间对大豆硬度的研究采用不同的蒸煮温度在同一时间内，测定大豆的物性指标，以确定实验范围内的最适温度和最适时间。同时大豆中存在着许多种酶和抗营养因子，它们不仅影响发酵大豆的质量和营养价值，而且严重影响产品的风味。这些酶和抗营养因子主要包括：脂肪氧化酶、尿素酶、胰蛋白酶抑制素和胀气因子等，通过高温蒸煮的方法可以对这些酶类进行抑制。

采用不同的蒸煮温度在同一时间内，检测大豆培养基的灭菌效果，以确定实验范围内的最适温度和最适时间。

大豆用于加工食品时，几乎都要加热，因此食品中的大豆蛋白质就要发生热变性。采用不同的蒸煮温度在同一时间内，检测大豆水溶性含氮物量。大豆中存在的胰蛋白酶抑制素、细胞凝集素、脂肪氧化酶、脲酶等生物活性蛋白质，在热作用下会丧失活性、发生变性。但是，作为主要蛋白质成分，其变性现象主要是溶解度的变化，或者说，蛋白质的变性程度可用其水溶性含氮物量的高低来表示。大豆蛋白质加热后，其溶解度会有所降低。降低的程度与加热时间、温度、水和蒸汽含量有关。在有水蒸气的条件下加热，蛋白质的溶解度就会显著降低。

大豆蛋白质是高分子物质，相对分子质量较大，在水中呈胶体状态，因此，大豆蛋白质在水中的溶解性应该称为分散性。但是，仅用大豆蛋白水溶性含氮物的多少来确定大豆蛋白质的变性程度高低有时是不可靠的。例如，将一定浓度以下的大豆蛋白质溶液进行短时间加热煮沸，其水溶性蛋白质含量因变性逐渐降低至最低。但继续加热煮沸，溶液中水溶性蛋白质含量又会增加。其原因可能是蛋白质分子由原来的卷曲紧密结构舒展开来，其分子结构内部的疏水基团暴露在外部，从而使分子外部的亲水基团相对数量减少，致使溶解度下降。当继续加热煮沸时，蛋白质分子发生解离，而成为相对分子质量较小的次级单位，从而使溶解度再度增加。

大豆蛋白质受热变性的程度与受热温度、时间有关，同时也与蒸汽的存在与否有关，特别是蒸汽加热时，随着时间的延长而溶解度明显下降。

此外，大豆蛋白质受热变性时，除溶解度发生改变外，其溶液的黏度也发生变化。如豆腐的生产就是预先用大量的水长时间浸泡大豆，使蛋白质溶解于水后，再加热使溶出的大豆蛋白质变性，变性后会发生黏度变化。研究发现，大豆蛋白质的黏度变化主要是 7S 组分起作用，11S 组分几乎无影响。

研究证明，大豆蛋白 7S 和 11S 组分的热变性温度相差较大。如果加热时间充分，7S 组分在 70℃左右就会变性，蛋白质溶液稠度显著增加，通过电泳分析，发现主要是由 7S 组分变性引起的，而 11S 组分变性的温度高于 90℃。

二、凝胶性

凝胶性是蛋白质形成胶体网状立体结构的性能。大豆蛋白质分散于水中形成胶体。这种胶体在一定条件下可转变为凝胶。凝胶是大豆蛋白质分散在水中的分散体系,它具有流动性。凝胶是水分散于蛋白质中的分散体系,具有较高的黏度、可塑性和弹性,它或多或少具有固体的性质。蛋白质形成凝胶后,既是水的载体,也是糖、风味剂及其他配合物的载体,因而对食品制造极为有利。

无论多大浓度的溶液,加热都是凝胶形成的必要条件。在蛋白质溶液当中,蛋白分子通常呈一种卷曲的紧密结构,其表面被水化膜所包围,因而具有相对稳定性。由于加热,蛋白质分子呈舒展状态,原来包埋在卷曲结构内部的疏水基团相对减少。同时,由于蛋白质分子吸收热能,运动加剧,使分子间接触、交联的机会增多。随着加热过程的继续,蛋白分子间通过疏水键和二硫键的结合,形成中间留有空隙的立体网状结构。但是,有研究表明:当蛋白质的浓度高于8%时,才有可能在加热之后出现较大范围的交联,形成真正的凝胶状态。当蛋白质浓度低于8%时,加热之后,虽能形成交联,但交联的范围较小,只能形成所谓“前凝胶”。而这种“前凝胶”,只有通过pH值或离子强度的调整,才能进一步形成凝胶。

大豆蛋白质的凝胶性是指大豆蛋白质形成胶体网状结构的特性。溶于水的大豆蛋白质分散在水中形成溶胶,在一定条件下,此溶胶可变成凝胶。溶胶是指大豆蛋白质分散于水的混合分散系,具有流动性;凝胶是指水分散于蛋白质的混合分散系,具有较大的黏度、弹性和可塑性,表现出固体的特性。

凝胶作用受多种因素影响,如蛋白质的浓度、加热温度、加热时间、pH、离子浓度和巯基化合物存在。其中蛋白质浓度及其组成成分是决定凝胶能否形成的关键因素。就大豆蛋白质而言,浓度为8%~16%时,加热后冷却即可形成凝胶。当大豆蛋白质浓度相同而组成成分不同时,其凝胶特性也有差异。在大豆蛋白质中,只有7S和11S大豆蛋白才有凝胶性,而且凝胶硬度的大小主要由11S组分大豆蛋白决定。

加热是蛋白溶胶形成凝胶的前提。在水溶液中,蛋白质分子呈卷曲状态,由水化膜将其包裹,结构相对稳定。加热后,蛋白质分子结构逐渐打开,呈舒展状态,包裹在卷曲结构内部的疏水基团被暴露,而在卷曲结构外部的亲水基团则相对减少,同时蛋白质分子吸热后内能增加,分子运动加剧,使分子间碰撞和交联的概率增加,由于加热的持续,蛋白质分子通过二硫键和疏水键的结合而形成中空立体网状结构。当蛋白质浓度大于8%并加热后,蛋白质分子会出现较大范围的交联,即形成了凝胶,当蛋白质浓度小于8%并加热后,虽然交联仍然发生,但其范围较小,只能得到“前凝胶”或称“预凝胶”。这种凝胶,还需要通过调节pH或金属离子浓度,才能进一步得到凝胶。此外,若热处理的温度、时间不同,凝胶的形成也存在差异。浓度为7%的大豆蛋白溶胶,在65℃开始发生凝胶化反应;而浓度在8%～14%时,凝胶的形成则需要70～100℃加热10～30 min。凝胶化程度和凝胶硬度均随加热时间、加热温度、蛋白质浓度而变化,这也是豆腐生产的关键控制因素,大豆蛋白凝胶化处理后,产生良好的质构特性和持水性。

Nakamura等人研究显示:11S大豆球蛋白浓度相同时,不同品种来源的11S大豆球蛋白的凝胶硬度不同,11S大豆球蛋白中酸性多肽A3含量越高,凝胶的硬度越大。

三、乳化性

乳化性是指2种以上互不相溶的液体(例如油和水)经机械搅拌形成乳浊液的性能。蛋白分子有扩散到油—水界面的趋势,并且使疏水性基团转向油相,而亲水性基团转向水相。大豆蛋白质用于食品加工时,聚集于油—水界面,使其表面张力降低,促进乳化液形成一种保护层,从而可以防止油滴的集结和乳化状态的破坏,提高乳化稳定性。

大豆蛋白质组成不同和变性与否,导致其乳化性相差较大。大豆分离蛋白的乳化性要明显好于大豆浓缩蛋白,特别是好于溶解度较低的浓缩蛋白。分离蛋白的乳化性作用主要取决于其溶解性、pH值与离子强度等外界环境因素。当盐类浓度为0、pH值为3.0时,大豆分离蛋白乳化能力最强;而盐类浓度为1.0、pH值为5.0时,其乳化能力最差。

四、起泡性

在豆制品生产中,通常通过加入消泡剂来消除气泡现象。其主要原因是大豆蛋白质分子结构中既有疏水基团,又有亲水基团,因而具有较强的表面活性。它降低油—水界面的张力,呈现一定程度的乳化性,又能降低水—空气的界面张力,呈现一定程度的起泡性。大豆蛋白质分散于水中,形成具有一定黏度的溶胶体。当这种溶胶体受急速的机械搅拌时,会有大量的气体混入,形成大量的水—空气界面。溶胶中的大豆蛋白质分子被吸附到这些界面上来,使界面张力降低,形成大量的泡沫,即被一层液态表面活化的可溶性蛋白薄膜包裹着的空气水滴群体。同时,由于大豆蛋白质的部分肽链在界面上伸展开来,并通过分子内和分子间的肽链的相互作用,形成二维保护网络,使界面膜被强化,从而促进泡沫的形成与稳定。

除蛋白质分子结构的内在因素外,某些外在因素也影响其起泡性。溶液中蛋白质的浓度较低,黏度较小,则容易搅打,起泡性好,但泡沫稳定性差;反之,蛋白质浓度较高,溶液浓度较大,则不易起泡,但泡沫稳定性好。实践中发现,单从起泡性能看,蛋白质浓度为9%时,起泡性最好;而以起泡性和稳定性综合考虑,以蛋白质浓度22%为宜。

pH值也影响大豆蛋白质的起泡性,不同方法水解的蛋白质,其最佳起泡pH值也不同,但总体来说,有利于蛋白质溶解的pH值,大多也都是有利于起泡的pH值,但以偏碱性pH值最为有利。

温度主要是通过对蛋白质在溶液中的分布状态的影响来影响起泡性的。温度过高,蛋白质变性,因而不利于起泡;但温度过低,溶液浓度较大,而且吸附速度缓慢,所以也不利于泡沫的形成与稳定。一般来说,大豆蛋白质溶解的最佳起泡温度为30℃左右。

此外，脂肪的存在对起泡性极为不利，甚至有消泡作用，而蔗糖等能提高溶液黏度的物质，有提高泡沫稳定性的作用。

五、抗营养因子

大豆中存在多种抗营养因子，如胰蛋白酶抑制素、细胞凝集素、植酸、致甲状腺肿胀因子、抗维生素因子等，它们的存在会影响到豆制品的质量和营养价值。在这些抗营养因子中，胰蛋白酶抑制素对豆制品营养价值的影响最大，其本身也是一种蛋白质，能够抑制蛋白酶的活性；它有很强的耐热性，若需要较快地降低其活性，则要经过100℃以上的温度处理。一般认为，要使大豆中蛋白质的生理价值比较高，至少要钝化80%以上的胰蛋白酶抑制素。大豆中存在抗维生素A、抗维生素D、抗维生素E、抗维生素B_{12}等抗维生素因子。大豆中其他抗营养因子的耐热性均低于胰蛋白酶抑制素的耐热性，故在选择加工条件时，以破坏胰蛋白酶抑制素为参照即可。在大豆中已经发现了30多种酶，与豆制品加工有关的主要有脂肪氧化酶、脂肪酶、淀粉酶和蛋白酶。目前，按照大豆抗营养因子对热敏感性的程度将其分为以下两类：热不稳定性抗营养因子和热稳定性抗营养因子。主要的去除方法包括物理处理法、化学处理法和生物处理法。

1. 热不稳定性抗营养因子

(1)蛋白酶抑制剂

大豆中普遍存在的是胰蛋白酶抑制剂(Trypsininhibitor，TI)和糜蛋白酶抑制剂(Chymotrypsin in hibitor，CI)，前者起主要作用。胰蛋白酶抑制因子于1944年被发现，主要存在于大豆籽实的子叶中，尤其以子叶的外侧部分含量丰富，约占大豆蛋白的6%。已发现的TI至少有5种，其中有2种已被提纯制成结晶体，分别为库尼兹抑制因子(Kunitz，KTI)与鲍曼—伯克抑制剂(Bowman - Birk，BBI)。大豆中含有一类毒性蛋白，可抑制胰蛋白酶、胰凝乳蛋白酶、弹性硬蛋白酶及丝氨酸蛋白酶的活性，称为蛋白酶抑制素或胰蛋白酶抑制素。胰蛋白酶抑制素含量为17～27 mg/g，占大豆储存蛋白含量的6%。大豆中胰蛋白酶抑制剂有7～10种，但迄今为止只有2种被提纯分离出来并得到较详细的研究。

胰蛋白酶抑制素在大豆中一般含量在5.2%左右。生大豆中含有约1.4%的库尼兹抑制素和0.6%的鲍曼—贝尔克抑制素。

影响胰蛋白酶抑制素活性的重要因素包括:加热温度、加热时间、水分含量、pH值及颗粒大小等。存在于大豆中的抑制素会抑制胰脏分泌的胰蛋白酶活性,从而影响人体对蛋白质的吸收。大豆胰蛋白酶抑制素的热稳定性是大豆加工中最为关注的问题之一。因为胰蛋白酶抑制素的热稳定性比较高。在80℃时,脂肪氧化酶已基本丧失活性,而胰蛋白酶抑制素的残存活性仍在80%以上,而且增加热处理时间并不能显著降低它的活性。如果要进一步降低胰蛋白酶抑制素的活性,就必须提高温度。但若采用100℃以上的温度处理时,胰蛋白酶抑制素的活性则降低很快。100℃处理20 min抑制素活力丧失90%以上;120℃处理3 min也可以达到同样的效果。应该说这样的热失活条件对于大豆食品的加工不算苛求,完全是可以达到的。对于大多数蛋白质食品来说,胰蛋白酶抑制素是不难克服的,因为它们在蒸汽加热时容易丧失活性,从而使大豆蛋白食品的营养学价值提高到令人满意的程度。

(2)脂肪氧化酶

抗维生素因子主要是脂肪氧化酶,又称脂肪加氧酶或脂肪含氧酶,是一类化学结构与某种维生素相似,能影响动物对该种维生素利用或破坏某种维生素而降低其生物学活性的物质。它具有专一催化作用,催化具有顺-1,4-戊二烯结构的多元不饱和脂肪酸(PUFA),生成具有共轭双键的过氧化物。研究发现,生成的过氧化物使维生素B_{12}的消耗量增加,出现维生素缺乏症,尤其肉鸡反应相当敏感。另外,脂肪氧化酶与脂肪反应生成的乙醛使大豆带上豆腥味,影响了大豆的适口性。目前已知的生大豆及大豆制品中的抗维生素因子主要有4种:抗维生素A因子、抗维生素D因子、抗维生素E因子和抗维生素B_{12}因子。

大豆含有脂肪氧化酶的活性很高,存在于接近大豆表皮的子叶中。当大豆的细胞壁破碎后,只需要少量水分存在,脂肪氧化酶就可利用溶于水中的氧催化大豆中的不饱和脂肪酸(亚油酸和亚麻酸)发生酶促氧化反应,形成氢过氧化物。当有受体存在时氢过氧化物可继续降解形成正已醇、乙醛和酮类等具有豆腥味的物质。这些物质又与大豆中的蛋白质有亲和性,即使利用提取和清洗等方式也很难去除。用近代分析手段,已鉴定出近百种大豆油脂的氧化降解产物,其中造成豆腥味的主要成分是已醛。

目前已公认脂肪氧化酶是引起大豆和其他植物蛋白异味增强的主要原因。为了防止豆腥味的产生,就必须钝化脂肪氧化酶。加热是钝化脂肪氧化酶的基本方法,但由于加热会同时引起蛋白质的变性,因此在实际操作中应处理好加热与钝化的关系。脂肪氧化酶的耐热性差,当加热温度高于 84℃ 时,酶就失活。若加热温度低于 80℃,脂肪氧化酶的活力就受到不同程度的损害,加热温度越低,酶的残存活力就越高。例如在制作豆乳时,采用 80℃ 以上热磨的方法,也是防止豆乳带豆腥味的一个有效措施。

(3)脲酶

脲酶也称尿素酶,属于酰胺酶类——尿素酰胺基水解酶。一般脲酶并没有毒性作用,但在一定温度和 pH 值条件下,生大豆的脲酶遇水迅速将含氮化合物分解成氨,引起氨中毒。脲酶活性通常用来判断大豆受热程度和评估胰蛋白酶抑制剂的活性。

存在于大豆中的脲酶有很高的活性,它可以催化酰胺类物质、尿素产生二氧化碳和氨。氨会加速肠黏膜细胞的老化,从而影响肠道对营养物质的吸收,脲酶对热较为敏感,受热容易失活,在豆奶生产过程中,脲酶基本上已失活。

此外,脲酶在大豆所含酶中活性最强,与胰蛋白酶抑制素等其他抗营养因子在热处理中的失活速率基本相同,而且易检测,因此,在实际生产中常以脲酶为检测大豆抗营养因子的一种指示酶。如果脲酶已失活,则其他抗营养因子均已失活。大豆加工过程中,温度、时间、压力、水分、大豆颗粒大小等因素都会影响脲酶的活性。脲酶活性越小,毒性就越小,但是过度地处理,会降低产品的营养价值。

（4）细胞凝集素

细胞凝集素是一种能使动物血液凝集的物质。用玻璃试管进行实验，发现大豆中至少含有4种蛋白质能够使小白兔和小白鼠的红色血液细胞（红细胞）凝集。这些蛋白质即被称为细胞凝集素。进一步研究发现，4种细胞凝集素都是糖蛋白，包含有甘露糖和葡糖胺，主要的细胞凝集素含有4.5%甘露糖和1.0%葡糖胺，4种细胞凝集素所含氨基酸基本相同，其不同部分主要是碳水化合物的含量不同。以不同等电点可以有效地提取这几种蛋白体，这些细胞凝集素一般都浓缩于乳状物中。但是没有证据表明当细胞凝集素随食物摄入后会发生细胞凝集作用。大豆细胞凝集素易受蛋白酶作用而丧失活力，即使进入小肠，由于它的质量相对密度很高，也不可能被吸收并与红细胞接触。凝集素能与肠黏膜的刷状缘相互作用，束缚小肠表面的碳水化合物，引起肠壁破坏，抑制消化；另外也增加大肠壁的通透性，对免疫系统有毒害作用。凝集素能被胃肠道酶消化，对热也不稳定，通过加热处理可以失活。另外，在湿热条件下，细胞凝集素很快失活，因此，经加热生产的豆制品，细胞凝集素不会对人体造成不良影响。

2. 热稳定性抗营养因子

（1）致甲状腺肿胀素

大豆皂苷存在于大豆及其他豆科籽实中，是由三萜类同系物的羟基与低聚糖分子中环状半缩醛上的羟基失水缩合形成的五环三萜类化合物，属三萜类齐墩果酸型皂苷。致甲状腺肿胀素的主要成分是硫代葡萄糖苷分解产物（异硫氰酸酯，噁唑烷硫酮）。1934年国外首次报道大豆膳食可使动物甲状腺肿大。1959年和1960年又报道婴儿食用豆乳发生甲状腺肿大，成人食用大豆膳食可使碘代谢异常。因此，在生产大豆食品如豆奶时，可添加适量碘化钾，以改善大豆蛋白营养品质。

（2）植酸

植酸又称肌醇六磷酸，其化学简式为$C_6H_{18}O_{24}P_6$，广泛存在于植物，含量为1%～5%，糠麸类含量最多。植酸的磷酸根部分可与蛋白质分子形成难溶的复合物，不仅降低蛋白质的生物效价与消化率，而且影响蛋白质的功能特性；还可抑制猪胰脂肪酶的活性，影响矿物元素的吸收利用，降低磷的利用率。

我国大豆中含有 1.36% 的植酸，主要含在子叶中，胚中含 0.58%。植酸是肌醇六磷酸酯，在大豆中以盐的形式存在。植酸能与食物中的金属元素如锌、铁、钙、镁等螯合成复合盐，降低金属元素的吸收率。60% 以上的植酸都是以植酸钙镁的形式存在的，因此植酸的存在会影响人体对这些物质的吸收。

植酸还可以与蛋白质结合使大豆蛋白质的功能特性发生改变。植酸的存在可降低大豆蛋白质中的溶解度，改变大豆蛋白质的等电位，使等电位从 4.5 降到 4.3，并降低大豆蛋白质的发泡性。植酸的热稳定性很强，大豆籽粒在 115℃ 蒸煮 4 h，仍有 85% 的植酸存在。植酸酶可以分解植酸生成肌醇（一种 B 族维生素）和磷酸。但大豆籽粒发芽，可降低植酸含量。实验发现，在 19 ~ 25℃ 下，浸湿大豆籽粒，促使其发芽，植酸酶活性大大升高，植酸被分解，游离氨基酸、维生素 C 则有所增加，使被植酸螯合的元素释放出来，提高钙、锌、铁、镁等元素的可利用率。另外，豆制品加工时，磨浆前的浸泡，也可以提高植酸酶活性，分解植酸。

(3) 胃肠胀气因子

大豆胃肠胀气因子主要成分为低聚糖（包括棉子糖和水苏糖）。由于人或动物缺乏 α - 半乳糖苷酶，所以不能水解、吸收棉子糖和水苏糖。它们进入大肠后，被肠道微生物发酵产气，引起消化不良、腹胀、肠鸣等症状。然而随着研究深入和科学发现，大豆低聚糖是非常好的益生菌因子，可以促进肠道菌群的繁殖，改善肠道微生态环境，有利于预防肠道疾病和直肠癌。

第二章　豆制品加工的基本原理

第一节　豆制品的原料

一、大豆

大豆由种皮、子叶和胚组成，参见图 2 - 1。种皮在籽粒的最外部，约占种子重量的 8%。大豆种皮的颜色可分为黄、青、褐、黑及双色五种，以蛋白质含量的高低为序，青 > 双色 > 黄 > 黑 > 褐。但大豆是我国产量最高的大豆品种，为加工大豆蛋白制品的最好原料。子叶约占整个大豆重量 90%。大豆子叶细胞的平均大小为 44.9 μm × 37.8 μm，观察到的最小细胞的大小为 21.0 μm × 15.8 μm，最大细胞为 63.1 μm × 57.9 μm，大豆子叶细胞壁的平均厚度为 2.84 μm。在贮存细胞中贮存的蛋白质约占大豆蛋白质总量的 90%。蛋白体从大豆成熟中期就出现在细胞质中，成熟后就保留。在蛋白体间隙的细小颗粒是圆球体，直径为 0.2 ~ 0.5 μm，贮存脂肪。在蛋白体和圆柱体之间，还有呈溶解状态的糖及呈小颗粒状态的淀粉；随着成熟度的增加，淀粉粒快速减少。胚由胚芽、胚轴、胚根构成，约占整个大豆重量的 2%，也是大豆生物活性蛋白的主要贮存之处。

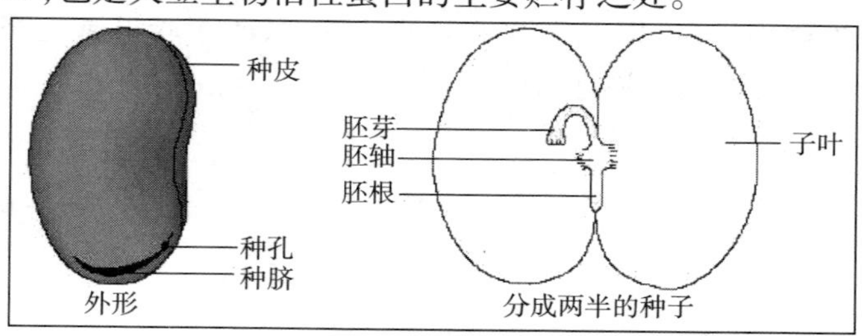

图 2 - 1　大豆种子的构造图

大豆是农作物中蛋白质含量最高、质量最好、发展潜力最大的作物。大豆是东方农耕民族的主要蛋白质来源之一，其蛋白质含量高达35%～45%，从氨基酸组成来看，大豆蛋白质也是较为理想的，人体不能合成而必须从食物中摄取的8种必需氨基酸，大豆除蛋氨酸较少外，其余均较多，特别是赖氨酸含量较高，每克蛋白质中为63.4 mg，比小麦粉高1.4倍，略低于蛋清（69.8 mg）、牛肉（79.4 mg）。蛋白质是组成人体细胞、组织的十分重要的物质，是生命的存在方式，与生命有关的许多活性物质，如酶、抗体、激素等，主要是由蛋白质构成的。人体的代谢活动、生理功能、抗病能力、酸碱度调节、体液平衡及遗传信息传递等，均同蛋白质密切相关。衡量蛋白质的价值，可以采用若干数值来对比，一是氨基酸分数，以全蛋、人奶、牛肉、鱼为100，大豆为74，高于大米（66.5）、小米（63）、全麦（53）、玉米（49.1）等作物。这表明大豆蛋白质的校价同动物蛋白质较为接近。二是蛋白质的生物价，以完全蛋白质为100，则普通干大豆为57，熟大豆为64，虽然低于鸡蛋（94）、牛奶（85）、大米（76）、猪肉（74）和小麦（67），但经过加工，其生物价明显提高，如豆腐为65～69，脱脂豆粉为60～75，豆乳为79，分离蛋白可达81。三是蛋白质的消化率，蛋类为98%，肉类为92%～94%，米饭为82%，面包为79%，大豆虽仅为60%，但加工后的大豆粉增至75%，豆乳86.35%，豆腐高达92%～96%，分离蛋白可达97%。这些都说明大豆特别是经过加工后的豆制品营养价值十分丰富。

大豆不仅蛋白质丰富，而且其油脂质量优良，不饱和脂肪酸占80%以上，人体所必需的亚油酸平均含量达50.8%。大豆油在人体内的消化率高达97.5%，而且具有防止胆固醇在血管中沉积、防止动脉粥状硬化的作用。尤其是大豆脂肪中含有1.8%～3.2%的磷脂，可降低血液中的胆固醉含量、血液黏度，促进脂肪吸收，有助于防止脂肪肝和控制体重，并具有溶解“脂褐素”（老年斑）、促进腺体分泌等多种功能，因而日益受到人们的广泛关注，被誉为“划时代的营养补助食品”。大豆中的矿物质含量也很丰富，磷、钾、钙、铁、锰、锌、铜、硼等9种元素共占籽粒干重的2.7%，尤其是钙的含量较高，为

0.23%，是钙的一个重要来源。

大豆蛋白质，除了有少部分生理活性的蛋白之外，主要是贮存于子叶亚细胞结构——蛋白体中的蛋白。1952 年 Taylor 用超速离心技术分析了蛋白质等大分子物质，建立了沉降系数 S($1S = 10^{-13}$ s)，Wolf 等发明的依据沉降系数划分大豆蛋白质为 4 个组分的方法一直沿用至今。大豆蛋白质可分为 2S、7S、11S 和 15S 四个主要的组分，其组成和比例与品种、栽培条件及分析方法有关。

1. 2S 大豆蛋白

2S 蛋白的分子量相对较小，一般在 8000 ~ 21500 Da，其占比约为 15%，易溶于水中，工业离心机难以回收，目前 2S 组分的研究相对较少，但现已弄清其主要成分是胰蛋白酶抑制剂和细胞色素 C，此外，还含有尿素酶和两种局部检定的球蛋白，在 *N* - 末端结合有天冬氨酸。

2. 7S 大豆蛋白

大豆蛋白质中 7S 大豆蛋白是主要构成蛋白之一，分子量范围为 60000 ~ 210000 Da，占比高达 34%，其至少由四种不同种类的蛋白质组成，即血球凝集素、脂肪氧化酶、β - 淀粉酶及 β - 大豆伴球蛋白，其中 β - 大豆伴球蛋白所占比例最大，约占 7S 组分的 1/3，占大豆蛋白质总量的 1/4。β - 大豆伴球蛋白在较低的离子强度下能可逆地缔合成 9S 的二聚体。β - 大豆伴球蛋白的分子量为 180000 ~ 210000 Da，由三个亚基对组成。

7S 大豆球蛋白是一种糖蛋白，含糖量约为 5.0%，其中甘露糖为 3.8%、氨基葡萄糖为 1.2%。与 11S 球蛋白相比，7S 球蛋白中色氨酸、蛋氨酸、胱氨酸含量略低，而赖氨酸含量则较高。因此，7S 球蛋白更能代表大豆蛋白质的氨基酸组成。大豆蛋白的加工性能与 7S 组分密切相关，7S 大豆蛋白质组分在 70℃ 开始热变性，蛋白质溶液的黏度显著增加，7S 组分含量高的大豆制得的豆腐组织就比较细腻。

3. 11S 大豆蛋白

大豆蛋白质中 11S 大豆蛋白是含量最高的蛋白质成分，分子量为 350000 Da，占大豆蛋白质的比例为 41.9%。但就组成而言，11S 大豆蛋白组分比较单一，到目前为止仅发现一种 11S 球蛋白，可谓种子中的巨形球蛋白。

11S 球蛋白也是一种糖蛋白，只不过糖的含量要比 7S 组分少得多，只有 0.8%。11S 球蛋白含有较多的谷氨酸、天冬酰胺的残基，以及少量的组氨酸、色氨酸和胱氨酸。旋光色散和红外吸收光谱测定表明，11S 球蛋白的二级结构、三级结构与 7S 球蛋白相类似。另外，在 1 个分子中，其中一部分以—SH 基形式存在，一部分以—S—S—形式存在。由于疏水键和二硫键的作用，使其具有稳定坚实的结构。

11S 组分有一个特性，即冷沉性。脱脂大豆的水浸出蛋白液在 0 ~ 2℃水中放置后，约有 86% 的 11S 组分沉淀出来。利用这一特点，可以分离浓缩 11S 组分（纯度可达 80% ~ 85%）。

11S 组分与 7S 组分在食品加工性方面有很大的不同。在没有 NaCl 的情况下加热，11S 蛋白凝胶在 80℃时获得最大的硬度，而在高离子浓度下，在 90℃时才能获得最大的凝胶硬度。11S 蛋白对低离子浓度是很敏感的，它能解离成亚基，低离子浓度在 70℃下产生解离作用，在 80℃时全部解离。高离子浓度的解离作用在 90℃时开始，100℃时完成，所以凝胶硬度与蛋白构型的变化有密切关系。大豆 11S 蛋白比 7S 蛋白能形成较多的氢键和疏水键，从而使疏水作用增强。11S 蛋白在 100℃下，形成凝胶的最低蛋白浓度是 2.5%。增加蛋白浓度和加热时间，凝胶可以变硬一些。11S 组分制造的由热和钙引起的凝胶（豆腐凝胶），比 7S 组分制造的要硬一些。这种差别是由于前者比后者有较多的—S—S—键，由于加热或用尿素处理而引起—SH 基数目上的变化，在 11S 蛋白中比在 7S 蛋白中更快。由钙形成的 11S 蛋白凝胶比 7S 的硬度要大、黏结性强。

在豆制品加工中，7S 和 11S 组分加热后（≥80℃）均能形成冻胶或钙质诱导冻胶，但由 11S 组分形成的冻胶呈乳酪状，有较高的拉应力、剪切力及较大的保水性，而由 7S 组分形成的均较低。所以，用 11S 组分相对较高的大豆制得的豆腐，结构坚实，有韧性。另外，从 11S 组分制得的碱性亚基在酸性饮料的 pH 范围内更易溶解。当水从大豆乳表面挥发时就形成表面膜，从表面上重复除去已形成的膜，进行干燥制成腐竹。利用 5% 蛋白溶液进行连续加热，表面水分蒸发，由此制成的薄膜的张力强度,是随 pH 而变化的。11S 球蛋白膜比 7S 膜有较高的张力强度。11S 膜有弹性,但 7S 膜硬而脆。但在 pH 2 ~ 10,11S 比 7S 有较低的乳化能力、乳化稳定性和溶解度。

4. 15S 大豆蛋白

15S 蛋白是 11S 球蛋白的聚合物,分子量很大,大分子蛋白又难溶于溶液中,而残留在粕渣之中。

所以,大豆蛋白质的主要研究对象是 7S 大豆球蛋白和 11S 大豆球蛋白,其二者的含量和比例直接影响豆制品的品质。

品种差异与大豆蛋白功能性质的关系在国外已做了大量研究,而国内的相关报道相对较少。大豆品种差异对大豆成分有非常显著的影响,总体上东北大豆的蛋白含量平均值最高。

徐豹等人研究表明:春大豆中, 18 种氨基酸中有 13 种与蛋白质含量具有显著的相关性, 8 种必需氨基酸中异亮氨酸、苯丙氨酸与蛋白质含量呈显著的正相关;夏大豆中,与蛋白质含量相关达显著水平的氨基酸只有 8 种。

二、水

水是最好的溶剂,也是大豆制品生产中必不可少的的原料之一,因此,豆制品的用水应符合食品安全国家标准的相关要求。豆制品的用水,是豆制品行业比较容易忽视的问题,目前绝大多数企业都认为采用自来水或山泉水即可满足要求,其实不然,水乃万物之源,水是豆制品加工的关键物料。由于水在浸泡和磨浆工艺直接进入产品,故水的品质决定豆制品的品质,水中的硬度、钙离子和镁离子的浓度及其他微量元素,都直接影响豆制品的品质,直接关系到大豆蛋白质的溶解提取、凝固剂的使用量、豆腐的出品率、豆腐的质构特性等。因此,豆制品的食品安全控制,水质中微生物指标、理化指标对于豆制品加工中保障食品安全有重要意义。GB 14881—2013《食品安全国家标准　食品生产通用卫生规范》中规定食品企业生产用水水质必须符合 GB 5749—2006《生活饮用水卫生标准》,主要有以下几个方面:

①外观：无色无臭，不含可见杂质，即不含悬浮固体、水面漂浮物、沉积物等。

②毒理学指标：限量性指标（如氟化物、氰化物、砷、硒、汞、镉、铅、铬）含量不得超过规定指标。

③化学指标：酸碱度适宜，符合一定硬度要求。同时，对于铁、锰、锌、铜等离子的含量也要有所限制。

④微生物指标：菌落总数≤100 CFU/g，大肠菌群不得检出，致病菌如沙门氏菌、志贺氏菌、金黄色葡萄球菌也不得检出。

基于上述指标的考量，目前大多数豆制品企业的用水都直接使用自来水。自来水是指通过自来水处理厂净化、消毒后生产出来的符合相应标准的供人们生活、生产使用的水。生活用水主要通过水厂的取水泵站汲取江河湖泊、地下水和地表水，由自来水厂按照《国家生活饮用水相关卫生标准》，经过沉淀、消毒、过滤等工艺流程的处理，最后通过配水泵站输送到各个用户。尽管自来水符合国家食品安全的管理要求，但根据《国家生活饮用水相关卫生标准》要求：自来水的总硬度低于450 mg/L（以 $CaCO_3$ 计），所以考虑到自来水中含有钙离子、镁离子和氯离子，会影响豆制品的品质。

实验结果证明，软水制豆腐要比硬水好的多，如表2－1所示为用蛋白质含量36%、水分11%的大豆原料，用不同水源制成浓度为10%的豆浆，测豆浆蛋白质含量和制成豆腐出品率的结果比较表。

表2－1　水质对豆腐出品率的影响

水质	豆浆中蛋白质含量/%	豆腐出品率/%
处理后的软水	3.69	44.0
纯水	3.62	41.5
井水	3.47	38.7
自来水	3.41	38.1
含 Ca^{2+} 硬水（300 mg/kg）	2.49	26.5
含 Mg^{2+} 硬水（300 mg/kg）	2.00	21.5

注：豆腐出品率以豆浆计。

如表2－1所示，用软水制得的豆浆蛋白质含量比自来水高

0.28%，豆腐得率高5.9%左右。可见用软水生产豆腐可以大幅提高大豆蛋白质的利用率。另外，生产中应注意水的pH最好为中性或微碱性，而要尽量避免使用酸性或碱性较强的水。

此外，自来水的品质还受市政公司的管网质量的影响，自来水存在一定程度的食品安全隐患，自来水不是豆制品最佳的用水选择，豆制品企业若生产高端豆制品，应该采用纯化水。目前水处理有去离子水处理系统、反渗透水处理系统等。

1. 去离子水

去离子水是指除去了呈离子形式杂质后的纯水。国际标准化组织ISO/TC 147规定的“去离子”定义为：“去离子水完全或不完全地去除离子物质。”去离子水是通过离子交换树脂除去水中的离子态杂质而得到的近于纯净的水，其生产装置设计的合理与否直接关系到去离子水质量的好坏及运营的经济性。去离子水制取工艺及其特点：离子交换树脂制取去离子水的传统水处理方式，其基本工艺流程为：原水→多介质过滤器→活性炭过滤器→精密过滤器→阳床→阴床→混床→后置保安过滤器→用水点。

2. 反渗透水(RO水)

反渗透又称逆渗透，是一种以压力差为推动力，从溶液中分离出溶剂的膜分离操作。对膜一侧的料液施加压力，当压力超过它的渗透压时，溶剂会逆着自然渗透的方向作反向渗透。反渗透通常使用非对称膜和复合膜。反渗透所用的设备，主要是中空纤维式或卷式的膜分离设备。反渗透膜能截留水中的各种无机离子、胶体物质和大分子溶质，从而取得净制的水。也可用于大分子有机物溶液的预浓缩。由于反渗透过程简单，能耗低，近20年来得到了迅速发展。

反渗透水的处理工艺流程(图2-2)：

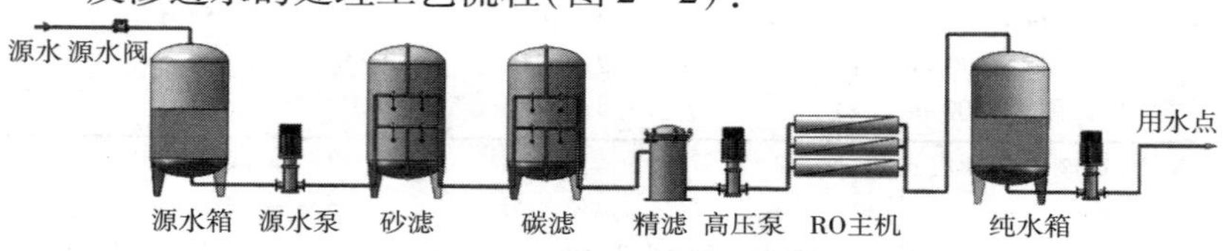

图2-2　反渗透水处理工艺示意图

反渗透分离过程有其独特的优势:压力是反渗透分离过程的主动力,不经过能量密集交换的相变,能耗低。反渗透不需要大量的沉淀剂和吸附剂,运行成本低。反渗透分离工程设计和操作简单,建设周期短。反渗透净化效率高,环境友好。

反渗透水的电导率可以达到10以下,这反映反渗透水中基本不存在其他离子,水质纯正。反渗透水是目前食品企业生产用水的主要水处理方式。

第二节　豆制品主要辅料

一、凝固剂

凝固剂是豆制品加工的灵魂。凝固剂一般分为:盐类凝固剂、有机酸、酶和复合凝固剂。

盐类凝固剂主要有盐卤、石膏等无机盐,其中主要的成分是氯化镁、硫酸镁、氯化钙、硫酸钙和乙酸钙等。传统豆制品生产中使用的盐卤,其主要成分是氯化镁。以纯 $MgCl_2$ 计,盐卤最适用量为 0.13% ~ 0.22%,用盐卤作凝固剂,蛋白质凝固速度快,蛋白质网状结构容易收缩,制品保水性差,出品率低,而且产品放置时间不宜过长。但豆香味浓,味道极佳。石膏主要成分是硫酸钙,有生石膏($CaSO_4 \cdot 2H_2O$)和熟石膏($CaSO_4$)之分。做豆腐多用熟石膏。石膏点浆的特点是凝固的速度相对氯化镁慢,能适应于不同豆浆浓度,做老嫩豆腐均可。用石膏做成的豆腐保水性能好,组织光滑细腻,出品率高,但制品能残留未溶解的硫酸钙,略带苦涩味和杂质。石膏添加量,一般根据盐类凝固剂浓度和豆浆浓度确定,用量大,则可以强化豆腐凝胶强度,但对保水性有弱化作用。一般用量范围在 2.2 ~2.8 kg/100 kg。

酸类凝固剂主要有醋酸、乳酸、葡萄糖酸 -δ- 内酯(GDL)和柠檬酸等有机酸,除GDL,其他酸在生产中采用较少。目前GDL主要是制作充填豆腐的凝固剂,白色结晶或结晶性粉末,几乎无臭,味先甜后酸。由于GDL在水中分解成葡萄糖酸的速度较慢,蛋白质分子网络结构的发展是一个渐进的过程,因此有利于形成细致嫩滑的结构。因此 GDL 做成的豆腐品质较好,质地滑润爽口,弹性大,持水性好,但口味平淡,偏软,不适合煎炒,且略带酸味。用其他酸类凝固剂也可以有效地凝固豆乳,如乳酸、乙酸、琥珀酸和酒石酸作为单一凝固剂时的最佳添加量分别为原料大豆的 1.0%、1.4%、0.6%、0.6%;用 1.0% 乳酸制成豆腐的品质优于其他酸。用复合凝固剂做出的豆腐在感官、得率和保水性方面优于用单一凝固剂。复合凝固剂的最佳组合为 0.40% 乳酸、0.26% 乙酸、0.12% 琥珀酸、0.10% 酒石酸与 0.02% 抗坏血酸。

酶类凝固剂是指能使大豆蛋白凝固的酶。凝固酶广泛地存在于动植物组织及微生物中,包括酸性、中性、碱性三种蛋白酶。如胰蛋白酶、菠萝蛋白酶、无花果蛋白酶、木瓜蛋白酶、微生物谷氨酰胺转胺酶(TGase)等。酶凝固剂的作用机理:各种蛋白酶能将大豆蛋白水解成较短的肽链,短肽链之间通过非共价键交联形成网络状凝胶。酶类凝固剂中,研究最多而且已进入使用阶段的是谷氨酰胺转胺酶。Masahiko 等的研究表明,谷氨酰胺转胺酶有使豆乳胶凝的能力,是一种氨基转移酶,它催化肽链中谷氨酸残基的 γ - 羧基酰胺和各种伯胺的氨基反应。当肽链中赖氨酸残基上的 ε - 氨基作为酰基受体时就会形成分子间的 ε -(γ - 谷氨酸)交联,从而改善蛋白质类食物的功能与品质。酶类凝固剂的应用和特点:酶促豆腐与普通豆腐相比,在香味、黏弹性和细腻度方面都有明显的优势。酶促豆腐虽然在外观上、制作方法上同内酯豆腐较为相似,但在质构上,它比内酯豆腐更具有弹性,且不易松散。由于没有添加传统方法中使用的凝固剂,酶促豆腐不会有涩味、酸味等不良滋味,并且还带有豆浆的香味。在豆浆中蛋白质浓度为 9% 的条件下,TGase 的添加量 0.8 U/g 蛋白质,离子强度 0.3、pH 7.0 时,在 50℃ 下加热 1.5 h 时凝胶强度为 148.6 g,并且具有良好的感官品质。秦三敏研究用 TGase 制作豆腐时最适的条件是:时间 3 h,温度 45℃,酶用量 80 U/50 mL 豆浆。王君立等通过研究表明:酶反应温度控制在 37℃ 时,制得的豆腐凝胶硬度最佳;最适 pH 值范围为 6.38 左右;固定加热温度和热处理时间不变

(95℃,5 min),豆浆的最佳加热速率为6.3℃/min;固定热处理温度和加热速率不变(95℃,6.3℃/min),豆浆热处理时间为5 min、酶与豆浆比大于100 U:100 mL或热处理15 min(20 min)、酶与豆浆比约为40U:100 mL时,制得的酶促豆腐凝胶的质地最佳。另外王君立等还研究了微生物转谷氨酰胺酶豆腐凝胶质构的性质。结果表明:随酶浓度增加,以熟豆浆(95℃,5 min)为原料制得豆腐的硬度和胶性增加,且在80当量/100 mL豆浆后趋于平衡;而热处理和酶浓度对Tg豆腐的反弹性和内聚性没有显著影响。Chang等通过研究发现,添加谷氨酰胺转氨酶提高了豆浆的凝固温度,生产的盒装豆腐硬度更高,弹性更好,烹饪损失少。实验表明:用90 g黑豆浆固体和2 g琼脂粉混合在1 L水中,加入10 g谷氨酰胺转氨酶在55℃条件下加热30 min,所生产的豆腐质量最好。

复合凝固剂是人为地用两种或两种以上的成分加工成的凝固剂。复合凝固剂是随着豆制品生产的工业化、机械化、自动化的进程而产生的,它们与传统的凝固剂相比都有其独特之处,不仅可以克服单一凝固剂的缺点,而且可使产品的硬度增强,风味口感更佳,保持了豆腐光滑细腻的原有质地。复配的方式有多种,如盐与盐、盐与酶、盐与酸、酶与酸、盐与食用胶、盐与酶及酸,还有利用W/O、W/O/W型乳液的缓释性制备新型凝固剂,利用天然的食品成分制备复合凝固剂及利用乳酸菌发酵等。如用GDL与石膏按质量比为2:1复配;2.5%硫酸钙与0.4%柠檬酸复配,以及1.5%的乳酸钙与2.0%的GDL复配;GDL、石膏与氯化镁按5:3:2比例复配;GDL、乙酸钙、氯化镁按2:1:1比例复配时,制得的豆腐在感官、得率及质构特性等方面都有明显的改善。秦三敏研究内酯和Tg作为混合凝固剂时,其最适的条件是:时间3 h,温度40℃,内酯/酶用量为0.20%/40 U/50 mL豆浆,所得豆腐的凝胶强度较内酯和Tg单独作凝固剂时都比较大;王淼等研究证明对于浓度为10%~15%的豆浆,石膏用量为1%、内酯用量为0.33%、Tg的浓度为0.1~0.2 U/mL时,作用温度为50℃、时间为20~40 min,所得豆腐品质最佳。

湖南武冈、云南石屏、陕西榆林等地则采用中国特有的豆清发酵液凝固剂(酸浆)。该技艺古老,是非物质文化遗产保护的传统工艺,被誉为中国传统食品活化石。据《武冈县志》记载:该项技术相传秦始皇为求不老之术,遣卢、侯二生入东海寻觅仙丹,二生自知无法炼得仙丹,便“明修栈道,暗渡陈仓”逃至武冈云山隐居,在武冈时,发明醋水豆腐。所以,用豆清液发酵生产的酸浆为凝固剂有据可询的历史有近2000年,可谓古老也。豆清液是豆腐点浆工序中蛋白质变性沉淀时析出的上清液与豆腐压榨时产生的大豆乳清液的总称,是益生菌的良好培养基。经检测分析,豆清液含蛋白质4.08 g/L、可溶性固形物含量14.7 g/L、脂肪1.10 g/L、总糖2.36 g/L、还原糖0.53 g/L、蔗糖1.83 g/L、大豆异黄酮0.62 g/L,还有维生素和微量元素。

豆清液发酵液(酸浆、醋水)是豆清液经微生物发酵后的产品,主要成分包括大豆乳清蛋白、乳酸、醋酸、柠檬酸、益生菌(乳酸菌、醋酸菌等)、益生因子、生物酶,是中国独有的豆腐凝固剂。目前豆清液发酵液(酸浆、醋水)生产有两种模式:自然发酵和多菌株定向发酵。自然发酵,主要豆清液收集后,自然接种,非控温,粗放式的发酵模式,这种模式简单、经济,但不适合工业化生产。多菌株定向发酵,是采用从自然发酵的豆清发酵液(酸浆、醋水)中分离纯化的菌株,在发酵罐内,精准控制发酵进程,这种模式在保留了传统方法特色的同时,提升了凝固剂生产技术水平,为最具中国特色的豆清发酵液(酸浆、醋水)豆制品自动化、工业化生产提供了技术支撑,是我国豆制品行业的重大技术创新。豆制品加工与安全控制湖南省重点实验室首席专家赵良忠教授及其团队采集了国内50多家企业的传统豆清发酵液,对其进行多维度研究,发现豆清发酵液关键共性成分是有机酸、生物酶和乳酸菌。经过多年的探索和实践,提出豆清发酵液多维凝胶机制。并从微生物生长曲线、发酵时间、发酵温度入手,获得菌株最佳互生比例和发酵动力模型,从而确定豆清液发酵的工艺条件。实验研究表明,多菌株混合使菌株之间形成互生,达到菌种协同发酵和高产酸、高产酶的要求,形成豆清发酵液42℃高温发酵技术,设计了豆清发酵液全自动发酵设备线(图2-3),生产豆腐凝固剂,设计了与之配套的自动凝固装备,目前湖南君益福食品有限公司与豆制品加工与安全控制湖南省重点实验室联合，借助多菌株定向发酵技术，生产豆清液发酵液（酸浆、醋水）凝固剂及其母液。

图 2－3　豆清发酵液生产设备外观图

二、食盐

食盐是制作豆制品不可缺少的辅料之一，它既能起到调味作用，又能在生产过程及成品储存中起到防腐作用。食盐主要成分是氯化钠（NaCl），还含有其他物质。根据食盐的来源不同，可大致分为三种。

1. 海盐

海盐是用海水提制而成的。采用太阳晒、火力、风力、结冰等方法，蒸发浓缩后取得食盐结晶。因含有杂质，所以称为粗盐。其化学成分见表 2－2。

表 2－2　海盐化学成分

化学成分	含量/%	化学成分	含量/%
氯化钠（NaCl）	68.0～92.0	硫酸根（SO_4^{2-}）	1.0～1.4
氯化钙（CaCl）	0.2～0.4	水溶物	0.4～1.0
氯化镁（MgCl）	0.5～1.0	水分	5.0～10.0

2. 池盐

池盐是从盐湖中提取制成的，主产于内蒙古自治区、甘肃省、青海省等地。

3. **岩盐**

岩盐是埋藏在地下的食盐结晶层，其含硫酸钠杂质较多，主要产于青海、新疆等地。

三、食用油

食用油在豆制品制作工艺中，主要用于豆制品炸制、炒制加工工序。

1. **普通食用植物油**

在豆制品生产中，常用的有大豆油、菜籽油、花生油、葵花子油等。在使用时，必须符合国家的质量标准和安全卫生的要求，保障产品质量和消费者的健康。

①大豆油。大豆油是我国最主要的食用油脂之一，其色泽较深，有特殊的豆腥味，热稳定性较差。

②菜籽油。菜籽油也称菜油，也是我国最主要的食用油脂之一，精炼后的菜籽油呈清亮好看的淡黄色或青黄色，其气味芬芳，滋味纯正。普通品种油菜生产的菜籽油中含花生酸 0.4% ~1.0%，油酸 14% ~19%，亚油酸 12% ~24%，芥酸 31% ~55%，亚麻酸 1% ~10%。普通菜籽油中缺少人体必需脂肪酸，所以营养比一般植物油低。另外，普通菜籽油中含有大量芥酸和芥子苷等物质，一般认为这些物质对人体的生长发育不利。湖北、江苏、浙江等地已主要种植双低油菜，改变菜籽油的营养价值。

③花生油。花生油淡黄透明，色泽清亮，气味芬芳，有浓重的特殊香味。花生油含不饱和脂肪酸80%以上（其中含油酸41.2%、亚油酸37.6%）。在夏季为透明体，在冬季则变得稠厚而不透明，这是因为花生油中含有 19.9% 的软脂酸、硬脂酸和花生酸等高分子饱和脂肪酸。

④葵花籽油。葵花籽油是一种优质食用油，色浅、风味柔和，含有较多的不饱和脂肪酸，易被人体吸收。葵花籽油中脂肪酸的构成受气候条件的影响，寒冷地区生产的葵花籽油含油酸15%左右，亚油

酸70%左右;温暖地区生产的葵花子油含油酸65%左右,亚油酸20%左右。葵花籽油的人体消化率96.5%,它含有丰富的亚油酸,有显著降低胆固醇、防止血管硬化和预防冠心病的作用。但由于葵花籽油仅含有较少的天然抗氧化剂,并且存在微量的含氧酸,在贮藏时很不稳定,故宜现用现买,以确保食品加工时的质量。

2. 高级烹调油和色拉油

在豆制品加工中,经常用到高级烹调油和色拉油,所使用的有高级大豆烹调油和色拉油、高级花生烹调油和色拉油、高级菜子烹调油和色拉油、高级葵花子烹调油和色拉油等。各种高级烹调油和色拉油除具备其本身特性外。还应具备以下高级食用油性质:色较淡,滋味和气味良好;酸价低(都要求在0.6以下);稳定性好。贮藏过程中不易变质,煎炸时,温度190~200℃时,不易氧化或劣变。此外,色拉油还有其特殊性质;色拉油在0℃下,5.5 h仍能保持透明。长期在5~8℃时不失流动性。

我国的高级烹调油和色拉油都是脱臭型。其他国家的同类产品绝大部分也是脱臭型,只有橄榄油例外。橄榄油具有其特有的橄榄油香味和色泽(绿或黄绿),其天然的香味和滋味被认为是重要的优点,价格相对较高。

高级烹调油和色拉油具有的性质有些不同。由于精炼技术的发展及产品竞争,高级烹调油的品质与色拉油相差越来越小,外观上较难区别,只能通过仪器检验加以区别,其最主要的差异是耐寒性(用冷冻试验来衡量)。在低温下,色拉油能保持清亮透明,高级烹调油就可能有浑浊出现。此外,色拉油的色泽更淡,酸价也更低些。

3. 煎炸油

豆制品在煎炸时,油脂始终处于高温下且与空气接触,因此,需要具有一定性质特点的专用油脂。棕榈油是一种天然的煎炸油。它具有风味好、稳定性高、烟点高等特点。煎炸油的卫生要求很高,一旦变质,即会产生直接危害人体健康的物质,甚至是有毒的致癌物质。因此,使用煎炸油的食品企业一定要按规定与要求使用。

4. 调和油

调和油是两种或两种以上的优质食用油脂经科学调配成的一种高级食用油。调和油的品种很多,根据我国人民的食用习惯和市场需求,分为煎炸调和油、风味调和油、营养调和油等。

四、调味品

在众多调味品中,酱油、大豆酱、食醋是使用最广泛的调味品,日常生活中开门七件事缺不了酱油和食醋。酱油和食醋是一类成分复杂、功能多样的酿造调味品。

1. 酱油

酱油是发酵调味品的代表物,咸香鲜美,红褐色,不浑浊。它的主要原料有大豆、脱脂豆饼(豆柏)、小麦、食盐及水,通过微生物发酵制成基本调味品。通过检测酱油中"可溶无盐固形物、全氮、氨基酸态氮"三项指标划分酱油等级。酱油按其三项指标含量分为四级,即特级、一级、二级、三级。制作豆制品一般选择二级或三级酱油。现在市场上也有配制酱油,它是以酿造酱油为主体与酸水解植物蛋白调味液、食品添加剂等配制而成的酱油,其三项指标比酿造酱油低,所以食品加工时选择配制酱油的比较少。

2. 大豆酱(豆瓣酱、干酱、黄稀酱)

大豆酱是用大豆、面粉、食盐和水利用米曲霉为菌种经过微生物发酵制成的。旧法制大豆酱是采用老曲发酵,成熟时间需要半年以上。豆制品加工调味使用黄稀酱比较普遍。

3. 食醋

酿造食醋是用含有淀粉、精的粮食及粮食加工副产品如麸皮、稻壳等物料经过微生物发酵酿制而成的液体调味品。衡量食醋的质量指标:总酸、不挥发酸和可溶性无盐固形物三项指标。市场上的配制食醋,是以酿造食醋为主料与冰醋酸、食品添加剂等混合配制而成的。在豆制品加工行业,采用酸浆工艺制作豆腐时,一般食醋作为首次点浆用凝固剂。其他加工环节,使用食醋比较少见。

五、香辛料

香辛料是指具有特殊香气和滋味的天然植物的根、茎、叶、花或果实,采收后,一般要先经过晒干或烘干,才能作为香料使用。香辛料中的芳香物质具有刺激食欲、帮助消化的功效。香辛料品种繁多,国际标准化组织确认的香辛料有70多种。香辛料的分类有多种方法,根据香辛料植物富含香味物质的部分分类,按取用的植物组织分为:

果实:胡椒、八角、辣椒、小茴香等。

叶及茎:薄荷、月桂、迷迭香、香椿。

种子:小豆蔻等。

树皮:斯里兰卡肉桂、中国肉桂等。

鳞茎:洋葱、大蒜等。

地下茎:姜、姜黄等。

花蕾:丁香、姜香科植物等。

假种皮:肉豆蔻。

使用香辛料主要是利用香辛料中所含的芳香油和刺激性辛辣成分,起着抑制和矫正食物的不良气味、提高食品风味的作用,并能增进食欲、促消化,还具有防腐杀菌和抗氧化的作用。

1. 八角茴香

简称“八角”,为木兰科植物八角茴香的干燥成熟果实。秋、冬二季果实由绿变黄时采摘,置沸水中略烫后干燥或直接干燥。性温、味辛,归肝、肾、脾、胃经。八角含有较多的芳香油和糖分,而且具有浓香和甜味。其芳香油的主要成分为茴香脑。另外,还含有左旋水芹烯、黄樟油素、柠檬烯等。八角外形如图2-4所示。

图2-4　八角外形图

2. 胡椒

胡椒生长于荫蔽的树林中。生长慢，耐热、耐寒、耐旱、耐风、耐剪、易移植。不耐水涝，栽培土质以肥沃的砂质壤土为佳，排水、光照需良好，原产东南亚，现广植于热带地区。可分为黑胡椒、白胡椒及胡椒粉。黑胡椒是连果皮、果肉和种子混在一起，经充分晒干的胡椒。辛辣味较白胡椒浓。白胡椒是除去果皮、果肉后剩下的白色种子，质量较黑胡椒好。胡椒主要成分胡椒碱、胡椒酰胺、次胡椒酰胺、胡椒亭碱、胡椒油碱B、几内亚胡椒酰胺、假荜茇酰胺A等。胡椒性温热，有防腐抑菌的作用，黑胡椒的辣味比白胡椒强烈，香中带辣，祛腥提味。胡椒外形如图2-5所示。

图2-5　胡椒外形图

3. 花椒

花椒，最早有文字记载是在《诗经》有"椒蓼之实，繁衍盈升"之句。花椒用作中药，有温中行气的功效。花椒果皮中挥发油的主要成分为柠檬烯，占总油量的25.10%，1,8-桉叶素占21.79%，月桂烯占11.99%，还含α-蒎烯、β-蒎烯、香桧烯、β-水芹烯等。另外，还有形成花椒麻辣味的花椒油素成分。红花椒、青花椒外形分别如图2-6、图2-7所示。

大花椒：又称油椒。果实香味浓，果皮成熟时呈红色，果柄短，果皮厚。干花椒为酱红色。

豆椒：又称白椒。果实香味较淡，果皮成熟时呈淡红色，果柄长，果皮较薄。干花椒为暗红色。

大红袍：又称六月椒。果粒较大，果皮红色，成熟较早。干椒为红色。

狗椒：又称止花椒。果实香味浓且带腥味，果皮红色而薄。干花椒为淡红色。

图 2－6　红花椒外形图

图 2－7　青花椒外形图

4．桂皮

桂皮分为桶桂、厚肉桂、薄肉桂三种。桶桂为嫩桂树的皮，质细、清洁、甜香、味正、呈土黄色，质量最好，可切碎做炒菜调味品；厚肉桂皮粗糙，味厚，皮色呈紫红；薄肉桂外皮微细，肉纹细、味薄、香味少，表皮发灰色，里皮红黄色。其主要成分为桂皮醛、桂酸甲酯、丁香酚，含挥发油约 1%，也含水芹烯、丁香油酚、甲基丁香油酚。叶中含挥发油约 1%，其中含黄樟醚约 60%，丁香油酚约 3%，1，8－桉叶素等。桂皮含有较多的芳香油，其中桂皮醛是调味的重要成分，它使桂皮具有特殊的香气和收敛性的辛辣味，并微有甜味。桂皮的特点是香气弱，略有樟脑气，略有辛辣味。桂皮配合八角使用，可去腥解腻，增香提味。桂皮注意与肉桂区别开。桂皮外形如图 2－8 所示。

图 2－8　桂皮外形图

5．小茴香

伞形科植物茴香的干燥成熟果实。秋季果实初熟时采割植株，晒干，打下果实，除去杂质味辛，性温归肝、肾、脾、胃经。小茴香是一种长椭圆形的果实，含有丰富的芳香油，主要成分为茴香酮、茴香脑、甲基黑椒酚、茴香醛等，具有特殊的芳香和微甜味。小茴香外形如图2－9所示。

图2－9　小茴香外形图

6. 肉豆蔻

肉豆蔻味辛，性温；归脾、胃、大肠经。作调味料，可去异味、增辛香，肉豆蔻具有浓烈的特殊香气，略带甜苦味，有一定的抗氧化作用。含精油5%～15%，主要成分为藻烯和莰烯（约为80%）、二戊烯（约8%）、肉豆蔻醚（约4%）等。肉豆蔻外形如图2－10所示。

图2－10　肉豆蔻外形图

7. 丁香

丁香也称"丁子香"，性味归经：温、辛；归脾、胃、肺、肾经，具有浓郁的丁香香气，并有烧灼感、辛辣味，兼有抗氧化、防霉作用。丁香含精油17%～23%，其中70%～90%为丁香酚，油中主要含有丁香油酚、乙酰丁香油酚、β－石竹烯，以及甲基正戊基酮、水杨酸甲酯、葎草烯、苯甲醛、苄醇、间甲氧基苯甲醛、乙酸苄酯、胡椒酚（Chavicol）、α－衣兰烯等，其余有丁香烯、石竹烯、乙酸龙脑酯、甲基戊基酮等。丁香外形如图2－11所示。

图 2－11　丁香外形图

8. 小豆蔻

小豆蔻是姜科、小豆蔻属多年生的草本植物。根茎延长而匍匐状，茎基部略膨大。味辛、微甘，消化后味苦，性润、温、燥而锐。小豆蔻种子有浓郁的柔和香气，略有辣味，浓时有苦味。它含精油 2% ~ 8%，主要成分有乙酸松油酯、芳樟醇、柠檬烯、桉叶油素等。小豆蔻外形如图 2－12 所示。

图 2－12　小豆蔻外形图

9. 肉桂

肉桂可分为斯里兰卡肉桂、中国肉桂，《神农本草经》记载："味辛温，主百病，养精神，和颜色，利关节，补中益气。"肉桂具有强烈香气，味甜中略苦。它含精油 1% ~ 2.5%，肉桂油主要成分除肉桂醛外（占 89% ~95%），还含有苯甲醛、肉桂醇、丁香烯、香豆素、甲基丁香酚、肉桂醇、乙酸肉桂酯、肉桂酸、2－甲氧基乙酸肉桂酯等多种成分。肉桂外形如图 2－13 所示。

图 2－13　肉桂外形图

10. 姜黄

姜黄又名郁金、宝鼎香、毫命、黄姜等，属姜黄芭蕉目，姜科、姜黄属，为多年生草本植物，地下有圆柱状根状茎和纺锤状块根，黄色，有香气。《本草拾遗》记载："味辛，温，无毒。"可从根茎中提取精油，称为"内油"，其中含有姜黄酮、姜黄醇、水芹烯等芳香物质。姜黄外形如图2-14所示。

图2-14　姜黄外形图

11. 五加皮

五加是五加科五加属植物，自古用根皮，五加的根皮与茎皮称"五加皮"。春季可采其嫩叶做蔬菜，有特殊的香味。树皮含芳香油，含有芝麻脂素、木栓酮、皂苷、真皮素、刺五加苷、非芳香性不饱和有机酸等物质。五加皮外形如图2-15所示。

图2-15　五加皮外形图

12. 辣椒

辣椒也称"番椒""海椒""大椒"，古称"辣茄"。成熟果中富含维生素C，胡萝卜素的含量也较高。其辣味由含辣椒素的挥发油（含0.02%~0.14%）所致，种子中的含量比皮中多，子房的隔膜中尤多。红干辣椒外形如图2-16所示。

图 2－16　红干辣椒外形图

13. 香叶

香叶来源于月桂属，又称月桂树、桂冠树、甜月桂、月桂冠，为樟科植物。月桂的干燥茎叶，是一种调味料，叶互生，宽心形或近圆形，近掌状 5～7 深裂，裂片再分裂为狭裂片，边缘被细毛，有不相等的缺刻，两面密被毛。其味辛，性温，可提取精油，其成分主要有香叶草醇、香茅醇、芳樟醇等。香叶外形如图 2－17 所示。

图 2－17　香叶外形图

14. 姜

姜，姜科姜属多年生草本植物，姜也称“生姜”。根茎供药用，鲜品或干品可作烹调配料或制成酱菜、糖姜。茎、叶、根茎均可提取芳香油，用于食品、饮料及化妆品香料中。姜富含胡萝卜素，味辛，有刺激食欲、帮助消化、健胃、祛寒、发汗、止咳化痰、解毒、除腥、解膻等作用。除含有姜油酮、姜酚等生理活性物质外，姜还含有蛋白质、多糖、维生素和多种微量元素，集营养、调味、保健于一身，自古被医学家视为药食同源的物质，具有祛寒、祛湿、暖胃、加速血液循环等多种保健功能。鲜生姜外形如图 2－18 所示。

图2－18　鲜生姜外形图

15. 甘草

甘草为豆科植物甘草、胀果甘草或光果甘草的干燥根和根茎，味甘，性平，归心、肺、脾、胃经。甘草含有多种化学成分，主要成分有甘草酸、甘草苷等。甘草的化学组成极为复杂，从甘草中分离出的化合物有甘草甜素、甘草次酸、甘草苷、异甘草苷、新甘草苷、新异甘草苷、甘草素、异甘草素，以及甘草西定、甘草醇、异甘草醇、7－甲基香豆精、伞形花内酯等成分。甘草作为调味品，赋予食品特殊的甜味。甘草外形如图2－19所示。

图2－19　甘草外形图

六、加工助剂(消泡剂)

在豆腐的加工生产中，由于大量的大豆蛋白质本身的起泡性和成膜性，在磨浆、煮浆、分离等加工过程中，由于水变成蒸汽鼓起蛋白质而形成大量的泡沫，它是蛋白质溶液形成的膜，把气体包在里面，由于蛋白质膜表面张力大，很难被里边的气体膨胀而把气泡冲破，如果泡沫过多会携带着豆浆液溢流出容器，特别是煮浆时由于大量泡沫翻起,会造成假沸腾现象,点浆时必须将泡沫去掉,否则会影响凝固质量。泡沫不仅严重影响生产加工中的得率和质量,同时给工厂的环境和排污过程造成了很大的危害。所以从小作坊到大企业的生产,每天都会使用大量的消泡剂来消除各个环节所产生的泡沫。随着食品安全意识的增强,食品添加剂的使用越来越严格,目前国内《国家食品安全标准　食品添加剂使用标准》(GB 2760—2014)允许在豆制品中使用的消泡剂有:聚氧乙烯(20)山梨醇酐单月桂酸酯(又名吐温 20),聚氧乙烯(20)山梨醇酐单棕榈酸酯(又名吐温 40),聚氧乙烯(20)山梨醇酐单硬脂酸酯(又名吐温 60),聚氧乙烯(20)山梨醇酐单油酸酯(又名吐温 80),使用量 0.05 g/kg;聚二甲基硅氧烷及其乳液,其最大使用量为 0.3 g/kg;高碳醇脂肪酸酯复合物(DSA -5),没有限量要求。消泡剂使用时均匀地加在豆糊中,一起加热即可。

第三节　豆制品制浆及其大豆蛋白热凝胶机理

一、豆制品制浆技术

1. 豆制品制浆的类别

制浆是指通过磨浆、过滤等从大豆中提取蛋白质等营养物质的操作,是豆浆制作过程的重要工序。按照大豆是否浸泡,可分为干法制浆和湿法制浆,按照浆渣分离和煮熟的先后顺序,可分为生浆法和熟浆法。

(1)干法制浆

干法制浆是将大豆清洗不经过浸泡直接按照一定豆水比例磨成豆糊再分离成豆浆,干法制浆操作简便、快捷,但干法工艺较湿法工艺制得的豆浆口感粗糙,且不利于大豆蛋白质等营养物质的最大限度溶出,更会加大机器的功耗和机械磨损。

(2)湿法制浆

湿法制浆是指将大豆经充分浸泡后磨成豆糊再分离成豆浆。数小时的浸泡使得大豆籽粒充分吸收了水分,组织结构变得疏松,有利于碾磨以提取蛋白质和其他营养物质。此外,有必要对浸泡时间进行严格控制,否则会造成微生物滋生、营养物质损失等问题,影响豆浆的品质。

D. K. O'Toole 将大豆粉碎成豆粉,与热水以一定比例混合,经离心、过滤,超高温瞬时加热(154℃,30 s)工艺制成豆浆,显著缩短了豆浆制作时长,得到口感浓郁、香味突出的豆浆。李彬等人将大豆粉碎 120 s,以 1∶11 的比例与温水混合保温 15 min,结果表明:干法制浆使可溶性固形物含量提高了 14.41%、可溶性蛋白质含量提高了 16.57%,平均粒径降低了 66.43%,豆浆在稳定性、黏度等方面均优于传统的湿法豆浆,同时干法豆浆与湿法豆浆制浆得率也存在显著差异性。孙晓欢等人对比干法制浆与湿法制浆对豆浆品质的影响,结果表明:干法制浆得率为 75%,高于湿法制浆的 70.28%,干法制得的豆浆总糖(19%)、淀粉(17.21%)和还原糖含量(1.03%)略高于湿法制浆,而豆浆中的粗脂肪(12.73%)、游离脂肪酸(14.8%)、粗蛋白质(43.96%)含量则低于湿法制浆。董巧等人从感官品质、物理性质及营养品质对比干法、湿法豆浆之间的差异发现:同一制浆设备湿法制浆固形物含量高出干法制浆工艺 0.5%~1.0%,还原糖含量高出0.04~0.07 g/100 mL,而脂肪与蛋白质含量干法制浆分别高出湿法制浆 0.1~0.4 g/100 mL、0.1%~0.5%,豆浆的黏度、粒径与感官品质湿法制浆优于干法制浆,综合考虑湿法制浆更加适用豆浆加工。贺嘉欣等人研究发现,干法、湿法两种制浆方法对豆浆营养成分和抗营养成分有不同的影响,干法制浆相对降低了豆浆的植酸和单宁,但也限制了蛋白质、脂肪、碳水化合物等的溶出,湿法制浆除可保留更多蛋白质、脂肪和碳水化合物外,还可抑制胰蛋白酶活性,提高人体对蛋白质的消化吸收率。湿浆法根据浆渣分离和煮浆先后顺序,可分为生浆法和熟浆法。

①生浆法。生浆工艺是我国豆制品企业比较普遍的加工工艺。生浆工艺是指对大豆磨浆,直接分离浆渣后煮浆的工艺方法。生浆法的优势在于豆糊的浆渣分离容易、操作简单、生产成本低,同时生浆法适合作坊和小微企业操作。然而,生浆工艺获得的豆浆存在豆腥味重、苦涩味物质含量高、口感粗糙、稳定性差等问题。此外,生浆法豆浆由于磨浆到分离后,然后加热,从而导致豆浆在环境温度下存

放时间相对熟浆工艺豆浆时间长，因此，加工过程中豆浆被微生物污染的风险增加。此外，生浆工艺产生的豆渣没经煮熟，豆渣的脲酶含量高和豆腥味重，再利用难度大。

②熟浆法。南密县打虎亭东汉墓考古的石刻壁画说明，在东汉时期，我国已经采用“熟浆法”生产豆腐，这打破了日本豆腐加工业者认为熟浆工艺是日本特有的说法。根据加热的次数与顺序，熟浆工艺又可分为一次浆渣共熟制浆工艺、二次浆渣共熟制浆工艺和热水淘浆工艺。

一次浆渣共熟制浆工艺是指大豆经过充分浸泡清洗，按一定的豆水比例磨成豆糊，豆渣与浆汁共同加热煮沸后采用离心分离的方法进行浆渣分离。熟浆工艺制得的豆浆具有豆香风味浓郁、口感丝滑细腻、蛋白质含量高的特点。熟浆法加工豆腐的技术和产品质量均优于生浆法。

二次浆渣共熟制浆工艺是国家非物质文化遗产湖南武冈豆腐生产的独特工艺，通过在豆制品加工与安全控制湖南省重点实验室科研人员多年的科学研究和生产实践基础上进行改进创新。大豆经浸泡、辗磨后，豆渣经历两次加热，豆浆则被3次煮浆，纤维素的膨润度得以增加，减少了豆浆中的粗纤维素含量，赋予豆浆更加细腻的口感。同时二次浆渣共熟提高了多糖、磷脂的溶出，可促进固态分散微粒和液态乳化物形成牢固而稳定的多元缔合体系，有效保证豆浆良好的乳化特性，有效阻碍了脂肪聚合形成大油体上浮，也防止蛋白质粒子聚沉形成蛋白质沉淀，得到的豆浆稳定性高。

热水淘浆工艺是在熟浆工艺基础上的进一步改进，利用热水淘洗豆渣产生的二浆进行磨浆，豆浆浓度能够得到精准控制，在保存豆浆醇厚、浓郁口感的同时，有效地解决了大豆纤维素分离困难、蛋白质利用率低等问题。达利集团的豆本豆系列产品就是采用的热水淘浆法。

(3)其他制浆工艺

随着对豆浆关注度的提高及豆浆加工工艺的进步，豆浆加工过程中涌现出一些新型制浆工艺。江南大学季秋燕等人使用实验室自制的无氧磨浆机制得的豆浆，结果表明，无氧制浆工艺与传统制浆工艺制得的豆浆中蛋白质、脂肪、总糖、灰分无明显变化，但无氧制浆工艺制得豆浆中蛋白质形成的二硫键较少，蛋白质聚集体较少，豆浆受氧化程度降低。张清等人使用新型低耗管道化浸泡技术结合胶体磨制得豆浆，结果表明，所制豆浆蛋白质含量为3.89 g/100 g，豆浆感官得分为96.20分，颜色亮白、口感爽滑。胶体磨的挤压和剪切机械作用使豆浆粒径减小为2.55 μm，豆浆离心沉淀率1.80%，TSI较低，不易发生絮凝及脂肪上浮，有助于提高豆浆品质及稳定性。王修坤等人对大豆破碎耦合蒸汽灭酶制浆工艺进行优化，结果表明，浸泡时间为(10.5 ±0.5) h、升温速率为0.37℃/s、蒸汽结束温度为(96 ±1)℃时制得的豆浆豆香味浓郁，脂肪氧化酶完全失活，同时这种制浆工艺缩短了工艺环节，可减少豆制品工业废水的排放，且全豆制作的方法可提高大豆的资源利用率。近些年一些豆制品加工企业发明了一种半熟浆工艺，即使用冷水磨浆，将豆糊加热至80℃后，用80℃以上的热水对豆渣进行清洗提取、过滤，最后将所有豆浆一同加热，这种制浆工艺比生浆工艺提取效率高，比熟浆工艺的生产成本低，受到一些企业的青睐。

2. 豆浆品质的评价方法

豆浆的品质评价方法：感官评分对比（豆浆色泽、气味、滋味、口感）、物理指标对比（豆浆稳定性、离心沉淀率、黏度、粒径、粒子密度、沉降速度）和营养成分对比（豆浆蛋白质、脂肪、多糖、灰分）。

（1）感官评分对比

挑选10位经过培训的人员组成感官评价小组，按照表2－3的评价标准分别从色泽、气味、滋味、口感4个方面进行评分，其总分记为感官评分，再取平均值作为最终感官评价结果。

表2－3　豆浆品质感官评分表

项目	评分标准		
色泽（20分）	乳白色，淡乳黄色（16～20）	淡黄色（12～15）	颜色太深，异常色（<12）
气味（30分）	豆香味醇厚，无豆腥味等不良气味（26～30）	香气稍淡，稍有豆腥味（20～25）	豆腥味浓，有不良气味（<20）

续表

项目	评分标准		
滋味（30分）	具有豆浆应有的味，顺滑饱满，稍有涩味，无异味（26～30）	滋味稍差（20～25）	涩味重，有不纯滋味，异味（<20）
口感（20分）	口感细腻、丝滑，无明显颗粒感（16～20）	口感稀薄、有轻微颗粒感（12～15）	口感粗糙，渣感明显（<12）

（2）物理指标对比

①豆浆稳定性。

取豆浆适量，稀释40倍，在4000 r/min转速下离心5 min，785 nm波长处测定样品离心前后的吸光度，并按式（2－1）计算。

$$R = \frac{A_2}{A_1} \tag{2-1}$$

式中：R——稳定性系数；

A_2——离心后上清液吸光度；

A_1——离心前吸光度。

其中$R \leqslant 1$，R值越大表明豆浆体系越稳定。

②豆浆离心沉淀率。

在10 mL离心管中加入适量样品，用离心机以5000 r/min离心10 min，弃去上层液体，倒扣试管沥干称重，平行测定3次，并按式（2－2）计算。

$$w_1 = \left(\frac{m_2 - m_1}{m_0}\right) \times 100 \tag{2-2}$$

式中：w_1——离心沉淀率，%；

m_0——样品质量，mg；

m_1——离心管质量，mg；

m_2——离心率上清液后离心管质量，mg。

③豆浆黏度。

使用NDJ—5S黏度计测定豆浆黏度，黏度计使用0号转子，转速为60 r/min，测量温度为25℃。

④豆浆粒径测定。

使用 WJL－628 型激光粒径仪测定豆浆粒径分布范围及其平均粒径，参数控制：分散介质为蒸馏水，折射率实部为 1.76，虚部为 0.05，理想遮光比为 1～2，介质折射率为 1.33。

⑤豆浆粒子密度测定。

豆浆体系由介质水以及除水以外的所有粒子组成，使用差值法可计算出豆浆粒子密度。公式如式(2－3)：

$$\rho_{粒子} = \frac{m_{豆浆} - m_{水}}{V_{豆浆} - V_{水}} \tag{2-3}$$

式中：$\rho_{粒子}$——豆浆粒子密度，g/cm^3；

$m_{豆浆}$——豆浆质量，g；

$m_{水}$——水的质量，g；

$V_{豆浆}$——豆浆体积，mL；

$V_{水}$——水的体积，mL。

⑥豆浆沉降速度测定。

豆浆的沉降速度与豆浆稳定性密切相关，使用激光粒径仪测量豆浆粒径，使用黏度仪测量豆浆的黏度，根据斯托克斯定律(Stokes Law)中，粒子受到向下的重力为沉降介质的浮力与摩擦阻力二者之和，公式如式(2－4)：

$$v = \frac{g(\rho_1 - \rho_2)d^2}{18\eta}(Re < 0.4) \tag{2-4}$$

式中：v——沉降速度，cm/s；

d——粒子平均直径，cm；

η——介质黏度，Pa·s；

ρ_1——粒子密度，g/cm^3(豆浆体系中除水以外的所有粒子密度)；

ρ_2——介质密度，g/cm^3(水是豆浆体系中的介质)。

(3)营养成分对比

豆浆的蛋白含量、脂肪含量等理化指标，按照相应的国家标准检测即可。

二、大豆蛋白热凝胶机理

凝固就是大豆蛋白质在热变性的基础上，在凝固剂的作用下，由溶胶状态变成凝胶状态的过程，在蛋白质溶液当中，蛋白分子通常呈一种卷曲的紧密结构，其表面被水化膜所包围，因而具有相对的稳定性。由于加热，使蛋白质分子呈舒展状态，原来包埋在卷曲结构内部的疏水基团相对减少。同时，由于蛋白质分子吸收热能，运动加剧，使分子间接触，交联的机会增多。随着加热过程的继续，蛋白分子间通过疏水键和二硫键的结合，形成中间留有空隙的立体网状结构，这个空间立体网状结构的形成过程就是大豆蛋白凝胶形成的过程。不同的凝固剂，大豆蛋白热凝胶机理不同，目前大豆蛋白热凝胶机理存在四种学说：盐桥离子学说、等电点学说、酶凝固机理和多维凝固机理。但总体而言，大豆蛋白的凝胶形成过程离不开三个条件：温度、豆浆的浓度、凝固剂添加量。此外，它是通过点脑与蹲脑两道工序来完成的。

1. 盐桥离子学说

大豆 7S 和 11S 球蛋白的热凝胶形成性决定了豆腐凝胶的品质，均以 β－折叠结构为主，蛋白质受热变性后，部分氢键断裂，发生解折叠行为。在受热后，折叠打开，一是大豆蛋白质中含有很多羧基，大豆蛋白的亲水基团暴露，随着盐类凝固剂的加入，凝固剂中二价阳离子（如 Ca^{2+}、Mg^{2+}）与蛋白分子结合，产生蛋白—离子桥而形成蛋白凝胶；二是基于盐析理论，即盐中的阳离子与热变性大豆蛋白表面带负电荷的氨基酸残基结合，使蛋白质分子间的静电斥力下降形成凝胶。又由于盐的水合能力强于蛋白质，所以加入盐类后，争夺蛋白质分子表面的水合层导致蛋白质稳定性下降而形成胶状物。阳离子桥学说指盐类凝固剂加入后，与相互聚集的蛋白质分子间形成“钙桥”或“镁桥”连接方式，加快蛋白质凝胶的形成速度，增加蛋白网络结构的稳定性，增加豆腐强度和硬度。盐析作用是盐类凝固剂加入后，热变性蛋白质在电解质作用下发生去水化而出现盐析。盐类凝固剂加入后，pH 显著下降，趋近大豆蛋白质等电点，热作用使蛋白质分子充分膨胀，以静电力等次级键形式发生缠绕聚合，形成豆腐凝胶。Wang

等在阳离子桥理论基础上，提出钙离子会首先与豆浆中植酸结合形成非离子化产物，削弱阳离子对蛋白分子的静电屏蔽效应，促使钙离子与非微粒蛋白间反应形成新蛋白微粒；蛋白微粒间相互联结，最终形成凝胶网络结构。

2. 等电点学说

酸类凝固剂使豆浆 pH 下降至大豆蛋白等电点附近，减少其分子表面负电荷基团的数目，蛋白之间因静电力下降更易发生聚集，形成蛋白凝胶类凝固剂，主要包括 GDL、柠檬酸、醋酸和乳酸等。GDL 酸类凝固剂广泛用于豆腐生产。由于在一定温度下，GDL 在水中分解成葡萄糖酸的速度较慢，符合大豆蛋白质凝胶网络结构形成渐进过程，与常见盐类凝固剂（如硫酸钙）生产豆腐相比，产率高、弹性强、持水性大且质地滑润偏软。Grygorczyk 等对比分析 GDL 和乳酸作为凝固剂在大豆凝胶形成过程中的作用特点，结果表明，乳酸辅助凝胶形成开始 pH 为（6.29 ± 0.05），显著高于 GDL 作为凝固剂时豆浆凝固 pH（5.90 ± 0.04，$P < 0.05$）。这是因为乳酸作为凝固剂时豆浆微粒重排聚集所需时间比 GDL 聚集时间长。Chang 等分析黑豆浆在 GDL 作为凝固剂时凝胶形成过程，结果表明豆花凝胶形成速率常数随着凝固剂用量和使用温度增大而增加，而随豆浆固形物含量增大而减小。豆花凝胶成型时间随着凝固剂用量和使用温度增大而减小，而随豆浆固形物含量增大而增大。

3. 酶凝固机理

MTGase 又称转谷氨酰胺酶，可催化蛋白质分子内和分子间交联、蛋白质和氨基酸之间连接及蛋白质分子内谷氨酰胺基水解，改善蛋白质弹性、持水性和稳定性。MTGase 具有对肽结合谷氨酰胺残基（γ - 甲酰胺基）与各类伯胺（赖氨酸残基上 ε - 氨基）之间催化酰基转移的作用，在作用于大豆蛋白分子时，可促使分子内和分子间 ε -（γ - 谷氨酰胺）- 赖氨酸交联。Tang 等以高 11S 蛋白含量和高 7S 蛋白含量大豆分离蛋白为原料，以 MTGase 为凝固剂制作蛋白凝胶，对比研究其性质与形成机理。发现大豆分离蛋白中 11S 蛋白主要影响蛋白凝胶硬度、脆性、胶着性和咀嚼度，蛋白凝胶柔韧、浑浊；而凝聚力和弹性则主要受 7S 蛋白的影响,蛋白凝胶更软嫩、透明。另外,MTGase 促进两种贮藏蛋白形成凝胶的作用机理不同,在高 11S 蛋白含量处理中,形成和维持大豆凝胶的化学作用力主要有共价交联作用、疏水作用、氢键和二硫键;而在高 7S 蛋白含量处理中,主要化学作用力为疏水作用和氢键。

4. 多维凝固机理

湖南武冈、云南石屏、陕西榆林等地则采用中国特有的豆清发酵液凝固剂(酸浆)。该技艺古老,是非物质文化遗产保护的传统工艺,被誉为中国传统食品活化石。

豆清发酵液作为凝固剂,其凝胶机理在学术界一直争议较大,豆制品加工与安全控制湖南省重点实验室首席专家赵良忠教授提出豆清发酵液凝固剂的多维凝固机理,即豆清发酵液热聚合大豆蛋白凝胶的形成是由静电作用、二硫键作用,氢键作用、疏水相互作用、离子桥作用、蛋白质交联作用等多种化学作用力协同作用的结果。豆清液多维凝胶机理突破了大豆蛋白凝胶盐桥理论和等电点原理技术限制,破解了酸浆豆腐古老技艺的密码,为酸浆豆腐的古老技艺工业化,提供了理论支撑。

大豆 7S 和 11S 球蛋白的热凝胶形成性决定了豆腐凝胶的品质,均以 β - 折叠结构为主,蛋白质受热变性后,部分氢键断裂,发生解折叠行为。在受热后,折叠打开,蛋白链表面带负电荷。豆清发酵液加入后,酸(H^+)、阳离子(金属离子:Ca^{2+}、Mg^{2+})中和蛋白质表面所带负电荷,破坏了蛋白质表面的水化层,改变了蛋白质分子表面所带的电荷量,带负电荷的蛋白粒的净电荷减少,蛋白质分子间的静电排斥作用下降,蛋白质相互吸引、靠近。同时,随着蛋白质分子结构逐渐舒展,从球形变为线形,埋藏在卷曲结构内部的疏水基团暴露,在疏水相互作用下,蛋白质分子发生聚集,分子间的距离进一步减小;在极性分子间和分子内作用力(偶极矩)的作用下,氢键重构,分子间结合位增强,蛋白质分子间距离减小;二硫键为—SH 氧化而成,随着亲水基团对水的束缚力增加(氢键键合力增强),分子间二硫键桥数量增加,形成凝胶网络骨架;最后,豆清发酵液中生物活性酶直接催化蛋白质分子中的谷酰胺基和赖氨酸 ε - 氨基之间形成异肽键使蛋白质发生交联,从而形成凝胶网络结构,使豆腐凝胶网络的致密度增加。

第四节　豆腐的生产工艺及其控制要点

一、豆腐生产基本工艺

豆腐在我国的制作历史十分悠久,但其发明具体年代,还有待考究。豆腐给人们带来美食的享受,数千年来,留下诸多名句对豆腐的赞美。如唐诗中就有:“旋转磨上流琼液,煮月铛中滚雪花”;宋代著名诗人苏东坡的诗中有“煮豆为乳脂为酥”的佳句描绘;元代诗人郑允端作豆腐诗曰:“磨砻流玉乳,蒸煮结清泉;色比土酥净,香逾石髓坚;味之有余美,玉食勿与传。”明代诗人苏秉衡写的《豆腐诗》云:“传得淮南术最佳,皮肤褪尽见精华。一轮磨上流琼液,百沸汤中滚雪花。瓦罐浸来蟾有影,金刀剖破玉无瑕。个中滋味谁得知,多在僧家与道家。”虽然,在诗人的眼中,豆腐的制作描绘了一幅美丽的画卷,但是,豆腐的制作过程还是非常繁杂而又艰辛的。从大豆的挑选、磨豆、煮浆和点浆等,每一步都凝结着劳动人们的智慧。豆腐是中国传统的食品,因为口感细腻润滑、生产工艺简单、食用方便,同时由于蛋白含量高、脂肪含量低、所含热量低,所以深受国内人民的喜爱。豆腐不含胆固醇,而含有不饱和脂肪酸,具有降低胆固醇的作用。豆腐中的大豆异黄酮、大豆皂苷、卵磷脂等活性成分,具有去除体内自由基的能力,可以使女性皮肤更加光滑细嫩、延缓衰老等。此外,豆腐还具有益中和气、生津润燥、清热解毒、消渴解酒等医学价值。

1. 豆腐生产工艺流程

(1)熟浆法

大豆→去杂、清洗→浸泡→磨浆→浆渣共熟→浆渣分离→煮浆→点浆→蹲脑→压榨→切块→豆腐胚

(2)生浆法

大豆→去杂、清洗→浸泡→磨浆→浆渣分离→煮浆→点浆→蹲

脑→压榨→切块→豆腐胚

2. **主要操作**

(1)大豆去杂和清洗

除杂:大豆在收获、贮藏及运输的过程中难免要混入一些杂质,如草屑、泥土、沙子、石块和金属碎屑等。这些杂质不仅有碍于产品的食品安全和质量,而且会影响机械设备的使用寿命,所以必须清除。豆腐生产中大豆除杂的方法可分为干选法和湿选法两种。

①干选法:这种选料法主要是使大豆通过机械振动筛把杂物分离出去,大豆通过筛网面到出口处进入料箱,与大豆相对密度不同的泥粒、沙粒、铁屑等,在振动频率的影响下,可以分离出去,不会通过筛眼而混杂在大豆里,采用此法能把大豆清理干净。

②湿选法:这种选料法是根据相对密度不同的原理,用水漂洗,将大豆倒入浸泡池中,加水后某些杂物浮上来,将其捞出,而相对密度大于水的条屑、石子、泥沙等与大豆同时沉在水底。在大豆被送往下道工序磨碎时,可通过淌槽,边冲水清洗,边除杂质,使铁屑、石子和泥沙等沉淀在淌槽的存杂框里,从而达到清除杂质的目的。

(2)浸泡

磨豆前对大豆要加水浸泡,使其子叶吸水软化,硬度下降,组织、细胞和蛋白质膜破碎,从而使蛋白质、脂质等营养成分更易从细胞中抽提出来。大豆吸水的程度决定了磨豆时蛋白质、碳水化合物等其他营养成分的溶出率,进而影响到最终豆腐的凝胶结构。同时,浸泡使大豆纤维吸水膨胀,韧性增强,磨浆破碎后仍保持较大碎片,减少细小纤维颗粒的形成量,保证浆渣分离时更易分离除去。大豆品种、浸泡用水水质、浸泡用水水温、浸泡时间、豆水比等因素影响浸泡的工艺参数。

(3)磨浆

磨浆是将浸泡适度的大豆,放入磨浆机料斗并加适量的水,使大豆组织破裂、蛋白质等营养物质溶出,得到乳白色浆液的操作。磨浆的水质应符合 GB 5749 的相关要求。从理论上讲,减少磨片间距,大豆破碎程度增高,与水分接触面积增大,有利于蛋白质溶出;但在实际生产中，大豆磨碎程度要适度，磨得过细，纤维碎片增多，在浆渣分离时，小体积的纤维碎片会随着蛋白质一起进入豆浆中，影响蛋白质凝胶网络结构，导致产品口感和质地变差。同时，纤维过细易造成离心机或挤压机的筛孔堵塞，使豆渣内蛋白质残留含量增加，影响滤浆效果，降低出品率。

(4)浆渣共熟(熟浆工艺特有)

煮浆即通过加热，使大豆蛋白充分变性，一方面为点浆创造必要条件，另一方面消除抗营养因子和胰蛋白酶抑制剂，破坏脂肪氧化酶活性，消除豆腥味，杀灭细菌，延长产品保质期。赵良忠分析了浆渣共熟工艺提高产品品质的原因：第一，在磨浆中豆渣只经过一次机械剪切，豆纤维分子相对较大，通过浆渣共熟工艺，豆纤维加热膨胀，体积进一步增大，过滤时容易除去，所以，生产出的豆浆、豆腐口感细腻；第二，浆渣共熟过程中，大豆蛋白、大豆磷脂、大豆多糖等物质溶出率增加，有利于提高豆浆的乳化稳定性和饱满度；第三，浆渣共熟有利于蛋白质形成交联网状结构，提高豆腐的持水性和产品得率；第四，浆渣共熟能有效破坏酶的活性，减少豆腥味和苦涩味；第五，浆渣共熟，破坏了豆渣中胰蛋白酶抑制因子，提高了豆渣的可食用性。

(5)浆渣分离

浆渣分离的主要目的就是把豆渣分离去除，以得到大豆蛋白质为主要分散质的溶胶液——豆浆。人工分离一般借助压力放大装置和滤袋，滤袋目数一般为 100 ~ 120 目为宜；机械过滤一般选择(生浆)卧式离心机或(熟浆)挤压机，加水量、进料速度、转速、筛网目数决定着分离效果。

(6)微压煮浆

微压煮浆系统是利用密闭罐加热豆浆，豆浆泵入密闭罐时，排气孔打开，在常压下加热豆浆。煮浆温度由温度传感器测定，煮至设定温度后，指示电气元件做出打开放浆阀门和关闭排气阀门动作，使罐内形成密封高压，把豆浆全部压送出去，然后停止冲入蒸汽，完成一次煮浆。

通过多次煮浆，增加纤维素的胀润度，使纤维素分子体积增大，大幅减少进入豆浆中的粗纤维含量，使豆腐口感细腻；同时促进了多糖的溶出，增加豆腐中亲水物质的含量，有利于豆腐保持高水分。此外，这些亲水物质在受到凝固剂作用时，可作为蛋白质分子的空间障碍，有效防止大豆蛋白分子间的聚集，从而保证豆腐的嫩度，减少了豆腐中“孔洞”的出现。

(7)点浆(点脑)

点浆就是把凝固剂按一定的比例和方法加入到煮熟的豆浆中，使大豆蛋白质溶胶转变成凝胶，即使豆浆变为豆腐脑(又称豆腐花)的过程，是豆制品生产中的关键工序。豆腐脑是由呈网状结构的大豆蛋白质和充填在其中的水构成的。凝胶中的水可分为两部分：一部分为结合水，它们主要与蛋白质凝胶网络中残留的亲水基以氢键相结合，一般1 g蛋白质能结合0.3～0.4 g水，这部分水比较稳定，不会因外力作用而把它从凝胶中排出。另一部分是依毛细管表面能的作用而存在的，属于自由水，在成型时受外力作用可流出。所谓豆腐的保水性，主要是指豆腐脑受到外力作用时，凝胶网络中自由水的保持能力。蛋白质的凝固条件决定着豆腐脑的网状结构及其保水性、柔软性和弹性。一般情况下，豆腐脑的网状结构网眼较大，交织得比较牢固，豆腐脑的持水性就好，做成的豆腐柔软细腻，产品得率高。豆腐脑凝胶结构的网眼小，交织得又不牢固，则持水性差，做成的豆腐就僵硬、缺乏韧性，产品得率低。生产实践表明，影响豆腐脑质量的因素有很多，如豆的品种和质量、生产用水质、凝固剂的种类和添加量、豆浆的熟化程度、点浆温度、熟浆浓度、pH及搅拌方法等。

(8)蹲脑

蹲脑是大豆蛋白质凝固过程的继续，点浆操作结束后，蛋白质与凝固剂的反应过程仍在继续进行，蛋白质网络结构尚不牢固，只有经过一段时间的静止，凝固才能完成，组织结构才能稳固。凝胶时间与豆腐硬度的关系非常紧密。蹲脑时间的长短应该适当，太短凝固不充分，太长凝固物温度下降太多，不利于以后各工序的正常进行，也有害于成品质量。一般情况下，油豆腐类蹲脑时间为10～15 min、干豆腐为7～10 min、老豆腐为20～25 min、嫩豆腐约需30 min。蹲脑过程宜静不宜动，否则，已经形成的凝胶网络结构会因振动而破坏，使制品内在组织有裂隙，凝固无力，外形不整，特别是在加工嫩豆腐时表现更为明显。

(9)压榨

压榨是指在施加外压力条件下，使豆腐在定型过程中排出部分水分并使分散的蛋白凝胶连为一体的过程。压榨温度、压力、时间决定豆腐成型效果，其中压榨压力指的是豆腐所受最大的压力；豆腐脑排水后必然造成温度的降低，只能采取保温措施或尽快切块送入下道工序，一般保证豆腐中心温度为55℃即可。此外，豆腐的压榨必须是缓慢加压，加压过快，容易形成类似干燥加热过快而产生的“干硬膜”，导致豆腐表面成膜，内部排水不畅。

(10)分切

分切是指使用刀具沿着豆腐压箱模具线型将压榨好的整版豆腐分切成一定大小豆腐块的操作。人工分切必然存在误差，会导致产品净含量和形状的不稳定，严重影响产品外观和整体质量。采用机械自动切块机，保证产品规格一致，成为豆腐胚，后续工序根据产品类型，再加工处理。

二、豆腐生产控制要点

1. 浸泡

控制豆水比例，一般情况为1:4，以浸泡结束后，大豆不能露出水平面为佳。浸泡时间，与水温和环境温度关系较为密切。浸泡温度不同，浸泡时间也不同。水温高，浸泡时间短；水温低，浸泡时间长。其中冬季水温为2～10℃时，浸泡时间为13～15 h；春、秋季水温为10～30℃时，浸泡时间为8.0～12.5 h；夏季水温在30℃以上，仅需6.0～7.5 h，并且期间应更换泡豆水一次。

2. 豆浆的浓度

豆浆浓度：俗话说：“浆稀点不嫩，浆稠点不老。”这是工人师傅们长期生产实践的结晶，它形象地反映了豆浆浓度与豆腐脑质量间的关系。豆浆的浓度低，点脑后形成的脑花太小，保不住水，产品发死发硬，出品率低；豆浆浓度高，生成的脑花块大，持水性好，有弹性。但浓度过高时，凝固剂与豆浆一接触，能迅速形成大块脑花，易造成上下翻动不均，出现白浆等后果。我国主要豆制品生产中，点浆时豆浆含量要求大致如下：北豆腐 7.5 ~ 8.0°Brix，南豆腐 9.0 ~ 12.0°Brix，豆腐干 6.5 ~7.5°Brix，油豆腐 5.5 ~6.5°Brix。

以凝固剂—豆清发酵液（酸浆）为例，实验数据表明，豆浆浓度在 5.2 ~5.8°Brix 之间，加入凝固剂后形成的脑花大小适中，豆腐韧性足，豆浆浓度在 5.5°Brix 左右为最适点浆的浓度。低于 5.5°Brix 时，蛋白质分子结合力不够，持水性差，豆腐没有弹性，出品率低。单从蛋白质加工性能看，豆浆浓度在 5.5°Brix 以上，浓度越大，蛋白质聚集越容易，生成的豆腐脑块大，持水性上升，富有弹性。但实际生产中发现，当豆清发酵液与浓度过高的豆浆混合时，会迅速形成大块整团的豆腐脑，持水性明显下降，造成点浆结束时仍有部分豆浆无法凝固的现象，也无法得到清亮透明的上清液（新鲜豆清蛋白液），影响后续生产。

3. 点浆的温度

点浆时豆浆的温度高低与蛋白质的凝固速度关系密切。豆浆的温度高，豆浆中的蛋白质胶粒的内能大，比较容易越逾能垒，凝聚速度快，凝胶组织易收缩，结构网眼小，保水性差，产品弹性小，发硬；豆浆温度低，蛋白质胶粒的内能小，越逾能垒困难，凝聚速度慢，形成凝胶网眼大，产品保水性好，弹性好。但当温度过低时，豆腐脑含水量过高，反而缺乏弹性，易碎不成型。豆制品生产中，点脑温度的高低，应根据产品的特点，以及所使用的凝固剂和点浆方法的不同，而灵活掌握。一般是在 70 ~ 90℃，要求保水性好的产品，如水豆腐，点脑温度宜偏低一些，常在 75 ~80℃；要求持水性低的产品，如豆腐干，点脑温度宜偏高一些，常在 85℃左右。

4. 点浆的搅拌方式

点浆时，豆浆的搅拌速度和时间，直接关系着凝固效果。搅拌地越剧烈，凝固剂的使用量越少，凝固的速度越快。搅拌速度慢，凝固剂的使用量就多，凝固的速度缓慢。搅拌的速度要视品种的要求而定，搅拌时间的长短要视豆腐花凝固的情况而定。豆腐花已经达到凝固要求，就应立即停止搅拌。这样，豆腐花的组织状况就好，产品细腻柔嫩、有劲，产品得率也高。如果搅拌时间超过凝固要求，豆腐花的组织被破坏，凝胶的持水性差，品质粗糙，成品得率低，口味也不好。如果搅拌时间没有达到凝固的要求，豆腐花的组织结构不好，柔而无劲，产品不易成型，有时还会出白浆，也影响产品得率。另外，在搅拌方法上，一定要使缸面的豆浆和缸底的豆浆循环翻转，在这种条件下，凝固剂能充分起到凝固作用，使大豆蛋白质全部凝固。如果搅拌不当，只是局部的豆浆在流转，往往会使一部分大豆蛋白质接触了过量的凝固剂而使组织粗糙，另一部分大豆蛋白质接触的凝固剂量不足，而不能凝固，给产量和质量都会带来影响。

5. 压榨的压力和时间

实验数据表明，压力范围在0.09～0.13 MPa时，豆腐未明显积水和形成硬皮，0.12 MPa为大多数企业采用的压榨压力。豆腐脑必须借助外在压力才能形成有弹性、韧性的豆腐，但施压扬程需谨慎选择。若压力较低，豆腐脑中蛋白质凝胶所受的黏合力不够，豆清蛋白液及豆腐脑中自由水难以排出；压力过大，可能导致原本成形的蛋白质凝胶又被打破，同时，由于压力的传递是由表及里，加压过大会使豆腐表面迅速成膜或者使包布滤孔堵塞，排水困难。由此可见，压力不足或过高都会造成水分分布不均，豆腐结构松散，并且在后段工序中会出现大量废料，降低正品率，影响产品口感；尤其在卤制过程中，水分分布不均还会使卤豆腐干表皮起泡溃烂。压榨时间为16.5～19.5 min时，豆腐已无豆清液溢出，且未发生破损，取压榨18 min为合适时间。

第三章　豆制品加工设备

第一节　豆制品设备的食品安全要求

“工欲善其事,必先利其器。”优良的设备是豆制品品质的第一道保障,豆制品设备是豆制品食品安全的第一道关口,豆制品设备的食品安全和GMP的符合性直接影响豆制品品质和消费者的健康,进而影响豆制品整个行业的发展。纵观豆制品的发展史,豆制品从纯手工作业,逐步迈向机械化和自动化,近年来,豆制品设备发展迅猛,从单一设备发展为整线设备,行业发展形势喜人,但是豆制品设备的相关标准落后于产品的发展。随着豆制品行业的发展,豆制品食品安全关注度的提升,豆制品设备的食品安全符合性,将引起设备使用企业的关注。

1.《食品安全法》关于设备的要求

①在《中华人民共和国食品安全法》(简称《食品安全法》)第一章,第二条规定:在中华人民共和国境内从事下列活动,应当遵守本法。

用于食品的包装材料、容器、洗涤剂、消毒剂和用于食品生产经营的工具、设备(以下称食品相关产品)的生产经营。

②第一百二十六条:违反本法规定,有下列情形之一的,由县级以上人民政府食品药品监督管理部门责令改正,给予警告;拒不改正的,处五千元以上五万元以下罚款;情节严重的,责令停产停业,直至吊销许可证。

食品相关产品生产者未按规定对生产的食品相关产品进行检验的,由县级以上人民政府质量监督部门依照第一款规定给予处罚。

从上述条款可知,食品生产的设备,在《食品安全法》中,与食品等同管理,食品生产的设备称为食品相关产品。

2. 豆制品设备及其工具涉及相关标准

①豆制品产品接触的表面材质要求，材质为不锈钢，则满足《食品安全国家标准　食品接触用金属材料及制品》(GB 4806.9—2016)。

A. 金属材料及制品中食品接触面使用的金属基材、金属镀层和焊接材料不应对人体健康造成危害。

B. 金属基材和镀层等材料成分应与产品所标识成分或牌号的相应成分一致。

C. 不锈钢食具容器及食品生产经营工具、设备的主体部分应选用奥氏体型不锈钢、奥氏体铁素体型不锈钢、铁素体型不锈钢等不锈钢材料；不锈钢餐具和食品生产机械设备的钻磨工具等的主体部分也可采用马氏体型不锈钢材料。

D. 与食品直接接触的不锈钢制品的理化指标应符合表3－1的规定。

表3－1　不锈钢制品的理化指标一览表

项目	指标	检验方法
砷(As)/(mg/kg) ≤	0.04	GB 31604.38—2016 第二部分或 GB 31604.49—2016 第二部分
镉(Cd)/(mg/kg) ≤	0.02	GB 31604.24—2016 或 GB 31604.49—2016 第二部分
铅(Pb)/(mg/kg) ≤	0.05	GB 31604.34—2016 第二部分或 GB 31604.49—2016 第二部分
铬(Cr)/(mg/kg) ≤	2.0	GB 31604.25—2016 或 GB 31604.49—2016 第二部分
镍(Ni)/(mg/kg) ≤	0.5	GB 31604.33—2016 或 GB 31604.49—2016 第二部分

注　马氏体型不锈钢材料及制品不检测铬指标。

E. 标签标识应符合 GB 4806.1 的规定。金属基材应明确标示其材料类型及材料成分，或以我国标准牌号或统一数字代号表示，如不锈钢“6Cr19Ni10”或“不锈钢 S30408”“铝合金 3004”等。食品接触面覆有金属镀层或有机涂层的，应标示镀层或涂层材料，如“镀铬”“镀锌镍合金”“聚四氟乙烯涂层”等。金属镀层不止一层时，应按由外层到内层顺序标出各层金属成分，并以斜杠隔开，如“镀铬/镍/铜”。

②其他食品接触面材料，应符合《食品安全国家标准》(食品接触

材料:GB 4806.1 ~4806.11)相关要求。

③豆制品设备表面应满足 GMP 中关于食品接触面的粗糙系数 Ra 应低于 0.6;若用于发酵设备,表面粗糙系数 *Ra* 应低于 0.4。

第二节　大豆前处理设备

豆制品生产加工的主要原料是大豆,大豆从仓库到生产线,需要提升和输送。大豆为固体物料,因此,大豆的提升和输送与固体物料(如粮食等)基本类似。提升和输送过程,从一个工序到另一个工序,大豆可以水平输送或垂直输送。考虑到豆制品加工的特点,大豆储存仓库一般设计在一楼,而泡豆工序,一般设计在厂房的最高层,因此,垂直输送的提升机较为普遍。

一、提升机

将原料垂直输送的设备类型:斗式提升机、螺旋式输送机、刮板输送机、气力输送系统。一般情况下,斗式提升机是最经济耐用的。斗式提升机外观和传动装置如图 3 -1 所示。

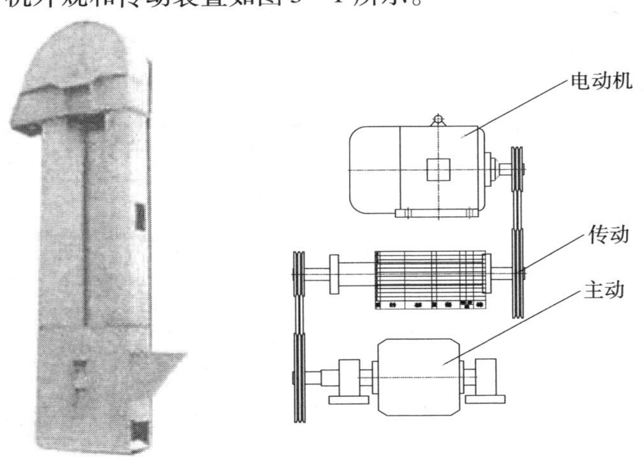

图 3 -1　斗式提升机外观和传动装置示意图

1. 斗式提升机特点

斗式提升机占地面积小、输送最大,机器结构简单,而且维护方便,维修费用低。缺点是输送水分低于14%的原料时会产生一些破碎粒。

2. 斗式提升机工作原理

该设备是利用垂直环形运转的平皮带带动皮带上的料斗，当料斗运转到提升机底部时,料斗装满原料,运转到上部,利用支撑滚筒转动的离心力,将原料从料斗内抛出,经出料口流出,达到垂直输送的目的。提升机的平皮带在一个密封性能较好的垂直套内运转,以防止粉末和原料外扬而破坏工作环境。在选择斗式提升机时,要根据输送高度、输送产量、输送内容、环境条件综合考虑,确定设备的具体技术要求。

3. 主要结构

斗式提升机主要组成：头部、底部、中部、电动机及传动部分、皮带及料斗。其结构示意图如图3－2所示。

机头部位是提升机主动滚筒安装部位,也是出料部位。电动机和变速箱,一般安装在机头部位。主滚筒直径根据提升机产量、皮带宽度、卸料需要的速度选择。滚筒应加工成鼓型,以防止皮带运转时跑偏。卸料口是在滚筒横向中心线以下,能使抛出的物料从料口流出。

底部是提升机的基础,主要由被动滚筒、进料口、机座、张紧调节机构和外套组成。被动滚筒和主动滚筒直径一致,但固定方式不同,被动滚筒弹力固定,对皮带有一定的张紧力,而且可以调节皮带的松紧度。进料口一般安装在被动滚筒中心线以上20 cm处,进料角度在30°左右,进料口的形式如图3－3所示。

中部是提升机外套部分。根据检修的需要设置一定的检修孔,以便检修时接皮带换斗等。提升机外套如果是单套,中间要加隔板,防止皮带有大的颤动。电动机及传动部分是提升机的动力源,当提升机动力需要较大时,采用齿轮减速箱变速,动力小时可以采用皮带二级变速。

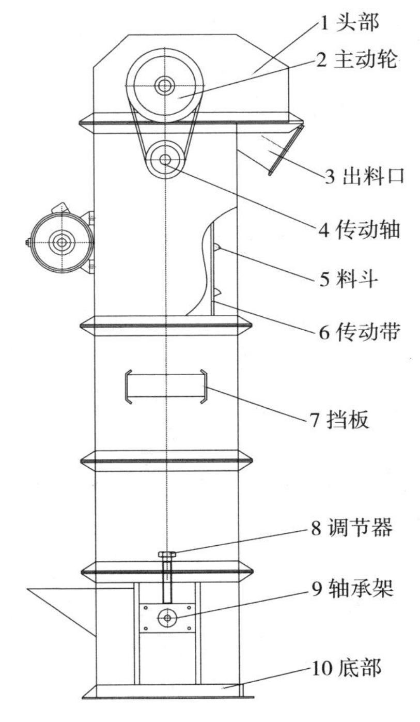

图 3－2　斗式提升机结构示意图

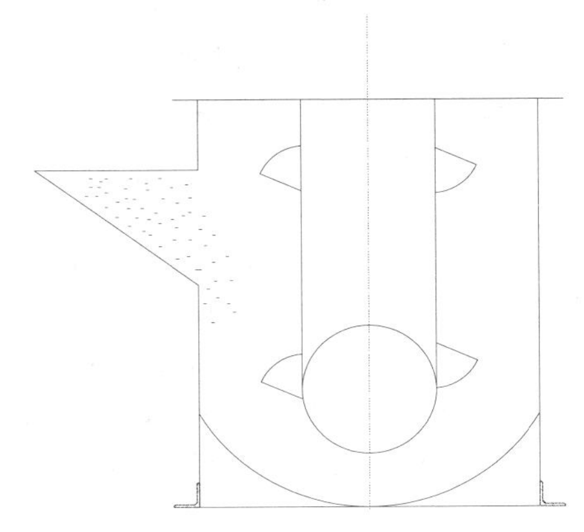

图 3－3　进料口示意图

皮带和料斗需要配合选用,皮带必须用挂胶皮带,皮带宽度一般比料斗宽3~4 cm。料斗用平机螺钉固定在皮带上,料斗一般分3种形式:深斗、浅斗和尖角斗,根据大豆的特性,一般选深斗。

二、组合式筛选提升机

随着科技发展和行业的需求,单一的提升设备逐步被淘汰,多功能组合设备成为主流。组合式筛选提升机如图3-4所示。大豆预处理设备包含三部分:复式精选机、大豆提升机和大豆去石机。

①复式精选机由旋风分离器和反复振动筛构成。对大豆进行风选和筛选,主要通过风送系统,将大豆和大豆中的尘土、草等比大豆轻的物质分离出去。

A. 旋风分离器是利用气固混合物在作高速旋转时所产生的离心力,将粉尘从气流中分离出来的干式气固分离设备。由于颗粒所受的离心力远大于重力和惯性力,所以分离效率较高。含尘气流一般以12~30 m/s的速度由进气管进入旋风分离器,气流由直线运动变为圆周运动。旋转气流的绝大部分,沿器壁自圆筒体呈螺旋形向下朝锥体流动。此外,颗粒在离心力的作用下,被甩向器壁,尘粒一旦与器壁接触,便失去惯性力,而靠器壁附近的向下轴向速度的动量沿壁面下落,进入排灰管,由出粉口落入收集袋里。旋转下降的外旋气流,在下降过程中不断向分离器的中心部分流入,形成向心的径向气流,这部分气流就构成了旋转向上的内旋流。内、外旋流的旋转方向是相同的。旋风分离器的主要特点是结构简单、操作弹性大、效率较高、管理维修方便、价格低廉,用于捕集直径10 μm以上的粉尘,广泛应用于制药工业中,特别适合于粉尘颗粒较粗、含尘浓度较大,高温、高压条件下,也常作为流化床反应器的内分离装置,或作为预分离器使用。但是,它对细尘粒(如直径<5 μm)的分离效率较低,细粉分离效率仅为70%~90%。为了提高除尘效率,降低阻力,已出现了如螺旋型、蜗旋型、旁路型、扩散型、旋流型和多管式等多种形式的旋风分离器。

B. 反复振动筛是利用振子激振所产生的往复旋型振动而工作

的。振子的上旋转重锤使筛面产生平面回旋振动,而下旋转重锤则使筛面产生锥面回转振动,其联合作用的效果则使筛面产生复旋型振动。其振动轨迹是一复杂的空间曲线。该曲线在水平面投影为一圆形,而在垂直面上的投影为一椭圆形。调节上、下旋转重锤的激振力,可以改变振幅。而调节上、下重锤的空间相位角,则可以改变筛面运动轨迹的曲线形状并改变筛面上物料的运动轨迹。振动筛一般由振动器、筛箱、支承(或悬挂装置)、传动装置等部分组成。

②大豆去石机由机架、机架上的封闭式分离筛和吸风装置构成。分离筛顶部设有进料口和吸风口,吸风口与吸风装置连接,分离筛设有两层倾斜筛面,分别是上层实心筛面和下层网孔筛面,重料由上层筛面高处落入下层网孔筛面低处;分离筛上对应上层实心筛面的低处和下层网孔筛面的高处设有出料口,下层网孔筛面的下方设有出石口,比重小的大豆从上层实心筛面出料口排出,比重大的石子和大豆从上层筛面的高处落入下层网孔筛面的低处,通过筛孔将大豆与石子分离,可以将与石子重量相近的大豆筛选出来。

③整机机体外形尺寸(长×宽×高):7500 mm×2160 mm×3500 mm,整机质量:1800 kg,净度大于97%,破碎率低于0.5%,加工能力:7500 kg/h。

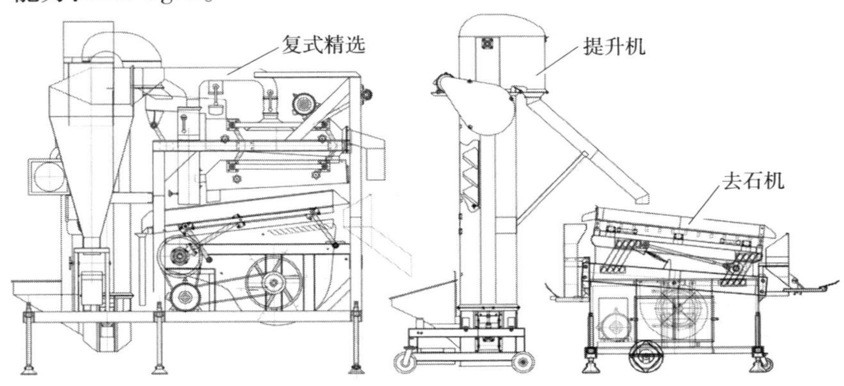

图3-4　组合式筛选提升机结构示意图

第三节　豆制品加工制浆的主要设备

一、浸泡设备

豆制品加工时,大豆必须经过浸泡工序,使大豆充分吸水后,方便后续磨浆。过去大豆浸泡,采用陶瓷缸或塑料桶,这种工具投资少、简单、易操作。但劳动强度大,不能适应大规模工业化生产。随着科学技术的进步,生产规模提升,原有的方式不能满足生产的需求。同时食品安全监管强化,对浸泡设备提出新的要求:符合食品安全要求,卫生、耐用,而且移动方便、机械化程度高。目前豆制品行业内使用比较普遍的浸泡设备:组合式浸泡设备和圆盘式浸泡设备。

(一)组合式浸泡设备

组合式浸泡设备由洗料装置、输送装置、泡豆槽(罐)构成。组合式浸泡设备一体完成大豆的清洗、输送和浸泡操作,自动化程度高,节约体力劳动,提高生产效率。组合式浸泡设备示意图如图3-5所示。

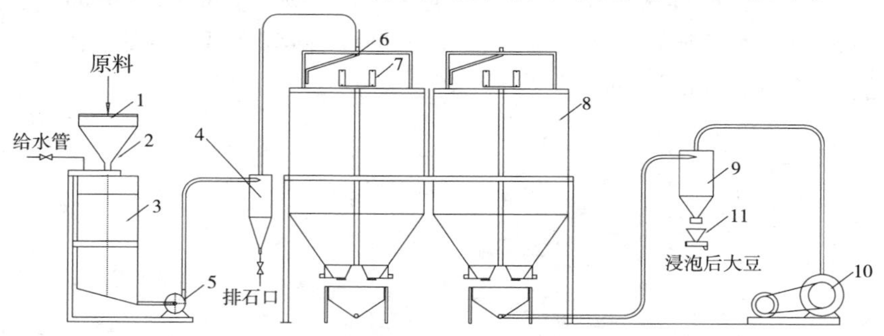

图3-5　组合式浸泡设备示意图

1—料斗;2—流量调节器;3—洗豆桶;4—去石机;5—输送泵;6—分料器;7—提重坨气缸;8—组合泡豆罐(槽);9—下豆罐;10—风机泵;11—定量供料装置

1. 洗料装置

它通过一个洗料桶,桶内不断进料,同时按照一定比例添加工艺用水，大豆和水在桶内搅动，混合洗涤，再经过输送泵将大豆和水送入旋转取石器，把石子等重物清除，大豆和水从取石器中送到浸泡罐，通过浸泡罐内的排水网口排放清洗大豆的污水，大豆留在浸泡罐内，完成输送、洗豆过程。

2. 泡豆罐

泡豆罐为使放豆点集中，便于输送，一般4个方形桶组合，桶口呈田字格平面。桶下半部分为锥体，下部放豆口均集中在中心部位。泡豆桶放豆口安装蝶阀，以便于放豆。桶下部有排水口、补水口，桶上部有溢水口，组成完整的泡豆组合设备，如图3－6所示。

图3－6　组合式浸泡设备外观图

3. 大豆浸泡后的输送

大豆浸泡后的输送方式有两种：一种是真空（负压气送）吸料输送法，另一种是流槽输送法。

（1）真空吸料输送法

浸泡后的大豆排净浸泡水后，放到一个料盘内，由真空管道吸到磨上部的卸料桶内，吸满一桶后停止吸豆，打开卸豆桶阀门放豆，豆放净后关闭放豆阀，又开始重复吸豆过程。真空吸豆是一种间歇式输送法。这种输送法的动力源可以选择真空泵，也可以选择负压气力输送系统。

（2）流槽输送法

在浸泡罐放豆口高度位置或设计立体布局制浆工艺时，可以考虑采用流槽输送的方法。流槽输送是靠水引导大豆流动，到一固定点进入豆水分离器，靠豆水分离器把大豆和输送水分开，水可以循环使用,大豆则进入磨制工序。

(二)圆盘式浸泡设备

1. 圆盘式浸泡设备特点

圆盘式浸泡设备是一种较新型的浸泡设备，是由原北京市豆制品三厂创造发明的。它与组合式浸泡设备相比,具有占地面积小、浸泡能力大、节约用水、设备耗电低、维修方便等特点。

2. 圆盘式浸泡设备的工作原理

圆盘式浸泡设备是一个直径 10 m、可以转动的圆形托盘,其上托起 12 个扇形的料桶,在料桶内泡豆,由于整体可以旋转,这样可以毫不费力地达到定点给料和定点放料的设计目的。在放豆时,单体扇形料桶后部可由油缸推起,使桶底呈 45°斜面,协助放料,靠豆的自然滚动将泡豆桶内的大豆放完。既可以节约用水,又减轻劳动强度。圆盘的转动是靠圆盘下的一个油缸推动 12 个分格托架的 1 个格,推动一次转动 1/12 格,正好是一个料桶位置。该设备只需配备一个油泵站和一组液压阀操作杆,不需要其他任何辅助设备,因而操作维修非常方便,节约能源明显。占地面积小,立体布局制浆工艺的生产企业采用这种设备是比较理想的选择。圆盘式浸泡设备如图 3 – 7 所示。

图 3 – 7　圆盘式浸泡设备示意图

3. 主要结构

圆盘式浸泡设备主要由料桶、托盘、支取轴承、液压油缸及控制系统组成。料桶共 12 个,每个料桶为圆盘的 1/12、每个料桶平面为扇形。料桶用 5 mm 不锈钢板焊接,桶底有加强筋,桶底部外圆与托盘用铰链连接。托盘用 10# 槽钢焊接成 5. 8 m 的圆盘,内接 12 边形骨架，上面托料桶，下面有加固板，压力定心轴承，托盘底部外圈安装 12 个滑动支撑轮，压力轴承和 12 个支撑轮承载设备及物料的全部重量。圆盘转动主要靠液压油缸推动，料桶尾部升起也靠油缸推起，动力油靠专用油泵供给。圆盘式浸泡设备的底座结构图如图 3 －8 所示。

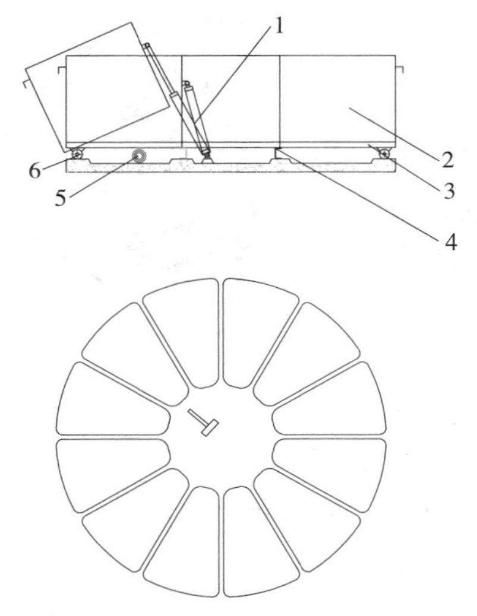

图 3 －8　圆盘式浸泡设备的底座结构图

1—起升油缸；2—料桶；3—托盘；4—压力轴承；5—推转油缸；6—支撑轮

二、磨浆设备

（一）石磨

石磨是由我国发明的传统磨浆设备。据《世本》上记载，石磨也是鲁班发明的。传说鲁班用两块比较坚硬的圆石，各凿成密布的浅槽，合在一起，用人力或畜力使它转动，就把谷物磨成粉状或糊状。通常由两个圆石做成，磨是平面的两层，两层的接合处都有纹理，大豆从上方的孔进入两层中间，沿着纹理向外运移，在滚动过两层面时被磨碎，形成豆糊。石磨示意图、外观图分别如图 3 －9、图 3 －10 所示。我国石磨的发展分早、中、晚三个时期。

从战国到西汉为早期，这一时期的磨齿以洼坑为主流，坑的形状有长方形、圆形、三角形、枣核形等，且形状多样、极不规则；东汉到三国为中期，这时期是磨齿多样化发展时期，磨齿的形状为辐射型分区斜线型，有四区、六区、八区型；晚期是从西晋至隋唐（至今），这一时期是石磨发展成熟阶段，磨齿主流为八区斜线型，也有十区斜线型。

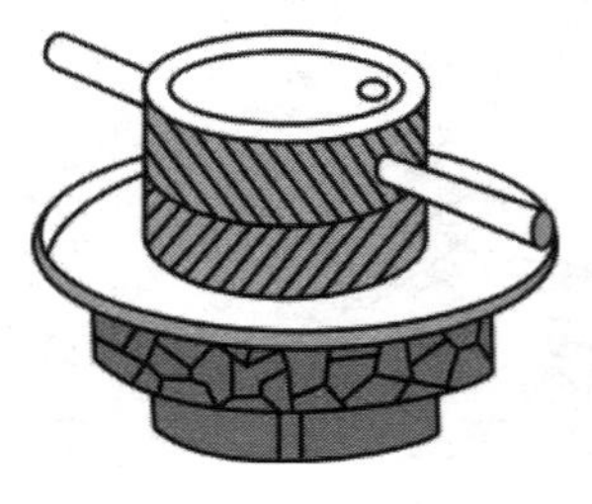

图 3－9　石磨示意图

图 3－10　石磨外观图

磨有用人力的、畜力的和水力的。用水力作为动力的磨，大约在晋代就发明了。水磨的动力部分是一个卧式水轮，在轮的立轴上安装磨的上扇，流水冲动水轮带动磨转动，这种磨适合于安装在水的冲动力比较大的地方。假如水的冲动力比较小，但是水量比较大，可以安装另外一种形式的水磨：动力机械是一个立轮，在轮轴上安装一个齿轮，和磨轴下部平装的一个齿轮相衔接。水轮的转动是通过齿轮使磨转动的。磨损太快、食品安全有隐患，导致目前只是农村地区家用或企业用于宣传，并不是主要生产设备。

1. 工作原理

电动石磨（立磨）的磨片分动片和定片，主轴所安装的磨片为动片，主轴的另一头安装两个皮带传动轮，一个活轮，一个定轮，磨片转动靠传动的皮带带动主轴定皮带轮转动，临时停磨或工作结束，将传动皮带推到活轮上，主轴停止转动。磨架支撑定片与动片间的距离靠丝杠调节。当大豆进入转动的磨片内，靠磨肘把原料向外圈推进，经过两个磨片的摩擦，将大豆磨碎，通过离心力将磨碎的豆糊甩出磨堂。

2. 主要结构

石磨由电机、磨架、主轴、磨片、调节丝杠、传动轮、磨罩等部分构成。磨架是用角钢焊接,主轴通过轴承及轴承盒固定在磨架上,主轴一端安装动磨片,另一端安装两个皮带轮,一个活轮,一个定轮,空转是将皮带倒到活轮。磨片购进时是毛坯,经过人工修磨后安装到主轴上,另一磨片架在磨架上,靠丝杠调节两磨片的间隙。磨罩和料斗是用钢板焊接的,可以拆卸清洗。石墨结构图如图 3 – 11 所示。

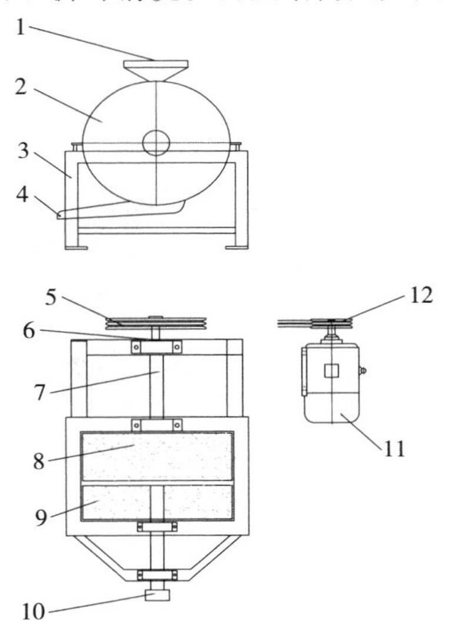

图 3 – 11　石磨结构图

1—进料斗;2—磨罩;3—磨架;4—出糊口;5—活皮带轮;6—定皮带轮;7—主轴;8—动磨片;9—定磨片;10—调节丝杠;11—电机;12—传动皮带轮

(二)钢磨

钢磨是用生铁锻造,成本低,效率高,维护方便。但磨出的豆糊颗粒呈圆形,大豆组织和细胞结构破碎不充分,导致蛋白质抽提率低,目前应用较少。

1. 工作原理

钢磨是利用一对带有齿型的铸钢磨片,镶嵌在机壳上,一片为动片,装在主轴上,另一片为定片,定片上有伸缩调节器,调节磨片间隙。磨片为立装形式,进料口在定片中心,大豆的磨碎过程与石磨一样。

2. **主要结构**

小钢磨主要由电机、皮带轮、主轴、磨架、磨套、进料斗、磨片、调节手轮组成。磨架、磨套、进料斗及磨片均为铸造而成。磨片是用螺钉紧固定在磨套内,定期更换。磨片分为定片和动片,定片可以调节。电机和主轴是用皮带轮和皮带传动。外观形状如图 3 – 12 所示。

图 3 – 12　钢磨外形图

(三)砂轮磨

砂轮是由结合剂将普通磨料固结成一定形状(多数为圆形,中央有通孔),并具有一定强度的固结磨具。一般由磨料、结合剂和气孔构成,这三部分常称为固结磨具的三要素。按照结合剂的不同分类,常见的有陶瓷(结合剂)砂轮、树脂(结合剂)砂轮、橡胶(结合剂)砂轮。砂轮磨两扇磨片的表面为 16# ~ 24# 金刚砂材质。大豆进入磨室后,先粗磨后精碎,保证磨碎程度均匀,有利于浆渣分离。砂轮磨占地小,工作噪音低且效率高。但使用砂轮磨磨浆时,原料除杂要求彻底,如砂石、铁屑等坚硬杂物一旦混入,就会严重损坏磨片甚至碎裂。磨粒容易磨损,造成金刚粉粒和化学黏合剂混入豆浆,有安全隐患、磨粒磨损后磨浆效果下降。是目前国内外认为比较主流的磨浆设备。普通砂轮磨的结构如图 3 – 13、图 3 – 14 所示。虽然目前国内生产用的砂轮磨大小、规格、型号很多,但大体结构相似。

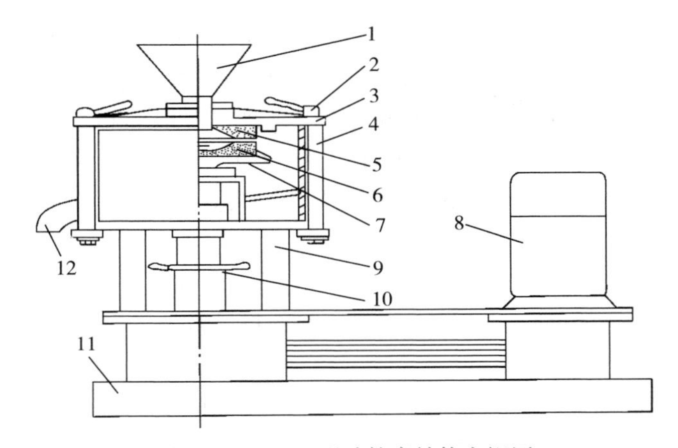

图 3－13　DYS 型砂轮磨结构主视图

1—料斗;2—手把螺母;3—上固定盘;4—支撑柱;5—上砂轮片;6—下砂轮片;
7—下固定盘;8—电动机;9—支架;10—调节器;11—机座;12—出料口

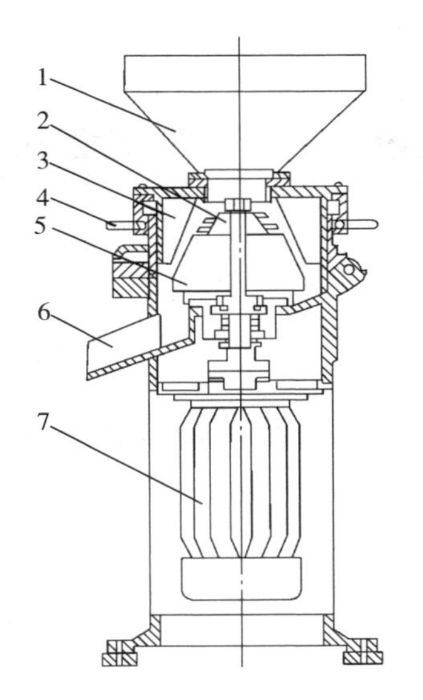

图 3－14　DYS 型砂轮磨结构侧视图

1—料斗;2—抛料叶轮;3—固定砂轮片;4—手柄;5—转动砂轮片;
6—出料口;7—电动机

国内曾研制出了一种高效节能的砂轮磨——DYS 型砂轮磨，其结构如图 3－13、图 3－14 所示。与普通砂轮磨相比 DYS 型砂轮磨最突出的优点是生产效率高，结构紧凑、合理，占地面积小，豆糊温升低。与目前国内广泛使用的普通砂轮磨相比，同样的生产能力，耗电可降低 50%，占地面积可减少 2/3，重量仅为其一半。

（四）陶瓷磨

陶瓷磨是烧结成型的磨片，不含化学黏合剂，安全卫生，耐磨性好，耐腐蚀，工作时不会发热，是高黏度物料最有效的研磨、分散设备。

1. 陶瓷磨的特点

陶瓷磨耐热性能比石磨和砂轮磨强，最高耐受的温度可达 85℃，适合高温磨浆。陶瓷磨的研磨物料粒径小，细度均匀。

2. 陶瓷磨的结构

陶瓷磨的结构与砂轮磨类似，但工艺不同。砂轮磨的磨面由黏合剂粘结而成，而陶瓷磨的磨面由烧结而成，所以黏合强度高，不易脱落。陶瓷磨磨片外形图如图 3－15 所示。

图 3－15　陶瓷磨磨片外形图

三、滤浆设备

滤浆的方法有很多，传统的方法有吊包滤浆和刮包滤浆，目前主要沿用在一些小型的手工作坊。工厂化的机械滤浆方法主要有卧式离心筛滤浆、平筛滤浆、圆筛滤浆及螺杆式挤压滤浆等。

(一)卧式离心机

卧式离心筛滤浆是生浆工艺比较先进、比较理想和工业生产应用最广泛的滤浆方法。它速度快、噪声低、动力小、分离彻底。卧式离心(机)筛滤浆可以单机单用,也可以多机联用。工业化大生产中三机联用的情况比较多。卧式离心机结构图和外形图如图3－16、图3－17所示。

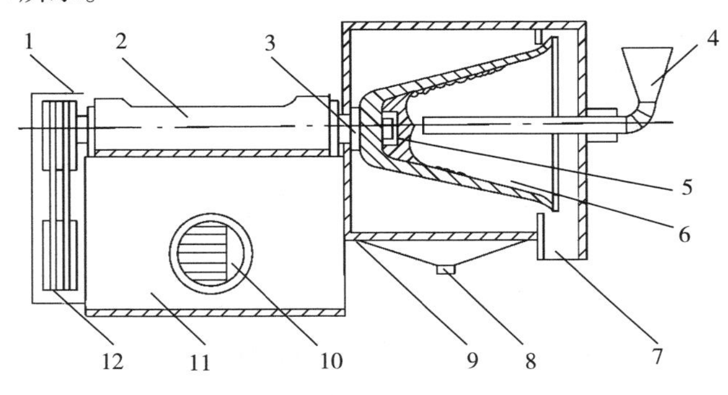

图3－16　卧式离心机结构图

1—皮带罩;2—轴承盒;3—主轴;4—进料口;5—分离伞;6—离心转子;7—出渣口;8—出浆口;9—外套;10—电动机;11—机座;12—传动

图3－17　卧式离心机外形图

(二)螺旋挤压分离机

豆制品生产采用熟浆工艺,制浆时用离心机进行浆渣分离就不适宜了。熟浆工艺前面已经讲过,是先煮磨糊后分离,如果使用离心机分离热磨糊,离心网很快就糊住了,无法正常分离,比较适宜的分离设备就是螺旋挤压分离机。

1. 设备特点

该设备采用螺旋挤压方式，并同机带有细渣过滤系统，可一次连续完成浆渣分离作业，无须进行多次分离，省工、省力，可实现无人操作。结构紧凑，占地面积小，分离效果好，蛋白质提取率比较高。由于挤压力较大，挤出的豆渣含水分一般在75%左右，而且豆渣是经过煮沸的，有利于豆渣的再利用和储存运输，所以螺旋挤压分离机是熟浆分离的理想设备。

2. 工作原理

螺旋挤压分离机是由一根带有一定锥度的螺旋主轴旋转，带进豆糊逐步向前挤压，豆糊经圆锥体挤压室，螺旋挤压绞龙将含渣豆浆逐渐推向挤压室底部的同时不断提高水平方向的压力，迫使豆糊中的豆浆挤出筛网，经管道流入高目数滚筛得到生产用豆浆。外套是带有无数微孔的圆形筒，磨糊经过不断地强力挤压，豆浆从微孔流出，豆渣从另一侧挤出，完成浆渣分离工艺。挤压机的运作是自动连续的，随着物料不断泵入挤压室，前缘压力的不断增大，当达到一定程度时，将会突破卸料口抗压阈值，此时纤维素等不溶物从卸料口进入豆渣桶中，实现浆渣分离。豆浆流到储存桶通过浆泵输送到下一工序，豆渣挤出后进入关风器由气力输送设备输送到专用储存罐内。设备整机采用可编程控制器自动控制，该设备螺旋轴与外套圆筒的配合精度比较高，圆筒微孔加工和圆筒强度要求都比较高，因而设备造价较高。

3. 主要结构

螺旋挤压分离机是由机架、锥形桶、螺旋轴、出渣调节手轮、输送泵、电动机和变速箱组成。设备除电机变速系统外，其余全部使用不锈钢材料制作，机架是不锈钢角钢焊接而成。锥形桶是三层结构，外层是外套，用于收集豆浆，并通过输送泵及时输出。中层是挤压桶加强圈，内层是带有数个微孔的锥形桶，被挤压的豆浆从微孔中排出。螺旋轴是带螺旋叶片的锥形螺旋轴，磨糊就是通过螺旋轴向前推进，进入锥形螺旋桶，逐渐加压最后挤出螺旋桶。调节手轮是出渣口的调节机构，控制豆渣挤出量。

螺杆式挤压分离机适用于熟浆工艺，可分为立式螺杆挤压机和卧式螺杆挤压机。螺旋挤压分离机外观及其结构示意图如图 3－18 所示。

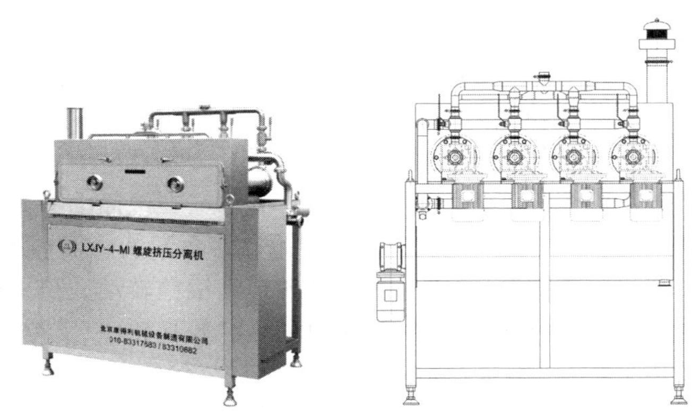

图 3－18　螺旋挤压分离机外观及其结构示意图

（三）挤压分离机

1. 设备特点

挤压分离机是一种中小型的分离设备。它的演变过程是过去两种分离设备的巧妙结合。20 世纪 60～70 年代，我国不少豆制品生产企业，使用过圆罗分离，也使用过挤浆机，这两种分离设备占地面积大、清理卫生不方便。80 年代出现了挤压分离机，它既有圆罗的结构，又有挤浆机的结构并配有豆浆暂时储存和输送泵，形成完整的分离设备。该设备耗电低、噪声小、分离效果好。缺点是分离能力低、挤压网成本价高，维修费用高，因而不适用于大规模生产。

2. 工作原理

挤压分离机由一台电机带动圆罗转动，同时带动挤压滚筒转动，浆渣由输送泵输送到圆罗内，圆罗转动，圆罗内有螺旋道，浆渣顺着螺旋道向前行进，行进过程中豆浆从圆罗网漏下，豆渣从圆罗的另一头送出，掉在挤压滚筒上，挤压滚筒转动，豆渣随滚筒经过小挤压辗挤压，滚筒上布满微小的孔，豆浆从孔流到浆盘上，再流到贮浆槽，而豆渣则被滚筒外的刮板刮下来，经豆渣导向板排走。圆罗分离网外侧有一个清洗圆罗的蒸汽喷管,随时清洗圆罗,防止网孔被豆渣堵死。

3. **主要结构**

挤压分离机凡接触豆浆的部分均采用不锈钢材质制作,以利于防腐和食品卫生。挤压分离机外形图如图 3-19 所示。

①圆罗。圆罗是用 80" 不锈钢网包在圆盘架上,罗内焊接 3 mm 高的螺旋道。圆罗两端有转动轴,架在机架上,可以拆卸清洗,圆罗外部用不锈钢罩封闭,圆罗由一个小电机带动。

②挤压滚筒。挤压滚筒厚度为 1~1.2 mm,在滚筒上激光打数个直径为 0.5 mm 微孔。圆筒内外有加强圈,上面安装一对橡胶压辗,圆筒内安装 4 个支撑轮,并由一个传动轮带动滚筒转动。挤压辐是一个橡胶辗,直径 120 mm,与挤压辗相对的是橡胶托轮,以支撑挤压力。托轮下面是小浆盘,用来存放挤压出的豆浆。挤压轮下面是橡胶刮板,可以将粘在滚筒上的豆渣刮下来,以利于滚筒连续挤压。

③豆浆储存与输送。该机的豆浆储存有两个容器,一个是分离前磨糊储存,另一个是分离后的豆浆储存,输送泵是小型离心泵。

④机架与电机。机架采用角钢焊接并镀锌,电机和转动轴固定在机架上。所有输送豆浆的管道为可拆卸的不锈钢管,均固定在机架上。电机是封闭式加防水罩。

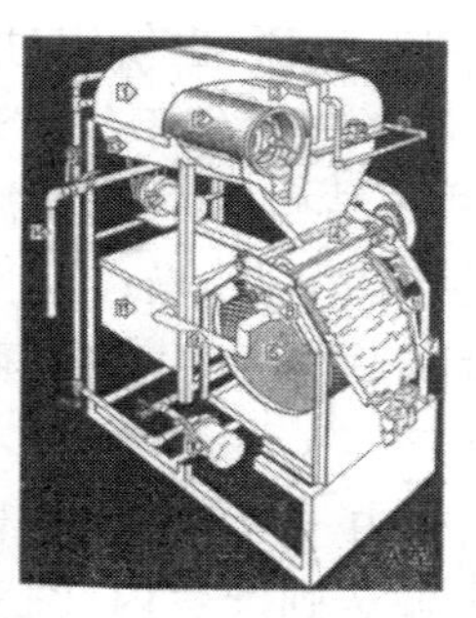

图 3-19 挤压分离机外形图

四、煮浆设备

煮浆就是通过加热,使豆浆中的蛋白质发生热变性。一方面是为点浆工序创造必要的条件，另一方面还可以减轻异味，消除大豆的抗营养因子，提高大豆蛋白的营养价值，杀灭细菌，延长产品的保鲜期。目前所采用的煮浆设备主要有以下四种。

（一）土灶铁锅

土灶铁锅是我国传统的煮浆设备，目前只在一些小型手工作坊还在沿用。这种方法简便易行，只要使用得法，煮出豆浆制成的豆制品有一种独特的焦糊味。

（二）敞口罐或容器

敞口罐或容器的结构非常简单，实质上就是一个底部接有蒸汽管道的浆桶。煮浆时，让蒸汽直接冲进豆浆里，待浆面沸腾时把蒸汽关掉，防止豆浆溢出，停止 2 ~ 3 min 后放蒸汽二次煮浆，待浆面再次沸腾时，豆浆便完全煮沸了。

（三）单体封闭式煮浆罐

单体封闭式煮浆罐是敞口罐的改进和提高。其设备结构如图 3 – 20所示。豆浆送入密封罐时，排气孔打开，在排气孔不关闭的条件下常压蒸煮豆浆。豆浆温度由带电接点温度计测定，到规定的温度后，电器开始动作，关闭下面的供气阀门和上面的排气阀门。打开放浆阀门并向罐内充蒸汽，使罐内造成密闭压力，把豆浆全部压送

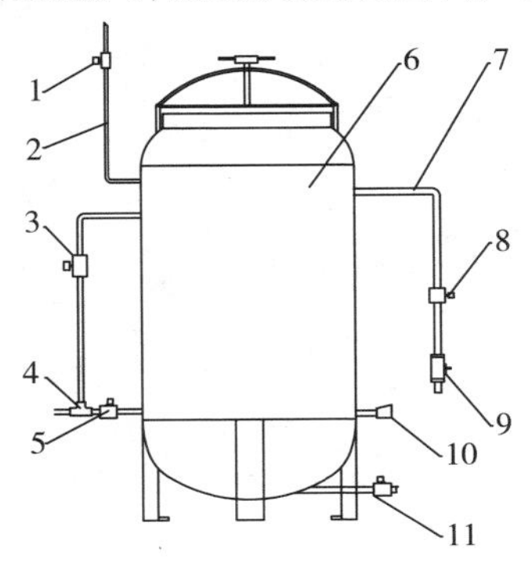

图 3 – 20　单体密闭式煮浆罐结构图

1—排气阀；2—排气管；3—排浆供气管；4—三通；5—煮浆供气管；6—煮浆罐；7—进浆管；8—电磁阀门；9—注浆器；10—温度计；11—排浆阀

出去,然后停止充蒸汽,完成一次煮浆。再次煮浆打开排气口继续往罐内送浆,如此循环往复,完成煮浆工艺。此法煮浆效果较好,但设备拆洗不便。

(四)密闭式溢流煮浆罐

它的生产过程是连续的,能耗低,效率高,生产规模可大可小,适用性强。常用的密闭式溢流煮浆罐是由五个封闭式阶梯罐串联组成,罐与罐之间由管路连通,每一个罐都设有蒸汽管道和保温夹层,每个罐的进浆口在下面,出浆口在上面。生产时,先把第五个罐的出浆口关上,然后从第一个罐的进浆口向五个罐内注浆,注满后开始通气加热,当第五个罐的浆温达到 98 ~ 100℃ 时,开始由第五个罐的出浆口放浆,在第一个罐的进浆口连续进浆,通过五个罐逐渐加温,并由第五个罐的出浆口连续出浆。豆浆经第一个罐加热后,豆浆温度可达 40℃,第二个罐 60℃,第三个罐 80℃,第四个罐 90℃,第五个罐为 98 ~ 100℃。五个罐的阶梯高度差均在 8 cm 左右。采用溢流煮浆,从生浆进口到熟浆出口仅需 2 ~ 3 min,豆浆的流量大小可根据生产规模和蒸汽压力来控制。密闭式溢流煮浆罐外图、外观示意图分别如图 3 – 21、图 3 – 22 所示。

图 3 – 21　密闭式溢流煮浆罐外图

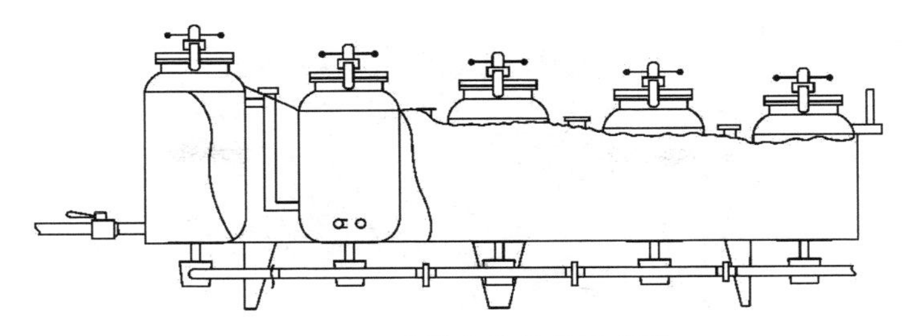

图 3－22　连续煮浆外观示意图

(五)微压煮浆罐

微压煮浆系统是利用密闭罐加热豆浆,豆浆泵入密闭罐时,排气孔打开,在常压下加热豆浆。煮浆温度由温度传感器测定,煮至设定温度后,指示电气元件做出打开放浆阀门和关闭排气阀门动作,使罐内形成密封高压,把豆浆全部压送出去,然后停止冲入蒸汽,完成一次煮浆。微压煮浆罐是北京康得利智能科技有限公司与中国农业大学郭顺堂教授联合研制,为专利产品,专利号:ZL 201410001107.8。微压煮浆符合食品安全要求,同时便于清洗,可以设计自动清洗系统(CIP)。微压煮浆罐与密闭式溢流煮浆罐的主要区别在于微压煮浆罐的温度曲线和压力曲线是基于大豆蛋白热变性的特点而设计,其控制采用 PLC 编程控制,密闭式溢流煮浆罐的每个罐内豆浆的煮浆时间和温度是固定的。微压煮浆罐示意图、外形图如图 3－23、图 3－24 所示。

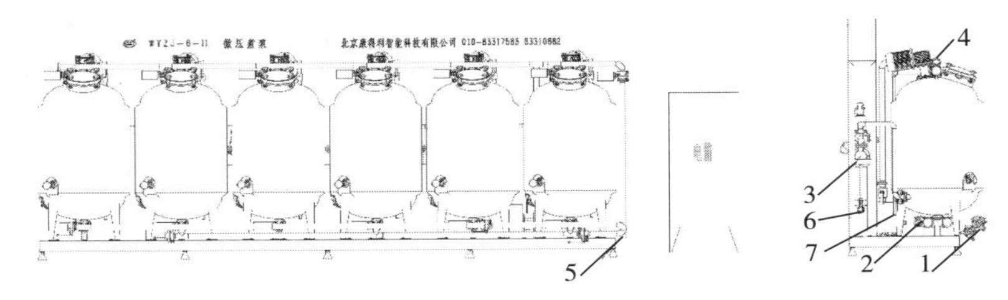

图 3－23　微压煮浆罐示意图

1—出浆口;2—进浆口;3—蒸汽管;4— CIP 清洗管;5—煮浆排气口;6—冷凝水排水口;7—安全阀排放口

图 3-24 微压煮浆罐外形图

第四节 凝固成型、压制和干燥设备

一、点浆设备

1. 豆腐凝固机

在 20 世纪 80~90 年代，我国哈尔滨、广州、北京、天津等地先后从日本引进了 37 条豆腐生产线。这些生产线的使用是我国豆制品生产点脑工序实现机械化操作的开端。尽管各地引进的豆腐生产线、生产厂家不同，但各生产线的凝固机的构造原理是完全相同的，都是由供豆浆、凝固剂及点脑搅拌的固定系统，以及挂在可运动转盘导轨上的凝固桶所组成的，豆浆进入凝固桶，计量后导入凝固剂，同时搅拌器开始工作，使之混合均匀，完成凝固的第一阶段。该桶将随导轨前进一格，点脑系统又开始对下一个空桶重复上述过程。如此往复，直到点好的桶转回一周到倒脑位置时，倒脑机构自动将桶中豆脑倒入型箱。从点脑完成到倒脑(即凝固的第二个阶段)需15~20 min。

机器启动后，熟豆浆通过定量器自动计量，然后沿导管流入凝固桶中，紧接着输入凝固剂，同时搅拌系统落下开始工作。凝固剂是在开机前配好并装入凝固剂缸中的。凝固剂缸的底部与一泵连通，并形成循环供给系统，既可根据指令定时定量向凝固桶输送凝固剂，又可使整个循环系统中的凝固剂始终处在良好的液流搅拌状态，以防凝固剂沉淀。豆浆搅拌均匀后，搅拌系统自动升起，点脑系统转动一格，又开始对下一凝固桶进行放浆点脑，重复上述动作。当点脑系统旋转一周，开始点的脑已经在静止状态下完成了蹲脑，倒脑系统开始工作，将桶顶起，豆脑倒至接脑斜面上，沿斜面滑下，此时恰好已铺好布包的成型箱由传递系统送到斜面下，使斜面上滑下的豆腐脑落入成型箱中。成型箱传送系统再将已装好豆腐脑的成型箱拉出来，送入压榨机。豆腐凝固机结构图如图 3 - 25 所示。

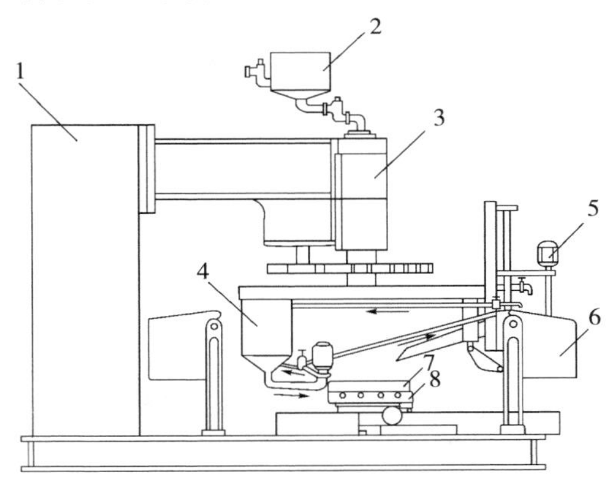

图 3 - 25　豆腐凝固机结构图

1—支架；2—定量器；3—传动系统；4—凝固剂缸；5—点浆搅拌器；6—凝固桶；7—成型箱；8—滑车

2. 豆清发酵液自动点浆设备

豆腐凝固机专门配套的豆清发酵液自动点浆设备，由 32 个容积 120 L 的浆桶循环点浆以实现自动连续生产，配置放浆、点浆、辅助点浆、豆清蛋白液回收、破脑、倒脑等操作机位和机械手装置。系统采用 PLC 控制，便于对豆浆、豆清发酵液注入量、凝固时间、搅拌速度、破脑程度进行设定。

此发酵罐是半自然发酵装置。带有聚氨酯发泡材料的保温层、加热管、万向清洗球、pH 在线监测器、测温计等装置，可控制发酵条件如 pH、温度等，且具有 CIP 功能。豆清发酵液点浆工艺流程及自动点浆设备分别如图 3－26、图 3－27 所示。

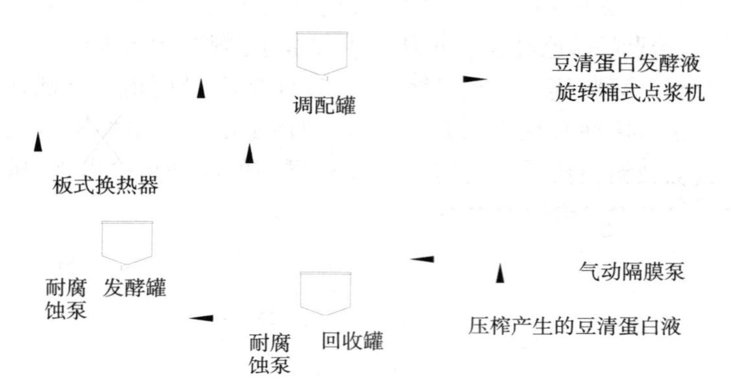

图 3－26　豆清发酵液点浆工艺流程立面示意图

图 3－27　豆清发酵液自动点浆设备外观图

二、成型设备(压制设备)

豆腐的成型设备，自豆腐发明以后，常采用砖块或石头作为压制的主要工具。转盘式压榨机为近年来逐渐推广应用的豆腐压榨设备。利用液压原理，通过液压泵站提供液压油给压榨机，压力油缸产生压力传递至豆腐，实现压榨成型的目的。由 10 个压榨机位组成，工作时，第 1 个上榨，第 10 个出榨，压榨机位公转的同时进行压榨，附加压框循环输送线实现自动化生产。多框豆腐叠加依靠自重进行预压榨可减少能耗，同时，豆清蛋白液从上往下流出，既起到了保温作用，也避免了豆腐出包时的黏包和表皮破损的发生。豆腐压制设备立面示意图、外观图分别如图 3 – 28、图 3 – 29 所示。

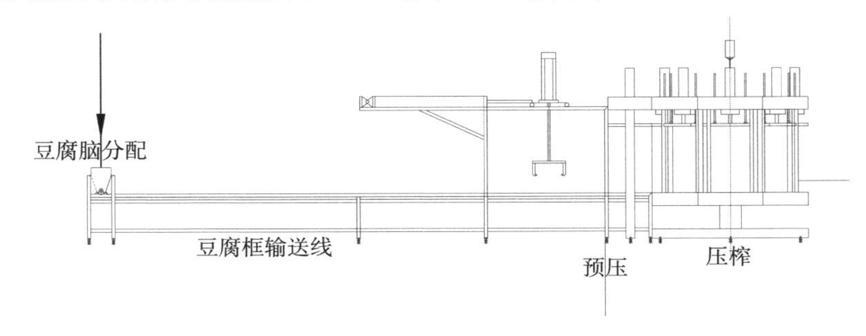

图 3 – 28　豆腐压制设备立面示意图

图 3 – 29　豆腐压制设备外观图

三、豆制品干燥设备

1. 设备的基本要求

豆腐的干燥要符合食品干燥动力学原理，遵循干燥速率曲线。即初期进入干燥机的豆腐并不是立即干燥，而是一个均匀受热的过程。利用湿热空气快速加热物料，湿度较高的热空气不会让物料表面形成“干硬膜”，又可以让热量快速传递至内部，豆腐干均匀受热，内外水分同时释放。

干燥中期,均匀受热后的豆腐干进入恒温恒速干燥段。这时的物料内外温度一致,在热空气的流动过程中快速释放水分,干燥以最大速率进行。

干燥后期,可以适当降低热风温度,在降温散热的过程中,热量在释放时还会带走少量水分,达到设定的最终干燥效果。

由于受到空气湿度、流速、蒸汽压力等影响,干燥空气温度的高低并不直接决定干燥时间,故干燥时间与空气温度的测量为独立操作。

2. 设备特点

①热风道上下同时送风,保证吹入的热风分布均匀,单独模块化区域温度控制;3 层网带共 11 个控温区,如图 3 - 30 所示。

②进料端引风使物料预热,防止物料起泡,引炉内的热风到湿料初始端。

③引风也是吸湿的过程,设备内部大量湿气从进料端排出,设备中部、后端设备辅排湿风机。

④设备内部温度、湿度监测,无极可调。

⑤网带运动速度无极可调。

⑥设备内部凡与物料直接或暴露接触的部分全部为 SUS304 材质(链条、网带、轨道、紧固件、挡料板、内部四周壁板等)。

⑦设计独特装置使物料在层与层衔接时整齐有序。

⑧自动喷水洗刷网带,设备底部设有排水槽。

⑨每层下进风管成一定角度安装并在低处位置留排水口,方便清洗网带时网带上的水落到下进风管及时排掉。

⑩网带清洗刷装置为自动控制,在需要清洗网带时向下直线运动,启动清洗刷电机与网带相对方向转动,喷水装置喷水,网带清洗开始。不需要清洗网带正常烘干时,清洗刷停止转动向上直线运动,喷水装置停止喷水,留有一定尺寸不影响物料正常通行。

热风干燥结构主视图如图 3 - 31 所示;热风干燥外观主视图、俯视图、侧视图分别如图 3 - 32 ~ 图 3 - 34 所示。

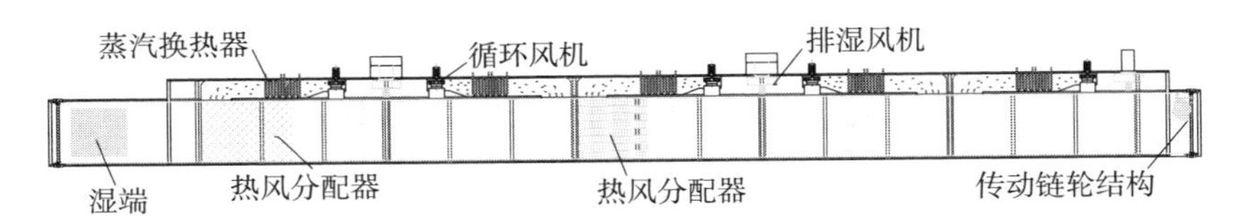

图 3－30　热风干燥结构侧视图

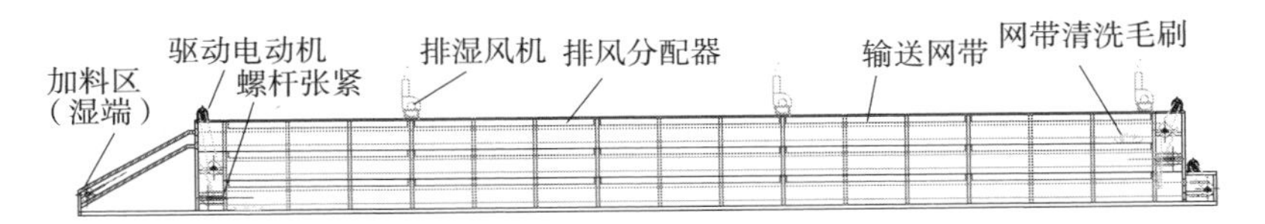

图 3－31　热风干燥结构主视图

图 3－32　热风干燥外观主视图

图 3－33　热风干燥外观俯视图

图 3－34　热风干燥外观侧视图

第五节　卤制、油炸和杀菌设备

一、卤制设备

1. 常压自动卤制设备

常压自动卤制线主要由1台曝气式清洗机、2个卤制槽、2个振动筛、1个多层带式冷却机、1个多层带式热风机组成。其设备图如图3-35~图3-38所示。

首先进入曝气式清洗机清洗后沥水爬升进入卤槽，卤槽中的隔板以步进的方式将休闲豆干向前推动。卤制完成后休闲豆干爬升进入振动筛去除碎渣和表面卤汁，振动筛的偏心结构在振动的同时将休闲豆干向前输送进入5层带式冷却机上端，经过换热器，休闲豆干在冷风带上冷却，同时也是卤汁继续渗透的过程，出箱后重复一次，进入切片或调味工序。

(1)曝气式清洗机

在卤制前加装曝气式清洗机，可有效地减少微生物、杂物对产品的污染；采用无链网输送，避免了机械金属中有毒成分的迁移，保障食品安全。

(2)卤制槽

步进式卤制槽同样采用无链网输送，这在较高温度下显得尤为重要，并且节约卤汁、方便清洗；加热方式为夹层加热，保证温度和卤汁浓度的稳定性，也提高了蒸汽加热效率；卤汁循环翻动物料，可保证休闲豆干卤制均匀。

(3)多层带式冷却机和烘干机

均为多层带式结构，具有无极调速和在线清洗功能。区别在于烘干机带有加热装置，可使空气温度升至60℃，在40 min内将休闲豆干表面迅速烘干，便于调味拌料或贮藏。而冷却机带有的降温装置可在2 h左右使休闲豆干温度降至室温，该过程既是卤汁渗透的过程，同时也为第二次卤制形成卤汁扩散所需的温度梯度，有利于提高第二次卤制效果。

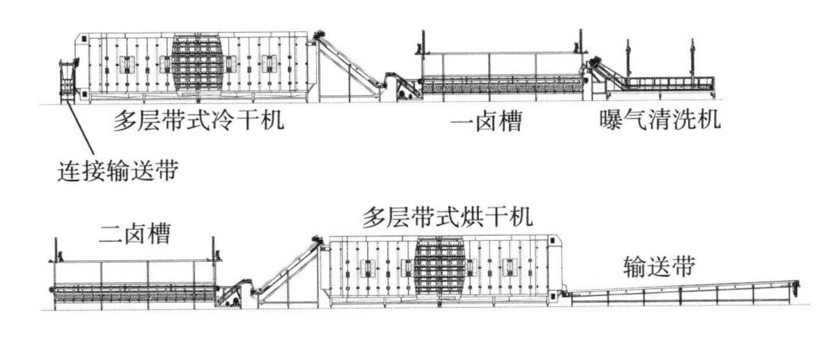

图 3－35　常压浸渍自动卤制设备主图

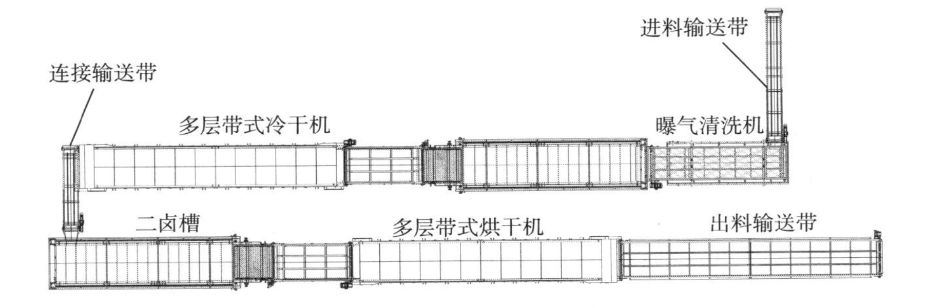

图 3－36　常压浸渍自动卤制设备俯视图

图 3－37　常压浸渍自动卤制设备俯视图

图 3－38　常压浸渍自动卤制设备外形图

2. 真空脉冲自动卤制设备

(1)设备构成

真空脉冲自动卤制设备(图3-39)包括真空速冷罐、真空泵、卤汁罐、板式热交换器、卤汁输送泵、卤汁回收泵。

(2)设备特点

真空速冷罐用于在真空条件下通过通入冷却卤汁来冷却卤制食品;真空泵用于抽真空,使真空速冷罐内的真空度达到冷却卤制食品所需的状态;卤汁罐用于调配和暂存冷却卤汁;板式热交换器用于改变卤汁的温度,使其达到能够冷却卤制食品的温度;卤汁输送泵用于向真空速冷罐内输送冷却卤汁;卤汁回收泵用于从真空速冷罐内回收冷却卤汁至卤汁罐。

(3)装置说明

卤制罐用于在真空和加压条件下通过通入热卤汁和冷却卤汁卤制及冷却所需卤制食品;卤制罐与真空泵、空气压缩泵相连;卤制罐内的真空度为-0.01~-0.07 MPa,高压为0.01~0.1 MPa;优选热卤汁温度为60~105℃,冷却卤汁温度为0~10℃;优选卤制食品为豆制品、肉制品和水产制品。卤汁输送泵7的进液口连通热卤汁储存罐的出液口,卤汁输送泵7的出液口连通卤制罐进液口;热卤汁供应装置还包括板式热交换器,热卤汁储存罐的出液口与所述板式热交换器的进液口相连通,板式热交换器的出液口与卤制罐的进液口相连通,热卤汁储存罐的进液口与卤制罐的出液口相连通。板式热交换器的出液口处设有温度感应器和三通阀,三通阀的第一口与板式热交换器的出液口相连通,三通阀的第二口与卤制罐的进液口相连通,三通阀的第三口与板式热交换器的进液口相连通;当板式热交换器的出液口处热卤汁的温度未达到温度感应器的预设值时,连通三通阀的第一口和第三口,使热卤汁回流入板式热交换器。冷却卤汁供应装置包括冷却卤汁储存罐、卤汁输送泵8、制冷设备;卤汁输送泵8的进液口连通冷却卤汁储存罐的出液口,卤汁输送泵8的出液口连通卤制罐的进液口,冷却卤汁储存罐的进液口与卤制罐的出液口连通。

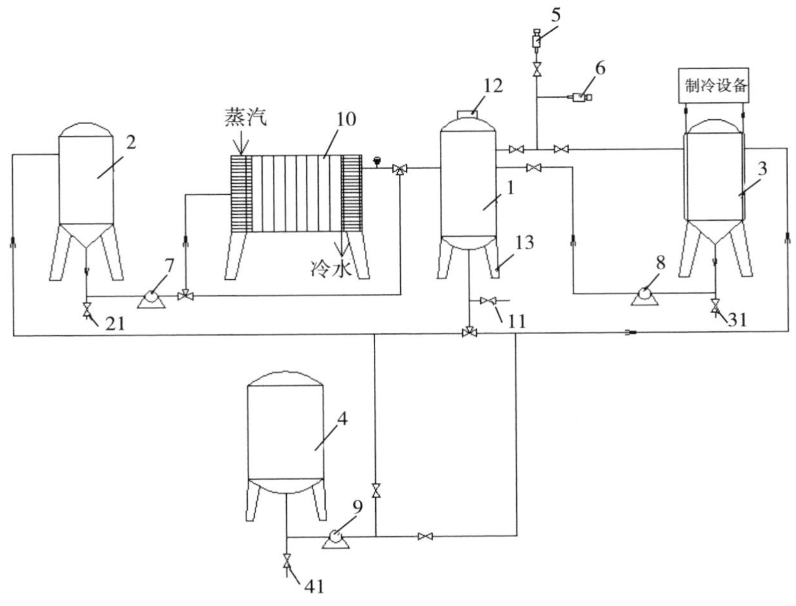

图3－39　真空脉冲自动卤制设备结构示意图
1—卤制罐;2—热卤汁储存罐;3—冷却卤汁储存罐;4—卤汁调配罐;
5—真空泵;6—空气压缩泵;7、8、9—卤汁输送泵;10—板式热交换器
11—排污阀;12—进料口;13—支架;21—排污阀;31—排污阀;41—排污阀

二、油炸设备

(一)SYZH－400型水滤式连续油炸机

水滤式连续油炸机是方便食品生产线中油炸工艺的主要设备,可用于油炸肉饼、米饼、薯饼、各种混合饼、鱼丸、肉丸等饼、块、丸类食品。SYZH－400型水滤式连续油炸机是大中型食品加工厂实现环保型物料油炸、减少损耗、降低作业成本和提高产品质量的更新换代设备,是根据高品质油炸工艺的要求,设计制造的多功能、自动控制、连续式大功率油炸机。其可根据物料对油料的要求,解决大、中型连续式油炸机环保型除渣问题,减少和避免物料残渣碳化,从而降低油料的辛炭值和酸价值,实现油料保鲜、高品质作业。在省油料的同

时,实现物料无污染,绿色加工。

1. **基本参数**

SYZH－400型水滤式连续油炸机的装机总功率84.37 kW,工作电压380 V,物料有效油炸时间0.5～4 min,输送网带运行速度0.6～3.2 m/min,网带幅宽400 mm,外形尺寸(长×宽×高)为5090 mm×1100 mm×2120 mm,机器重量为1250 kg,用油量690～700 kg,加水量475 kg。

2. **特点**

(1)油炸时间的可调性

网带运行无级变速,油炸时间一定范围内可调(0.5～4 min)。

(2)油水温度易于控制

加热源采用电加热,加热效果良好,智能温控系统是由电磁阀自控(水温)循环水机构、PID油水温度自控仪进行控制,油水温度易于控制。同时,根据油水分层的原理也能有效地维持正常油炸温度,防止油脂过热发烟,造成油脂提前酸败及影响油炸食品风味。

(3)节油功能

该机的油循环过滤系统能及时滤除大颗粒杂质,防止杂质及食物残渣长时间受热碳化,降低了炸油浓度及黏度,减少了挥发量,油清洁延缓了油的氧化速度,有效增加了使用周期,延长了使用寿命。另外,因设有缓冲油层,所以一次性加油量是同样幅宽标准型连续油炸机的2倍,但实际物料的耗油量仅为其70%。

(4)环保性

在省油料的同时,有效地排除油渣,保证油体质量。实现物料无污染,绿色加工。

(5)操作方便,易于管理

SYZH－400型水滤式连续油炸机自动化程度高、操作简单方便,可连续作业,便于自动化生产和企业管理。

(6)便于保养和清洗

为使食品生产达到卫生标准,食品机械必须便于清洗和消毒。SYZH－400型水滤式连续油炸机在设计时充分考虑到这一要求,采用了绳索式提升装置，提升方便，可对网带与加热器等部件进行可靠性检查，从而清洗油槽中的残留物。

3. **工作原理及结构**

(1)水滤式连续油炸机的工作原理

水滤式连续油炸机的工作原理，如图3－40所示。

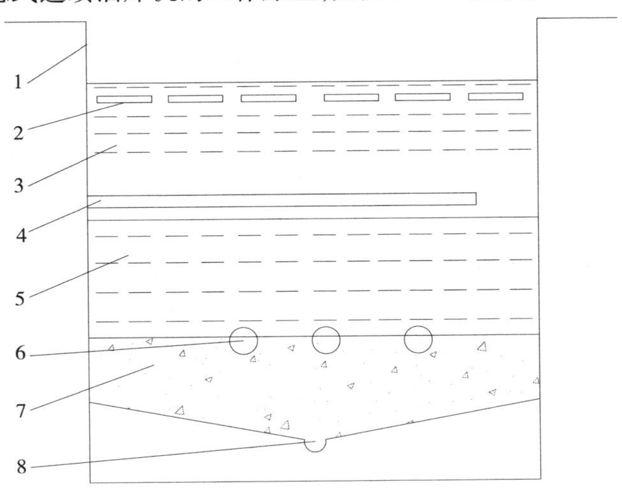

图3－40　水滤式连续油炸机结构图

1—油槽;2—物料;3—高温油层;4—加热器;5—缓冲油层;6—风管;7—水层;8—水管

水滤式连续油炸机是利用油水密度不同、互不相溶、自动分层的原理而设计的。在油槽中，设有高温油层(加热油层)、缓冲油层(过滤油层)和水层(沉淀层)。被炸物料落下的渣屑在高温油层没有碳化前，通过缓冲油层落入水层，定期由排渣口排出。热油表面漂浮的渣屑在热油循环泵的带动下进入过滤油箱滤出。同时，由于下方水中的水分子在油炸过程中不断进入高温油层补充油炸层中的水分，因此不仅保证了物料的油炸质量，同时也大幅延长了油料的使用寿命。

(二)连续式油水混合油炸设备

连续式油水混合油炸设备由一条在恒温油槽中的不锈钢网格传送

带构成,用电加热(或燃气加热)。食品被缓慢地定量送入油中,下沉到浸泡在油中的传送带上,食品在炸热和炸熟时呈悬浮状,则被压在另一条传送带下,食品卸下端采用倾斜传送带使多余的油流回油槽中。

油水箱由上、下箱体组成,材料采用耐热不锈钢。在油层的下半部设置加热器及温度传感器,油层的外部用保温材料进行绝热处理。传送带为不锈钢乙字链,食品在油中停留时间设为 1 ~5 min。同时在传送带的上方设置同步的压料带,使油炸食品在炸熟后不会上浮,而被上下同步输送带夹着前移,使炸品可以充分地浸没在油中,加热均匀。

在炸制过程中,需要补给损耗的油及补充排渣的水。加油或加水必须从油水交界面处进行添加,冷油从油层的下部进入,不会使油炸层的油温发生明显变化。炸制过程中产生的食物残渣,经过油水分界面进入油炸锅下部的冷却水中,通过泵将锅下的水抽入过滤器后,再流入锅下部的水上位,形成水的循环,将残渣带走。

在连续式的油炸操作中,由于产品夹带而散失的油可不断补充,非挥发的沉淀聚合物则被过滤掉,使油质一直处于较佳的水平。

1. **结构**

传统连续油炸机由双网带无级变速输送系统、主油槽箱与辅助油箱组成的外循环过滤系统、PID 油温自控仪、XSM 转数线速仪表及绳索提升装置等组成,其结构如图 3 -41 所示。

2. **特点**

①传统连续油炸机根据油炸物料的需求可采用色拉油、花生油、菜子油和棕榈油等,用于油豆腐、油三角、黄金卷等豆制品。

②传统连续油炸机采用体外过滤循环油路的装置,使油在主油槽内均匀循环的流动中被加热器加热,从而使油的温度均匀稳定上升。此外,循环流动的油在经过辅助油箱的双层(粗细)过滤网时,清除油中的大小颗粒残渣,保证了油的清洁,从而使油炸的物料随时保持清洁。

③传统连续油炸机的结构精练合理,功能先进。采用双网带无级变速调节,既保证油炸物不同的油炸时间,又保证了油炸物在油层下 2 ~3 cm 处平稳加热输送;采用龙门架及提升机构,可以使罩盖方

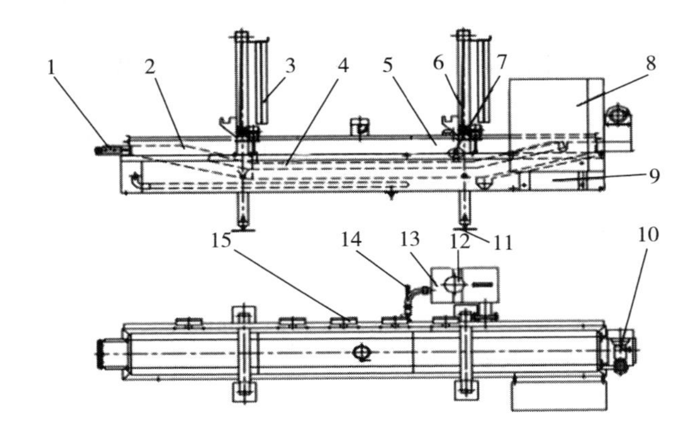

图3－41　连续式油水混合油炸设备结构示意图
1—张紧调节装置;2—下网带;3—横担杆;4—上网带;5—罩盖;
6—龙门架及提升机构;7—上下网带间隙调节螺栓;8—电控箱;
9—油槽;10—减速机;11—地脚调节座;12—泵;13—辅助过滤油箱;
14—电热偶;15—加热电阻

便升降,便于对食品进行油炸加工。

三、豆制品杀菌设备

随着豆制品产品发展和产品销售半径扩大,散装产品已不适应食品安全和市场需求,为保证质量,延长保存期,各样豆制品包装后要进行二次杀菌。从豆制品的分类看,可以分为三大类产品:液态豆制品,如鲜豆浆、豆奶等;生鲜豆制品,如盒装嫩豆腐、盒装老豆腐、充填豆腐;休闲豆腐干制品。这三类豆制品的状态不同,杀菌工艺也不同。一般液态豆制品采用在线高温瞬时灭菌工艺,生鲜豆制品采用巴氏杀菌工艺,休闲豆干制品采用高温杀菌釜。反压灭菌或静水压灭菌。所采用的杀菌设备与软罐头杀菌设备相同。杀菌釜有单锅筒和双锅筒两种。杀菌过程为自动控制,保证了杀菌效果。

(一)高温瞬时灭菌(UHT杀菌)

通常把加热温度135～150℃,加热时间为2～8 s,加热后产品达到商业无菌要求的杀菌过程称为 UHT 杀菌。UHT 杀菌的方法根据物料与加热介质直接接触与否,杀菌过程可分为直接混合式加热法和间接式加热法两类。

直接混合式加热法,UHT 过程是采用高热纯净蒸汽直接与待杀菌物料混合接触,进行热交换,使物料瞬间被加热到 135℃ 以上,达到杀菌目的。但部分蒸汽冷凝水进入物料,同时在蒸的过程中,水分蒸发,易挥发的风味物质将随之部分去除。

间接式加热 UHT 过程是采用高压蒸汽或高压水加热介质,热量经固体换热壁传给待加热杀菌的物料。由于加热介质不直接与食品接触,所以可以较好地保持食品物料的原有风味,这种方式被广泛采用。间接 UHT 杀菌设备有环形套管式、列管式、板式和旋转刮板式等。

1. 环形套管式杀菌设备

UHT 杀菌用环形套管式设备,主要结构为盘成螺旋状的同心套管。其主要特点如下。

①适用于流量小、传热面积小的生产工艺。

②因为螺旋管中的层流传热系数大于直管,所以也用于较高黏度流体的热交换。

③因为传热管呈蛇形盘装管,具有弹簧作用,可以有效地克服应力变化和裂管漏失。

④安装容易,占地面积小。

⑤该设备清洁困难,对有些遇高温易结垢、黏稠易焦糊的液体不适用,如豆奶等。

2. 列管式杀菌设备

UHT 杀菌用列管式设备,主要结构是数根水平排列的直管相连,直管分内管、外管和保温层。物料在内管通过,高温热水在外管通过,两种不同温度的介质通过内管外壁进行热交换,达到高温瞬时杀菌的目的。列管式杀菌设备主要特点如下。

①列管式杀菌设备生产能力大,能连续作业,杀菌物质广泛,适用于大生产。

②全自动控制温度、时间、换热面积等参数,调整灵活,操作方

便，质量可靠稳定。

③易于机械化清洗，如有结垢和焦糊，可直接打开管路清理。

④该设备造价高，占地面积比其他杀菌设备大。

3. 板框式高温瞬时灭菌机

板框式高温瞬时灭菌机是由一系列具有一定波纹形状的金属片叠装而成的一种高效杀菌机。各种板片之间形成薄矩形通道，通过板片进行热量交换。板框式高温瞬时灭菌机的热交换通过液—液、液—汽进行。在相同压力损失情况下，其传热系数比管式杀菌机高3～5倍，占地面积为管式杀菌机的1/3，热回收率可高达90%以上。板式换热器的形式主要有框架式（可拆卸式）和钎焊式两大类，板片形式主要有人字形波纹板、水平平直波纹板和瘤形板片三种。板框式杀菌机如图3－42所示。

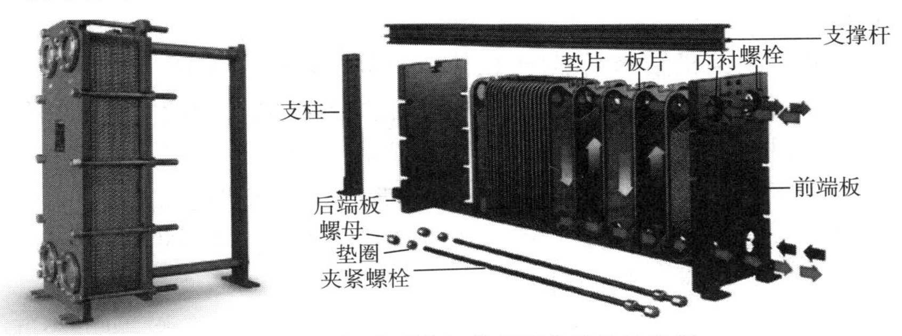

图3－42　板框式杀菌机外观图和结构示意图

（1）工作原理

可拆卸板框式高温瞬时灭菌机是由许多冲压有波纹薄板按一定间隔，四周通过垫片密封，并用框架和压紧螺旋重叠压紧而成，板片和垫片的四个角孔形成了流体的分配管和汇集管，同时又合理地将冷热流体分开，使其分别在每块板片两侧的流道中流动，通过板片进行加热，达到热杀菌的目的。

（2）主要结构

板框式高温瞬时灭菌机板片和板式密封垫片、固定压紧板、活动压紧板、夹紧螺栓、上导杆、下导杆、后立柱。

(3)设备特点

传热系数高:一般认为是列管式的3~5倍。由于不同的波纹板相互倒置,构成复杂的流道,使流体在波纹板间流道内呈旋转三维流动,能在较低的雷诺数(一般 $Re=50\sim200$)下产生紊流。

对数平均温差大,末端温差小,热量损失少:在管壳式杀菌机中,两种流体分别在管程和壳程内流动,总体上是错流流动,对数平均温差修正系数小,而板式杀菌机多是并流或逆流流动方式,其修正系数也通常在0.95左右。此外,冷、热流体在板式杀菌机内的流动平行于换热面、无旁流,因此使得板式杀菌机的末端温差小,对水换热可低于1℃,而管壳式杀菌机一般为5℃。板式杀菌机只有传热板的外壳板暴露在大气中,因此散热损失可以忽略不计,也不需要保温措施。而管壳式杀菌机热损失大,需要隔热层。

板式杀菌机结构紧凑,单位体积内的加热面积为管壳式的2~5倍,也不像管壳式那样要预留抽出管束的检修场所,因此实现同样的杀菌机,板式杀菌机占地面积为管壳式杀菌机的1/5~1/8。板式杀菌机的板片厚度仅为0.4~0.8 mm,而管壳式杀菌机的加热管的厚度为2.0~2.5 mm,管壳式的壳体比板式杀菌机的框架重得多,板式杀菌机一般只有管壳式重量的1/5左右。

容易清洗、不易结垢:板式换热器只要松动压紧螺栓,即可松开板束,卸下板片进行机械清洗,这对需要经常清洗设备的换热过程十分方便。由于内部充分湍动,所以不易结垢,其结垢系数仅为管壳式换热器的1/3~1/10。

(4)设备的缺点

工作压力不宜过大,可能发生泄露:板式杀菌机采用密封垫密封,工作压力一般不宜超过2.5 MPa,介质温度应低于250℃,否则有可能泄露。

易堵塞:由于板片间通道很窄,一般只有2~5 mm,当换热介质含有较大颗粒或纤维物质时,容易堵塞板间通道。

(二)巴氏杀菌机

巴氏灭菌法又称巴氏消毒法,得名于其发明人法国生物学家路易斯·巴斯德。1862 年,巴斯德发明了一种能杀灭牛奶里的病菌,但又不影响牛奶口感的消毒方法,即巴氏消毒法。巴氏消毒主要指灭菌温度低于 100℃的灭菌方法。目前巴氏灭菌主要应用在牛奶、果汁饮料等产品。而生鲜豆制品经巴氏杀菌后,采用冷链物流,能保持产品特点,所以,生鲜豆制品一般采用水浴式巴氏灭菌法。休闲豆干制品为包装产品的口感,在工艺控制良好的条件下,也可采用水浴式巴氏灭菌法。连续式巴氏杀菌机(图 3 -43),杀菌全过程保证产品在水中,以确保杀菌效果。

图 3 -43　连续式巴氏杀菌设备外观图

1. 巴氏杀菌机的主要结构

水浴槽、蒸汽加热系统、温控系统、冷却系统和传送板链。按照温度划分:升温区、恒温区和冷却区。

2. 巴氏杀菌机特点

自控温系统:升温快、受热均匀、温差小、灭菌彻底,产品品质高。

(三) 全自动双层高压杀菌设备

高温杀菌釜是休闲豆制品关键设备,直接决定产品的货架期和品质。目前大部分豆制品企业对杀菌釜的工作原理、杀菌釜的特点、热分布及热穿透等性能都是依赖杀菌釜设备制造商,从而可能留下极大的食品安全隐患。

休闲豆干在高温杀菌时，由于包装袋内豆干加热膨胀，豆干组织中空气释放、部分水分汽化等造成袋内压力增大，从而导致包装袋膨胀变形，变形程度主要取决于袋内外压力差。在整个杀菌过程中的升温、恒温、降温冷却三个阶段，袋内外压力差不同。恒温阶段，杀菌锅内杀菌温度保持不变，其压力也基本保持不变，此时袋内食品及气体仍在继续上升，袋内压力也就继续上升，袋内外压力之差随之增大。

1. 双层全自动高温杀菌釜的结构

利用热水循环、浸泡式杀菌，在杀菌过程中，对温度、压力、杀菌时间、进水、进气、排水、排气等全过程进行智能自动化控制，温度准确（±0.5℃）双层全自动高温杀菌釜由上下两层锅体构成，上锅体主要是热水，下锅体是杀菌物料。杀菌釜由不锈钢作为主要材质，杀菌釜是按照 GB 150—2011《压力容器》的要求进行设计、制造、检验和验收的；符合 GB 713—2008《锅炉和压力容器用钢板》的要求。主要结构：锅体、锅门、压力传感器、液位传感器、丝扣安全阀、循环水泵、水汽混合器、加热装置、控制阀门构成，参见图 3－44。

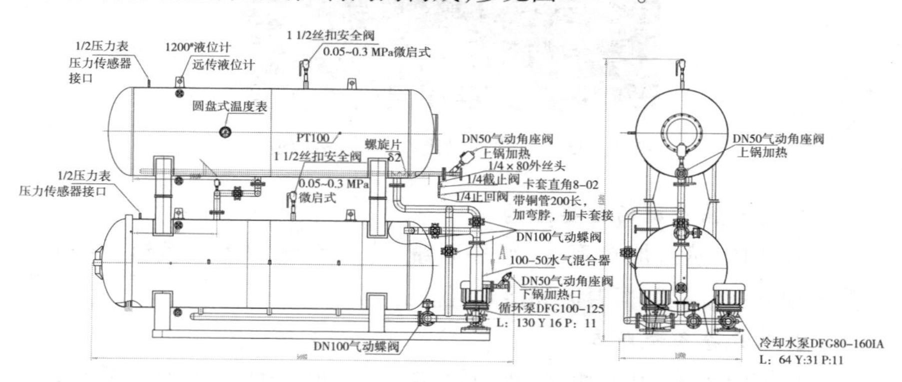

图 3－44　双层高压杀菌釜结构示意图

2. 工作原理

首先蒸汽将上锅体中的水，加热至工艺需要的温度，然后，上锅体过热水，通过循环泵，将上锅体中过热水加热下锅体中的产品，升温至工艺需要的温度，同时热水泵循环，维持杀菌工艺需要的温度和时间。参见如下工作示意图(图3－45)和计算机画面显示的画面(图3－46)。

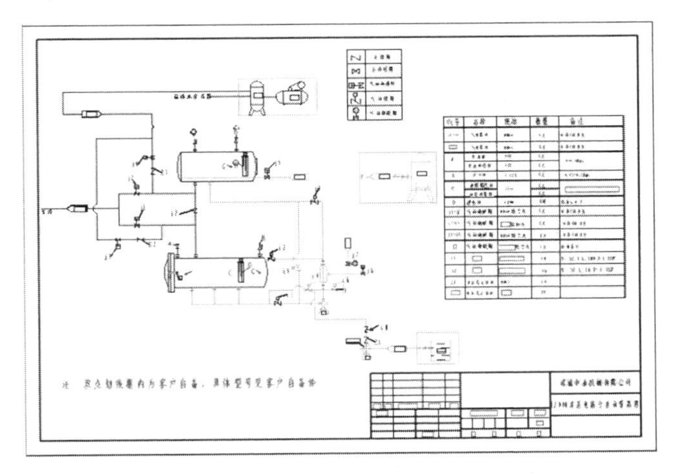

图3－45　双层高压杀菌釜工作原理图

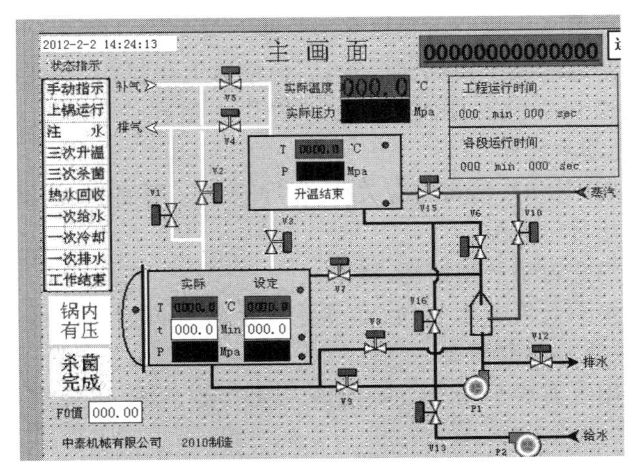

图3－46　双层高压杀菌釜操作界面图

3. **特点**

①电器半自动控制，电子、机械双安全连锁，电子、机械双超压保

护。杀菌温度控制精度 ±0.5℃以内。锅内各点温度差(热分布) ±0.5,电子温度偏差校正。

②适应处理的包装物:软包装(CPP + PA; 铝箔,包括含气包装)、玻璃瓶、马口铁塑料、铝箔托盒。

③本机杀菌过程中用的工作介质可循环使用,节省了能源、时间、人力、物力的消耗,降低了生产成本。

④每台杀菌釜上均可配置 F 值测量仪,该测量仪具备测量值的功能,F 值软件每隔 3 秒进行一次 F 值计算。所有灭菌数据,包括灭菌条件、F 值、时间—温度曲线、时间—压力曲线等均可通过数据处理软件处理后予以保存或打印,以便于生产管理。

4. 注意事项和维护保养

①充气垫使用一段时间后,应抽出清理,并擦油后重新装入(食用油)。

②各种水、汽阀门如有损坏,请立即更换,不得带患运行。

③安全阀、压力表和温度计,必须定期校验,确保灵敏准确。同时每年需要做一次热分布和热穿透验证。

④杀菌锅的操作人员,应经培训合格后上岗操作,并严格遵守安全操作规程和岗位责任制。非专业操作人员在设备运行时不得靠近,更不能动手操作。

⑤长期不用时,请将水源关掉,排净余水。用油(食用油)擦抹锅门与充气垫接触部位。

⑥锅门密封垫严禁划伤,碰撞。

⑦水泵不允许无水空转,必须注入水后方可启动。水泵应保持不缺油,并使冷却水畅通。

⑧所用水质要干净,无沙、无渣及无其他杂物,以免损坏水泵或阀门。

⑨电器设备必须牢固接地,不可无接地线。

(四)卧式喷淋式杀菌釜

卧式喷淋式杀菌釜是间歇式杀菌设备。该设备由杀菌釜、蒸汽供给系统、加热系统、冷热水供给循环系统、压缩空气供给系统、仪器仪表、电气控制系统及码放食品用的推车组成。该设备在杀菌过程中是用加压缩空气与加热蒸汽混合加热的状态送入杀菌锅内。按照升温,开始加压,杀菌、定压、减压,压入冷却水,冷却,冷却水排出的顺序,通过自动控制完成。通常称为反压灭菌工艺,反压的主要目的是防止被杀菌的食品袋在杀菌过程中由于袋内升压而胀破。如下外观图(图3-47)和结构示意图(图3-48)。

图3-47　卧式喷淋式杀菌釜外观主视图

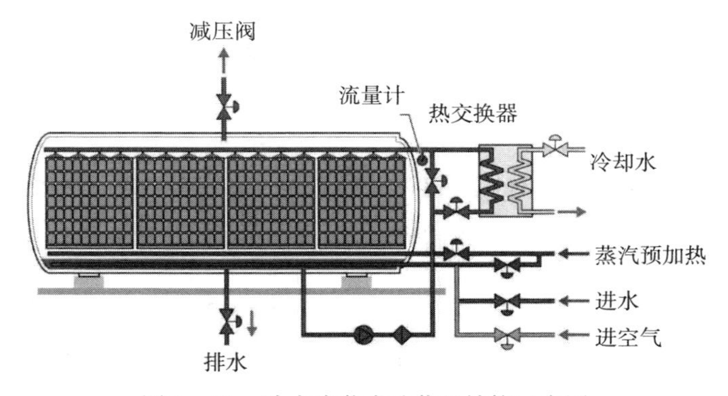

图3-48　卧式喷淋式杀菌釜结构示意图

第四章　非发酵豆制品

第一节　南豆腐

一、南豆腐

我国南方有用石膏粉做凝固剂的传统，石膏豆腐水分含量较多，硬度和弹性比北豆腐小，但是口感较北豆腐为细腻，制作的区域主要集中在长江以南，故称为南豆腐，因含水量高、入口细嫩，又称嫩豆腐。

1. 原料与配方

大豆 100 kg，石膏 3.5 kg。

2. 工艺流程及其操作要点

(1)工艺流程

①生浆法。

大豆→清选→浸泡→清洗→磨浆→浆渣分离→煮浆→点浆→压制→出包→切块→成品

②熟浆法。

大豆→清选→浸泡→清洗→磨浆→浆渣共煮→浆渣分离→煮浆→点浆→压制→出包→切块→成品

(2)操作要点

①清洗大豆：取大豆，去壳筛净。为了保证产品的质量，应清除混在大豆原料中的诸如泥土、石块、草屑及金属碎屑等杂物，选择那些无霉点、色泽光亮，籽粒饱满的大豆为佳。要选择优质无污染，未经热处理的大豆，以色泽光亮，籽粒饱满、无虫蛀和无鼠咬的大豆为佳。新收获的大豆不宜使用，应存放 3 个月后再使用。

②浸泡大豆：一般以豆、水重量比 1∶2～1∶3 为宜。要用冷水，水

质以软水、纯水为佳，出品高，硬水出品率接近软水、纯水的一半。浸泡温度和时间，以湖南为例，春秋季度，水温20℃左右，浸泡10～12 h；冬季，水温5℃左右，浸泡24 h；夏天，水温25℃左右，浸泡6～8 h。浸泡好的大豆达到以下要求：大豆吸水量约为120%，大豆增重为1.5～1.8倍。大豆表面光滑，无皱皮，豆皮轻易不脱落，手触摸有松动感，豆瓣内表面略有塌陷，手指掐之易断，断面无硬心。

③磨浆：大豆浸好后，捞出，按豆水比例1∶6磨浆，用袋子（豆腐布缝制成）将磨出的浆液装好，捏紧袋口，用力将豆浆挤压出来。豆浆榨完后，才能开袋口，再加水3 kg，拌匀，继续榨一次浆。一般10 kg大豆出渣15 kg、豆浆60 kg左右。榨浆时，不要让豆腐渣混进豆浆内，也可用砂轮进行研磨。

磨浆的关键是掌握好豆浆的粗细度，过粗影响过浆率，过细大量纤维随着蛋白质一起进入豆渣中，一方面会造成筛网堵塞，影响滤浆。另一方面豆腐质地粗糙，色泽灰暗。磨浆时还要注意调整好砂轮间隙，进行磨料，磨料的同时需添加适量的水。

④浆渣共煮：这是熟浆工艺特有的工序，直接或间接用蒸汽将豆糊加热到92～95℃并维持2～3 min，进一步促进大豆可溶性蛋白溶出，同时也促进大豆中的碳水化合物（大豆多糖）和大豆磷脂的溶出，为后续提高豆浆的品质提供最佳的条件。

⑤过滤豆浆：传统的方法是手摇包，多用细白布口袋，布袋孔径100～120目为好，将磨好的豆糊装进口袋并扎好口放在缸口上的木板架上，用力挤压浆糊，直到布袋内无豆浆流出为止。工业化生产线都采用离心机或螺杆挤压机进行浆渣分离。

⑥煮浆。

A. 步骤。

把榨出的生浆倒入锅内煮沸，不必盖锅盖，边煮边撇去面上的泡沫。火要大，但不能太猛，防止豆浆沸后溢出。豆浆煮到温度达100℃时即可，注意加热要均匀。温度不够或时间太长，都会影响豆浆质量及后面的程序。

B. 煮浆。

生浆加热后,天然的大豆蛋白质就变成变性大豆蛋白质,使大豆蛋白质粒子呈现不定型的凝集。凝固就是大豆蛋白质在热变性的基础上,在凝固剂的作用下,由溶胶状态变成凝胶状态的过程。

此外,煮浆可以使胰蛋白酶抑制素、凝血素、皂草苷等多种生物有害物质失去活性,同时起到杀菌的作用(即蛋白质变性);可提高大豆蛋白质的消化率,提高大豆蛋白中赖氨酸的有效性,减轻大豆蛋白质的异味,消毒灭菌,延长产品的保鲜保质期。在该环节中考虑到蛋白质的热变性、蛋白质变性及胶凝作用的性质。

C. 煮浆的注意要点。

a. 防止豆浆假沸的现象。在煮浆过程中,由于豆浆中含有蛋白质和皂苷,豆浆在加热过程中,豆浆的温度达到94℃时出现泡沫,好像豆浆沸腾,其实,这是假沸的现象。真正的煮浆,豆浆的温度应为100℃时,煮浆才算完成。94℃时的煮浆只发生盐析反应。在后面的点浆过程中,无法形成蛋白质沉淀,不能成团。

b. 煮浆的时间。可能会煮的时间太长,从而使大豆蛋白质分解,形成氨基酸,而氨基酸并不是胶体,在点浆过程中也无法形成蛋白质沉淀,所以为减少氨基酸的生成,可在煮浆溶液中加入一定量的 $NaHCO_3$。煮浆过程中,时间、温度、搅拌、用什么溶剂都会对煮浆产生影响,应加以注意。

⑦点浆:把烧好的石膏碾成粉末,用清水一碗(约0.5 kg)调成石膏浆,倒入点浆桶或缸。将煮好的豆浆冲入点浆桶或缸,用勺子轻轻搅匀,数分钟后,豆浆凝结成豆腐花。

⑧豆腐成型:破脑,也叫排脑。由于豆腐脑中的水多被包在蛋白质网络中,不易自动排出。因此,要把已形成的豆腐脑做适当的破碎,目的是排除其中所包含的一部分水。排脑,就是把养好的豆腐脑,有序地排放进竹筛的包单布里,通过包单和竹筛排出一部分水分。

⑨压制:也称加压。可用重物直接加压或专用机械来完成。通过压制,可压榨出豆腐脑内多余的浆水,使豆腐脑密集地结合在一起,成为具有一定含水量和保持一定程度弹性与韧性的豆腐。

3. 南豆腐的注意事项

(1)石膏凝固剂的特征及配制

南豆腐使用的凝固剂硫酸钙,俗称“石膏”。“石膏”因含结晶水的数量不同,可分生石膏($CaSO_4 \cdot 2H_2O$)、半熟石膏($CaSO_4 \cdot H_2O$)、熟石膏($CaSO_4 \cdot 1/2H_2O$)、过熟石膏($CaSO_4$)。其中过熟石膏不能作为凝固剂。

由于硫酸钙中的钙及硫酸根是身体所需成分,而且硫酸钙的溶解度低,所以,用硫酸钙作为凝固剂,对于食品来说是比较安全的。在食品添加剂卫生标准中规定:作为豆制品凝固剂时,按生产需要适量使用。在豆制品实际生产过程中,通常使用量以大豆为基准,每千克大豆使用25 g硫酸钙,溶于100 mL水中。溶解硫酸钙时,水的量不能太多,否则会在加入豆浆时降低豆浆的温度和浓度,影响凝固效果。另外,由于硫酸钙很难溶于水,所以经常会有沉淀,因此,在配制凝固剂时要注意观察,防止静置沉淀出现。

(2)凝固温度对豆腐硬度的影响

用石膏做凝固剂生产南豆腐,凝固温度、时间与硬度的关系影响要比内酯小,表4-1所列出凝固温度分别为60℃、70℃、80℃、90℃凝固60 min时豆腐的硬度。

表4-1 不同凝固温度与豆腐硬度的关系

凝固温度/℃	硬度	pH值
60	24	5.8
70	25	5.8
80	31	5.8
90	38(但凝固不均)	5.8

表4-1所示豆浆温度分别为70℃和90℃时,凝固时间与豆腐硬度的关系,从表4-1中可以看出,用生石膏做凝固剂生产豆腐时,豆腐的硬度在最初的20 min内增加很快,以后随着时间的推移增加速度变慢。

从以上的表和图可以看出，用生石膏做凝固剂生产南豆腐时，点浆温度控制在80℃左右，凝固时间控制在30 min左右较适宜。

(3)豆浆浓度与硬度的关系

通过改变豆浆的浓度也可以改变豆腐的硬度，豆浆中蛋白质含量越高，豆腐就越硬。一般情况下，制作石膏南豆腐时豆浆的浓度控制在10～12°Brix(蛋白质含量4%～5%)。

(4)搅拌时间和方法

手工点浆时一面搅动使豆浆旋转，一面加入石膏液，搅拌时一定要使罐底的豆浆和面上的豆浆循环翻转，目的是使凝固剂均匀地分散在豆浆中，否则往往会出现有的地方凝固剂过量产品组织结构粗糙，有的地方凝固剂用量不足，而出现白浆的现象；机械化生产时，一般采用冲浆的方式，就是取少量豆浆同石膏溶液一道以15°～30°的角度沿容器壁冲下，利用这股冲力，使全部豆浆与石膏混合。

在点浆过程中，搅拌的速度和时间直接关系着凝固效果。搅拌地越剧烈，凝固剂的用量越少，凝固速度越快，反之凝固剂的用量大，凝固速度慢。搅拌的时间要看豆腐脑凝固的情况而定，如果已经达到凝固要求，就应立即停止搅拌，否则，豆腐花的组织被过度破坏，造成凝胶的持水性差，产品粗糙，得率降低，口感差；如果提前停止搅拌或搅拌不够，豆腐花的组织结构不好，致使产品软而无劲，不易成型，甚至还会出白浆，影响得率。

(5)凝固剂的添加量

石膏添加量越多，产品的硬度虽然会有所增加，但不是十分明显，但当添加量超过0.4%(以豆浆计)时，生产出的豆腐产品的口感变差，会感觉到发苦发涩，所以，在生产中石膏凝固剂的使用量要适当控制，以豆浆计，0.3%～0.4%为宜。

(6)豆制品凝固过程中的工艺要求

豆腐等豆制品生产过程中凝固剂的选择及添加量，豆腐等豆制品的生产过程中需要添加凝固剂，不同的产品使用的凝固剂种类及添加量不尽相同，生产过程中对不同的产品使用的凝固剂种类和使用量需要合理掌握。

4. 质量指标

(1)感官指标

①形态:块形整齐,无缺角和碎裂,表面光滑、无麻迹。

②色泽:白色或淡黄色,具有一定光泽。

③内部组织:细嫩、柔软有劲,不散碎、不糟,无杂质。

④口味:气味清香,有豆腐特有的香气,味正,无任何苦涩和其他异味。

(2)理化指标

水分<90%;蛋白质≥4.2%;重金属含量铅<0.5 mg/kg;添加剂按GB 2760添加剂标准执行。

(3)微生物指标

大肠菌群参见表4-2,致病菌不得检出。

表4-2　大肠菌群采取及检验

项目	采样方案[a]及限量				检验方法
	n	c	m	M	
大肠菌群/(CFU/g或CFU/mL)	5	2	10^2	10^3	GB 4789.3 平板计数法

注　a样品的采样及处理按GB 4789.1执行。

二、南京嫩豆腐

1. 原料与配方

大豆100 kg,石膏2.4~2.6 kg。

2. 工艺流程及其操作要点

(1)工艺流程

选豆→浸泡→磨浆→过滤→煮浆→凝固、冲浆→压制→分切→成品

(2)操作要点

①选豆:因为大豆的种皮里含有可溶性色素而直接影响嫩豆腐的色泽,所以应选用籽粒整齐团饱的大豆。脱去种皮后再加工制作,豆腐色泽会更纯白。其次是用青大豆、双色(星点紫色的)大豆。

②浸泡:大豆浸泡的好坏直接影响嫩豆腐的质量。大豆必须把杂物灰土淘沥干净后浸泡。各种大豆浸泡时的吸水量不同,膨胀的速度不同。各季的气温、水温不同,所以,在各季节里大豆的浸泡时间和浸泡程度的要求是不相同的。一方面由于大豆粉碎时产生热量使蛋白质热变性,黏性降低;另一方面大豆浸泡充足,豆糊黏性小,豆浆凝固物不挺括。另外,做嫩豆腐的成型操作不需要脱水,所以,大豆的浸泡就不同于其他品种的浸泡,在时间上要缩短一些,在膨胀的程度上要略欠一点。

上述浸泡的结果就能保证嫩豆腐质地细嫩,保水性强,弹性好,刀剖面光亮,食用时多孔泡状,为绵软有劲打好基础。同时不会降低产率,相反可使产率略增。大豆浸泡的程度不够,蛋白质提取量相对减少,产率降低,质量差劣。大豆浸泡的程度过头,蛋白质提取量虽然高,但酸度导致黏性降低,豆浆凝固物组织结构松脆,疏水性强,产品质量自然差劣。大豆浸泡达到要求的程度,捞出后需用水冲淋洗净,方能粉碎制取豆浆,这是卫生质量必须要做到的。

③磨浆:大豆粉碎成糊。磨糊粗,蛋白质提取量低。磨糊过细,细绒的豆渣过滤不出来而混于豆浆中。一般磨糊在70~80目为适宜。滤浆的丝绢或尼龙裙包的孔眼以140~150目为好。添加水必须是沸水。尽管添加水的次数不同,总的加水量是干豆质量的9倍。加水过多,豆浆浓度低,豆浆凝固物呈明显网络状态,疏水性强。加水过少,豆浆浓度高,豆浆凝固物包水量少,蛋白质凝聚结合力强。这两种情况嫩豆腐质地粗硬易碎,刀剖面有毛刺,食之板硬味差。

豆浆必须在5~10 min内煮沸,时间越短越快越好。温度必须达100℃,蛋白质热变性彻底,豆浆凝固完全。温度不够,蛋白质热变性不彻底,豆浆凝固不完全,嫩豆腐易散成糊,颜色发红。豆浆没有煮沸,其所含的皂角素、抗胰蛋白酶未能破坏,豆浆或其做成的豆腐生拌吃,对于体弱的人能引起消化不良、中毒而腹泻。

豆浆刚煮沸后温度高,下凝固剂凝固作用快,凝固物疏水性强,嫩豆腐就略硬。如豆浆温度低,下凝固剂凝固作用慢,凝固结果就不完全,具有含水不疏性,需脱水后才能做豆腐。此种不老不嫩、不伦不类，不能成为嫩豆腐。凝固时的豆浆温度以75℃最为理想。

④凝固、冲浆：南京嫩豆腐具有如此特色，关键是采用冲浆的方法，凝固效果好，质量才有保证。有以下5个方面。

A. 凝固剂：石膏液必须是打制的。石膏粉用少许生豆浆拌匀，一定要干，不能稀，用锤在臼中锤打黏熟，需要1 h。拌和锤打要快要紧，慢了石膏发胀，影响凝固效果。打好后的石膏用水稀释，除去粗粒杂质以8%浓度为好。石膏选用白色透明的纤维石膏，豆浆的凝固物挺括，绵筋，结合力强。

B. 冲浆必须掌握好正确的冲入角度。冲浆用的少量豆浆和石膏溶液（简称浆膏）对着盛浆的容器壁以15°～35°的角度冲下，浆膏准稳地沿着器壁顺利直下冲入器底，使豆浆下翻上，上翻下，全部翻转，同石膏均匀地混合，凝固效果好。小于15°角度冲入的浆膏会有部分冲到容器外面去，冲力减弱，石膏的用量减少了，凝固会不完全。40°～50°角度平斜冲入的浆膏由于器壁的反作用而四溅，大部分撞回在被冲豆浆的中上层晃荡，只有极少部分的浆膏冲入底部，冲力太小，豆浆翻转不上来，石膏混合不均而下沉，凝固就出现了局部不完全、局部过头的现象。角度再大，效果就更不好。大豆在7.5 kg以下时，豆浆量较少，宜采取先把石膏液倒入器底，全部豆浆一次直冲的方法。

C. 石膏的用量一般是干豆质量的2.4%～2.6%。石膏用量少，钙离子搭桥作用的量不够，蛋白质之间的结合力弱，凝固不完全呈半凝态。石膏用量大，钙离子的作用相对增强，蛋白质之间的联结迅速，结合力强，凝固物组织结构粗松，疏水性强，凝固就过头。

D. 冲力的掌握：冲力小，豆浆翻转的速度慢，静置得快，石膏下沉，钙离子作用中底层增强，凝固过头，上层不完全。冲力大，豆浆翻转的速度快，静置得慢，达初凝状态而不能静置，凝固就遭失败。冲浆结束后在20 s停止翻转，在30～50 s达到初凝，结果是凝固适中效果最佳，质量产量两全其美。正确的冲浆方法是在角度正确的情况下，用最少的石膏量，以最大的冲力，豆浆达到初凝的时间为40～50 s。

E.静置时间一定要保持在30 min左右。因为,豆浆虽然初凝,但蛋白质的变性和联结仍在进行,组织结构仍在形成之中,必经一段时间后,凝固才能完全,结构才能稳固。做嫩豆腐不需要脱水,所以,静置时间就需长些。静置时间短,结构脆弱,脱水快,嫩豆腐不保水就不细嫩光亮,反变粗硬。静置时间长,凝固物温度降低了,结合力差,不脱水,嫩豆腐过嫩易碎,成型不稳定,食用易碎不能成片、成块。凡是凝固不完全和过头所做出的嫩豆腐,质量差,产率低,不完全的产率减少10%~15%,过头的产率减少10%~20%。

3.质量指标

(1)感官指标

乳白色,质地细嫩,有香气,味鲜美,块形整齐,刀口光亮,无异味、无杂质。

(2)理化指标

水分<85%;蛋白质>5.9%;重金属含量铅<0.5 mg/kg;添加剂按GB 2760添加剂标准执行。

(3)微生物指标

大肠菌群参见表4-2,致病菌不得检出。

三、羊肉豆腐脑

1.原料与配方

大豆250 g,瘦嫩羊肉75 g,口蘑10 g,酱油250 g,蒜25 g,辣椒油5 g,香油5 g,味精少许,熟石膏粉2 g,干淀粉150 g,精盐5 g,花椒少许。

2.工艺流程及其操作要点

(1)工艺流程

大豆→清洗筛选→泡豆→磨浆→过滤→煮浆→点浆→上包→成品→调制

(2)操作要点

①调选符合国家标准的大豆,并用符合GB 5749要求的生活饮用水,将大豆清洗除尘,除去豆梗等杂物。然后将大豆瓣用凉水泡胀,

以保持颜色不变为宜。泡好后洗净，加入凉水 750 g 磨成稀糊状，越细越好，然后加入凉水 750 g 搅匀，用白布细罗过滤。将滤渣倒掉。

②用勺撇掉浆汁上面的泡沫，把浆汁倒入锅中用旺火烧沸，随即舀出 1/3 的浆汁放在盆里，把其余的浆汁舀在保温桶里，再撇去浮沫。

③将熟石膏加温水 30 g 调匀，倒入豆浆汁内，使浆汁充分融合静置 5 min，将浮在上面的泡沫撇净，凝结下面的就是豆腐脑。

④将羊肉横着肉纹切成长 2 cm、宽 2 cm、厚 0.5 cm 的片；口蘑用水泡 5 h 后取出，拌入精盐少许，择净杂物，用水洗净，去掉根蒂，切成长 1 cm、宽 0.6 cm 的块；将泡好的口蘑水与洗口蘑的水合一起，用旺火烧沸，沉淀后滤去杂物；蒜去皮洗净，加盐少许砸成蒜泥；干淀粉加清水 100 g 调成勾芡汁。

⑤锅内加入凉水 1500 g，在旺火上烧沸，放入羊肉片，用勺搅动几下，待水快沸时，倒入酱油、口蘑水、盐和味精，开后倒入勾芡汁，要慢倒多搅，沸后即成卤。

⑥将口蘑块撒在上面，同时用烧热的香油将花椒炸焦，把花椒油趁热浇在口蘑块上，与卤拌在一起即成。

3. 质量指标

(1)感官指标

乳白色，质地细嫩，有香气，味鲜美，块形整齐，刀口光亮，无异味、无杂质。

(2)理化指标

水分 <85%；蛋白质 >5.9%；重金属含量铅 <0.5 mg/kg；添加剂按 GB 2760 添加剂标准执行。

(3)微生物指标

大肠菌群参见表 4－2，致病菌不得检出。

四、宁式嫩豆腐

1. 原料与配方

大豆 100 kg，石膏 3.8～4 kg。

2. 工艺流程及其操作要点

(1)工艺流程

大豆→清洗筛选→泡豆→磨浆→过滤→制浆(煮浆)→点浆→涨浆→摊布→浇制→翻板→成品

(2)操作要点

①清洗大豆:取大豆,去壳筛净。为了保证产品的质量,应清除混在大豆原料中的诸如泥土、石块、草屑及金属碎屑等杂物,选择那些无霉点、色泽光亮、籽粒饱满的大豆为佳。要选择优质无污染,未经热处理的大豆,以色泽光亮、籽粒饱满、无虫蛀和无鼠咬的大豆为佳。新收获的大豆不宜使用,应存放 3 个月后再使用。

②泡豆:一般以豆水重量比 1∶2 ~1∶3 为宜,水质以软水、纯水为佳,出品高。浸泡温度和时间,以湖南为例,春秋季度,水温 20℃左右,浸泡 10 ~12 h;冬季,水温 5℃左右,浸泡 24 h;夏天,水温 25℃左右,浸泡 6 ~8 h。浸泡好的大豆达到以下要求:大豆吸水量约为 120%,大豆增重为 1.5 ~1.8 倍。大豆表面光滑,无皱皮,豆皮轻易不脱落,手触摸有松动感,豆瓣内表面略有塌陷,手指掐之易断,断面无硬心。

③磨浆:大豆浸好后,捞出,按豆水比例 1∶6 磨浆,用袋子(豆腐布缝制成)将磨出的浆液装好,捏紧袋口,用力将豆浆挤压出来。豆浆榨完后,才能开袋口,再加水 3 kg,拌匀,继续榨一次浆。一般 10 kg 大豆出豆浆 75 kg。

④制浆(煮浆):煮浆的温度 95℃以上,维持 5 ~8 min。煮浆后的豆浆浓度应该 9°Brix 以上。在浇制时应尽量不破坏大豆蛋白质的网状组织。

⑤点浆:待煮熟沸腾的豆浆温度降到 75℃时,从缸中取出 1/3 豆浆盛在熟浆桶里,作冲浆用。将经过碾磨的石膏乳液盛在石膏桶里,冲浆时,把熟浆桶里的 1/3 熟豆浆和石膏桶里的石膏乳液悬空相对,同时冲入缸中的豆浆里,并使缸里的熟豆浆上下翻滚,然后静置 3 min,豆浆即初步凝固成豆腐花。

⑥涨浆:凝固成的豆腐花,应在缸内静置 15 ~20 min,使大豆蛋白

质进一步凝固好。冬季要盖上盖保温。

⑦摊布:以刻有横竖条纹的豆腐花板作为浇制的底板。在花板面上摊一块与花板面积同样大小的细布。摊布有三个作用:一是当箱套放置在花板上时由于夹有细布,可防止箱套的滑动移位;二是通过布缝易于豆腐沥水;三是在豆腐翻板后,可以把布留在豆腐的表面上,有利于保持商品卫生。摊布后,在花板上可重叠放置两只嫩豆腐箱套。

⑧浇制:根据小嫩豆腐品质肥嫩、持水性好的要求,在浇制时要尽量使豆腐花完整不碎。减少破坏蛋白质的网状组织,因此,舀豆腐花的铜勺要浅而扁平,落手要轻快,以便稳妥地把豆腐花溜滑至豆腐箱套内。箱套大小一般为255 mm× 255 mm×46 mm,脱套圈后成品中心高度为44～46 mm,开刀后5 min内下降为42～44 mm。每板嫩豆腐最好舀入8勺。具体做法是以箱套的每一内角为基底,每内角各舀1勺,再在上面分别覆盖4勺,然后把箱套内的豆腐花舀平。豆腐花的总量以一个半箱套的高度为宜。以后任其自然沥水约20 min在向缸内舀豆腐花时,要沿平面舀,使缸内豆腐花始终呈水平状,以减少豆腐花的碎裂而影响大豆蛋白质的网状组织。这样豆腐花不会发生出黄泪水的现象,从而提高豆腐的持水性。一般100 kg大豆能制小嫩豆腐200板。

⑨翻板:浇制后经沥水约20 min,豆腐花已下沉到接近一个箱套的高度,这时可取去架在上边的一只箱套,覆盖好小豆腐板,把豆腐翻过来,取出花板,再让其自然沥水凝结3 h,即为成品。

3. 质量指标

(1)感官指标

无豆渣、无石膏脚,不红、不酸、不粗,刀口光亮,脱套圈后不塌。

(2)理化指标

水分不超过90%,蛋白质不低于4.2%;重金属含量铅 < 0.5 mg/kg;添加剂按GB 2760添加剂标准执行。

(3)微生物指标

大肠菌群参见表4-2,致病菌不得检出。

五、广东清远特色豆腐(水鬼重豆腐)

水鬼重豆腐是清远市清新区浸潭、石潭一带所特有的一种传统特色豆腐,是当地人的一种历史悠久的特色食材,是豆腐制品中的佼佼者,特点非常鲜明。

1. 原料与配方

大豆 100 kg,熟石膏粉 2 ~ 3 kg,山泉水适量。

2. 工艺流程及其操作要点

(1)工艺流程

选豆、泡豆→磨浆→煮浆→点浆→上包→压制→切块→油炸→浸泡→成品

(2)操作要点

①选豆、泡豆:清除杂质。100 kg 大豆加净水 250 kg,泡豆时间随气候不同而定。泡时过长,损失淀粉和蛋白质;泡时过短,不好磨,出浆少,这都影响豆浆的数量。室内温度在 15℃以下,浸泡 6 ~ 7 h;在 20℃左右,浸泡 5 h;在 25 ~ 30℃,浸泡 5 h。

②磨浆:100 kg 大豆,边磨边加广东清远水 300 kg,添豆添水要匀。若是用石磨、钢磨加工,需要滤浆时,要注意除沫。为了排除豆腐中的空气,滤得快,滤得净,在滤浆时,要滤细、滤净,才能提高豆腐的数量。把第一遍磨下的豆浆滤完后,再用 300 kg 凉水分两次加入豆渣过滤。磨完第二遍后,用 100 kg 凉水洗磨,然后将洗磨水同豆浆一起过滤。此外,用 100 ~ 120 kg 凉水洗磨,留作点浆用。

③点浆:点浆时要熟浆控到缸内,加盖 8 ~ 10 min,待浆温降至 80 ~ 90℃时点。用 2 ~ 3 kg 熟石膏粉放入 3.5 ~ 4 kg 洗浆水搅匀,待 10 min 后进行细点。要注意均匀一致,勤搅、轻搅,不能乱搅。当出现芝麻大的颗粒时,停点、停搅。不能移动,加盖 30 ~ 40 min,待下降到 70℃左右时压包。

④上包:用 20 ~ 30℃的温水洗包布,上包后包严,加木盖用 35 ~ 40 kg 压力(重物),压 2 h。

⑤切块:折包后划成方块,洒上适量山泉水,使豆腐温度下降后,

再放在工具盒内用凉水浸泡。凉水要超过豆腐面，与空气隔绝。浸泡时间长短，根据所需软硬程度而定。

⑥油炸：采用花生油炸成金黄色，令其外表金香，内里嫩滑且不失大豆香味，油炸的温度不宜过高，不超过 150℃，油炸时间控制在 1 min之内。

⑦浸泡：油炸后的产品，将其放置在山泉水中浸泡，食用前取出。保存时间不宜太长，一般控制在 1 ~ 3 天，夏天为 1 天，冬天最长不超过 3 天。

3. 质量指标

(1)感官指标

豆腐外黄内洁白细嫩，有弹性，块形整齐，软硬适宜。

(2)理化指标

水分≤85%；蛋白质≥5.9%；重金属含量铅≤0.5 mg/kg；添加剂按 GB 2760 添加剂标准执行。

(3)微生物指标

大肠菌群参见表 4 -2，致病菌不得检出。

六、石膏老豆腐

1. 原料与配方

大豆 100 kg，石膏 3.8 ~4 kg，水 800 ~900 kg。

2. 工艺流程及其操作要点

(1)工艺流程

大豆→清洗筛选→泡豆→磨浆→过滤→制浆(煮浆)→点浆→涨浆→摊布→浇制→整理→压榨→成品

(2)操作要点

①清洗大豆：取大豆，去壳筛净。为了保证产品的质量，应清除混在大豆原料中的诸如泥土、石块、草屑及金属碎屑等杂物，选择那些无霉点、色泽光亮、籽粒饱满的大豆为佳。要选择优质无污染，未经热处理的大豆，以色泽光亮、籽粒饱满、无虫蛀和无鼠咬的大豆为佳。新收获的大豆不宜使用，应存放 3 个月后再使用。

②泡豆:一般以豆水重量比 1:2 ~1:3 为宜,水质以软水、纯水为佳,出品高。浸泡温度和时间,以湖南为例,春秋季度,水温 20℃左右,浸泡 10 ~12 h;冬季,水温 5℃左右,浸泡 24 h;夏天,水温 25℃左右,浸泡 6 ~ 8 h。浸泡好的大豆达到以下要求:大豆吸水量约为 120%,大豆增重为 1.5 ~1.8 倍。大豆表面光滑,无皱皮,豆皮轻易不脱落,手触摸有松动感,豆瓣内表面略有塌陷,手指掐之易断,断面无硬心。

③磨浆:大豆浸好后,捞出,按豆水比例 1:6 磨浆,用袋子(豆腐布缝制成)将磨出的浆液装好,捏紧袋口,用力将豆浆挤压出来。豆浆榨完后,才能开袋口,再加水 3 kg,拌匀,继续榨一次浆。一般 10 kg 大豆出豆浆 75 kg。

④制浆(煮浆):大豆经浸泡后磨成浆,过滤后加热煮沸。煮浆的温度 95℃以上,维持 5 ~8 min。煮浆后的豆浆浓度应该 9°Brix 以上。在浇制时应尽量不破坏大豆蛋白质的网状组织。

⑤点浆(凝固、点脑):待煮沸的熟豆浆温度降到 75℃左右时,把 2/3 仍留存在花缸里,取 1/3 盛在熟浆桶里,准备冲浆用。经过碾磨的石膏乳液盛在石膏桶里,冲浆时把 1/3 的熟豆浆和提桶里的石膏乳液悬空相对,同时冲入盛在缸中的豆浆里,并使花缸里的熟浆上下均匀翻转。然后静置 3 min,豆浆即初步凝固为豆腐花。

⑥涨浆(蹲缸、养脑):点浆后形成的豆腐花,应在缸内静置 15 ~20 min,使大豆蛋白质进一步凝固好。冬季由于气温低,涨浆时还应在花缸上加盖保温。通过涨浆的豆腐花,在浇制时有韧性,成品持水性也较好。

⑦摊布:取老豆腐箱套一只,放置平整后,上面加嫩豆腐箱套一只。箱套内摊好豆腐布,使之紧贴箱套内壁。底部要构成四只底角,四只布角应露出在套圈四边外,布的四边紧贴在箱套四角沿口处。

⑧浇制:为使老豆腐达到一定的老度,必须在浇制前将豆腐花所含的一部分水分先行排泄。排泄水分的方法是先用竹剑将缸内的豆腐花由上至下彻底划碎,可划成 6 ~8 cm 见方的小方块,蛋白质的网状组织适当破坏,使一部分豆腐水泄出。然后用大铜勺把豆腐花舀

入箱套，至两只箱套高度的沿口处。再将豆腐包布四角翻起来，覆盖在豆腐花上并让其自然沥水 1 h 左右。

⑨整理（收袋）：经自然沥水后的豆腐花，水分减少，老度增加，并向底部下沉。但由于泄水不一致，所以箱套内的豆腐高低略有不均。这时应揭开盖在豆腐上面的包布，用小铜勺把豆腐的表面舀至基本平整。然后从箱套的四边起，可按边依次把豆腐包布平整地收紧覆盖好。包布收紧后整块豆腐就完整地被包在豆腐包布里。此时可以取去套在老豆腐箱套上的套圈，豆腐已基本成型。

⑩压榨：整理完毕后，可用豆腐压豆腐的方法进行压榨，约压榨 30 min。压榨的作用，在于使豆腐进一步排水，从而达到规格、质量的要求。其次，豆腐经压榨，会在四周结成表皮，使产品坚挺而有弹性。

3. 质量指标

（1）感官指标

色泽洁白，持水性好，组织紧密，不松散，坚实柔软而有劲，富有弹性，质地细腻，口味醇厚。无豆渣、无石膏脚，不粗、不红、不酸，划开 9 块后，刀铲中间的一块不凸肚。规格：箱套内径为 355 mm × 355 mm × 65 mm。脱箱套后的成品最低处高度为 61 ~ 65 mm。划开 9 块，10 min 内高度为 58 ~ 62 mm。

（2）理化指标

水分 $<85\%$，蛋白质 $>7.5\%$；重金属含量铅 <0.5 mg/kg；添加剂按 GB 2760 添加剂标准执行。

（3）微生物指标

大肠菌群参见表 4 - 2，致病菌不得检出。

第二节　北豆腐

北豆腐也称“卤水豆腐”或“老豆腐”，是我国传统豆腐品种中的北方地区典型代表。卤水豆腐是采用以 $MgCl_2$ 为主要成分的卤水或者卤盐作为凝固剂制成的豆腐。盐卤俗称卤水、淡巴，是生产海盐的副产品，盐卤又叫苦卤、卤碱，是由海水或盐湖水制盐后，残留于盐池内的母液，主要成分有氯化镁、硫酸钙、氯化钙及氯化钠等，味苦。蒸发冷却后析出氯化镁结晶，称为卤块。氯化镁是国家批准的食品添加剂，也是我国北方生产豆腐常用的凝固剂，能使蛋白质溶液凝结成凝胶。这样制成的豆腐硬度、弹性和韧性较强，口感粗糙，称为硬豆腐，主要用于煎、炸、酿及制馅等。

一、北豆腐

1. 原料与配方

大豆 100 kg，盐卤 4 kg。

2. 工艺流程及其操作要点

(1) 工艺流程

大豆选料→浸泡→磨制→滤浆→点浆→蹲脑→破脑→上箱→压制成型→切块成品

(2) 操作要点

①选料：选用色浅、含油量低、蛋白质含量高、粒大皮薄、表皮无皱、有光泽的大豆。

②点浆：煮沸的豆浆温度一般是 90～95℃，浓度为 8°Bé。点脑前要加入冷水，使温度降至 78～80℃，并保持浓度为 7.5°Bé。点浆所用的凝固剂是盐卤，每 100 kg 原料需 4 kg 盐卤片。同时将盐卤加水，调成 10～12°Bé 的溶液即可。点浆时，手持一小勺探入浆中，在豆浆容器的小半圆内左右摇动，使豆浆上下翻转，此时可均匀放盐卤水。待豆浆基本成脑，停止搅动。

③蹲脑：点浆后的豆腐脑需静置 20～25 min，使凝固剂和蛋白质充分反应。时间过短，凝固不完善，组织软嫩，容易出现白浆；时间过长，凝固的豆脑析水多，豆脑组织紧密，保水性差，使质量和出品率降低。

④上箱：将豆腐脑轻轻舀进铺好豆包布的压制箱内，放出少量的黄浆水后封包，排好竹板、木杠开始压制。上箱要轻、快，但不能砸脑、泼脑，以防止温度过分降低而影响成型。箱内的豆腐脑要均匀一致，四角要装满，不能有空角。

⑤压制：压制一般用3 t以上的千斤顶或用油缸代替千斤顶。加压要稳，不能过急、过大。刚开始加压时如压力过大，应排出的黄浆水排不出来，豆腐内就会出现大水泡，影响成品质量。压制时间一般为15～18 min。但应注意要根据不同的原料和豆腐脑的老嫩来控制时间。

⑥切块：压制完后打开封箱包切块。切块要求刀口直、不斜不偏、大小一致，其大小可根据需要进行调整，一般为100 mm×60 mm×15 mm。切好块后，可放入豆腐专用包装箱内。但入箱前需适当降温，防止变质。降温的方法有水浴降温、自然降温、风冷降温。北豆腐的出品率，大约每100 kg大豆出豆腐280～310 kg。

3. 质量指标

(1)感官指标

①形态：块形整齐，无缺角和碎裂，表面光滑、无麻迹。

②色泽：白色或淡黄色，具有一定光泽。

③内部组织：细密、柔软有劲，不散碎、不糟，无杂质。

④口味：气味清香，有豆腐特有的香气，味正，无任何苦涩和其他异味。

(2)理化指标

水分≤85%；蛋白质≥5.9%；重金属含量砷≤0.5 mg/kg，铅≤0.5 mg/kg；食品添加剂按照GB 2760标准执行。

(3)微生物指标

大肠菌群参见表4－2，致病菌不得检出。

4. 注意事项

北豆腐因其悠久的食用历史及特有的风味品质，其千百年来一直未曾远离消费者的视野。然而，在北豆腐加工业中，有几个突出的难点自从卤水豆腐产生后就一直困扰着广大豆腐加工者，主要注意如下几点：

(1)点卤环节控制难点

点卤是卤水豆腐制作的关键环节，这其中凝固剂——盐卤发挥了主要的作用。盐卤自身最大的特点是溶解度好，因此也促使了盐卤点卤的最大特色,即快速凝固。在实际点卤过程中可以发现,几乎在盐卤或者卤水加入豆浆的瞬间,凝固作用便开始快速发生,导致卤水在豆浆中还未完全均匀分布,凝固便已在相当短的时间内结束。为了在一定程度上缓解快速凝固带来的弊端,在实际的卤水豆腐加工中,都会在添加凝固剂的同时或手动或机械地快速搅拌豆浆以便凝固作用尽量在短的时间内均匀发生。可以说,盐卤凝固剂的短时快速反应特性大幅增加了实际生产的操作难度,即使现代豆腐加工企业中高效搅拌设备的引入,也没能完全有效地缓解。

(2)豆腐品质提升难点

卤水豆腐第二个技术难点是改善豆腐自身的品质。由于盐卤点卤的特点,导致豆浆迅速凝固,凝胶空间网络迅速形成,因此凝胶结构粗糙,质地较硬,这也是卤水豆腐之所以又被称作"老豆腐"的主要原因。凝胶快速形成也导致凝胶网络持水能力下降,凝胶含水率低,产量下降。

(3)豆腐营养流失难点

卤水豆腐凝胶形成时由于快速凝胶作用,导致凝胶失水严重,而持水能力低又使得更多的水分在豆腐压制过程中以黄浆水形式流失。伴随着黄浆水的排出,一些豆腐中的活性营养成分也流失严重,例如大豆异黄酮。因此,有效避免卤水豆腐营养物质的流失也是难点之一。

从以上分析可以看出,卤水豆腐特有的口感源于盐卤这种凝固剂,而卤水豆腐加工中的主要难点也源于盐卤这种凝固剂的点卤特点,即快速释放,快速凝胶。因此,解决卤水豆腐加工中的难点问题而又不失去卤水豆腐特有口感的最直接方法就是在不更换凝固剂种类的前提下,改变凝固剂的释放方式。缓释技术正是改变凝固剂的释放方式的最佳选择。

二、水豆腐

1. 原料与配方

大豆 100 kg,盐卤片 3.5 ~4.5 kg。

2. 工艺流程及其操作要点

(1)工艺流程

选豆→泡豆→磨浆→过滤→煮浆→点豆腐→开缸→铺包→成品

(2)操作要点

①选豆:选豆除了清洗沙土、杂物、次豆粒之外,现在生产中的选豆还包括原料质量分析、品种选择和脱豆皮等。

②泡豆:泡豆的目的是提高蛋白质的利用率和豆腐的出品率,也有保护石磨不至于过早损坏的作用。大豆经过浸泡之后变软,蛋白质的溶出性增加,为豆腐生产进程创造有利条件。在一般情况下,浸泡的衡量标准是,大豆经过水泡之后,豆粒内部的中心凹沟展平为合适。

③磨浆:磨浆就是将大豆加水粉化,破坏大豆的颗粒结构。磨浆的目的是获得更多的大豆蛋白、脂肪质等,不磨细它们就不会溶解出来。大豆被磨细后,粗细情况对水豆腐的质量和出品率都有很大的影响。豆浆粉的颗粒太粗时,蛋白质的溶出量太少,豆腐的出品率太低;豆浆粉的颗粒太细时,蛋白质的溶出量增加,但是豆乳和豆渣不易分开,过滤常发生困难。如果豆腐中混入豆渣,则豆腐品质变次。如果豆渣中带有豆乳,则豆腐出品率下降。如果过滤时间太长则影响生产周期。为了提高蛋白质的利用率,可采取二次磨豆浆工艺。第一次磨豆浆过滤后的粗豆渣再磨一次,用水量不要太多,豆浆中豆粉不要太细。

④过滤:过滤的目的是使豆乳与豆渣分开,以提高豆腐的品质和出品率。传统的过滤方法是,采用吊式滤袋自淋过滤法。近年来,已有先煮浆后过滤的“熟浆法”和先过滤后煮浆的“生浆法”。从技术上讲,“熟浆法”效果好,因为豆浆中的黏胶质、植物酶、豆腥物质等,在受热的情况下会发生理化性质变化,分解物会溶解到豆泔水里并随豆潜水(溶胶液)排出去,使水豆腐的味道更加优美。从过滤技术上讲,热豆浆可以提高过滤速度,减少过滤时间。除了上述两种过滤法之外,由于出现二次磨浆法,所以出现二次过滤法。这种变化必然会导致水、电、热能消耗多,体力消耗大和时间消耗长的缺点。

⑤煮浆:煮浆过程发生物理与化学变化。加热可以使大豆蛋白质、脂肪和其他有机物迅速溶解出来,使大豆蛋白质产生变性,具有凝固性和弹性,具有吸水力,使蛋白质分子断链变形,促使人们吃了以后容易消化。加热还可以使消化酶、胰蛋白酶失去活性,使细菌死亡,大豆凝固素失去毒性,异味成分溶解并随泔水排出去。但是加热沸腾后的时间不可太长,长时间加热和过热会使水豆腐的营养价值降低,使蛋白质上的赖氨酸基团与碳水化合物发生反应,生成消化酶难以分解的有机物大分子。

煮浆还必须防止糊锅。此外,大豆蛋白的溶解度与豆浆溶液的黏度大小有关,豆浆的黏度太大时大豆蛋白的溶出变少,豆腐的持水力小;豆浆的黏度太小时,豆浆稀,热耗大,用水多。在一般情况下,豆浆的酸碱性对水豆腐品质和出品率有较大影响,豆浆的 pH 值为中性时,加热后点出的豆腐品质较好。

⑥点豆腐:点豆腐是改变溶胶状态的胶体溶液为凝胶体系的过程。要使这一过程能够顺利完成,就必须很好地建立起点豆腐的最佳工艺条件。较好的操作条件如下:盐卤水的稀释浓度为 18 ~20°Bé。点豆腐时豆浆的温度为 78 ~84℃;点豆腐时豆乳的浓度为 9 ~11°Bé(以比重计);点豆腐时豆乳的 pH 值为 6.8 ~7.0。

先将豆乳烧开并放入乳缸内,调节好豆乳的 pH 值使它达到中性。当豆乳的液温下降至 80℃时,即一手拿勺翻浆一手滴加卤水点豆腐。当乳缸内出现 50% 碎脑样时,翻浆速度要减慢。当乳缸内呈现 80% 碎豆腐脑时,点豆腐停止,翻浆停止,然后蹲缸。

⑦开缸:开缸适时很重要,开晚了豆腐脑冷、pH 值升高。水豆腐会出现水泡子,产品发硬、无弹性;开缸早了,豆腐脑热,水豆腐会出现粘包布现象,使产品不能成型。在一般情况下,开缸前可以用勺把缸里的蹲缸豆腐脑片刮一块看看,如果片坑里涌上来的豆腐泔水是清澈明亮的,无混浆现象,则可以开缸包豆腐了。

⑧铺包:把包豆腐的包布铺好即称“铺包”,为了使豆腐不至于粘包布,铺包前一定要把包布洗净并蘸以碱水,最后用清水涮即可使用。铺包要做到快、正、平。压泔水要做到不漏包、不挫角,压速要

适中。

3. 质量指标

(1)感官指标

色泽淡黄,外观美丽,有光泽,块形整齐,有弹性。

(2)理化指标

水分≤85%;蛋白质≥5.9%;重金属含量砷≤0.5 mg/kg,铅≤0.5 mg/kg;食品添加剂按照GB 2760标准执行。

(3)微生物指标

大肠菌群参见表4-2,致病菌不得检出。

三、五巧豆腐

山东牟平县马家都村豆腐专业户曲立文经过苦心钻研,以“巧用水、巧撒面、巧用盐、巧点卤和巧加压”创造五巧方法,做成了“马尾提豆腐”,又名五巧豆腐。

1. 原料与配方

大豆100 kg,面粉250 g,盐4 kg,卤水2.5 kg。

2. 工艺流程及其操作要点

(1)工艺流程

制浆→撒面→加盐→点卤→加压→成型→成品

(2)操作要点

①制浆:大豆碾压后,除去豆皮,用150 kg冷水浸泡3~4 h,然后磨糊。粉碎机磨豆腐用300 kg水;用石磨磨糊,约为粉碎机用水的一半。薄浆时(即用开水冲豆腐粕)把水加到700 kg。薄浆切忌用冷水,因冷水挤不净豆汁。过滤时,用冷水冲刷豆腐渣,每道豆腐用刷渣水100 kg,一般应重复冲刷两遍。

②撒面:薄好浆后,在煮浆以前,将面粉撒在生浆上面,用炊帚搅匀即可,然后加温;也可在磨好粕后,把面粉撒在糊上,用搅板搅匀,然后薄浆。撒面粉既可以保证豆腐鲜嫩可口,又可使豆腐抗煮筋道。

③加盐:在烧熟的豆浆装缸闷浆之前,先在缸底放一捧盐(约4 kg)。闷浆时不要搅到缸底,让食盐自然溶解。盐可加速蛋白质凝

固,防止豆浆沉留缸底,还可使豆腐口感醇正,没苦味。

④点卤:点卤水的要求是"看温度,慢点卤,卤水不能一次足"。一道豆腐用卤水 2.5 kg,分 5 次使用。气温在 15℃以上时,闷浆后,浆温降至 85℃开始点卤。以后每下降 10℃点一次。到 45℃时,2.5 kg 卤水按时、按量点完。气温降至 15℃以下时,点卤从 90℃开始,以后每降 5℃点一次。到 65℃时,点完最后一道卤。每点一次卤水,用水瓢顺缸边慢慢推浆 5 ~7 圈。一般点完第五道卤水应马上开始压豆腐。如果浆温和卤水的温度掌握得不准确,可在点第四遍和第五遍,点第五遍卤水时,适当加大或缩小点量。点完第四遍卤水时,可用水瓢从缸中舀起豆腐脑,如果凝块有鸡蛋大小,而且流到瓢沿有弹性,不易断开,证明浆已焖好;否则要延长焖浆时间,并增加一次卤水量。

⑤加压:压豆腐时,要做到快压、狠压。压力不能低于 50 kg(重物);掌握得好,可加大到 150 kg,以保证成块快、含水少。最好是两次压;第一次是在豆腐浆舀到木箱内,系好包袱,盖上加压,两人用手按压 5 min;然后解开包袱,再铺平,盖上压板,上加 100 kg 左右的重物。夏天压 20 min,冬天压 0.5 h,压好的豆腐放在通风处,凉透后即可开刀切割了。

3. 质量指标

(1)感官指标

白、鲜、嫩,味醇正,耐煮。

(2)理化指标

水分≤85%;蛋白质≥5.9%;重金属含量砷≤0.5 mg/kg,铅≤0.5 mg/kg;食品添加剂按照 GB 2760 标准执行。

(3)微生物指标

大肠菌群参见表 4-2,致病菌不得检出。

四、盐卤豆腐

1. 原料与配方

大豆 100 kg,固体盐卤 3 kg,消泡剂 1 kg。

2. 工艺流程及其操作要点

(1)工艺流程

大豆→水浸→磨料→过滤→煮浆→过滤→凝固(加盐卤)→成型→成品

(2)操作要点

①选料:以颗粒整齐、无杂质、无虫眼、无发霉变质的新鲜大豆为好。

②水浸:第一次冷水浸泡3~4 h,水没过大豆面150 mm左右。当水位下降至大豆面以下60~70 mm时,再加水1~2次,使大豆继续吸足水分,增重一倍即可。夏季可浸泡至九成开,搓开豆瓣中间稍有凹心,中心色泽稍暗。冬季可泡至十成开,搓开豆瓣呈乳白色,中心浅黄色,pH值约为6。

③磨料:浸泡好的大豆上磨前应经过水选或水洗。使用砂轮磨需事先冲刷干净,调好磨盘间距,然后滴水下料。初磨时最好先试磨,试磨正常后再以正常速度磨浆。磨料当中滴水、下料要协调一致,不得中途断水或断料,磨糊光滑、粗细适当、稀稠合适、前后均匀。使用石磨时,应将磨体冲刷干净,安好磨罩和漏斗,调好顶丝。开磨时不断料、不断水。

④过滤:过滤是保证豆腐成品质量的前提,过滤方式有离心机过滤和螺杆挤压。使用机械不仅可以大幅减轻笨重体力劳动,而且效率高、质量好。尼龙滤网先用80~100目,第二、第三次用80目。滤网制成喇叭筒形过滤效果较好。过滤中三遍洗渣、滤干净,务求充分利用洗渣水残留物,渣内蛋白含有率不宜超过2.5%。洗渣用水量以"磨糊"浓度为准,一般0.5 kg大豆总加水量(指豆浆)4~5 kg。机械过滤设备是豆制品厂的重要设备,运行中应严格执行机电安全操作规程,并做好环境卫生。

⑤煮浆:煮浆对豆腐成品质量的影响是至关重要的。煮浆有两种方式,一是使用敞口大锅,二是比较现代化的密封蒸煮罐。

使用敞口锅煮浆,煮浆要快,时间要短,一般不超过15 min,锅开后立即放出备用。煮浆开锅应使豆浆"三起三落",以消除浮沫。落火通常采用封闭气门,三落即三次封闭。锅内第一次浮起泡沫,封闭气门,泡沫下沉后,再开气门。第二次泡沫浮起,中间可见有裂纹,并有透明气泡产生,此时可加入消泡剂消泡。消泡后再开气门,煮浆达97~100℃时,封闭气门,稍留余气放浆。值得注意的是,开锅的浆中不得注入生浆或生水。消泡剂使用必须按规定剂量使用。锅内上浆也不能过满。煮浆气压要足,最低不能少于3 kg/cm^2。此外,煮浆还要随用随煮,用多少煮多少,不能久放在锅内。

密封阶梯式溢流蒸煮罐可自动控制煮浆各阶段的温度,精确程度较高,煮浆效果也较高。使用这种罐煮浆,可用卫生泵(乳汁泵)将豆浆泵入第一煮浆罐的底部,利用蒸汽加热产生的对流,使罐底部浆水上升,通过第二煮浆罐的夹层流浆道溢流入第二煮浆罐底部,再次与蒸汽接触,进行二次加热。经反复5次加热达到100℃时,立即从第五煮浆罐上端通过放浆管道输入缓冲罐,再置于加细筛上加细。各罐浆温根据经验,1罐为55℃,2罐为75℃,3罐为85℃,4罐为95℃,5罐为100℃。浆温超过100℃,由于蛋白质变性会严重影响以后的工艺处理。

⑥过滤:煮后的浆液要用80~100目的不锈钢滤网过滤,或振动筛加细过滤,消除浆内的微量杂质、锅巴及膨胀的渣滓。加细放浆时不得操之过急,浆水流量要与滤液流速协调一致,即滤地快流量大些,滤地慢流量小些。批量大的可考虑设两个加细筛。

⑦凝固:凝固是决定豆制品质量和成品率的关键。应掌握豆浆的浓度和pH值,正确使用凝固剂及熟练使用打耙技巧。根据不同的豆制品制作要求,在豆浆凝固时的温度和浓度也不一样。比如豆腐温度控制在80℃左右,浓度在11~12°Bé(波度计20℃测定)。半脱水豆制品温度控制在85~90℃,浓度在9~10°Bé;油豆腐温度70~75℃,浓度7~8°Bé。凝固豆浆的最适pH值为6.0~6.5。在具体操作上,凝固时先打耙后下卤,卤水流量先大后小。打耙也要先紧后慢,边打耙、边下卤。缸内出现脑花50%,打耙减慢,卤水流量相应减小。脑花出现80%时停止下卤。见脑花游动缓慢并下沉时,脑花密度均匀即停止打耙。打卤、停耙动作都要沉稳,防止转缸。停耙后脑花逐渐下沉,淋点卤水,无斑点痕迹为脑嫩或浆稀,脑嫩应及时加卤

打耙，防止上榨粘包，停耙后在脑面上淋点盐卤，出现斑点痕迹为点成。点脑后静置 20 ~ 25 min 蹲脑。

⑧成型：蹲脑后开缸放浆上榨，开缸用上榨勺将缸内脑面片到缸的前端，撇出冒出的黄浆水。正常的黄浆水应是清澄的淡黄色，说明点脑适度，不老不嫩。黄浆水色深黄为脑老，暗红色为过老，黄浆水呈乳白色且浑浊为脑嫩。遇有这种情况应及时采取措施，或加盐卤或大开罐（浆）。

上榨前摆正底板和榨膜，煮好的包布洗净拧干铺平，按出棱角，撇出黄浆水，根据脑的老嫩采取不同方法上榨。一般分为片勺一层一层，轻、快、速上，脑老卧勺上，脑嫩拉勺上，或用掏坑上的方法。先用优质脑铺面，后上一般脑，既保证制品表面光滑，又可防止粘包。四角上足，全面上平，数量准确，动作稳而快，拢包要严，避免脑花流散。做到缸内脑平稳不碎。压榨时间为 15 ~ 20 min，压力按两板并压为 60 kg 左右。豆腐压成后立即下榨，使用刷洗干净的板套，做到翻板要快、放板要轻、揭包要稳、带套要准、移动要严、堆垛要慢。开始先多铺垛底，再下榨分别垛上，每垛不超过 10 板，夏季不超过 8 板。在整个制作豆腐过程中，严格遵守“三成”操作法，即点（脑）成、蹲（脑）成、压（榨）成。

3. 质量指标

（1）感官指标

色泽白色或淡黄色，有香气，块形整齐，有弹力，无杂渣，营养丰富。

（2）理化指标

水分≤85%；蛋白质≥5.9%；重金属含量砷≤0.5 mg/kg，铅≤0.5 mg/kg；食品添加剂按照 GB 2760 标准执行。

（3）微生物指标

大肠菌群参见表 4－2，致病菌不得检出。

五、卤水老豆腐

1. 原料与配方

大豆 100 kg，盐卤 7.6 ~ 10 kg。

2. 工艺流程及其操作要点

(1)工艺流程

大豆→水浸→磨碎→过滤→煮沸→制浆→点浆→涨浆、摊布、浇制→成品

(2)操作要点

①制浆:前面工序与盐卤豆腐相同。

②点浆:把浓度为25°Bé的盐卤用水稀释到8~9°Bé做凝固剂。把稀释的盐卤装入盐卤壶内。在点浆时,右手握住盐卤壶缓慢地把卤加入缸内的豆腐浆里。点入的卤条以绿豆粒子一样粗为宜。右手握小铜勺插入花缸的1/3左右,并沿左右方向均匀地搅动,一定要使豆浆从缸底不断向缸面翻上来,使豆浆蛋白质与凝固剂充分接触。盐卤点入后,蛋白质徐徐凝集,至豆腐全部凝集呈粥状并看不到豆腐浆时, 即停止点卤,铜勺也不再搅动。然后在浆面上略洒些盐卤。

③涨浆、摊布、浇制:盐卤豆腐的涨浆时间宜掌握在20 min, 使豆腐花充分凝固。盐卤豆腐的摊布、浇制工艺与石膏做凝固剂制老豆腐相仿,但由于以盐卤为凝固剂,大豆蛋白质的持水性比较差,豆腐的成品含水量不会太大。因此,在浇制前不必在缸内用竹拌把豆腐花划成小方块而破坏大豆蛋白质凝固后的网状组织。这样浇制后,经压榨豆腐就会比较老。

3. 质量指标

(1)感官指标

无豆渣,不粗、不红、不酸。划开九块后,刀铲一块叠一块,不塌、不倒。含水量低,质地比较坚实,无杂质、无异味,细腻可口,风味鲜美。

(2)理化指标

水分≤80%,蛋白质≥8%。重金属含量砷≤0.5 mg/kg,铅≤0.5 mg/kg;食品添加剂按照GB 2760标准执行。

(3)微生物指标

大肠菌群参见表4-2,致病菌不得检出。

第三节　填充豆腐

一、普通内酯豆腐

内酯豆腐,用葡萄糖酸－δ－内酯为凝固剂生产的豆腐。改变了传统的用卤水点豆腐的制作方法,可减少蛋白质流失,并使豆腐的保水率提高,比常规方法多出豆腐近1倍;且豆腐质地细嫩、有光泽,适口性好,清洁卫生。内酯豆腐最早是日本发明,后来传入我国。

葡萄糖酸－δ－内酯在常温下缓慢水解,加热时水解速度加快,水解产物为葡萄糖酸。葡萄糖酸可使蛋白质凝固沉淀。水解速度受温度和pH的影响。温度越高凝固速度越快,凝胶强度也大。70℃时虽然也可凝固,但产品过嫩,弹性和韧性小;温度接近100℃时,豆浆处于微沸状态,产品易产生气泡,因此一般选择温度在90℃左右。pH在中性时内酯的水解速度快,pH过高或过低都会使水解速度减慢。内酯豆腐就是采用葡萄糖酸内酯为凝固剂,在包装袋(盒)内加温,凝固成型,不需要压制和脱水的新型豆腐制品,相对北豆腐、南豆腐来说显得更嫩,所以也称嫩豆腐,基本上采用盒装或袋装方式,也称填充豆腐。由于内酯豆腐不需要压制,因而无黄浆水流失,所以,豆腐具有质地细腻肥嫩、营养丰富、出品率高的特点。

1.原料与配方

大豆100 kg、葡萄糖酸－δ－内酯2 kg。

2.工艺流程及其操作要点

(1)工艺流程

大豆→石磨破碎→加水浸泡→磨浆→除沫过滤→煮熟→加葡萄糖内酯→凝固→加温→降温凝固(即为成品)

(2)操作要点

①选豆:选择果粒饱满整齐的新鲜大豆,无霉变的大豆,筛去杂

物,去掉虫粒,清除杂质和去除已变质的大豆。

②浸泡:按照大豆质量3~5倍的符合GB 5749要求的水浸没大豆,浸泡时间一般春季12~14 h,夏季6~8 h,冬季14~16 h,其浸泡时间不宜过长或太短,以扭开豆瓣,内侧平行,中间稍留一线凹度为宜。

③磨浆:按豆与水之比为1:3~1:4的比例,均匀磨碎大豆,要求磨匀、磨细,多出浆、少出渣、细度以能通过100目筛为宜。最好采用滴水法磨浆,也可采用二次磨浆法。

④过滤:过滤是保证豆腐成品质量的前提,如使用离心机过滤,要先粗后细,分段进行。一般每千克豆滤浆控制在15~16 kg。

⑤煮浆:煮浆通常有两种方式。一种是使用敞开大锅,另一种是使用密封煮浆。使用敞开锅煮浆要快,时间要短,一般不超过15 min。锅三开后,立即放出浆液备用。如使用密封煮罐煮浆,可自动控制煮浆各阶段的温度,煮浆效果好,但应注意温度不能高于100℃,否则会发生蛋白质变性,从而严重影响产品质量。

⑥点浆:点浆是保证成品率的重要一环。待豆浆温度至80℃左右时进行点浆。其方法是:将葡萄糖酸内酯先溶于水中,然后尽快加入冷却好的豆浆中,葡萄糖酸内酯添加量为豆浆的0.25%~0.4%,加入后搅匀。

⑦装盒:加入葡萄糖酸内酯后,即可装入盒中,制成盒装内酯豆腐,稳定成型后,便可食用或出售。如要制成板块豆腐,则按常规方法压榨滤水即可。

3. 质量控制要点

(1)内酯的配制

由于葡萄糖酸$-\delta-$内酯在常温24℃时溶解度约为59 g/mL。所以配制内酯溶液时加入2.5倍左右的水或经煮开后冷却的豆浆即可完全溶解。新配制的葡萄糖酸$-\delta-$内酯溶液中只有葡萄糖酸$-\delta-$内酯,pH为2.5。但是随着时间的推移,内酯能水解生成葡萄糖酸及少量葡萄糖酸$-\gamma-$内酯,其水解反应式如图4-1所示。

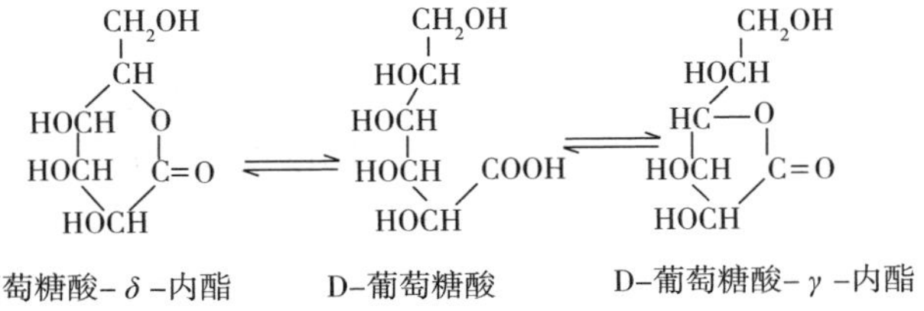

D-葡萄糖酸-δ-内酯　　D-葡萄糖酸　　D-葡萄糖酸-γ-内酯

图 4－1　葡萄糖酸－δ－内酯水解反应式

水解生成的葡萄糖酸属于酸类,可使大豆蛋白质凝固,内酯豆腐的生产基于这一原理。葡萄糖酸－δ－内酯在较低温度下水解速度缓慢,随着温度的升高,水解的速度加快。葡萄糖酸－δ－内酯的水解速率同时还受 pH 值的影响,pH 值等于 7 的时候水解速度最快,而 pH 值大于 7 或小于 7 时水解速度都会降低。在水温 20℃左右时,水解速度较缓慢,需经过约 4 个小时的水解才基本达到平衡。水解达到平衡时,溶液中葡萄糖酸－δ－内酯、葡萄糖酸及葡萄糖酸－γ－内酯的浓度基本保持恒定,这时 pH 为 1.9 左右,如图 4－2 所示。

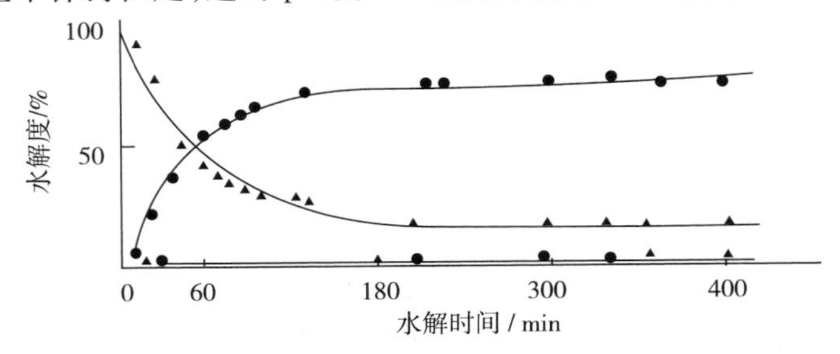

图 4－2　葡萄糖酸－δ－内酯的水解状况图

内酯填充豆腐的生产,既要利用内酯在低温下水解速度缓慢的特性,又要利用其在较高温度下水解速度快的特性。在配制内酯溶液时,为了不让其在与豆浆混合时马上发生凝固反应,利用其在低温下水解速度缓慢的特性,尽量使之不发生水解,或尽量少水解,所以要用低温的凉开水或凉的熟豆浆来溶解,并且要做到随配随用。在盒中凝固时,为了加快凝固速度和提高凝固质量,对其进行加热,使豆浆中的内酯尽快水解产生葡萄糖酸,与蛋白质发生凝固反应。

(2)豆浆浓度的控制

内酯填充豆腐的生产中,由于在密封的盒中凝固,没有脱水过程,所以,要控制好豆浆的浓度。豆浆的浓度要控制在固形物含量为10% ~11%(糖度值11 ~12°Brix)的范围。以蛋白质计,豆浆中的蛋白质含量应在4.5%左右。如果浓度太低,产品含水量过高,产品太嫩,甚至不能成型;浓度太高,产品出品率低,且容易老化。

(3)脱气

在传统制浆过程中,加入消泡剂来达到消泡的目的,但很难完全消除浆液内部的一些微小气泡。这些微小的气泡如果不去除,在凝固过程中很容易会聚集起来,形成较大的气泡,这些气泡分布在产品内部,使产品的质地受到破坏,如出现气孔和砂眼等。所以对浆液进行脱气,不仅能够彻底排出豆浆中的气体,还可以脱去部分挥发性的呈味物质,从而使生产出的豆腐质地细腻、表面光洁、口感嫩滑清香。

(4)内酯溶液与浆液混合时温度的控制

根据内酯水解速度随着温度升高而加速的特性,内酯与豆浆混合温度应在较低的温度下进行,一般控制在低于常温(不得高于30℃)的条件下进行,如果温度过高,内酯与豆浆一接触即发生凝胶反应,这势必会造成内酯与浆液混合不充分,充填分装操作困难,最终造成产品粗糙、松散,甚至不成型。如果温度过低,对后续产品质量没有影响,但是低温需要更多的能耗,最终会增加生产成本,得不偿失。

(5)添加内酯时搅拌速度的控制

为了使豆浆与内酯混合均匀,添加葡萄糖酸内酯时,豆浆必须处于搅拌状态,搅拌速度控制在65 ~75 r/min,内酯添加结束后继续搅拌约1 min。为了使在添加内酯时不产生气泡又充分混匀,豆浆的搅拌速度要适当控制,过慢时,豆浆与凝固剂的混合会不充分,影响产品的凝固质量和成型效果;搅拌速度过快时,豆浆易产生细小的泡沫,致使在凝固过程中泡沫滞留在最终的豆腐产品中,速度越快,产生的气泡越多。

(6)内酯添加量的控制

内酯的添加量越多,产品的硬度越高,成型越好,但当添加量超过0.3%（以豆浆计）时，产品的酸味较大，所以，一般生产中使用量以豆浆量的0.25% ~0.3%为宜。

（7）混合后的浆料不能贮存

内酯与浆液混合后如果不立即充填灌装，就会发生凝固反应，对后期充填灌装操作造成困难，影响产品质量，一般需在混合后20 ~ 30 min内充填灌装完毕，所以每次混合的浆料量不能太多，需进行适当的控制。

（8）内酯与浆液混合后加热温度、凝固时间的控制

豆浆与内酯混合充填包装后，应立即进行水浴加热，使之凝固成型。这时应严格控制的工艺参数就是加热温度和凝固时间，豆腐的硬度与加热温度和凝固时间的关系如图4－3所示。当水浴温度为85℃时，盒内的豆浆很快就会凝固，所得的产品硬度较高。当温度接近100℃时，盒内的豆浆处于微沸状态，凝固的过程中会产生大量泡眼，而且会因为凝固速度过快，凝胶收缩，出现水分离析、产品质地粗硬的现象。但温度低于70℃时，虽然豆浆也可凝固，但凝胶强度弱，产品过嫩，或者散而无劲。一般生产上采用的工艺参数为80 ~85℃，凝固时间控制在20 ~25 min。

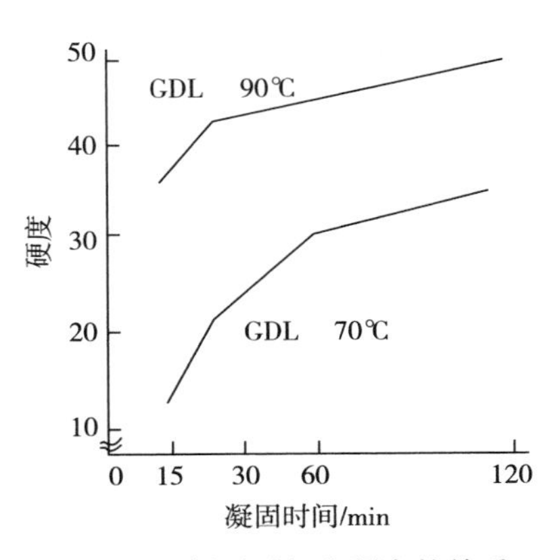

图4－3　凝固时间和硬度的关系

(9)凝固后的冷却

经过热凝后的内酯豆腐需进行快速冷却,这样既可以增强凝胶强度,提高产品的保形性,还可以增加产品的保质期。

二、菠菜内酯豆腐

1. 原料与配方

大豆 100 kg,水(含菠菜汁)600 L,湿豆渣 20 kg,葡萄糖酸内酯 3 kg,菠菜 50 kg

2. 工艺流程及其操作要点

(1)工艺流程

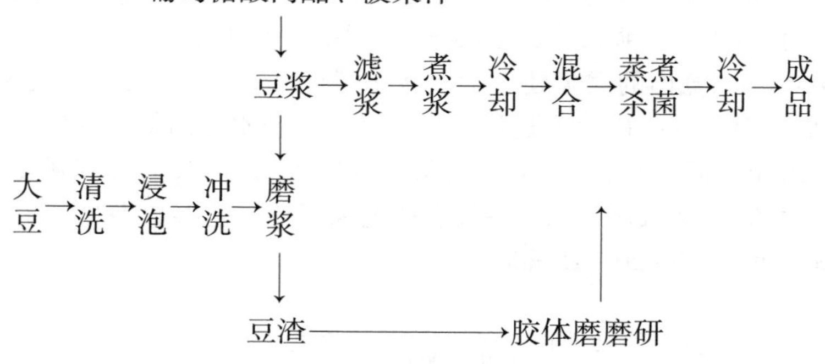

(2)操作要点

①选豆:选择果粒饱满整齐的新鲜大豆,无霉变的大豆,筛去杂物,去掉虫粒,清除杂质和去除已变质的大豆。

②浸泡:按照豆 3 ~ 5 倍的符合 GB 5749 要求的水浸没大豆,浸泡时间一般春季 12 ~ 14 h,夏季 6 ~ 8 h,冬季 14 ~ 16 h,其浸泡时间不宜过长或太短,以扭开豆瓣、内侧平行、中间稍留一线凹度为宜。浸泡过程,无大豆露出水面为宜,以免大豆吸水膨胀后暴露在空气中。

③菠菜汁制备:挑选新鲜菠菜洗净后放进组织捣碎机中,加入适量的水捣碎,时间为 5 min,然后用双层纱布过滤,滤出的菠菜汁液在大豆磨浆过程中代替部分水;而剩下的菠菜渣将作为膳食纤维在制

作内酯豆腐的混合工艺中加入。

④大豆冲洗：将浸泡后的大豆用清水冲洗2～3次，使混在大豆里面的杂质被冲洗出去。

⑤磨浆：将冲洗干净的大豆利用磨浆机进行磨浆，在磨浆过程中要加入适量的80℃温水，豆水比为1∶5为宜，反复磨浆3～4次。

⑥滤浆：利用双层纱布将豆浆中混合的杂质滤出。

⑦煮浆：将过滤后的豆浆倒入容器中，加热至豆浆沸腾，保持5 min，取出。

⑧冷却：将煮后的豆浆放在室温下，将其冷却到20℃左右。

⑨大豆膳食纤维的制备：称取适量的豆渣，再加入豆浆使之呈糊状，利用胶体磨进行研磨，将研磨的豆渣去除上层泡沫备用。

⑩混合：将豆浆、通过胶体磨研磨的豆渣、菠菜汁和葡萄糖酸内酯混合，并充分搅拌均匀。

⑪蒸煮：将上述混合均匀的豆浆灌装在豆腐盒中，并封口，然后放入水锅或水槽中，蒸汽加热，至水温超过85℃以上，维持时间在20 min左右，经过冷却后即可作为成品食用。

3. 质量指标

(1)感官指标

有菠菜味，细腻、润滑。

(2)理化指标

水分≤80%，蛋白质≥8%。重金属含量砷≤0.5 mg/kg，铅≤0.5 mg/kg；食品添加剂按照GB 2760标准执行。

(3)微生物指标

大肠菌群参见表4－2，致病菌不得检出。

三、山药内酯豆腐

1. 原料与配方

大豆100 kg，鲜山药25 kg，维生素C 25 g，葡萄糖酸－δ－内酯2 kg。

2. 工艺流程及其操作要点

(1)工艺流程

鲜山药→挑选→清洗→去皮→切块→护色→打碎→大豆→挑选→洗涤→浸泡→磨浆→过滤→煮浆→冷却→加山药泥、混合→豆浆→保温、凝固→冷却→定型→成品

(2)操作要点

①山药泥的制备:挑选直顺、无霉的山药,用清水洗去表面的泥土、灰尘等杂物。利用不锈钢刀轻轻削去山药表皮,切成小块,再向其中添加0.1%的维生素C护色,搅拌混匀,以保持山药色泽,防止褐变,然后将山药块放入高速组织捣碎机中打碎成泥。

②大豆挑选、洗涤:挑选无虫蛀、无霉变、粒大皮薄、颗粒饱满的大豆,用水冲洗几次,以去除豆粒上附着的灰尘等杂物。

③浸泡:在20~30℃水温下浸泡8~10 h,使大豆膨胀松软,充分吸水,每隔20~30 min换水1次,要防止其发芽而降低营养成分。浸泡要有足够的水量,大豆吸水后质量为浸泡前的2~2.5倍。

④磨浆、过滤、煮浆、冷却:浸泡好的大豆用水冲洗几次,以除去漂浮的豆皮和杂质等。加干豆5倍的水磨浆,即可制得浓度为1∶5的豆浆。使用自动分离磨浆机,磨浆、过滤同时完成。过滤后的豆浆在98~100℃的温度下煮沸5 min,然后冷却到30℃以下。

⑤加山药泥、混合:在豆浆中加入山药泥,豆浆和山药泥的具体比例为10∶(2~3)。充分搅拌混合后再经过胶体磨处理,以使其混合均匀一致。

⑥点浆:按豆浆量0.24%~0.27%的比例称取葡萄糖酸内酯,用蒸馏水溶解后加入豆浆中混合均匀,加热并于90℃保温30 min。

⑦保温、凝固、冷却、定型:保温凝固的豆腐取出后立即放入冷水中快速降温,冷却成型。

3. 质量指标

(1)感官指标

成品呈光亮的白色;块状,质地细嫩,弹性好;具有醇正的豆香味和山药味;无肉眼可见的外来杂质。

(2)理化指标

含水量≤90%，蛋白质≥4%；重金属含量砷≤0.5 mg/kg，铅≤0.5 mg/kg；食品添加剂按照 GB 2760 标准执行。

(3)微生物指标

大肠菌群参见表4－2，致病菌不得检出。

四、姜汁保健内酯豆腐

1. 原料与配方

大豆 100 kg，鲜姜 15 kg，葡萄糖－δ－内酯 2 kg。

2. 工艺流程及其操作要点

(1)工艺流程

鲜姜→浸泡→清洗→切片→热烫→冷却→捣碎→榨汁→过滤→姜汁

↓

大豆→挑选→洗涤→浸泡→磨浆→煮浆→过滤→冷却→加入定量姜汁搅拌→加入凝固剂→加热保温→冷却→成型

(2)操作要点

①姜汁的制备：鲜姜浸泡(姜水比例为2∶1)洗净后，切成1.5～2.5 cm 宽的姜片，然后在沸水中热烫2 min，以灭酶杀菌，冷却后榨汁。利用400目滤布过滤，得姜汁备用。

②大豆浸泡：大豆洗净后，在20～30℃的水温下浸泡9～11 h，使大豆胀润松软，充分吸水，每隔20～30 min 换水1次，要防止其发芽而降低营养成分。大豆充分吸水后质量为干重的2～2.5倍。

③磨浆：采用砂轮磨进行磨浆，调好间隙，弃去浸豆的陈水，加入豆干重5倍的水进行磨浆。

④煮浆、过滤、冷却：将豆浆煮沸3～5 min，先用纱布过滤，再用100目尼龙筛过滤，将得到的豆浆冷却到30℃以下。

⑤混合：将过滤后的姜汁按比例加入豆浆中。姜汁与豆浆之比为1.5∶6。在此比例时，豆腐疑固效果好，质地细嫩，色泽口味适宜，既体现了豆浆的浓郁芳香，又包含着姜的浓香。

⑥加入凝固剂、加热保温、冷却、成型：在 25 ~ 30℃ 的温度条件下，加入凝固剂（葡萄糖酸内酯），其用量为 0.25% ~ 0.3%。混匀后装瓶或装盒，封口，于 85 ~ 90℃ 水浴中加热，保持 20 ~ 30 min，然后立即降温，冷却成型。

3. 质量指标

(1)感官指标

呈淡黄色；质地细嫩，有弹性；具有醇正豆香和一定姜香，味正、无异味；无肉眼可见外来杂质。

(2)理化指标

含水量≤90%，蛋白质≥4%；重金属含量砷≤0.5 mg/kg，铅≤0.5 mg/kg；食品添加剂按照 GB 2760 标准执行。

(3)微生物指标

大肠菌群参见表 4 - 2，致病菌不得检出。

五、苦杏仁保健内酯豆腐

1. 原料与配方

大豆 100 kg，杏仁 6 kg，葡萄糖酸 - δ - 内酯 2 kg。

2. 工艺流程及其操作要点

(1)工艺流程

苦杏仁→杏仁露　凝固剂

大豆→磨浆→过滤→混合→煮浆→保温→冷却成型→杏仁豆腐

(2)操作要点

①苦杏仁的选择与处理：挑选干燥、无虫蛀及霉变、颗粒饱满的杏仁，放入沸水中煮 1 ~ 2 min，捞入冷水中冷却。用手工方法去皮，然后用 60℃ 左右的水浸泡 7 d，并坚持每天换水 2 次。将浸泡苦杏仁的水收集起来进行污水处理。

②杏仁露的制备：将经过上述处理过的苦杏仁在 80℃ 的热水中预煮 10 ~ 15 min，然后在砂轮磨中粗磨。粗磨时添加 3 倍 80℃ 的热水，磨制成均匀浆状时，送入胶体磨中进行精磨。精磨时加入 1% 的

焦亚磷酸钠和亚硫酸钠的混合液,以防变色。用150目的滤布进行过滤,滤液即为杏仁露。

③大豆浸泡:挑选干燥无虫蛀、颗粒饱满的大豆,洗净后,在20~30℃的水温下浸泡8~10 h,使大豆充分吸水,并且每20~30 min换水1次,防止大豆发芽。大豆充分吸水后质量为干重的2~2.5倍。

④磨浆:采用胶体磨进行磨浆,调好间隙,弃去浸泡大豆用的陈水,加入大豆干重5倍的水进行磨浆,备用。

⑤过滤、混合、煮浆:将豆浆先用纱布过滤,再用100目尼龙筛过滤,加入苦杏仁露充分混匀,煮沸3~5 min,然后冷却到30℃以下。苦杏仁露的添加量为豆浆的6%。

⑥加凝固剂、加热保温、冷却成型:在25~30℃的温度下加入凝固剂(葡萄糖内酯),其加入量为豆浆的0.25%,添加后混合均匀并进行装盒、封口,于水浴85~90℃中加热保持20~30 min,立即降温冷却成型即为成品豆腐。

3. 质量指标

(1)感官指标

乳白色,均一稳定;细腻均匀,无分层及沉淀现象;具有杏仁露及豆乳的混合香气,无苦涩等异味,口感细腻润滑,质地细嫩,硬度适中。

(2)理化指标

含水量≤90%,蛋白质≥4%;重金属含量砷≤0.5 mg/kg,铅≤0.5 mg/kg;食品添加剂按照GB 2760标准执行。

(3)微生物指标

大肠菌群参见表4-2,致病菌不得检出。

六、抹茶豆腐

1. 原料与配方

大豆100 kg,茶叶2 kg,葡萄糖酸-δ-内酯2 kg。

2. 工艺流程及其操作要点

(1)工艺流程

茶叶→茶汁　　　凝固剂
↓　　　↓
大豆→磨浆→过滤→混合→煮浆→保温→冷却成型→抹茶豆腐

(2)操作要点

①茶汁制备:选用新鲜的茶叶,用清水洗净后,80℃进行杀青,时间为9 s,再经过沥干、切碎,将茶叶和水按1:3.5的比例混合打浆,过滤(300目)后得到茶汁。

②原料处理:选取颗粒饱满、无虫蛀和霉变的大豆,夏季浸泡8~10 h,冬季浸泡12~14 h,大豆吸水后质量为浸泡前的2~2.5倍。然后加大豆干重4倍的水进行磨浆,将过滤得到的豆浆放入锅中煮沸,要求不断搅拌,以防糊锅。煮沸1 min,冷却到30℃时,先用洁净的纱布过滤,再用100目绢布过滤,除掉豆渣。

③大豆浸泡:挑选干燥无虫蛀、颗粒饱满的大豆,洗净后,在20~30℃的水温下浸泡8~10 h,使大豆充分吸水,并且每20~30 min换水1次,防止大豆发芽。大豆充分吸水后质量为干重的2~2.5倍。

④磨浆:采用砂轮磨进行磨浆,调好间隙,弃去浸泡大豆用的陈水,加入大豆干重5倍的水进行磨浆,备用。

⑤过滤、混合、煮浆:将豆浆先用纱布过滤,再用100目尼龙筛过滤,加入茶汁充分混匀,煮沸3~5 min,然后冷却到30℃以下。

⑥加凝固剂、加热保温、冷却成型:在25~30℃的温度下加入凝固剂(葡萄糖内酯),其加入量为豆浆的0.25%,添加后混合均匀并进行装盒,封口,于水浴85~90℃中加热保持20~30 min,立即降温冷却成型即为成品豆腐。成型:过滤后的豆浆按4:1的比例加入茶汁,搅拌均匀后,加入0.25%的葡萄糖酸-δ-内酯,搅拌均匀,装盒或装瓶,封口。于水浴中加热至80℃,保持20~25 min,即可凝固成型。加热完毕后应尽快冷却,经冷却后即为成品抹茶豆腐。

3. **质量指标**

(1)感官指标

均一稳定,细腻均匀,无分层及沉淀现象;具有茶叶及豆乳的混合香气,无苦涩等异味,口感细腻润滑,质地细嫩,硬度适中。

(2)理化指标

含水量≤90%,蛋白质≥4%;重金属含量砷≤0.5 mg/kg,铅≤0.5 mg/kg;食品添加剂按照GB 2760标准执行。

(3)微生物指标

大肠菌群参见表4-2,致病菌不得检出。

七、海藻营养内酯豆腐

1. 原料与配方

大豆100 kg,海藻20 kg,0.25%~0.3%的葡萄糖酸-δ-内酯。

2. 工艺流程及其操作要点

(1)工艺流程

裙带菜→浸泡→洗净→切碎→打浆→过滤→海藻汁
↓
大豆→挑选→洗涤→浸泡→磨浆→煮浆→过滤→冷却→混合→均质→点浆→保温→冷却→定型→成品

(2)操作要点

①海带原料处理:由于裙带菜是干品,需先洗净,然后浸泡,使其完全复水;大豆在25℃水温下浸泡8~12 h,吸水后为浸泡前质量的2~2.5倍。

②海带打浆:将泡开的裙带菜先切碎,然后用组织捣碎机打成浆,加1倍的水;将泡开的大豆加5倍的水磨成浆。

③海带过滤、冷却:将裙带菜打成浆后,先用纱布过滤,然后利用离心机进行离心过滤,滤液则为海藻汁。

④海带汁均质:均质用40 MPa,温度75℃,进行均质,均质是进一步微粒化处理,使海带汁更细腻,目的是使产品口感更细腻、质地均一。

⑤大豆浸泡:挑选干燥无虫蛀、颗粒饱满的大豆,洗净后,在20~30℃的水温下浸泡8~10 h,使大豆充分吸水,并且每20~30 min换水1次,防止大豆发芽。大豆充分吸水后质量为干重的2~2.5倍。

⑥磨浆：采用砂轮磨进行磨浆，调好间隙，弃去浸泡大豆用的陈水，加入大豆干重5倍的水进行磨浆，备用。

⑦过滤、冷却、混合：将裙带菜打成浆后，先用纱布过滤，然后利用离心机进行离心过滤，滤液则为海藻汁。大豆磨成浆后，先煮沸5 min，然后用纱布过滤，再用100目尼龙筛过滤，然后冷却到30℃以下为豆浆。将海藻汁和豆浆按1:2的比例进行混合。

⑧均质、点浆、保温：均质是进一步微粒化处理，使两种物料分散稳定，目的是使产品口感更细腻、质地均一。用40 MPa进行均质。点浆、保温：点浆就是加入0.2%的葡萄糖酸内酯。先将葡萄糖酸内酯用少量温水溶解，放入容器中，将混合浆液用猛火煮沸，去除上层的泡沫，冷却到90℃时，迅速且均匀地沿容器内壁倒入容器中，加盖，保温30 min。

⑨冷却、成型：保温之后，快速进行冷却，使其成型。

3. 质量指标

(1)感官指标

呈淡绿色，具有醇正的豆香味和清新的海藻香味，无其他异味，质地细嫩，弹性好，无杂质。

(2)理化指标

含水量≤90%，蛋白质≥6%；重金属含量砷≤0.5 mg/kg，铅≤0.5 mg/kg；食品添加剂按照GB 2760标准执行。

(3)微生物指标

大肠菌群参见表4-2，致病菌不得检出。

八、虾皮内酯豆腐

1. 原料与配方

大豆100 kg，虾皮适量，0.25%~0.3%的葡萄糖酸-δ-内酯。

2. 工艺流程及其操作要点

(1)工艺流程

大豆→清洗→浸泡→磨浆→分离→煮浆（加虾皮汁）→冷却→点浆→包装→恒温凝固→成型→成品

(2)操作要点

①制豆浆:大豆 300 g 用水 750 mL 浸泡,磨制分离成 1.5 kg 豆浆。

②制虾皮汁:称取 30 g 虾皮用冷水浸泡 2 ~ 3 h,使其吸水膨胀。然后煮汁,沸腾 20 min,冷却过滤,制得 300 g 虾汁备用。制取虾汁要仔细过滤,以保证内酯豆腐质地均匀。

③煮浆:煮浆时加入虾皮汁,虾皮内酯豆腐是使豆腐具有海鲜味,但加入虾汁的量要适当,太少品尝不出海鲜味;太多海鲜味太浓,偏离了嗜好浓度,并且成本高。

④大豆浸泡、磨浆、点浆、包装、凝固、成型:这些工艺与普通内酯豆腐相同。

3. 质量指标

(1)感官指标

成型较好,成品有少量黄浆水析出;口感有海鲜味,韧性一般。

(2)理化指标

含水量≤90%,蛋白质≥4%;重金属含量砷≤0.5 mg/kg,铅≤0.5 mg/kg;食品添加剂按照 GB 2760 标准执行。

(3)微生物指标

大肠菌群参见表 4 - 2,致病菌不得检出。

九、风味快餐内酯豆腐

1. 原料与配方

大豆 100 kg,0.25% ~0.3% 的葡萄糖 - δ - 内酯,配料各适量。

2. 工艺流程及其操作要点

(1)工艺流程

大豆→去杂→磨浆→过滤→煮浆→点浆(配料)→冷却成型→成品

(2)操作要点

①制备豆浆:取新鲜饱满的大豆去除杂质,用清水浸泡,使豆粒充分吸水膨胀。为避免产生豆腥味,使快餐豆腐的风味更醇正,采用

热水烫煮法脱腥，即将浸泡好的大豆放入沸水中加热 6 ~ 8 min，使大豆中的脂肪酸氧化酶失活。将经过脱腥处理的大豆按 1∶4 的比例加水磨浆。

②调制配料：配料的种类多种多样，可根据需要调配。调制配料的一般原则是：配料在豆腐中占的比例控制在 10% ~15% 范围内，对有可能影响豆腐凝固的配料的加入量和加入方法应先进行试验。

不同配料的一般加工方法如下。

果蔬类原料有青菜、青椒、芹菜、香菜、胡萝卜、洋葱、番茄、苹果、梨、柑橘、草莓、西瓜等。洗净切成细丁或小块，在沸水中焯一下即可使用。虾仁、扇贝等海鲜类应煮熟后方可使用。食盐、味精、糖等调味品可在煮浆时加入，也可在点浆时与凝固剂一起加入。酱油、醋、香油、辣椒油、麻辣酱等调味品最好成型后浇在豆腐上，过早加入会影响豆腐的凝固质量。果菜汁应在煮浆时加入。

③点浆、成型：将磨好的豆浆加热煮沸。煮浆的方法与加工普通豆腐相同，只是要掌握好煮沸的时间。点浆用的葡萄糖 - δ - 内酯，用量为豆浆的 0.25% ~0.3%。点浆时先将凝固剂（还可加适量的食盐、味精、糖等）放入容器中，然后倒入煮好的豆浆。豆浆的温度控制在 85 ~ 95℃，然后加入热的配料加盖放置凝固。点浆后，大豆蛋白质在凝固剂作用下凝固成型，凝固时间一般为 20 min 左右，与豆浆的浓度和凝固剂加入的量有关。等豆浆完全凝固后，即可食用。

3. 质量指标

（1）感官指标

颜色多彩，具有多种风味，细腻香滑。

（2）理化指标

含水量≤90%，蛋白质≥4%；重金属含量砷≤0.5 mg/kg，铅≤0.5 mg/kg；食品添加剂按照 GB 2760 标准执行。

（3）微生物指标

大肠菌群参见表 4 -2，致病菌不得检出。

十、鸡蛋豆腐

1. 原料与配方

大豆 100 kg,鸡蛋 40 kg,葡萄糖酸 $-\delta-$ 内酯 300 g,消泡剂 200 g。

2. 工艺流程及其操作要点

(1)工艺流程

原料选择及处理→浸泡→水洗→磨浆→分离→添加鸡蛋→煮浆→点浆→灌装→加热→冷却成型

(2)操作要点

①原料选择及处理:应选择颗粒整齐、无虫眼、无霉变的新大豆为原料。为了提高加工产品的质量,必须对原料进行筛选,以清除杂物如砂石等。一般可采用机械筛选机、电磁筛选机、风力除尘器、比重去石机等进行筛选。

②浸泡:大豆浸泡要掌握好水量、水温和浸泡时间。泡好的大豆表面光亮,没有皱皮,有弹性,豆皮也不易脱掉,豆瓣呈乳白色、稍有凹心、容易掐断。

③水洗:浸泡好的大豆要进行水洗,以除去脱离的豆皮和酸性的泡豆水,提高产品质量。

④磨浆:将泡好的大豆用石磨或砂轮磨磨浆,为了使大豆充分释放蛋白质,应磨两遍。磨第一遍时,边投料边加水,磨成较稠的糊状物。磨浆时的加水量一般是大豆质量的 2 倍,不宜过多或过少。大豆磨浆后不宜停留,要迅速加入适量的 50℃ 的热水稀释,以控制蛋白质的分解和杂菌的繁殖,使大豆的蛋白质溶解在水中,有利于提取。加热水的同时还要加入一定量的消泡剂。方法是将占大豆质量0.3% ~ 0.5% 的植物油放入容器中,加入 50 ~ 60℃ 的热水 10 L,搅拌后倒入豆浆中,即可消除豆浆中的泡沫。

⑤分离:磨浆后,进行浆渣分离。为了充分提取其中的蛋白质,一般要进行 3 次分离。第一次分离用 80 ~ 100 目分离筛,第二次和第三次分离用 60 ~ 80 目分离筛。每次分离后都要加入 50℃ 左右的热

水冲洗豆渣,使蛋白质从豆渣中充分溶解出来后,进行下一次分离。最终使豆渣中的蛋白质含量不超过2.5%。

⑥添加鸡蛋:挑选新鲜的鸡蛋,去壳、搅匀,按配方比例加入豆浆中,混合均匀。

⑦煮浆:添加鸡蛋后要迅速煮沸,使豆浆的豆腥味和苦味消失,增加豆香味。将过滤好的豆浆倒入容器中,盖好盖,烧开后再煮2~3 min。注意不要烧得太猛,且要一边加热一边用勺子扬浆,防止糊锅。若采用板式热交换器,则加热速度会更快,产品质量更好。加热温度要求在95~98℃,保持2~4 min。豆浆经过加热以后,要冷却到30℃以下。

⑧点浆:葡萄糖酸内酯在添加前要先加1.5倍的温水溶解,然后将其迅速加入降温到30℃的豆浆中,并混匀。

⑨灌装:采用灌装机将混合好的豆浆混合物灌入成品盒(袋)中,并进行真空封装。

⑩加热:灌装好的豆浆采用水浴或蒸汽加热,温度为90~95℃,保持15~20 min。

⑪冷却成型:采用冷水冷却和自然冷却,随着温度的降低,豆浆即形成细嫩、洁白的豆腐。

3. 质量指标

(1)感官指标

质地细嫩,味道醇正,鲜美可口。

(2)理化指标

含水量≤90%,蛋白质≥4%;重金属含量砷≤0.5 mg/kg,铅≤0.5 mg/kg;食品添加剂按照GB 2760标准执行。

(3)微生物指标

大肠菌群参见表4-2,致病菌不得检出。

十一、牛奶豆腐

1. 原料与配方

大豆150 kg,全脂奶粉15 kg,凝固剂(葡萄糖酸-δ-内酯)

19.5 g,碳酸氢钠、维生素 B_2、饮用水各适量。

2. **工艺流程及其操作要点**

(1)工艺流程

大豆→浸泡→加热灭酶→脱皮→磨浆→过滤→煮浆→调配→添加内酯粉与核黄素→搅拌均匀→灌装→蒸汽加热(或隔水加热)→成品

(2)操作要点

①灭酶:大豆含有脂肪氧化酶等成分,易产生豆腥等异味,浸泡清洗后,必须进行加热处理,使酶失去活性,以消除豆腥味。采用快速蒸汽加热至120~150℃(约3 min),或蒸汽锅中放少量茶油,可减少或防止烧焦豆腥味。

②脱皮、磨浆、过滤:为不影响产品色泽、细度等,对灭酶后的大豆进行脱皮处理。可采用脱皮机进行脱皮。磨浆时豆浆与水的比为1 :(5~8)。所得豆浆用布过滤去渣。

③调配:在上述豆浆中,首先加碳酸氢钠,增加蛋白的吸收凝固。在煮沸豆乳中放入全脂奶粉(1∶10)相混搅拌。

④添加、灌装、加热:待冷却至40℃以下,再放葡萄糖酸-δ-内酯,并可添加维生素 B_2 溶液在少量水中,再添加到豆乳中。灌装入食品盒(袋),再进行蒸汽加热(或隔水加热),85℃左右约10 min即成。

3. **质量指标**

(1)感官指标

色泽金黄(或淡黄),营养丰富。

(2)理化指标

含水量≤90%,蛋白质≥4%;重金属含量砷≤0.5 mg/kg,铅≤0.5 mg/kg;食品添加剂按照GB 2760标准执行。

(3)微生物指标

大肠菌群参见表4-2,致病菌不得检出。

第四节　酸浆豆腐

酸浆豆腐，顾名思义，是采用酸作为凝固剂而使大豆蛋白形成凝胶而制成的豆腐。但我们介绍的酸浆豆腐主要是以经微生物发酵而形成的豆清发酵液为豆腐凝固剂。发酵原料是豆腐生产过程中形成的副产物——豆清液（又称黄浆水、醋水或豆腐乳清液）。酸浆豆腐（又称豆清发酵液豆腐或醋水豆腐）采用豆腐压榨时流出的醋水（豆清液），经微生物发酵，再用发酵液直接作为豆腐的凝固剂点浆。据《武冈县志》记载：该项技术相传秦始皇为求不老之术，遣卢、侯二生入东海寻觅仙丹，二生自知无法炼得仙丹，便"明修栈道，暗渡陈仓"逃至武冈云山隐居，在武冈时，发明醋水豆腐。西晋永康元年（公元300年），陶侃补任荆州郡武冈县县令，到任后，为了解武冈民情，他走访乡贤，其间被称为卤豆腐的美食吸引，赞其为人间美食，成为他在武冈期间每天必食之物，并令人送之与母分享，陶侃推崇的卤豆腐就是以酸浆为凝固剂生产的豆腐，因此用豆清液发酵生产的酸浆为凝固剂有据可询的历史有近2000年，可谓古老也。

目前我国采用醋水发酵点豆腐的地区，除湖南外还有云南的石屏、陕西的榆林、山东的邹平、河南、内蒙古和福建福清等地区。酸浆豆腐作为非物质文化遗产保护项目，因为不添加外源性食品添加剂，同时产品的弹性、韧性都比石膏豆腐和卤水豆腐好，且口感甘甜，酸浆豆腐属于高品质豆腐，深受消费者青睐。酸浆豆腐文化的悠久历史和严格的传承性，使其成为豆制品的新力量。

1. 原料与配方

大豆100 kg，20%～25%豆清液（以豆浆计），适量微生物菌种。

2. 工艺流程及其操作要点

（1）豆清发酵液的工艺流程

豆清液→过滤（80目）→标准化→灭菌（121℃/8 min）→冷却[（40±2）℃]→接种发酵（18～24 h）→升温55℃→豆清发酵液（待用）

(2)酸浆豆腐工艺流程

豆清发酵液
↓
大豆选料→浸泡→磨制→滤浆→点浆→蹲脑→破脑→上箱→压制成型→切块成品

(3)豆清液发酵的操作要点

①豆清液收集:收集温度70℃,经80目过滤,暂存保温罐,暂存时间≤4 h;若暂存时间超过4 h,则收集的豆清液需降温至10℃以下保存。暂存时间不超过12 h。豆清液可溶性固形物含量为1.0°Brix以上,总酸≤1.2 g/L(以乳酸计)。

②豆清液标准化:在豆清液中添加适量碳源,使其标准化,搅拌均匀。

③发酵罐空罐灭菌:采用直接加蒸汽灭菌,灭菌温度121℃,20 min。

④豆清液的灭菌:豆清液灭菌前检测总酸含量是否符合要求。若在发酵罐内灭菌,则采用121℃/8 min,或采用在线板框式(管式)灭菌,则采用130℃/15 s,灭菌出口温度为(40 ±2)℃。

⑤发酵菌种添加量:可采用一级发酵,菌液的添加量为0.3% ~0.5%,发酵温度(36 ±1)℃,发酵时间22 ~24 h。也可采用二级发酵,一级发酵罐的菌液添加量为3% ~5%,发酵温度(36 ±1)℃,发酵时间4 h,将一级发酵罐内的发酵液泵至二级发酵罐,发酵温度(36 ±1)℃,发酵时间18 ~20 h。

⑥发酵终止:发酵液的总酸(4.5 ±0.5) g/L(以乳酸计)时,终止发酵,并将发酵完的豆清发酵液,升温至(55 ±1)℃,经200目过滤,放置在保温罐。

⑦豆清液发酵原则是当班使用完毕。若72 h内未使用完,则须降温至10℃以下保存,但使用前须升温至55℃。

3.酸浆豆腐的操作要点

(1)豆浆浓度

豆浆的浓度控制在6.5 ~8.5°Brix,为最适点浆的浓度。豆浆浓度若低于6.5°Brix时，蛋白质分子结合力不够，持水性差，豆腐没有弹性，出品率低。若豆浆浓度在8.5°Brix以上，蛋白质聚集越容易，生成的豆腐脑块大，豆清发酵液与浓度过高的豆浆混合时，会迅速形成大块整团的豆腐脑，持水性明显下降，造成点浆结束时仍有部分豆浆无法凝固的现象，也无法得到清亮透明的上清液（新鲜豆清蛋白液），影响后续生产。

（2）酸浆豆腐的点浆温度和时间

点浆温度和时间分别为76.5～78.5℃和38.5～40.5 min时，豆腐凝胶形成较好，豆清蛋白液已澄清，且无白浆残留。看出点浆温度和时间密切相关，点浆时维持在78℃左右，加入豆清发酵液后静置保温40 min，点浆效果最好。温度过高，会使蛋白质分子内能跃升，一遇到酸性的豆清发酵液，蛋白质就会迅速聚集，导致豆腐持水性变差、凝胶弹性变小、硬度变大。从宏观上看，由于凝固速度过快，豆清发酵液点浆又是分多次加入凝固剂，稍有偏差，凝固剂分布不均，就会出现白浆现象。当温度低于78℃甚至低于70℃时，凝固速度很慢，凝胶结构会吸附大量水分，导致豆腐含水量上升，韧性不足。

（3）酸浆的pH或酸度

在适合的豆浆浓度、点浆温度和时间条件下，当豆清发酵液pH和添加比例分别为3.8～4.2和20%～35%时，豆腐凝胶结构紧密，且无白浆和过多新鲜豆清蛋白液出现。豆清发酵液pH与豆清发酵液添加比例也有密切的相关性。加入pH 4.1左右及物料比20%的豆清发酵液时，豆腐脑成块均匀，凝固效果好，制得豆腐口感细腻，韧性好，并富有弹性。豆清发酵液pH较高时，难以使混合液pH调整至大豆蛋白等电点（$pI=4.5$）附近，蛋白质分子表面离子化侧链所带净电荷无法完全中和，排斥力仍然存在，导致蛋白质分子难以碰撞、聚集而沉淀，豆浆凝固困难。而pH偏高则不可避免地要加入较多（60%以上）豆清发酵液用以调整混合液的pH，但是随着大量低温豆清发酵液的加入，点浆温度必然下降，影响着点浆效果。若豆清发酵液过酸，pH过低时，大豆蛋白质溶解度反而升高，同样不利于点浆。

(4)凝固时间

凝固时间与豆浆的凝乳效果和凝固时间有很大关系。当凝固时间小于 10 min 时,不能成型。凝固时间一般控制在 15 ~ 20 min。凝固时间过长会影响生产效率。

(5)凝固温度

把豆浆用蒸汽加热到 80℃左右开始点浆,温度直接影响蛋白质胶凝的效果。适宜的温度也可以使酶和微生物失活,达到一定的杀菌效果。

(6)蹲脑

蹲脑又称养浆,是豆浆在凝固剂的作用下,大豆蛋白形成凝胶后大豆蛋白质凝固过程的后续阶段。即点浆开始后,豆浆中绝大部分蛋白质分子凝固成凝胶,但其网状结构尚未完全成型,并且仍有少许蛋白质分子处于凝固阶段,故须静置 20 ~ 30 min。养浆过程不能受外力干扰,否则,已经成型的凝胶网络结构会被破坏。

(7)压榨

这是我国豆腐脱水最常采用的技术,豆腐的压榨具有脱水和成型双重作用。压榨在豆腐箱和豆腐包布内完成,使用包布的目的是使水分通过,而分散的蛋白凝胶则在包布内形成豆腐。豆腐包布网眼的粗细(目数)与豆腐制品的成型密切相关。传统的压榨一般借助石头等重物置于豆腐压框上方进行压榨,明显的缺点是效率低且排水不足;单人操作的小型压榨装置则在豆腐压框上固定一横梁作为支点,用千斤顶或液压杠等设备缓慢加压,使豆腐成型。

目前国内压榨的半自动化设备大多使用气缸或液压装置,并用机械手提升豆腐框,以叠加豆腐框依靠自重压榨的方式提高效率。全自动化设备目前仅有转盘式液压压榨机,多个压榨组同时压榨并旋转,起到了输送的作用;同时压框循环使用,自动上框、回框,实现自动化。压榨的时间 30 min 至 12 h 不等,依产品特点和产地而异,湖南豆腐的压榨时间通常在 30 min 左右,四川、重庆、安徽等地压榨时间较长,贵州沿江豆腐压榨时间更是超过 12 h。

4. 质量标准

(1)感官指标

色泽乳白(或微淡黄),甘甜。

(2)理化指标

含水量≤90%,蛋白质≥4%;重金属含量砷≤0.5 mg/kg,铅≤0.5 mg/kg;食品添加剂按照GB 2760标准执行。

(3)微生物指标

大肠菌群参见表4-2,致病菌不得检出。

第五节　豆腐干

豆腐是中国的传统食品,从大豆中提取蛋白质和加工豆腐的技术距今已有2100多年,历史悠久,源远流长。豆腐在人民日常膳食中占有十分重要的地位,一方面豆腐可以提供优质蛋白质和功能性成分;另一方面其产品种类丰富而且售价低廉,因而成为大众化的食品。但豆腐含水量约为80%,蛋白质含量约为10%,营养丰富,极易变质,不易保存,于是人们就将豆腐制成豆腐干以方便保存。目前按照市场流通的豆腐干,可分为白豆腐干、卤制豆腐干、熏制豆腐干、油炸豆腐干、蒸煮豆腐干等。

一、白豆腐干

1. 原料与配方

大豆100 kg,盐卤2 kg或石膏2 kg或豆清发酵液200 kg。

2. 工艺流程及其操作要点

(1)工艺流程

大豆拣选→清洗浸泡→磨糊(浆)→滤浆→煮浆→再滤浆→点浆→蹲脑→破脑→上包→压榨→切块定型→烘烤→冷却→内包装→灭菌→打码→装箱

(2)生产操作要点

①大豆的清洗、去杂、磨浆与其他豆腐一致。

②滤浆：在滤浆工序时多次添加60℃温开水，不论滤浆几次，添加温开水的总量为400 kg。

③点浆（点脑）：

A. 凝固剂的配制：采用卤汁或石膏或豆清发酵液，将其溶解成溶液。卤汁的浓度控制在12～15° Bé；石膏，一般情况5 kg大豆需石膏粉0.15～0.2 kg，豆清发酵液的pH在3.8～4.2，用量为20%～30%。

B. 检查点浆桶、点浆铲、使用工器具等是否清洁、卫生。

C. 将点浆桶放在正对贮浆管出浆阀下，关闭点浆桶放水阀。

D. 开启贮浆管出浆阀，让豆浆进入点浆桶内，当豆浆距离该桶最高沿面3～5 cm时，关闭贮浆管出浆阀。

E. 用点浆铲均匀翻转豆浆（能见豆浆翻转），向点浆桶内缓慢加入盐卤汁，盐卤汁加入时呈细线状，由大到小，时间约30 s，当豆花呈密集米粒状颗粒时，停止点浆。

F. 点浆后的豆腐脑静置（蹲脑）3～10 min，再用点浆铲在30 s内翻转该桶豆腐脑。

④成型：破脑结束应及时上包［参考：垫板边长46 cm，垫板沟槽距（3±0.5）cm，包布框边长44 cm，包布边长71～76 cm，上包温度≥70℃］，并根据品种规格适度控制坯子厚薄（参考控制要素：豆腐脑量或包布拉布程度）。豆腐脑在模具内应平整、均匀，四周填满，并用包布折叠盖住，无皱褶。上包产品应及时压榨（参考：放置时间≤8 min）。先将模型放在榨盘上，铺置包布后，将豆腐脑掏泼在包布上并摊开，然后将包布的四角叠起来包脑，再放上一层木板和模型，继续掏泼豆腐脑，直至豆腐脑掏泼完为止。

⑤压榨、切干（或包干）：将模型放稳，压榨20 min，除去大量水分，成大块白豆腐干。将压榨后大块白豆腐干的包布解除，用板尺按6.5 cm×6.5 cm ×1.2 cm规格切成方块，即为白豆腐干成品。每100 kg干豆可制出约250块成品。

⑥注意事项：

A. 当点浆桶内豆浆放满时，马上开始点浆，以保证豆浆温度符合标准要求。

B. 刚开始生产时的前 5 桶豆浆必须用温度计测试，当温度大于 82℃时才能点浆；当温度低于 82℃时应对豆浆进行加热，使温度达到 82℃以上才能点浆。

C. 豆腐老嫩度遵循如下原则：当要求豆腐较老时，点浆终点应以大颗粒呈现且有一丝淡黄色浆体为准。当要求豆腐中等嫩度时，点浆终点应以大颗粒呈现且无一丝淡黄色浆体为准。

⑦烘烤：烘干一般宜采用的温度为 85℃左右，最好不超过 95℃。温度太低，效率低且易使产品变质；温度太高，容易引起豆腐干坯内部水分迅速汽化而冲破坯表面，造成不均匀甚至表面破损状态，形成感官缺陷。

烘干时间根据产品设计的软硬度及豆腐干坯厚薄决定。现在市场销售的产品一般为 2 ~4 h。烘干过程中适当的翻动效果更好，烘烤后通常散失 15%左右的水分。

烘干过程中尤其要注意滤筛是否有破损。如有破损极有可能混入折断的丝网等杂质，对产品的食品安全构成重大隐患，应高度注意。

⑧冷却：将烘烤完成的豆腐干，在符合卫生标准的环境中冷却至室温。

⑨包装：必须立即进行装袋包装。现市售的产品一般有两种包装：一种为复合彩袋包装，不抽真空，包装前及包装过程中（包括空间消毒等）必须严格控制卫生，微波或辐照杀菌。这类产品一般水分较低，为 16% ~25%，如风味豆干。另一种为真空包装，多使用高温蒸煮袋，包装后需进行严格杀菌处理。这类产品一般水分较高，为 40% ~60%，如大部分普通豆干。

⑩杀菌：产品包装后，应立即进行杀菌处理。食品的杀菌方法有多种，物理杀菌方法如热处理、微波、辐照、过滤等；化学杀菌方法如加入各种防腐剂、抑菌剂；生物杀菌方法如加入特定的微生物或能产生抗生素的微生物。但热处理是食品工业中最有效、最经济、最简便的杀菌方法，因此至今仍然应用较为广泛。

3. 质量指标

（1）感官指标

色白，味道平淡，清香，品质柔软有劲。

(2)理化指标

水分≤75%，蛋白质≥4%；重金属含量砷≤0.5 mg/kg，铅≤0.5 mg/kg；食品添加剂按照GB 2760标准执行。

(3)微生物指标

大肠菌群参见表4-2，致病菌不得检出。

二、卤汁豆腐干

历史悠久的苏州特产卤汁豆腐干由于配料和工艺十分讲究，故盛名经久不衰。苏州卤汁豆腐干具有软、糯、鲜、甜、香的特点，入口鲜甜软糯，兼有蜜饯风味。中空、富含卤汁，呈酱红色，卤汁晶莹，外观诱人。以小方盒包装，携带与馈赠亲友十分便利。

1. 原料与配方

白豆腐干100 kg，酱油20 kg，盐400 g，桂皮、大料各少许，花椒100 g，草果100 g，花生油100 kg（约耗2.5 kg）。

2. 工艺流程及其操作要点

(1)工艺流程

大豆选料→浸泡→磨制→滤浆→点浆→蹲脑→破脑→上箱→压制成型→切块豆干→油炸→煮干→成品豆干

(2)操作要点

①大豆的清洗、去杂、磨浆与其他豆腐一致。

②滤浆：在滤浆工序时多次添加60℃温开水，无论滤浆几次，添加温开水的总量为400 kg。

③点浆（点脑）：

A. 凝固剂的配制：采用卤汁或石膏或豆清发酵液，将其溶解成溶液。卤汁的浓度控制在12~15°Bé；石膏，一般情况5 kg大豆需石膏粉0.15~0.2 kg，豆清发酵液的pH在3.8~4.2，用量为20%~30%。

B. 检查点浆桶、点浆铲、使用工器具等是否清洁、卫生。

C. 将点浆桶放在正对贮浆管出浆阀下，关闭点浆桶放水阀。

D. 开启贮浆管出浆阀，让豆浆进入点浆桶内，当豆浆距离该桶最高沿面 3 ~ 5 cm 时,关闭贮浆管出浆阀。

E. 用点浆铲均匀翻转豆浆(能见豆浆翻转),向点浆桶内缓慢加入盐卤汁,盐卤汁加入时呈细线状,由大到小,时间约 30 s,当豆花呈密集米粒状颗粒时,停止点浆。

F. 点浆后的豆腐脑静置(蹲脑)3 ~ 10 min,再用点浆铲在 30 s 内翻转该桶豆腐脑。

④豆干处理:将豆腐干切成 5 cm 见方的块,下冷水锅煮开捞起晾干。香料装入纱布袋中。

⑤油炸:炒锅放在旺火上,放入花生油,烧至七成热时,将豆腐干投入锅中,见炸至豆腐干外层起泡色黄时捞出。

⑥煮干:锅放在中火上,放入炸过的豆腐干和盐、香料袋、酱油,加水至刚没过豆腐干,烧沸后,再改用小火卤 10 min 即成。食用时整块切成片状装盘,浇入原卤汁少许。

3. 质量指标

(1)感官指标

色泽酱红,有光泽,香气正常,鲜甜略咸,无异味,块形完整均匀,质地疏松,有弹性,软糯,卤汁丰富,无杂质。

(2)理化指标

水分≤65%,蛋白质≥15%,总糖≥17%,食盐≤3%。重金属含量砷≤0.5 mg/kg,铅≤0.5 mg/kg;食品添加剂按照 GB 2760 标准执行。

(3)微生物指标

大肠菌群参见表 4 - 2,致病菌不得检出。

三、布包豆干

1. 原料与配方

大豆 100 kg, 25°Bé 盐卤 10 kg,水 800 ~ 1000 kg。

2. 工艺流程及其操作要点

(1)工艺流程

大豆拣选→清洗浸泡→磨糊(浆)→滤浆→煮浆→点浆→蹲脑→

破脑→抽泔→摊袋→上脑→压榨→成品

(2)操作要点

①清洗大豆:取大豆,去壳筛净。为了保证产品的质量,应清除混在大豆原料中的诸如泥土、石块、草屑及金属碎屑等杂物,选择那些无霉点、色泽光亮、籽粒饱满的大豆为佳。要选择优质无污染、未经热处理的大豆,以色泽光亮、籽粒饱满、无虫蛀和无鼠咬的大豆为佳。新收获的大豆不宜使用,应存放 3 个月后再使用。

②泡豆:一般以豆:水重量比 1:2~1:3 为宜,水质以软水、纯水为佳,出品高。浸泡温度和时间,以湖南为例,春秋季度,水温 20℃左右,浸泡 10~12 h;冬季,水温 5℃左右,浸泡 24 h;夏天,水温 25℃左右,浸泡 6~8 h。浸泡好的大豆达到以下要求:大豆吸水量约为 120%,大豆增重为 1.5~1.8 倍。大豆表面光滑,无皱皮,豆皮轻易不脱落,手触摸有松动感,豆瓣内表面略有塌陷,手指掐之易断,断面无硬心。

③磨浆:大豆浸好后,捞出,按豆水比例 1:6 磨浆,用袋子(豆腐布缝制成)将磨出的浆液装好,捏紧袋口,用力将豆浆挤压出来。豆浆榨完后,才能开袋口,再加水 3 kg,拌匀,继续榨一次浆。一般 10 kg 大豆出豆浆 75 kg。

④制浆(煮浆):煮浆的温度 95℃以上,维持 5~8 min。煮浆后的豆浆浓度应该在 9°Brix 以上。浇制时应尽量不破坏大豆蛋白质的网状组织。

⑤点浆:将 25°Bé 的浓盐卤加水稀释至 15°Bé 后作凝固剂。其点浆的操作程序与制盐卤老豆腐时相似,但在点浆时速度要快些、卤条要粗一些,一般可掌握在像赤豆粒子那样大,铜勺的翻动也要适当快一些。当花缸中出现有蚕豆颗粒那样的豆腐花[既看不到豆腐浆,又见不到沥出的豆清液(黄泔水)]时,可停止点卤和翻动。最后在豆腐花上洒少量盐卤,俗称“盖缸面”。采用这种点浆的方法凝成的豆腐花,质地比较老,即网状结构比较紧密,被包在网眼中的水分比较少。

⑥蹲脑:蹲脑时间掌握在 15 min 左右。

⑦破脑:用大铜勺,口对着豆腐花,略微倾斜,轻巧地插入豆腐

里。一面插入,一面顺势将铜勺翻转,使豆腐花也随之上下翻转,连续两下即可。在操作时,要使劲有力,使豆腐花全面翻转,防止上、下泄水程度不一,同时要轻巧顺势,不使豆腐花的组织严重破坏,以免使产品粗糙而影响质量。

⑧抽泔:将抽泔箕轻放在破脑后的豆腐花上,使泔水渐渐积在抽泔箕内,再用铜勺把泔水抽提出来,可边浇制豆腐干,边抽泔。抽泔时落手要轻快,不要碰动抽泔箕。

⑨摊袋:先放上一块竹编垫子,再放一只豆腐干的模型格子。然后,在模型格子上摊放好一块豆腐干包布。布要摊得平整和宽松,使成品方正。

⑩上脑:布包豆腐干是用100 mm见方的小布,逐一包起来的。浇制包布的方法:先用小铜勺把豆腐花舀到小布上,接着把布的一角翻起包在豆腐花上,再把布的对角复包在上面,然后顺序地把其余两只布角对折起来。包好后顺序排在平方板上,让它自然沥水。待全张平方板上已排满豆腐干,趁热再按浇制的先后顺序,一块一块地把布全面打开,再把四只布角整理收紧。

⑪压榨:把浇制好的豆腐干移入土法榨床的榨位后,先把撬棍栓上撬尾巴,压在豆腐干上面3~4 min,使泔水适量排出。待豆腐干表面略有结皮,开始收缩榨距,增加压力直至紧撬。约15 min后,即可放撬脱榨,取去布包,即成正品。

3. 质量指标

(1)感官指标

块形四角方正,厚薄均匀,不粗,表皮不毛、不胖。质地坚实,刀切后内在表面有光亮,豆香味足,吃口既坚又糯。

(2)理化指标

水分≤70%,蛋白质≥17%,总糖≥17%,食盐≤3%。重金属含量砷≤0.5 mg/kg,铅≤0.5 mg/kg;食品添加剂按照GB 2760标准执行。

(3)微生物指标

大肠菌群参见表4-2,致病菌不得检出。

四、茶色豆腐干

1. 原料与配方

大豆 100 kg,凝固剂、酱油、焦糖色、水各适量。

2. 工艺流程及其操作要求

(1)工艺流程

大豆拣选→清洗浸泡→磨糊(浆)→滤浆→煮浆→点浆→成型→压榨→煮干→成品

(2)操作要点

①原料处理:大豆浸泡、磨糊、滤浆等操作与普通白豆干工序相同。

②点浆:点浆时,先把石膏加 5 倍的水化开,然后放入点浆桶中,将煮好的豆浆(豆浆以 75℃左右为宜)快速冲入点浆桶,并不停地搅动,使之充分混匀。

③成型:成型前,将模型放在榨盘上,铺置好包布,将豆脑均匀摊在包布上,然后将包布四角叠起包紧,其上放具有 6.5 cm×6.5 cm 大小凸起方格的模板和模型。同样方法包完为止。

④压榨:豆脑包完后,一起压榨 30 min 左右。时间长短应视压力和豆干坯含水量而定,一般制酱干的豆干坯比白豆干含水量低。

⑤煮干:将压好的豆干坯放入酱油水(每 1 kg 水加 1.3 kg 酱油和 0.25 kg 糖色混匀)内,煮开即断火,白干坯仍留在酱油水中浸泡 10~15 min 即成(浸泡时间视着色情况而定)。

3. 质量指标

(1)感官指标

色泽棕褐,质地坚实,有韧劲,酱香浓郁。

(2)理化指标

水分≤75%,蛋白质≥13%。重金属含量砷≤0.5 mg/kg,铅≤0.5 mg/kg;食品添加剂按照 GB 2760 标准执行。

(3)微生物指标

大肠菌群参见表 4-2,致病菌不得检出。

五、鸡汁豆腐干(河南汝南)

鸡汁豆腐干原名五香豆腐干,自300年前创制以来,以其独特的风味一直受到人们的欢迎。在其沿传的历史中,几经精心改良,至今更是香飘万里。

1. 原料与配方

大豆100 kg,25°Bé盐卤10 kg,水适量,汤料(酱油、老母鸡汤、芝麻油、生姜、大葱、大料、小茴香、花椒、丁香、良姜、豆蔻、砂仁、肉桂、炒果各适量)。

2. 工艺流程及操作要点

(1)工艺流程

大豆拣选→清洗浸泡→磨糊(浆)→滤浆→煮浆→点浆→压榨→成型→出白→煨汤→成品

(2)操作要点

①制浆、成型:从制浆到成型的操作方法与一般香豆腐干相仿。

②出白:在煨汤前先把豆腐干坯子放在热水锅里浸泡5 min,去除坯子内的部分黄浆水。这样可使豆腐干在加香料煨煮时香味渗透入骨。

③煨汤:汤系由天然酱油、老母鸡汤、芝麻油、生姜、大葱、大料、小茴香、花椒、丁香、良姜、豆蔻、砂仁、肉桂、炒果等配合熬煮而成。煨汤方法:可以一次煨汤30 min后晾干;也可以采用循环烧煮法:烧煮5 min后晾干,再烧煮,再晾干,都会使香味、鲜味、咸味渗透到香豆腐干里面去。

3. 质量指标

(1)感官指标

外形四方,呈褐黑色,表面透亮,内呈褐黄色,质地坚韧,咬嚼有劲,咸淡适口,味道鲜美而醇厚。一般可存放2~3个月。

(2)理化指标

水分≤75%,蛋白质≥13%。重金属含量砷≤0.5 mg/kg,铅≤0.5 mg/kg;食品添加剂按照GB 2760标准执行。

(3)微生物指标

大肠菌群参见表4-2,致病菌不得检出。

六、猪血豆腐干

猪血豆腐干是陕西汉阴著名传统风味食品,已有300多年的生产历史。汉阴一带加工制作猪血豆腐干的传统习惯不仅久远,而且普遍。猪血豆腐干是在制成豆腐料后,加入一定量的猪血、精瘦肉和其他调料,是一种富含铁质并且风味独特的新型豆制品。

1. 原料与配方

大豆100 kg,盐卤片5 kg,鲜猪血,精瘦肉,生姜,香葱,食盐,味精,五香粉各适量。

2. 工艺流程及其操作要点

(1)工艺流程

大豆拣选→清洗浸泡→磨糊(浆)→滤浆→煮浆→点脑→蹲脑→初榨→混合(猪血、调料)→压榨→烘干→成品

(2)操作要点

①制豆腐坯。

A. 选豆:选颗粒饱满、无虫蛀,无霉变,蛋白质含量高于42%的大豆。

B. 泡豆:根据季节的不同,春、秋季浸泡10~12 h,夏季6~8 h,冬季12~14 h,夏季浸泡至九成开,搓开豆瓣中间稍有凹心,中心色泽略暗;冬季泡至十成开,搓开豆瓣呈乳白色,中心浅黄色。

C. 磨浆、滤浆、煮浆:浸泡好的大豆要进行水选或水洗,然后滴水,下料进行磨浆,加入沸水并进行搅拌。按豆∶水比例为1∶8加水,以加速蛋白质的溶出。最后离心过滤,得到豆浆。常压敞开式煮浆,则把豆浆加热至沸2~3 min,密闭连续式煮浆,则豆浆105℃维持2~3 min,使蛋白质充分变性,同时起到灭酶、杀菌作用。

D. 点脑、蹲脑:用卤水进行点脑,一般先打耙后下卤,卤水量先大后小。脑花出现80%停止下卤。点脑后静置20~25 min蹲脑。

E. 初压:蹲脑后开缸放浆上榨,压榨时间为20 min左右。压力按

两板并压为60 kg时,制成含水量较低的豆腐料。

②猪血预处理、调料处理。

把鲜猪血过滤,然后加入0.8%的氯化钠,放入冰箱(或冷库)待用。先把精瘦肉、生姜、香葱分别捣成浆,然后加入食盐、味精、五香粉等配料,搅拌均匀备用。

③混合、压榨成型。

把制好的豆腐料、猪血、调料一起加入配料缸,搅拌,使之混合均匀。混合均匀的原料,上榨进行压榨,并按花格模印,顺缝打刀,切为整齐的小块。

④烘干。

把豆腐块放入烘箱中烘干,一般采用热风干燥。干燥后使其含水率为40%~50%。干燥温度50~60℃,时间8~10 h。

3. 质量指标

(1)感官指标

色泽为深褐色,带有肉制品及豆制品的烤香,风味独特,质地软硬适中。

(2)理化指标

水分为40%~50%;重金属含量砷≤0.5 mg/kg,铅≤0.5 mg/kg;食品添加剂按照GB 2760标准执行。

(3)微生物指标

大肠菌群参见表4-2,致病菌不得检出。

七、长汀豆腐干(福建)

长汀豆腐干是福建西部长汀县的传统名食,为著名的"闽西八大干"之一,也是我国一种大众化的素菜,在国内外市场上颇负盛名。长汀豆腐干为边长5 cm的正方形,厚薄约1 cm,色似咖啡,半透明,咸甜兼备,咀嚼香脆,营养丰富,佐餐下酒皆宜。

1. 原料与配方

大豆100 kg,盐卤4~5 kg,酱油40 kg,白糖4 kg,精盐、味精各2.4 kg,桂皮800 g,甘草1.6 kg,小茴香、大料各640 g,公丁香200 g。

2. 工艺流程及其操作要点

(1)工艺流程

大豆拣选→清洗浸泡→磨糊(浆)→滤浆→煮浆→点浆→制液→浸焖→成品

(2)操作要点

①选豆:选颗粒饱满、无虫蛀,无霉变,蛋白质含量高于42%的大豆。

②泡豆:根据季节的不同,春、秋季浸泡10~12 h,夏季6~8 h,冬季12~14 h,夏季浸泡至九成开,搓开豆瓣中间稍有凹心,中心色泽略暗;冬季泡至十成开,搓开豆瓣呈乳白色,中心浅黄色。

③磨浆、滤浆、煮浆:浸泡好的大豆要进行水选或水洗,然后滴水,下料进行磨浆,加入沸水并进行搅拌。按豆∶水比例为1∶8加水,以加速蛋白质的溶出。最后离心过滤,得到豆浆。常压敞开式煮浆,则把豆浆加热至沸2~3 min,密闭连续式煮浆,则豆浆105℃维持2~3 min,使蛋白质充分变性,同时起到灭酶、杀菌作用。

④点卤、造块:制豆腐干的豆浆应用25°Bé的盐卤水作凝固剂,每100 kg大豆的用量为4~5 kg。浆温掌握在80℃时点卤为好。点卤方法与豆腐相同。豆腐花上架包好压榨时,要比普通食用的豆腐稍微老硬一些。压榨时间20 min左右,比豆腐多1倍时间。含水量掌握在有一定韧度和弹性时即可。松榨后,趁热制成每块长5 cm×宽5 cm规格的方形小豆腐块。

⑤制液:豆腐干加工过程,要配制好浸泡用的浆液(又称卤汁)。其原料选用甘草、大料、小茴香、公丁香、桂皮。操作要点:把甘草、大料、小茴香、公丁香及桂皮置于锅中,放适量水煮沸,让其出味,然后用纱布过滤,除去残渣,取其清液即成浆液。

⑥浸焖:把划好的小方块豆腐坯,放入卤汁中浸泡,浸泡2~3 h,若卤汁味差一点的可浸4~5 h,然后把卤汁连同豆腐干倒进锅,投入适量的白糖、食盐、味精和酱油,文火煨焖10~20 min,使其入味。成品味香色纯,有一定韧性和弹性,即可上市。出品的豆腐干,待干燥后用复合铝膜袋按每袋20块包装。

3. 质量指标

(1)感官指标

色似咖啡,半透明,咸甜兼备,咀嚼香脆。

(2)理化指标

蛋白质含量>13%,水分含量<75%,添加剂含量符合GB 2760有关规定。

(3)微生物指标

大肠菌群参见表4-2,致病菌不得检出。

八、枫泾豆腐干

枫泾豆腐干产于上海枫泾镇,迄今已有百余年生产历史,然而真正把天香豆腐干作为特色品种来生产、经营,则是从60多年前的夏隆顺豆腐店开始的。

1. 原料与配方

大豆100 kg,桂皮、酱色、味精各少许,白糖适量,卤水剂适量。

2. 工艺流程及其操作要点

(1)工艺流程

大豆拣选→清洗浸泡→磨糊(浆)→滤浆→煮浆→点浆→压榨→豆腐坯→煮干→成品

(2)操作要点

①清洗大豆:取大豆,去壳筛净。为了保证产品的质量,应清除混在大豆原料中的诸如泥土、石块、草屑及金属碎屑等杂物,选择那些无霉点、色泽光亮、籽粒饱满的大豆为佳。要选择优质无污染、未经热处理的大豆,以色泽光亮、籽粒饱满、无虫蛀和无鼠咬的大豆为佳。新收获的大豆不宜使用,应存放3个月后再使用。

②泡豆:一般以豆、水重量比1:2~1:3为宜,水质以软水、纯水为佳,出品高。浸泡温度和时间,以湖南为例,春秋季度,水温20℃左右,浸泡10~12 h;冬季,水温5℃左右,浸泡24 h;夏天,水温25℃左右,浸泡6~8 h。浸泡好的大豆达到以下要求:大豆吸水量约为120%,大豆增重为1.5~1.8倍。大豆表面光滑,无皱皮,豆皮轻易不

脱落,手触摸有松动感,豆瓣内表面略有塌陷,手指掐之易断,断面无硬心。

③磨浆:大豆浸好后,捞出,按豆水比例 1∶6 磨浆,用袋子(豆腐布缝制成)将磨出的浆液装好,捏紧袋口,用力将豆浆挤压出来。豆浆榨完后,可能开袋口,再加水 3 kg,拌匀,继续榨一次浆。一般 10 kg 大豆出豆浆 75 kg。

④煮浆:煮浆的温度 95℃以上,维持 5 ~ 8 min。煮浆后的豆浆浓度应该为 9°Brix 以上。在浇制时应尽量不破坏大豆蛋白质的网状组织。

⑤点卤、压榨:制豆腐干的豆浆应用 25°Bé 的盐卤水作凝固剂,每 100 kg 的大豆用量 4 ~ 5 kg。浆温掌握在 80℃时点卤为好。点卤方法与豆腐相同。豆腐花上架包好压榨时,要比普通食用的豆腐稍微老硬一些。压榨时间 20 min 左右,比豆腐多 1 倍时间。含水量掌握在有一定韧度和弹性时即可。划匀后,采取 4 排包法。每板 240 块,冷却。

⑥煮干:将锅放火上,将豆腐码入锅内(每锅约可码 3000 块),码好后,加适量水和桂皮、酱色、白糖、味精,用大火连烧带焙。熟后,第 2 天回锅一次,即可出锅晾干供食。

3. 质量指标

(1)感官指标

酱色,软绵有韧性,香喷喷,甜滋滋,味极鲜美。

(2)理化指标

水分≤75%,蛋白质≥13%。重金属含量砷≤0.5 mg/kg,铅≤0.5 mg/kg;食品添加剂按照 GB 2760 标准执行。

(3)微生物指标

大肠菌群参见表 4 -2,致病菌不得检出。

九、香豆腐干

1. 原料与配方

大豆 100 kg,食盐 14 kg,茴香 1.5 kg,花椒、酱油各 250 g,红糖适

量,凝固剂适量。

2. 工艺流程及其操作要点

(1)工艺流程

大豆拣选→清洗浸泡→磨糊(浆)→滤浆→煮浆→点浆→压制成型→制调料→上色→烘干→成品

(2)操作要点

①清洗大豆:取大豆,去壳筛净。为了保证产品的质量,应清除混在大豆原料中的诸如泥土、石块、草屑及金属碎屑等杂物,选择那些无霉点、色泽光亮、籽粒饱满的大豆为佳。要选择优质无污染、未经热处理的大豆,以色泽光亮、籽粒饱满、无虫蛀和无鼠咬的大豆为佳。新收获的大豆不宜使用,应存放3个月后再使用。

②泡豆:一般以豆∶水重量比1∶2~1∶3为宜,水质以软水、纯水为佳,出品高。浸泡温度和时间,以湖南为例,春秋季度,水温20℃左右,浸泡10~12 h;冬季,水温5℃左右,浸泡24 h;夏天,水温25℃左右,浸泡6~8 h。浸泡好的大豆达到以下要求:大豆吸水量约为120%,大豆增重为1.5~1.8倍。大豆表面光滑,无皱皮,豆皮轻易不脱落,手触摸有松动感,豆瓣内表面略有塌陷,手指掐之易断,断面无硬心。

③磨浆:大豆浸好后,捞出,按豆水比例1∶6磨浆,用袋子(豆腐布缝制成)将磨出的浆液装好,捏紧袋口,用力将豆浆挤压出来。豆浆榨完后,才能开袋口,再加水3 kg,拌匀,继续榨一次浆。一般10 kg大豆出豆浆75 kg。

④煮浆:煮浆的温度95℃以上,维持5~8 min。煮浆后的豆浆浓度应该在9°Brix以上。在浇制时应尽量不破坏大豆蛋白质的网状组织。

⑤点卤、造块:制豆腐干的豆浆应用25°Bé的盐卤水作凝固剂,每100 kg的大豆用量4~5 kg。浆温掌握在80℃时点卤为好。点卤方法与豆腐相同。豆腐花上架包好压榨时,要比普通食用的豆腐稍微老硬一些。压榨时间20 min左右,比豆腐多1倍时间。含水量掌握在有一定韧度和弹性时即可。

⑥制调料、上色：将食盐、茴香、花椒等辅料装入一小布袋内，放入锅内煮沸。将沥去水分成型的豆腐干放入调料液中浸煮 20 ~ 30 min后，再加入酱油、红糖上色。

⑦烘干：将上过色的豆腐干改用文火烘干后，用蜡纸或油纸包装后即为香豆腐干。

3. 质量指标

(1)感官指标

色泽为淡咖啡色，外形整齐，组织内部质地细腻、柔嫩，具有豆腐干特有的香气。

(2)理化指标

理化指标：水分 ≤ 70%，蛋白质 ≥ 14%。重金属含量砷 ≤ 0.5 mg/kg，铅≤0.5 mg/kg；食品添加剂按照 GB 2760 标准执行。

(3)微生物指标

大肠菌群参见表4－2，致病菌不得检出。

十、宁波香豆腐干

1. 原料与配方

大豆 100 kg，味精 200 ~ 250 g，食盐 4 ~ 5 kg，麻油 800 ~ 1000 g，茴香、桂皮各 400 ~ 600 g，凝固剂适量。

2. 工艺流程及其操作要点

(1)工艺流程

大豆拣选→清洗浸泡→磨糊(浆)→滤浆→煮浆→点浆→涨浆→板泔→抽泔→压榨成型→出白、烧煮→整理→成品

(2)操作要点

①选豆：选颗粒饱满、无虫蛀、无霉变、蛋白质含量高于 42% 的大豆。

②泡豆：根据季节的不同，春、秋季浸泡 10 ~ 12 h，夏季 6 ~ 8 h，冬季 12 ~ 14 h。夏季浸泡至九成开，搓开豆瓣中间稍有凹心，中心色泽略暗；冬季泡至十成开，搓开豆瓣呈乳白色，中心浅黄色。

③磨浆、滤浆、煮浆：浸泡好的大豆要进行水选或水洗，然后滴

水,下料进行磨浆,加入沸水并进行搅拌。按豆∶水比例为1∶8加水,以加速蛋白质的溶出。最后离心过滤,得到豆浆。常压敞开式煮浆,则把豆浆加热至沸2~3 min,密闭连续式煮浆,则豆浆105℃维持2~3 min,使蛋白质充分变性,同时起到灭酶、杀菌作用。

④点浆:制豆腐干的豆浆应用25°Bé的盐卤水作凝固剂,每100 kg的大豆用量4~5 kg。浆温掌握在80℃时点浆为好。点浆方法与豆腐相同。豆腐花上架包好压榨时,要比普通食用的豆腐稍微老硬一些。

⑤成型:把豆腐花舀在套圈里拔坯后,才上撬压榨,将坯子压榨到能划坯成块即可。然后把整块的坯子翻在平方板上。用模棍划块,成50 mm×50 mm×25mm体积的香干坯子,再用布包紧坯子。上撬时,每板排成8块×8块,用木框套上。然后在每块豆腐干上面加铅印,以此类推,一板加一板地压在上面。待把一缸的坯子包完,再上撬压榨。等豆腐干坚韧紧实后,放撬脱榨,拆去包布冷却。

⑥出白、烧煮:把豆腐干放在开水里煮一下,这样可使豆腐干内的黄滑水排出。先将糖精、盐、茴香、桂皮等配料放在锅内烧开,然后将白坯豆腐干倒入,汤水要以浸没白坯为准,再加入味精进行煨汤。煨汤完毕后取出冷却,豆腐干表面涂上麻油。

⑦挑选:将宁波香干一块块竖放排好,剔除缺角次品。

3. 质量指标

(1)感官指标

不粗,表皮不毛,四角方正,质地坚韧,厚薄均匀,色泽光亮,有麻油香和鲜味。每10块重500~550 g,每块50 mm见方,厚25mm。

(2)理化指标

水分≤75%,蛋白质≥16%。重金属含量砷≤0.5mg/kg,铅≤0.5 mg/kg;食品添加剂按照GB 2760标准执行。

(3)微生物指标

大肠菌群参见表4-2,致病菌不得检出。

十一、天竺香干

1. 原料与配方

大豆 100 kg,味精 1 kg,茴香、桂皮各 1 ~3.125 g,盐 5 kg,凝固剂适量。

2. 工艺流程及其操作要点

(1)工艺流程

大豆拣选→清洗浸泡→磨糊(浆)→滤浆→煮浆→点浆→破脑→上板→压榨成型→白坯烧煮→包扎→成品

(2)操作要点

①选豆:选颗粒饱满、无虫蛀、无霉变、蛋白质含量高于 42% 的大豆。

②泡豆:根据季节的不同,春、秋季浸泡 10 ~12 h,夏季 6 ~8 h,冬季 12 ~14 h,夏季浸泡至九成开,搓开豆瓣中间稍有凹心,中心色泽略暗;冬季泡至十成开,搓开豆瓣呈乳白色,中心浅黄色。

③磨浆、滤浆、煮浆:浸泡好的大豆要进行水选或水洗,然后滴水,下料进行磨浆,加入沸水并进行搅拌。按豆∶水比例为 1∶8 加水,以加速蛋白质的溶出。最后离心过滤,得到豆浆。常压敞开式煮浆,则把豆浆加热至沸 2 ~3 min,密闭连续式煮浆,则豆浆 105℃维持 2 ~3 min,使蛋白质充分变性,同时起到灭酶、杀菌作用。

④点卤:制豆腐干的豆浆应用 25°Bé 的盐卤水作凝固剂,每 100 kg 的大豆用量 4 ~5 kg。浆温掌握在 80℃时点卤为好。点卤方法与豆腐相同。豆腐花上架包好压榨时,要比普通食用的豆腐稍微老硬一些。

⑤成型:把豆腐花舀在套圈里拔坯后,才上撬压榨,将坯子压榨到能划坯成块即可。然后把整块的坯子翻在平方板上。上撬时,每板排成 8 块 ×8 块,用木框套上。然后在每块豆腐干上面加铅印,依次类推,一板加一板地压在上面。待把一缸的坯子包完,再上撬压榨。等豆腐干坚韧紧实后,放撬脱榨,拆去包布冷却。

⑥白坯烧煮:先将配料糖精、盐、茴香、桂皮放入锅内和汤一起烧

开,再将白坯倒入。然后加味精,最后煨汤,捞出,冷却。

⑦包扎:每扎 10 小块,要扎得整齐、松紧适中。

3. 质量指标

(1)感官指标

不粗,表皮不毛、不断、不碎,质地坚韧,颜色均匀,有香鲜味。每扎 10 块,共重 750 ~ 775 g,每块 35mm 见方,厚 5mm。

(2)理化指标

水分≤75%,蛋白质≥14%,重金属含量砷≤0.5 mg/kg,铅≤0.5 mg/kg;食品添加剂按照 GB 2760 标准执行。

(3)微生物指标

大肠菌群参见表 4 - 2,致病菌不得检出。

十二、模型香豆腐干

1. 原料与配方

大豆 100 kg, 25°Bé 盐卤 10 kg,盐 280 g,茴香 140 g,水 800 ~ 1000 kg,桂皮 400 g,鲜汁 5.6 kg。

2. 工艺流程及其操作要点

(1)工艺流程

大豆→选料→浸豆→磨浆→过滤→煮浆→点浆→破脑→摊袋→上脑→压榨→煨汤→成品

(2)操作要点

①选豆:选颗粒饱满、无虫蛀、无霉变、蛋白质含量高于 42% 的大豆。

②泡豆:根据季节的不同,春、秋季浸泡 10 ~ 12 h,夏季 6 ~ 8 h,冬季 12 ~ 14 h,夏季浸泡至九成开,搓开豆瓣中间稍有凹心,中心色泽略暗;冬季泡至十成开,搓开豆瓣呈乳白色,中心浅黄色。

③磨浆、制浆、煮浆:浸泡好的大豆要进行水选或水洗,然后滴水,下料进行磨浆,加入沸水并进行搅拌。按豆∶水比例为 1∶8 加水,以加速蛋白质的溶出。最后离心过滤,得到豆浆。常压敞开式煮浆,则把豆浆加热至沸 2 ~ 3 min,密闭连续式煮浆,则豆浆 105℃维持 2 ~

3 min,使蛋白质充分变性,同时起到灭酶、杀菌作用。

④点卤:制豆腐干的豆浆应用25° Bé 的盐卤水作凝固剂,每100 kg的大豆用量4 ~5 kg。浆温掌握在80℃时点卤为好。点卤方法与豆腐相同。豆腐花上架包好压榨时,要比普通食用的豆腐稍微老硬一些。

⑤破脑:与模型豆腐干相仿,但要板得足些,使豆腐花翻动大,豆腐花泄水多。应用点嫩板足的办法,使做成的香豆腐干质地坚韧,有拉劲,成品入口有嚼劲,达到香豆腐干坚韧的特色。

⑥摊袋:放上一块竹编垫子,再放上一只模型格子,再放上一块豆腐干包布,并要摊得平整、宽松。

⑦上脑:模型格子较模型豆腐干的模型格子薄,这样有利于在压榨时坯子泄水,提高香豆腐干的质地坚实和韧劲,上脑成型的方法与模型豆腐干基本相仿。

⑧压榨:香豆腐干能否达到坚韧,压榨是最后一环。它的压榨方法与模型豆腐干相仿,但要压榨得较为强烈,使其坯子有较大的出水,达到产品坚韧要求。

⑨煨汤:煨煮香豆腐干的料汤,系用盐、茴香、桂皮、鲜汁及若干水配制而成。料汤煮开后,把香豆腐干白坯浸入在料汤内,先煮沸,然后用文火煨。煨汤时间最短不能少于20 min。

3. 质量指标

(1)感官指标

不粗,表皮不毛、不断、不碎,质地坚韧,颜色均匀,有香鲜味。规格:每10块重200 ~325 g,块形四角方正,厚薄均匀。

(2)理化指标

水分≤70%,蛋白质≥18%,重金属含量砷≤0.5 mg/kg,铅≤0.5 mg/kg;食品添加剂按照GB 2760标准执行。

(3)微生物指标

大肠菌群参见表4 -2,致病菌不得检出。

第六节　豆腐皮制品

豆腐皮又名油皮、百片、腐衣、豆皮。豆腐皮是大豆磨浆烧煮后，凝结干制而成的豆制品。豆腐皮是从锅中挑皮、捋直，将皮从中间粘起，成双层半圆形，经过烘干而制成的。皮薄透明，半圆而不破，黄色有光泽，柔软不黏，表面光滑，色泽乳白微黄光亮，风味独特，是高蛋白低脂肪不含胆固醇的营养食品。

一、百叶

1. 原料与配方

大豆 100 kg，盐卤片适量。

2. 工艺流程及其操作要点

(1)工艺流程

大豆挑选清洗→浸泡→磨浆→浆渣分离→豆浆→煮浆→石膏点浆→浇制→压榨→剥下→百叶成品

(2)操作要点

①选豆：选颗粒饱满、无虫蛀、无霉变、蛋白质含量高于 42% 的大豆。

②泡豆：根据季节的不同，春、秋季浸泡 10 ~ 12 h，夏季 6 ~ 8 h，冬季 12 ~ 14 h，夏季浸泡至九成开，搓开豆瓣中间稍有凹心，中心色泽略暗；冬季泡至十成开，搓开豆瓣呈乳白色，中心浅黄色。

③磨浆、制浆、煮浆：浸泡好的大豆要进行水选或水洗，然后滴水，下料进行磨浆，加入沸水并进行搅拌。按豆∶水比例为 1∶8 加水，以加速蛋白质的溶出。最后离心过滤，得到豆浆。常压敞开式煮浆，则把豆浆加热至沸 2 ~ 3 min，密闭连续式煮浆，则豆浆 105℃ 维持 2 ~ 3 min，使蛋白质充分变性，同时起到灭酶、杀菌作用。

④点浆：在熟浆里加 1/4 的清水，以降低豆浆浓度和温度，点浆方法与制作豆腐相同。

⑤浇制：将百叶箱屉置百叶底板上，摊百叶布于箱屉内，四角要

摊平整,不折、不皱,用大铜勺舀起缸内豆腐花,再用小铜勺在大勺内把豆腐花搅碎,均匀浇在箱屉内的百叶布上,再把百叶布的四角折起来,盖在豆腐花上。一张百叶即浇制完成。依次浇下去即可。

⑥压榨:把浇制好的薄百叶,移到榨位上压榨。先将撬棍压在百叶上,逐步将撬棍加压。约 10 min 后,再把百叶箱屉全部脱去,将底部的 30 张百叶翻上再压,全过程约 20 min。

⑦剥百叶:将盖布四角揭开,然后将布的二对角处拉两下,使薄百叶与布松开,然后翻过来,一手揪住百叶角,另一手将百叶布拉起即可。

3. 质量指标

(1)感官指标

色泽淡黄,双面光洁,厚薄均匀,四边整齐,不破、不夹块,有韧性,有香气,无异味、无杂质。薄百叶全张完整,每千克 40 ~ 44 张;厚百叶每千克 10 ~ 12 张。

(2)理化指标

水分≤50% ,蛋白质≥37% ,铅≤0.5 mg/kg,食品添加剂符合国家食品安全标准 GB 2760 规定。

(3)微生物指标

大肠菌群参见表 4 -2,致病菌不得检出。

二、厚百叶(手工)

1. 原料与配方

大豆 50 kg,石膏 2 kg 左右,水约 500 kg。

2. 工艺流程及其操作要点

(1)工艺流程

大豆挑选清洗→浸泡→磨浆→浆渣分离→煮浆→点浆→浇制→压榨→脱布→成品

(2)操作要点

①大豆原料和泡豆:与一般豆腐工艺相同。尽量选大豆蛋白质含量超 42% 的非转基因大豆。

②点浆：制厚百叶的豆浆浓度应淡些，豆浆的浓度在 6.5 ~ 7.5°Brix，一般掌握每千克大豆出豆浆 10 kg 左右。这样在点浆时不要加冷水。采用石膏作凝固剂，也是用冲浆的方法，点浆的温度控制在60 ~ 70℃为宜。

③浇制：要把豆腐花不停地搅动，豆腐花要多一些，不可打得太碎，要浇得均匀。如果有大块的豆腐花，会使厚百叶有夹块，质量不理想。把豆腐花浇在底布上，然后盖上面布，准备压榨。

④压榨：用土榨床加压脱水。压榨厚百叶的特点是压力不要太猛，但压榨的时间要长，这样既能压榨出一部分水分，并使厚百叶柔软有韧性。如果施压太猛烈，会把豆腐花挤入布眼，使百叶很难剥下，从而影响质量。一般压榨时间约 30 min。

⑤脱布：即剥百叶，由于厚百叶含水量高，韧性差，易破碎，所以要顺势剥下，不宜强拉硬剥，否则会影响质量。大豆 50 kg 可制得厚百叶 55 kg。

3. 质量指标

(1)感官指标

色泽洁白，质地既有韧性而又软糯，无石膏脚，两面光洁，不破，有韧性，拎角不断。每张重 425 ~ 500 g。

(2)理化指标

水分≤68%，蛋白质≥22%，铅≤0.5 mg/kg，食品添加剂含量按食品安全国家标准 GB 2760 执行。

(3)微生物指标

大肠菌群参见表 4 -2，致病菌不得检出。

三、薄百叶(机械)

1. 原料与配方

大豆 100 kg，盐卤 10 kg(25°Bé)，水 1000 kg。

2. 工艺流程及其操作要点

(1)工艺流程

大豆挑选清洗→浸泡→磨浆→浆渣分离→煮浆→点浆→破脑→

浇制→压榨→脱布→成品

(2)操作要点

①大豆的浸泡、磨浆和制浆工艺与盐卤豆腐类似。点浆每千克大豆产豆浆9 kg。点浆是用25°Bé盐卤用水稀释到12°Bé作凝固剂。点浆时,卤条约像赤豆那样粗,随着铜勺的搅动,当豆浆中呈大豆般豆腐花翻上来到花缸里见不到豆腐浆时,可停止点卤和铜勺的翻动。同时,也应在豆浆表面洒些盐卤。

②破脑:为适应机械浇制薄百叶,必须用工具把豆腐花全部均匀地搅碎,使呈木屑状。

③浇制:在浇制时要把花缸内的豆腐花不停地旋转搅动,不使豆腐花沉淀阻塞管道口及造成豆腐花厚薄不均的现象。随着百叶机的转动,把浇百叶的底布和面布同时输入百叶机的铅丝网履带上,豆腐花也随即通过管道浇在百叶的底布上,然后盖上面布。经过6~8 m的铅丝网布输送,让豆腐花内的水自然流失,使含水量有所减少。此时可以按规格要求把豆腐花连同百叶布折成百叶,每条布可折叠成百叶80张左右。

④压榨:折叠后的薄百叶,依靠百叶叠百叶的自重压力沥水1 min,再摊入压榨机内经压1~2 min。待水分稍许泄出后加大压力,压榨6 min左右,其含水量达到质量要求,即可放压脱榨。

⑤脱布:即剥百叶。可通过脱布机滚动毛刷的摩擦作用,使百叶盖布和底布脱下来,百叶随同滚筒毛刷剥下来。通过剔次整理,即为成品。

3.质量指标

(1)感官指标

色泽黄亮,张薄如纸,入口软糯,油香味足。全张只准有花洞2个,半张只准有花洞1个,花洞直径不超过15mm,裂缝不超过2条,裂缝长度不超过50 mm。每张百叶面积为320 mm ×600 mm,长与宽可各有5mm伸缩。10张重500~600 g。

(2)理化指标

水分≤50%,蛋白质≥37%,铅≤0.5 mg/kg,食品添加剂含量按食品安全国家标准 GB 2760 执行。

(3)微生物指标

大肠菌群参见表 4－2,致病菌不得检出。

四、芜湖千张

1. 原料与配方

大豆 100 kg,盐卤 4～5 kg。

2. 工艺流程及其操作要点

(1)工艺流程

大豆挑选清洗→浸泡→磨浆→浆渣分离→煮浆→点浆→浇制→压榨→脱布→成品

(2)操作要点

①其选料、磨浆、煮浆与豆腐相同。

②点浆:将豆浆入锅猛火蒸煮后,起锅倒入浆桶或缸内进行焖浆。当浆温在 80℃ 时点浆。采用 25° Bé 的盐卤水作凝固剂,每 100 kg大豆用凝固剂 4～5 kg 点浆后成豆腐花。

③浇制:将特制的百叶箱套在底板上,用白布套上,四角摊平,不折、不皱,然后把豆腐花勺舀起缸,搅碎均匀浇在箱套的布上,把布四角折起,盖在豆腐花上,一张百叶即浇成,依次浇制。

④压榨:把浇制好的薄百叶,移到榨位上压榨。先轻轻逐步加压,约 10 min 后,再把百叶箱套全部脱出,将底部 30 张百叶翻上再压,全过程 20 min。

⑤剥叶:将盖皮四角揭开,使薄百叶与布松开,再翻布,一手掀住四角,另一手将百叶布拉起即可。每 100 kg 大豆,可加工成品 200～220 张。

3. 质量指标

(1)感官指标

色泽洁白,质地既有韧性而又软糯,无石膏脚,两面光洁,不破,有韧性,拎角不断。每张重 425～500 g。

(2)理化指标

水分≤50%，蛋白质≥37%，铅≤0.5 mg/kg，食品添加剂含量按食品安全国家标准 GB 2760 执行。

(3)微生物指标

大肠菌群参见表 4－2，致病菌不得检出。

五、家制千张

1. 原料与配方

去杂大豆 9 kg，石膏 250 g。

2. 工艺流程及其操作要点

(1)工艺流程

大豆挑选清洗→浸泡→磨浆→浆渣分离→煮浆→点浆→浇制→压榨→脱布→成品

(2)操作要点

①浸泡：取去杂大豆加清水浸泡，浸泡时间为冬季 16～20 h，夏季 4～6 h，春、秋季 6～8 h，浸泡的时间与浸泡水温有直接关系，关键控制浸泡后大豆的状态。

②磨制：按干豆：豆水比例为 1∶5 磨成豆糊，经过滤去渣留浆。豆浆用蒸汽(或煮)加热至沸，断热 5 min 左右，再通蒸汽至沸。

③滤浆：取石膏 250 g，加入相当于石膏重量 20 倍的水化开搅匀，同时将缸内热豆浆移出一桶。一边把石膏水徐徐加入缸内，一边把移出的豆浆倒入，使缸内浆液混匀。

④浇片：待缸内浆液静置片刻形成豆脑后，用竹垂直刺豆脑，使形成米粒状颗粒的豆脑水。

⑤压制：用漏勺将豆脑水均匀地漏在长条形布上(布长数米、宽 20～30 cm)，每 35 (或 40)cm 与豆脑水叠成一层。待叠起数层后压去水分即成千张。

3. 质量指标

(1)感官指标

色泽淡黄，质地细软，富有豆香气。

(2)理化指标

水分≤68%，蛋白质≥22%，铅≤0.5 mg/kg，食品添加剂含量按食品安全国家标准 GB 2760 执行。

(3)微生物指标

大肠菌群参见表 4-2，致病菌不得检出。

第七节　素鸡和八宝干制品

一、素鸡

素鸡是一种传统豆制食品，广泛分布在中国中部和南部。以素仿荤，口感与味道与原肉难以分辨，风味独特，此品为中国中部、南方的家常素菜。素鸡是以百叶（有些地区也叫千张）作主料，卷成圆棍形，捆紧煮熟，切片过油，加调料炒制而成的佳肴。也可做成鱼形、虾形等其他形状。口感以咸鲜味、菜色暗红、形似鸡肉、软中有韧、味美醇香为主。素鸡应与素肉区别开，素鸡一般用千张的边角料制作而成，素肉用大豆分离蛋白加工而成，二者的工艺和原料都存在较大的差别。

1. 原料与配方

大豆 100 kg，卤水（石膏）3.5 kg，小苏打 2 kg，食盐 1 kg。

2. 生产工艺及其操作要点

(1)工艺流程

大豆挑选清洗→浸泡→磨浆→浆渣分离→煮浆→点浆→破脑→浇注压制→脱布→泡碱→压制成型→包扎→蒸煮→冷却→切块→成品

(2)操作要点

①浸泡：取去杂大豆加清水浸泡，浸泡时间为冬季 16 ~ 20 h，夏季 4 ~ 6 h，春、秋季 6 ~ 8 h，浸泡的时间与浸泡水温有直接关系，关键控制浸泡后大豆的状态。

②磨浆：磨制按干豆∶豆水比为 1∶4 ~ 1∶5 磨成豆糊，经过滤去渣留浆。豆浆用蒸汽（或煮）加热至沸，断热 5 min 左右，再通蒸汽至沸，控制豆浆的浓度(9.0 ± 0.5)°Brix。

③点浆：取石膏 250 g，加入相当于石膏重量 20 倍的水化开搅匀，或卤水配成浓度为 13Bé，点浆温度 85℃以上，蹲脑为 20 min。

④破脑：将脑花破成米粒状颗粒的豆脑水。

⑤浇注压制：将破脑的豆腐花，在千张机的分配器，均匀浇注在千张布上，每 35（或 40）cm 与豆脑水叠成一层，折好的千张进压机压制分为两个阶段，慢压压制要使千张基本定型，不会跑脑，不变形，不偏压，时间一般 3～5 min，快压前一定要理齐，减少成品白边的产生，然后推入压机内，加压时间在 2 min 左右，待水完全沥干起压机即可。

⑥泡碱：先将温水放入泡素鸡的缸，然后加入溶解的碱水，将预先准备好的千张倒入缸内，待千张浸没，紧接着上下左右翻动数次，将温碱水全部均匀泡入千张中，碱水的温度控制在 50～55℃。一般以豆腐重量计，豆腐 6～8 g/kg，如用碱水，浓度多为 0.15%～0.3%，具体视地域有差别。

⑦压制成型：待浸泡的千张稍有一点泡胀，5～7 min，就迅速将缸内浸泡的千张捞出放入预先备好摊布的箱圈中，然后压实包紧，推进液压机一次压制成型。

⑧包扎：将压好的坯子进行切块包布，素鸡的切块标准：素鸡长 40～45 cm，宽 3.0～3.5 cm。包坯是为了固定形态，因此操作时要摊平，包坯时要包实包紧。

⑨蒸煮：先将桶里的水烧开，然后把扎好的素鸡一起倒入桶内，气温高于 25℃，加入 1 kg 食盐，水面超过素鸡 10 cm，待水重新滚起 5～10 s 即关闭蒸汽。保持 30 min 以上。具体维持时间，视产品结构而定，以终产品的质构有弹性、结实为佳。

⑩冷却：煮好后用凉水进行冷却，冷却温度不能太低，一般以高于环境温度 2～3℃为宜，防止产品表面形成冷凝水。

⑪切块：冷却好的素鸡必须拆布、待凉，待凉后挑净次品送回责任班组重新加工，成品按筐放，切时严格控制长度，一般在 10～12 cm。

3. 质量指标

(1)感官指标

切后刀口光亮，无裂缝，无破皮，无碱味，食时柔软有韧性。

(2)理化指标

水分≤65%,蛋白质≥15%,铅≤0.5 mg/kg,食品添加剂含量按食品安全国家标准 GB 2760 执行。

(3)微生物指标

大肠菌群参见表 4-2,致病菌不得检出。

二、八宝干制品

八宝干制品属于豆干的一种,是不规则余料卤制后,经压制蒸煮再次成型的具有独特口感和外观的豆制品。除了具有与其他豆干不一样的独特外观之外,还具有高咸香爽口的风味,随着制作工艺的不断改进和技术进步,该产品将会获得越来越广阔的消费市场。

1. 原料与配方

豆腐干边角料 100 kg,小苏打 0.5 kg,香辛料适量、食盐适量。

2. 工艺流程及其操作要点

(1)工艺流程

边角料→汆碱→卤制→烘干→切块→拌碱→压制→蒸煮→冷却→成品

(2)操作要点

①汆碱:0.1%碱水汆碱 2 min 致产品表面嫩滑。

②卤制:卤制 30 min(视卤水浓度定),卤制时颜色适当加深,卤制时盐分减少到原添加量的 80%。

③烘干:烘干产品表面的水分,烘干的温度控制在 70~80℃,烘干的时间一般在 2~3 h。

④切块:将烘干的产品,切成大小适宜的小块。

⑤拌碱:将碱用温水溶解,配成 0.25%的碱溶液,然后将产品混合拌匀。

⑥压制:将包布放在模具内,然后将拌碱的产品,放置在包布中,均匀填满模具,再包布,并盖上模具盖,最后用液压压制,压力控制在 0.15~0.2 MPa,压制时间控制在 20~30 min。

⑦蒸煮:将压制成型的产品从模具取出,放入水中蒸煮,时间

40 min。

⑧冷却:蒸煮后的产品,可以采用冷水冷却,也可自然冷却。

3. 质量指标

(1)感官指标

色泽正常茶干色,切后刀口光亮,无裂缝,无碱味。

(2)理化指标

水分≤65%,蛋白质≥20%,铅≤0.5 mg/kg,食品添加剂含量按食品安全国家标准 GB 2760 执行。

(3)微生物指标

大肠菌群参见表4-2,致病菌不得检出。

第八节 腐竹

腐竹,又称腐筋,远在唐代就在各种素菜中独占鳌头。腐竹(又名:豆腐皮、豆腐衣),是我国著名的民族特产食品之一,其滋味鲜美、风格独特、营养丰富、价格便宜、可谓是物美价廉,是一种深受广大人民所喜爱的豆制食品。它含有蛋白质 51% 左右,脂肪 21% 左右,与其他豆制品相比,营养价值最高。腐竹适合拌凉菜、炒肉、调汤等美餐佳肴。

(1)腐竹的生产原理

腐竹是豆浆中的蛋白质发生变性,其分子结构发生变化,疏水性基团转移到分子的外部,而亲水性基团则转移到分子的内部,同时豆浆表面的水分子不断被蒸发,蛋白质浓度不断增加,蛋白质分子之间互相碰撞发生聚合反应而聚结,同时因疏水键与脂肪结合从而形成大豆蛋白质—脂类薄膜。

豆浆是一种以大豆蛋白质为主体的溶胶体,大豆蛋白质以蛋白质分子集合体——胶粒的形式分散在豆浆之中。大豆脂肪以脂肪球的形式悬浮在豆浆里。豆浆煮沸后,蛋白质受热变性,蛋白质胶料进一步聚集,并且疏水相对升高,因此熟豆浆中的蛋白质胶料有向浆表面运动的倾向。

当煮熟的胶料保持在较高的温度条件下，一方面浆表面的水分不断蒸发，表面蛋白质浓度相对增高，另一方面蛋白质胶料获得较高的内能，运动加剧，这样使蛋白胶料间的接触、碰撞机会增加，共价键形成容易，聚合度加大，以致形成薄膜，随时间的推移薄膜越结越厚，到一定程度揭起烘干即成腐竹。

腐竹的结构不是连续均一的，它包含高组织层和低组织层两部分。靠近空气的一层质地细腻而致密，为高组织层。靠近浆液的一层，其质地粗糙而杂乱，为低组织层。高组织层和低组织层的厚度随薄膜形成时间延长而增加。但高组织层经 15 ~ 20 min 后达到 20 μm 左右即停止，而低组织层则可继续增加。高质量的腐竹生产应以高组织层最厚、低组织层最薄为原则。

腐竹的制作和豆腐一样，需要泡豆、磨糊、过滤、煮浆，而不用任何凝固剂，其生产制作关键是冷却挑皮。就是将豆浆煮沸至 100℃之后，让其冷却至(82 ± 2)℃，豆浆上面会出现一层光亮的、很薄的半透明“油皮”，将这层油皮挑出来用手一码，凉晒在竹杆上烘干即成腐竹。

(2)工业化制作方法

①选料：腐竹的原料是大豆，它所含的主要成分是蛋白质和脂肪。因此，原料要选择新鲜、含蛋白质和脂肪多而没有杂色豆的大豆。

②泡料：浸泡的目的是使大豆吸收水分起膨胀作用。浸豆的标准是浸到大豆的两瓣劈开后成平板，但不能水面起泡沫。浸豆水量为大豆 4 倍左右，以豆胀后不露水面为要求。一般浸泡时间冬天为 16 ~ 20 h，春、秋季节 8 ~ 12 h，夏天为 6 h 左右。泡好的大豆含水 100%。

③磨浆：磨浆是破坏大豆的细胞组织，使大豆蛋白质随水溶出。磨浆时要注入原料的 7 ~ 8 倍的水，磨成级细的乳白色豆浆。

④过滤：将磨出的浆子利用甩浆机或挤浆机进行豆浆与豆渣分离。500 g 大豆大约出 5000 g 浆子，浆子浓度在 17 ~ 18°Be 为宜。

⑤煮浆：将过滤好的浆子放到煮浆锅里，加热到 100℃，注意浆子一定要烧开烧透。

⑥放浆过滤：浆子烧开后，为进一步清除浆内的细渣和杂物，要

用细包过滤，以保证产品质量。再把过滤后的浆子放入起皮锅。

⑦起皮：起皮锅是用合金铝板制成，一般锅长 700 cm，宽 120 cm，高 6 cm。由锅炉供汽，通过夹层底加热。在放浆前，将锅内的隔板整理好，浆子放满后即行加温，浆子温度要保持在 70℃左右，待浆子结皮后即可起皮。揭皮以勤为宜，可减缓浆子糖化，增加腐竹产量。将皮起出后搭在竹竿上，要注意翻皮，防止粘在竿上。

⑧干燥：待竿上放满皮后，将其送到干燥室进行干燥。干燥室的温度要保持在 40℃以上，干燥时间为 12 h 左右。

⑨成品：品质优良的腐竹呈金黄色，不折、不碎、无湿心，水分不超过 10%。

(3)影响腐竹生产的工艺条件

影响腐竹生产的工艺条件主要包括豆浆浓度、豆浆温度、豆浆 pH 值等。

一、桂林腐竹

1. 原料与配方

大豆 100 kg，水适量，消泡剂适量。

2. 工艺流程及其操作要点

(1)工艺流程

大豆拣选→清洗浸泡→磨糊(浆)→滤浆→煮浆→起皮→晾晒→干燥→成品

(2)操作要点

①精选原料：制作腐竹的主要原料是大豆。为突出腐竹成品的鲜白，所以必须选择皮色淡黄的大豆，而不宜采用绿皮大豆。同时还要注意选择颗粒饱满、色泽黄亮、无霉变、无虫蛀的新鲜大豆，通过过筛清除劣豆、杂质和砂土，使原料纯净，然后置于电动万能磨中，去掉豆衣。

②浸豆磨浆：把去衣的大豆放入缸或桶内，加入清水浸泡，并除去浮在水面的杂质。水量以豆置于容器不露面为度。浸水时间，夏天约 20 min，然后捞起置于箩筐上沥水，并用布覆盖豆面，让豆片膨

胀。气温在35℃左右时，浸后要用水冲洗酸水；冬天，若气温在0℃以下，浸泡时可加些热水，时间30～40 min，排水后置于缸或桶内，同样加布覆盖，让其豆片肥大。通过上述方法，大约8 h，即可磨浆。磨时加水要均匀，使磨出来的豆浆细腻白嫩。炎夏季节，蛋白质极易变质，须在磨后3～4 h内把留存在磨具各部的酸败物质冲洗净，以防下次磨浆受影响。

③滤浆上锅：把豆浆倒入缸或桶内，冲入热水。水的比例，每100 kg大豆原料加500 kg的热水，搅拌均匀，然后备好另一个缸或桶，把豆浆倒入滤浆用的吊袋内。滤布可用稀龙头布，反复搅动，使豆浆通过滤布眼流入缸或桶内。待全部滤出豆浆后，把豆渣平摊于袋壁上，再加热水搅拌均匀，不断摇动吊袋，进行第二次过滤浆液；依此进行第三次过滤，就可把豆浆沥尽。然后把豆浆倒入特制的平底铁锅内。

④煮浆挑膜：煮浆是腐竹制作的一个技术关键。其操作步骤是：先旺火猛烧，当锅内豆浆煮开后，炉灶立即停止鼓风，并用木炭、煤或木屑盖在炉火上抑制火焰，以降低炉温，同时撇去锅面的白色泡沫。过5～6 min，浆面自然结成一层薄膜，即为腐竹膜。此时用剪刀对开剪成两瓣，再用竹竿沿着锅边挑起，使腐膜形成一条竹状。通常每口锅备4条竹秆，每条竹竿长80 cm，可挂腐竹20条，每口锅15 kg豆浆可揭30张，共60条豆腐筋，在煮浆揭膜这一环节中，成败的关键有三：一是降低炉温后，如炭火或煤火接不上，或者太慢，锅内温差过大，就会变成豆腐花，不能结膜。停止鼓风后，必须将先备好的烧红的炭火加入，使其保持恒温。有条件的可采用锅炉蒸汽输入浆锅底层，不要直接用火煮浆。二是锅温未降，继续烧开，会造成锅底烧疤，产量下降。三是锅内的白沫没有除净时，可直接影响薄膜的形成。

⑤烘干成竹：豆腐筋宜烘干不宜晒，日晒易发霉。将起锅上竿的腐竹膜放入烘房，烘房内设烘架，其长5 m、高1 m。并设火炉，把挂秆的腐竹悬于烘房内，保持60℃火温。若火温过高，会造成竹脚烧焦，影响色泽。一般烘6～8 h即干。每100 kg大豆可加工干腐竹60～65 kg。干后头尾理齐，可采用塑料薄膜袋装成小包。腐竹性质较脆，

属易碎食品，在贮存运输过程中，必须注意防止重压、掉摔；同时注意防潮，以免影响产品质量，降低经济价值。近年来，国内腐竹厂为了解决腐竹成品的易碎问题。在豆浆尚未形成薄膜之前，向豆浆中加蛋氨酸 5 g/kg、甘油 40 g/kg，改进氨基酸的配比，从而改善腐竹的物理性能，变得不易破碎，且产量提高，在 30℃ 条件下，可以贮存 6 个月，保持原有风味不变。

3. 质量指标

(1)感官指标

色淡黄，油面光亮，豆香浓郁，入汤不化，味道鲜美。

(2)理化指标

蛋白质≥45%，脂肪≥15%，水分≤11%，砷≤0.5 mg/kg，铅≤0.5 mg/kg；食品添加剂按照 GB 2760 标准执行。

(3)微生物指标

大肠菌群参见表 4－2，致病菌不得检出。

二、长葛腐竹

长葛腐竹色泽黄白，油光透亮，含有丰富的蛋白质及多种营养成分，用清水浸泡(夏凉冬温)3～5 h 即可发开。可荤、素、烧、炒、凉拌、汤食等，食之清香爽口，荤、素食别有风味。长葛腐竹适于久放，但应放在干燥通风之处。过伏天的腐竹，要经阳光晒、凉风吹数次即可。

1. 原料与配方

大豆 100 kg，水适量，消泡剂适量。

2. 工艺流程及其操作要点

(1)工艺流程

选豆→去皮→泡豆→磨浆→浆渣分离→煮浆→滤浆→提取腐竹→烘干→包装

(2)操作要点

①选豆去皮：选择颗粒饱满的大豆为宜，筛去灰尘杂质。将选好的大豆，用脱皮机粉碎去皮，外皮吹净。去皮是为了保证色泽黄白，提高蛋白利用率和出品率。

②泡豆：将去皮的大豆用清水浸泡，根据季节、气温决定泡豆时间：夏季泡6～8 h，春秋泡8～10 h，冬季10～12 h为宜。水和豆的比例为1∶2.5，手捏泡豆鼓涨发硬，不松软为合适。

③磨浆及其分离：用石磨或钢磨进行磨浆，磨浆用水为1∶8（豆水比例），磨成的豆糊采用离心机离心3次，以手捏豆渣松散，无浆水为标准。

④煮浆滤浆：离心后得到豆浆，由管道流入容器内，用蒸汽直接加入豆浆，加热到100～110℃即可，豆浆的浓度8°Brix以上。豆浆煮熟后由管道流入筛床，再进行1次熟浆过滤，过滤网以120～160目为宜，除去煮浆过程再次膨胀的豆渣纤维，提高产品质量。

⑤提取腐竹：熟浆过滤后流入腐竹锅内，加热到80～90℃，10～15 min就可起一层油质薄膜（油皮），利用特制小刀将薄膜从中间轻轻划开，分成两片，分别提取。提取时用手旋转成柱形，挂在竹竿上即成腐竹。

⑥烘干包装：把挂在竹竿上的腐竹送到烘干房，顺序排列起来。烘干温度一般掌握在70～80℃，烘干时间为6～8 h。湿腐竹每条重25～30 g，烘干后每条重12.5～13.5 g，烘干后腐竹含水量为9%～12%。将烘干的成品，装入精制的塑料袋内，每袋250 g，封口出厂。

3. 腐竹生产的注意事项

①为突出腐竹成品的鲜白，必须选择皮色淡黄的大豆，而不要采用绿皮大豆，同时还要注意选取择颗粒饱满、色泽金黄、无霉变、无虫蛀的新鲜大豆，筛除劣豆、杂质和砂土，使原料纯净，然后置于电磨中，去掉豆衣。

②腐竹质地较脆，属易碎食品，在贮藏运输过程中，必须注意防止重压，掉摔，同时注意防潮，以免影响产品质量，降低经济价值。包装轻拿轻放，包装后堆放层数不可太多。

4. 质量指标

(1)感官指标

色淡黄，油面光亮，豆香浓郁，入汤不化，味道鲜美。

(2)理化指标

蛋白质≥45%，脂肪≥15%，水分≤11%，砷≤0.5 mg/kg，铅≤

0.5 mg/kg;食品添加剂按照 GB 2760 标准执行。

(3)微生物指标

大肠菌群参见表 4 -2,致病菌不得检出。

三、黑豆腐竹

黑豆腐竹色泽黑且油光透亮,含有丰富的蛋白质及多种营养成分,用清水浸泡(夏凉冬温)3 ~5 h 即可发开。可荤、素、烧、炒、凉拌、汤食等,食之清香爽口,荤、素食别有风味。

1. 原料与配方

黑豆 100 kg,水适量,碳酸氢钠适量。

2. 工艺流程及其操作要点

(1)工艺流程

大豆→洗豆→泡豆→磨浆→浆渣共熟→浆渣分离→提取腐竹→烘干→包装

(2)操作要点

①大豆挑选及洗豆:选择颗粒饱满的大豆为宜,筛去灰尘杂质,并用自来水清洗 1 ~2 次。

②泡豆:用碳酸氢钠将泡豆水的 pH 值调整为 7.2 ~7.5,然后用调整过 pH 的水浸泡大豆,根据季节,气温决定泡豆时间:夏季泡 6 ~8 h,春秋泡 8 ~10 h,冬季 10 ~12 h 为宜。水和豆的比例为1∶3,手捏泡豆鼓涨发硬,不松软为合适。

③磨浆:用石磨或钢磨进行磨浆,磨浆用豆水比为 1∶8,将泡豆水收集作为磨豆的水一部分,不足的磨豆水可以用调节 pH 的自来水补充,磨成的豆糊采用离心机离心 3 次,以手捏豆渣松散,无浆水为标准。

④浆渣共熟:用蒸汽直接加热豆糊,加热到 100 ~105℃维持 2 ~3 min,然后采用螺旋挤压分离,获得豆浆的浓度 8°Brix 以上。豆浆煮熟后由管道流入筛床,再进行 1 次熟浆过滤,过滤网为 120 ~160 目为宜,除去煮浆过程再次膨胀的豆渣纤维,提高产品质量。

⑤提取腐竹:熟浆过滤后流入腐竹锅内,加热到 80 ~90℃,10 ~

15 min 就可起一层油质薄膜(油皮),利用特制小刀将薄膜从中间轻轻划开,分成 2 片,分别提取。提取时用手旋转成柱形,挂在竹竿上即成腐竹。

⑥烘干包装:把挂在竹竿上的腐竹送到烘干房,顺序排列起来。烘干温度一般掌握在 70 ~ 80℃,烘干时间为 6 ~8 h。湿腐竹每条重 25 ~ 30 g,烘干后每条重 12.5 ~13.5 g,烘干后腐竹含水量为9% ~12%。将烘干的成品,装入精制的塑料袋内,每袋250 g,封口出厂。

3. 腐竹生产的注意事项

①为突出腐竹成品的黑亮,必须选择皮色纯黑的大豆,同时还要注意选取颗粒饱满、无霉变、无虫蛀的新鲜大豆,筛除劣豆、杂质和砂土,使原料纯净。

②腐竹质地较脆,属易碎食品,在贮藏运输过程中,必须注意防止重压,掉摔,同时注意防潮,以免影响产品质量,降低经济价值。包装轻拿轻放,包装后堆放层数不可太多。

4. 质量指标

(1)感官指标

黑亮,油面反光,豆香浓郁,入汤不化,味道鲜美。

(2)理化指标

蛋白质含量≥45%,脂肪含量≥15%,水分≤11%,铅≤0.5 mg/kg;食品添加剂按照 GB 2760 标准执行。

(3)微生物指标

大肠菌群参见表 4 -2,致病菌不得检出。

四、油豆皮

1. 原料与配方

大豆 100 kg,水 1250 kg。

2. 工艺流程及其操作要点

(1)工艺流程

大豆挑选清洗→泡豆→磨浆→浆渣共熟→浆渣分离→制浆(煮浆)→挑皮→烘干包装→成品

(2)操作要点

①大豆挑选、泡豆、磨浆、浆渣共熟、浆渣分离、制浆与熟浆工艺豆腐的制浆工艺一致。

②挑皮:煮沸后的豆浆,放入专用的挑皮浆槽内,静置 8 ~ 9 min 后,表面结一层软皮,将软皮展开挂在竹竿上,在挑皮过程中注意保持豆浆的温度不能低于90℃,同时,挑出的豆皮准备风干或烘干。油皮与腐竹的形状不同,要求湿皮不能折叠,展开得越平越好。

③烘干:油皮干燥有两种方法,一是自然风干,二是烘房烘干。油皮干燥后,用水适当喷雾回软,停 10 ~ 15 min 后摊平,装入包装箱内。包装箱内要放防潮纸,防止油皮吸水变质。

3. 质量指标

(1)感官指标

黄色透明,色泽油润。

(2)理化指标

蛋白质含量≥40%,脂肪含量≥18%,水分≤20%,铅≤0.5 mg/kg;食品添加剂按照 GB 2760 标准执行。

(3)微生物指标

大肠菌群参见表 4 -2,致病菌不得检出。

第九节　包浆豆腐

一、云南包浆豆腐

包浆豆腐,云南省红河州建水县的特色小吃,主要材料有大豆制成的豆腐、水等。口感咸香,入口汁滑,吃起来汁液四溅,味道极佳。

1. 原料与配方

大豆 100 kg,20% ~30% 豆清发酵液(以豆浆量计),微生物菌种适量,食盐、大豆油、碳酸氢钠适量。

2. 工艺流程及其操作要点

(1)工艺流程

大豆→浸泡→磨浆→煮浆→点浆→蹲脑→压榨→切块冷却→汆碱→清洗→沥水→油炸→成品

(2)操作要点

①泡豆:按干豆质量∶水=1∶2.5的比例,根据季节、气温决定泡豆时间:夏季泡6~8 h,春秋泡8~10 h,冬季10~12 h为宜。

②磨浆、煮浆:以干豆质量∶水=1∶7的比例加去离子水进行磨浆,再将磨好的豆糊加热至105℃维持3~5 min,进行浆渣分离,得到豆浆,豆浆的浓度为(7.5±0.5)°Brix。

③点浆:豆浆加热至85℃以上,添加20%~25%豆清发酵液进行点浆(类似酸浆豆腐制备豆清发酵液),期间可观察到豆浆中出现少量不断上浮的小米粒状脑花,接着大量米粒状脑花上浮,逐渐形成大颗粒脑花,最后形成大面积脑花且逐渐析出淡黄色豆清液直至澄清。

④蹲脑、压榨:点脑完成后,保温蹲脑20~25 min,0.45 MPa压榨30~40 min,控制水分在75%以下,可适当延长压榨时间或逐渐增加压力。

⑤切块冷却:将豆干切成5 cm×5 cm的豆腐坯,厚度0.8~1.0 cm,然后放在0~4℃冷藏库8~12 h,这个过程又称排酸,目的为汆碱创造条件。

⑥汆碱:汆碱是云南包浆豆腐的特征之一。把冷藏后的豆腐坯放入配制好的碱液(0.3%的碳酸氢钠)中浸泡8~12 h。

⑦清洗和沥水:将汆碱后的豆腐坯用清水清洗2~3次,然后沥干豆腐坯表面的水。产品切成大小相同的规格,并装盒包装,在冷链条件下保存或运输。

⑧油炸:将油加热至200~210℃,再将包浆豆腐坯子放入油中,控制油炸温度为130~140℃,保温5~10 min,即可得到含浆的包浆豆腐;若想包浆豆腐中含有豆腐,可将油炸温度控制在150~160℃,保持3~8 min即可。

3. 质量指标

(1)感官指标

外表色泽金黄,内浆汁爽滑细嫩且呈流动状态、弹性较好、无颗粒感。

(2)理化指标

① 豆腐坯:蛋白质含量≥5%,水分≤75%。

② 成品:蛋白质含量≥20%,水分≤40%,铅≤0.5 mg/kg;食品添加剂按照 GB 2760 标准执行。

(3)微生物指标

大肠菌群参见表 4-2,致病菌不得检出。

二、贵州包浆豆腐

1. 原料与配方

大豆 100 kg,20%~30% 豆清发酵液(以豆浆量计),微生物菌种适量,食盐、大豆油、碳酸氢钠适量。

2. 工艺流程及其操作要点

(1)工艺流程

大豆→浸泡→磨浆→煮浆→点浆→蹲脑→压榨→切块冷却→摸碱→油炸→成品

(2)操作要点

①泡豆:按干豆质量∶水=1∶2.5 的比例,根据季节,气温决定泡豆时间:夏季泡 6~8 h,春秋泡 8~10 h,冬季 10~12 h 为宜。

②磨浆、煮浆:以干豆质量∶水=1∶6 的比例加去离子水进行磨浆,再将磨好的豆糊加热至 105℃维持 3~5 min,进行浆渣分离,得到豆浆,豆浆的浓度为(7.5±0.5)°Brix。

③点浆:豆浆的温度加热至 90℃以上,然后添加 10% 的冷水(以豆浆质量计),搅拌均匀,使豆浆温度降至 80~85℃,并略等待 2~3 min,再添加 20%~25% 豆清发酵液进行点浆(类似酸浆豆腐制备豆清发酵液),期间可观察到豆浆中出现少量不断上浮的小米粒状脑花,接着大量米粒状脑花上浮,逐渐形成大颗粒脑花,最后形成大面积脑花且逐渐析出淡黄色豆清液直至澄清。

④蹲脑、压榨:点脑完成后,保温蹲脑 15~20 min,0.5 MPa 压榨 15~30 min,控制水分在 75% 以下,可适当延长压榨时间或逐渐增加压力。

⑤冷却:冷却又称排酸。将豆干切成5 cm×5 cm的豆腐坯,然后放在0~4℃,冷藏库24~48 h。

⑥摸碱:摸碱是贵州包浆豆腐典型特征之一。把冷藏后的豆腐坯摆放好,然后在0~4℃条件下,按照配方在豆腐坯表面摸碱,待碱溶入产品后即可。

⑦油炸:将油加热至200~210℃,再将包浆豆腐坯子放入油中,控制油炸温度为130~140℃,保温5~10 min,即可得到含浆的包浆豆腐;若想包浆豆腐中含有豆腐,可将油炸温度控制在150~160℃,保持3~8 min即可。

3. 质量指标

(1)感官指标

外表色泽金黄,内浆汁爽滑细嫩且呈流动状态、弹性较好、无颗粒感。

(2)理化指标

① 豆腐坯:蛋白质含量≥5%,水分≤75%。

② 成品:蛋白质含量≥20%,水分≤40%,铅≤0.5 mg/kg;食品添加剂按照GB 2760标准执行。

(3)微生物指标

大肠菌群参见表4-2,致病菌不得检出。

第十节　其他豆腐

一、烤豆腐

1. 原料与配方

大豆100 kg,蒜末500 g,熟猪油、开洋末各5 kg,花椒粉、味精各100 g,精盐200 g,酱油1 kg,凝固剂适量。

2. 工艺流程及其操作要点

(1)工艺流程

大豆拣选→清洗浸泡→磨糊(浆)→滤浆→煮浆→点浆→破脑→

上板→压榨成型→豆腐坯→切块→涂抹→烤豆腐→成品

(2)操作要点

①大豆拣选到豆腐坯与其他豆腐制作过程一致。

②切块:将大块豆腐从中间横切成20 cm见方的厚片2块。

③涂抹:将每片上下两面用酱油、精盐、味精均匀涂抹。

④烤豆腐:取烤盘1只,倒入熟猪油1000 g,放豆腐块20 kg置盘中,在豆腐块上撒上开洋末、蒜末;再将另一块豆腐小心盖在上面;余下的熟猪油一起浇在豆腐上。将烤盘入烤箱内,先用旺火,后转中火烤15~20 min,取出,撒上花椒粉即可。

3. 产品特点

软糯润滑,香味四溢,鲜嫩味醇。

二、兰州烤豆腐

1. 原料与配方

大豆100 kg,鸡蛋1800个,干贝、虾米各7.5 kg,火腿丁15 kg,香菇丁3 kg,猪油45 kg,盐1.5 kg,酱油4.5 kg,味精300 g,姜末150 g,鸡汤适量,凝固剂适量。

2. 工艺流程及其操作要点

(1)工艺流程

大豆拣选→清洗浸泡→磨糊(浆)→滤浆→煮浆→点浆→破脑→上板→压榨成型→豆腐蓉→蒸干贝→混合→烤豆腐→成品

(2)操作要点

①大豆拣选到豆腐坯与其他豆腐制作过程一致。

②豆腐蓉:豆腐压碎,搅成蓉。鸡蛋取清打散。

③蒸干贝:干贝洗干净,泡散,上屉蒸透。

④混合:将打散的蛋清放入豆腐蓉中,加鸡汤、盐、酱油、味精、姜搅拌,再加虾米、火腿丁、香菇丁、干贝搅拌均匀。

⑤烤豆腐料:铁锅放入猪油,加进拌好的豆腐料,摊平,在火上烧2 min。将事先烧红的铁盖盖上,火力不宜太大。待烤至色黄而胀起时即成。

3. 产品特点

色泽淡黄，质地嫩软，风味独特，冬季佳肴。

三、炒烤虾仁豆腐（日本）

1. 原料与配方

大豆500 kg，虾仁、鸡蛋各125 kg，香菇15 kg，冬笋、黑根、胡萝卜、植物油各75 kg，麻油、酱油各25 kg，砂糖50 kg，精盐适量，凝固剂适量。

2. 工艺流程及其操作要点

（1）工艺流程

大豆拣选→清洗浸泡→磨糊（浆）→滤浆→煮浆→点浆→破脑→上板→压榨成型→豆腐→豆腐再加工→炒制→调味→成品

（2）操作要点

①大豆拣选到豆腐坯与其他豆腐制作过程一致。

②原料处理：将虾仁洗净切丁，用热油炒熟；冬笋、香菇、黑根、胡萝卜洗净切丝；豆腐压碎控干；鸡蛋打散调匀；备用。

③炒制：把锅烧热后倒入植物油，待油温六成热时，放入冬笋丝、香菇丝、黑根丝、胡萝卜丝炒透。

④调味：加盐、糖、酱油、麻油调好口味。放入虾仁丁、豆腐、鸡蛋炒匀，盛入烤盘内铺平，放进烤箱烤约10 min，取出装盘，趁热食用。

3. 产品特点

鲜美可口。

四、烤起司豆腐（西式）

1. 原料与配方

大豆100 kg，牛肉末24 kg，番茄32 kg，水发蘑菇5 kg，葱头16 kg，面包渣适量，黄油、牛奶各20 kg，蒜、盐各1.2 kg，起司4 kg，番茄酱6 kg，白葡萄酒3 kg，胡椒粉800 g，凝固剂适量。

2. 工艺流程及其操作要点

（1）工艺流程

大豆拣选→清洗浸泡→磨糊(浆)→滤浆→煮浆→点浆→破脑→上板→压榨成型→豆腐→切片→配料处理→煮酱→烤制→成品

(2)操作要点

①切片:将豆腐焯烫一下,用洁布包上再用重物稍压,沥去水,然后放开,切成厚 1 cm 的片。

②配料处理:葱头洗净切碎;蒜剁成蓉;番茄去皮,切细小丁;蘑菇切成薄片;起司切成片。

③煮酱:锅架火上,放入黄油 16 kg,旺火烧至六七成热,下入葱头、蒜,爆出香味后,加入牛肉末煸炒变色。加入番茄丁、蘑菇片炒匀。然后加入番茄酱、盐、胡椒粉、白葡萄酒调味。煮至将干时停火。

④烤制:在烤盘内涂上一薄层黄油,放入豆腐片,注入牛奶,倒入炒过的牛肉末,上撒起司片、面包渣,加入剩下的黄油,放入已经预热的烤炉中,烤至呈焦褐色即可取出食用。

3. 产品特点

焦香、软嫩、鲜美,风味独特。

第十一节　大豆蛋白饮品

豆类饮品是大豆制品中的一大类,它是现代饮料工业发展的结果,世界食品工业中迅猛发展起来的植物蛋白饮料之一。它主要包括豆浆、豆奶和冲调型豆粉。现代的豆类饮品主要源于我国传统的豆浆,但又与其有着明显的区别。豆奶类制品是采用现代科学技术和设备,实现了工业化生产的终端产品;而传统的豆浆实质上是我国传统豆制品生产中的中间产品。豆奶类制品具有特殊的色、香、味,同时豆奶含有 18 种氨基酸和人体需要的 8 种必需氨基酸,有“人造奶”之称,且它是牛奶过敏或乳糖不耐症者的最佳牛奶替代品。

一、传统原味豆奶

1. 原料与配方(1000 L)

大豆 100 kg,白砂糖 80 kg,水 1000 kg,大豆卵磷脂 0.3%,果胶

0.2%，食盐0.15%，六偏磷酸钠0.02%，食用香精适量，水适量。

2. **工艺流程及其操作要点**

(1)工艺流程

大豆原料→精选→脱皮蒸煮酵素失活→磨浆→浆渣分离→调合豆乳液(添加糖类、食盐、植物性油脂等)→真空脱臭脱气→均质→高温瞬时杀菌→充填密封→成品

(2)操作要点

①除杂和清洗：目的在于除去大豆原料中的杂质及霉烂豆、虫蛀豆，提高产品质量。但豆奶特别注意要除去破损豆，否则将直接影响豆奶的口感。清洗的目的在于除去大豆表面的灰尘、泥沙和豆枝等，主要是利用水的浮力，将其浮在水面而除去。

②浸泡：浸泡的目的是大豆充分吸水，使其子叶吸水软化，硬度下降，组织、细胞和蛋白质膜破碎，从而使蛋白质、脂质等营养成分更易从细胞中抽提出来。

A. 浸泡的条件：一般情况下，大豆的吸水量为大豆重量的1.2～1.3倍，为了保证大豆的吸水效果，泡豆水是干大豆重量的2倍。

B. 浸泡水的温度：一般采用85℃浸泡30 min高温快速浸泡法。有时，还要添加一定量的碱($NaHCO_3$)使浸泡液的pH调至碱性(7.5～8.0)，这样更加有利于钝化脂肪氧化酶。

C. 浸泡的时间：大豆的品种、浸泡的水质和水温都影响浸泡时间。

③磨浆：将大豆磨碎，最大限度地提取大豆中的有效成分，除去不溶性的多糖及纤维。在豆奶生产中，制浆工序总的要求是磨得要细，滤得要精，浓度固定。豆糊的细度一般要求在120目以上，豆渣含水量要求在85%以下，豆浆的浓度一般要求在8%～10%。在磨浆的过程中，需要注意如下要点：

A. 磨浆时的用水量：一般情况，磨浆的用水量为干豆重量的2～2.5倍，豆糊的重量为原大豆的4～4.7倍为宜。磨浆时加水均匀，有利于蛋白质的溶出和豆糊的流出，还能防止磨豆温度过高而使蛋白质变性。

B. 磨糊的标准：豆糊外观呈洁白色，手感细腻，柔软有劲。豆糊

用手指摸是小片状，无粒感。理论上，豆糊末的粒径为接近蛋白质颗粒大小（约 3 μm 以下）为宜，过细则影响浆渣分离，进而影响豆浆的品质。大豆粉碎粒径检测是通过 100 目的筛，筛上物约占 20% 为宜。

④调配：豆奶的调配即是依照产品配方和标准的要求，在调配罐中将豆浆、甜味剂、营养强化剂、乳化剂、稳定剂和食用香精等按照一定的比例，添加至调配罐，充分搅拌均匀，并用水调整至规定浓度的过程。

A. 豆奶中的营养成分主要是豆浆中含有足量的蛋白质和脂肪酸等天然重要营养成分，也根据市场需要和顾客的特点，对特定的营养素进行补充和强化。生产豆奶时极有必要进行维生素的强化，但营养剂的补充应符合国家相关法规及标准要求，满足食品安全国家标准 GB 14880《食品安全国家标准 食品营养强化剂使用标准》要求。可以根据法规或标准要求，适量添加维生素 B_1、维生素 B_{12}、维生素 B_2、维生素 A 等。

B. 甜味剂和食用香精可以改善豆奶口感及其风味。豆奶中蔗糖的添加量一般在 6% ~8%，但糖的添加量根据产品类别和消费对象不同而调整。

C. 油脂豆奶中加入油脂可提高口感和改善色泽。油脂的添加量在 1.5% 左右（将豆奶中的油脂含量调整到 3% 左右）。添加的油脂宜选用亚油酸含量高的植物油，如豆油、花生油、菜籽油、棉籽油、玉米油等，一般以优质色拉油为佳。

D. 豆奶蛋白质和油脂含量导致产品表面出现“油线”，需要添加乳化剂提高豆奶稳定性。豆奶中使用的乳化剂以蔗糖酯和卵磷脂为主。此外还可以使用山梨糖酯、聚乙二醇山梨糖酯。卵磷脂的添加量一般为大豆重量的 0.3% ~2.5%。

⑤真空脱臭：首先是利用高压蒸汽（600 kPa）将豆浆迅速加热到 140 ~150℃；然后将热浆体导入真空冷凝室，对过热的豆浆突然抽真空，豆浆温度骤降，体积膨胀，部分水分急剧蒸发，发生所谓的爆破现象，豆浆中的异味物质随着水蒸气迅速排出。从脱臭系统中出来的豆浆温度一般可降至 75 ~80℃。

⑥均质:品质优良的豆奶应是组织细腻、口感柔和,在保质期内,存放无分层、无沉淀的均匀奶状液态食品。均质处理是提高豆奶口感与稳定性的关键工序。均质机是生产优质豆奶不可缺少的设备。豆奶的均质效果主要受三个因素的影响,即均质温度、均质压力及均质次数。

A. 豆奶的均质压力越高效果越好,一般豆奶生产中通常采用13~23 MPa的压力进行均质,不同产品品种,均质压力有所不同。

B. 均质温度是指豆奶进入均质机时的温度。均质温度越高、均质效果越好。豆奶的均质温度控制在70~80℃比较适宜。

C. 均质次数增加也可以提高均质效果。但当均质次数超过两次以后,随着均质次数的增加,均质效果的提高并不明显。因此,生产上普遍采用的是两次均质技术。

⑦高温瞬时灭菌:超高温短时间连续杀菌(UHT)是在豆奶生产中常采用的方法。它是将未包装的豆奶在130℃以上的高温下杀菌10~15 s,然后迅速冷却、灌装。采用超高温短时间连续杀菌(UHT)技术与无菌灌装技术相配合,可使豆奶的保存期在常温下达到6个月以上。

⑧包装:豆奶从生产厂进入流通领域的形式有两种,一种是以散装的形式及时供给消费者,另一种是以一定的包装形式与消费者见面。

3. 质量指标

(1)感官指标

乳白色、微黄色,或具有与原料或添加成分相符的色泽,具有豆奶应有的滋味和气味。

(2)理化指标

总可溶性固形物含量≥4%,蛋白质含量≥2%,脂肪含量≥0.8%;食品添加剂符合GB 2760的相关规定,其他食品安全指标符合相应的食品安全标准。

(3)微生物指标

符合GB 7101的相关规定。

二、蜂蜜豆乳

1. 原料与配方

大豆84.65%(以豆浆计),砂糖6%,蜂蜜4%,葡萄糖2%,果汁2%,酸味剂0.25%,复合稳定剂1%,混合香料(适量)。

2. 工艺流程及其操作要点

(1)工艺流程

大豆→筛选→脱皮→浸泡软化→灭酶钝化→粗磨、过滤→精磨、过滤→真空脱臭→调制→均质→调配(白砂糖、蜂蜜、葡萄糖、复合稳定剂、酸度调节剂、果汁、混合香料)→杀菌→二次均质→灌装→(二次杀菌)→冷却→贴标→检验→成品

(2)操作要点

①筛选:用大豆清选机清除大豆中的混杂物(石块、土块、杂草、灰尘等)。

②脱皮:大豆先在干燥机中通入105～110℃的热空气,进行干燥,处理20～30 s,冷却后用脱皮机脱皮,可防豆腥味产生。

③浸泡:用大豆质量2～3倍的40℃水浸泡脱皮大豆2～3 h,浸泡水中加入0.1%～0.2%碳酸氢钠,以改善豆奶风味。

④灭酶、粗磨:浸泡好的大豆经二次清水冲洗后,使其在90～100℃温度下停留10～20 s,以钝化脂肪氧化酶。然后立即进行第一次粗磨,加水量为大豆质量的10倍,滤网为60～80目。再行二次粗磨,加水量为大豆质量的5倍,滤网为80～100目。两次分离的浆液充分混合,进入下道工序。

⑤精磨:混合浆液通过胶体磨精磨后,即得较细豆乳。最近研究表明:精磨可以通过煮浆后,再过滤,效果更好。

⑥真空脱臭:精磨分离所得豆乳入真空罐脱臭,真空度控制在20～40kPa(200～300 mmHg)。

⑦调制:脱臭后的豆乳添加一定量乳化剂,2%植物油,0.1%的食盐等进行调配。

⑧均质:调配好的原料经高压均质机处理,均质压力控制在15～

20 MPa,即得状态稳定、色泽洁白、豆香浓郁的半成品豆乳。

⑨调配:将白砂糖、蜂蜜、葡萄糖、复合稳定剂混合均匀,然后用适量的冷水化开,再用乳化机将其乳化成均匀的溶液,加入豆乳中,并搅拌使其混合均匀。酸度调节剂、果汁、混合香料等物料按照配方比例,酸溶液配制将酸味剂、果汁、混合香料用适量水化开,配制成酸溶液,再次调配将酸溶液在快速搅拌下缓慢加入豆乳中,混合均匀。

⑩瞬时杀菌:在135℃下杀菌4~6 s。

⑪二次高压均质:瞬时灭菌后的料液再一次进行高压均质,条件为70℃,压力20 MPa以上。

⑫灌装:杀菌完成的产品,可在洁净度为10000级、灌装机局部维持100级的无菌灌装室灌装,也可采用无菌利乐等无菌灌装一体设备,产品则直接包装为成品。

⑬二次均质后的产品,在洁净度不能满足无菌要求的灌装条件下,产品则需要第二次杀菌,可采用95℃/20 min常压杀菌,也可采用115℃/10 min高压杀菌,反压冷却法。

3. 质量指标

(1)感官指标

乳白色、微黄色,或具有与原料或添加成分相符的色泽,具有豆奶应有的滋味和气味。

(2)理化指标

总可溶性固形物含量≥4%,蛋白质含量≥2%,脂肪含量≥0.8%;食品添加剂符合GB 2760的相关规定,其他食品安全指标符合相应的食品安全标准。

(3)微生物指标

符合GB 7101的相关规定。

三、橘汁豆奶

1. 原料与配方

豆浆(含固形物4%)50%,白糖6%,果胶或羧甲基纤维素钠(CMC)0.2%~0.5%,橘汁(pH=4.0~4.5,含固形物8%)10%,柠檬酸 0.2% ~0.5%，水 33.2%，香精适量。

2. 工艺流程及其操作要点

(1)工艺流程

大豆→挑选除杂→浸泡→钝化→粗磨→浆渣分离→高温处理→加热辅料→包装→成品

(2)操作要点

①豆浆：称取 1 kg 已经挑选和除杂的大豆，加入 0.5% 碳酸氢钠溶液 1.5 ~2 L，于室温下浸泡若干小时(夏天 6 ~8 h，冬天 12 ~14 h)，然后倒去浸泡液，并用自来水洗净沥干。用 80 ~90℃的热水进行烫漂 1 ~1.5 min 再加入 2 ~3 L、80 ~ 90℃的热水，放入砂轮磨进行第一次粗磨。分离出的豆渣可加入 2 L 热水再磨一次，最后用热水补足到 6.5 ~7 L，再浆渣分离，最好再用胶体磨进行第二次细磨，便可得无豆腥味的鲜豆乳。再经蒸煮杀菌(100℃/ 30 min)，冷却至 5 ~10℃备用。

②稳定剂的配制：0.2% ~0.5% (以成品质量计)的低甲氧基果胶(CM)或羧甲基纤维素钠(CMC)，加入少许白糖混合均匀，再加入少量的温水，注意边搅拌边加入，使之慢慢溶化，最后加足水量，加热使全部低甲氧基果胶(CM)或羧甲基纤维素钠溶化，煮开数分钟，冷却至 5 ~10℃备用。

③橘汁的配制：1 份橘酱与 8 份水混合均匀，用柠檬酸钠溶液调节橘汁 pH 值至 4.0 ~4.5 煮开数分钟，冷却至 5 ~10℃备用。

④橘汁豆乳的调制：将 5 ~10℃的稳定剂倒入 5 ~10℃的豆乳中，在剧烈搅拌条件下，慢慢加入 5 ~10℃的橘汁，待搅拌均匀后即可无菌灌装封盖。

3. 质量指标

(1)感官指标

乳白色、微黄色，或具有与原料或添加成分相符的色泽，具有豆奶应有的滋味和气味。

(2)理化指标

总可溶性固形物含量≥4%，蛋白质含量≥2%，脂肪含量≥0.8%；食品添加剂符合 GB 2760 的相关规定，其他食品安全指标符合相应的食品安全标准。

（3）微生物指标

符合 GB 7101 的相关规定。

四、冲调型豆奶粉

速溶豆粉是将大豆磨浆制成豆浆进行杀菌、浓缩、喷雾、干燥制成的，它是一种营养价值很高的植物蛋白食品。这种食品用热水冲调即可饮用。它具有大豆的天然色、香、味，特别是它不含有胆固醇，不会造成胆固醇的沉积，它含有的不饱和脂肪酸又有防止胆固醇沉积的作用，因此深受广大群众的欢迎。

1. 原料与配方

大豆、10%氢氧化钠、维生素 C 钠盐、大豆磷脂油、白糖。

2. 工艺流程及其操作要点

（1）工艺流程

大豆→精选→浸泡→磨浆→分离→豆乳→煮浆→浓缩→喷雾→筛粉→包装

（2）操作要点

①大豆经过精选，除去杂质，在 8 ~ 10℃水中浸泡 16 h 左右，大豆泡涨即可。浸泡后的大豆用石磨粉碎，细度达 80 目，加水量为 10 倍左右。然后进行分离除渣制成豆乳。浸泡和粉碎的好坏关系到蛋白质的抽取和得浆率。

②调 pH 值：以 1∶10 豆水比磨浆制成的豆乳，其 pH 值为 6.4。当豆乳 pH 值 6.5 时，主要蛋白质溶出量最高，可达 85%。因此，在煮浆前用 10% 的氢氧化钠（一般豆乳加 0.08 ~ 0.1 mL/kg），将豆乳 pH 值调至 6.5。

③煮浆：煮浆温度和时间直接影响产品质量，温度以 95 ~ 98℃、时间 2 ~ 3 min，蒸汽压力 4 kg/cm^2 为宜。当豆乳加热到 50℃左右时，开始出现大豆臭味，此时加入 5 ppm 维生素 C 钠盐，以加速豆乳臭味的分解。在煮浆时易产生大量气泡，容易溢锅，同时也给浓缩喷雾带来困难，需要加入消泡剂。按成品量 0.3% 加大豆磷脂油，不但起到

消泡作用,而且能提高产品速溶性。

④浓缩:由于豆乳本身黏度大,在一般情况下,豆乳浓缩过程其固形物质含量很难超过15%。在豆粉生产中浓缩物干物质含量是造粒的基础。在浓缩过程中降低豆乳黏度,提高豆乳干物质含量是关键问题。因此,确定浓缩罐最佳工艺条件、工作蒸汽压和真空度,使物料尽快达到适宜浓缩终点。使用 L-100 型连续浓缩罐,工作蒸汽压力达到0.44 kg/cm^2,真空度660 mmHg,温度48~50℃较好。制淡粉时加钠盐,浓豆乳固形物含量达17%,制甜粉时,按成品粉加糖30%~40%,固形物达21%~22%。应在前期加糖,如后期加糖易增加豆乳黏度。加维生素C钠盐后固形物可提高至23%。保温也可以稳定浓豆乳的黏度,有利于喷雾,温度保持在55~60℃为宜。

⑤喷雾:浓豆乳中80%左右的水分将在喷雾干燥中除去。用离心式喷雾器喷雾,要掌握好喷雾温度,进风温度为145℃左右时,排风温度以72~73℃为宜。一般以改变浓豆乳的流量来控制排风温度,排风温度既不能过高也不能过低,可以认为产品水分是排风温度高低的反映。温度过低产品水分大,过高会使雾滴粒子外层迅速干燥,使颗粒表面硬化。

⑥喷大豆磷脂油:由全脂大豆制成的豆粉含有脂肪,同时豆粉颗粒表面也含有少量脂肪,由于脂肪的疏水性影响了豆粉在水中的溶解速度,如果在豆粉表面喷涂一层既亲水又亲油的磷脂,就能提高产品速溶性。当粉在塔底部温度达70℃左右时,按成品0.2%~0.3%进行喷涂,效果良好。

3. 质量指标

(1)感官指标

淡黄色或乳白色,其他型产品应符合添加辅料后该产品应有的色泽,粉状或微粒状,无结块,具有大豆特有的香味及该品种应有的风味,口味纯正,无异味,润湿下沉快,冲调后易落解,允许有极少盘团块,无正常视力可见外来杂质。

(2)理化指标

蛋白质含量≥18%,水分≤4%,脂肪含量≥8%,脲酶活性为阴性，总糖≤60%，溶解度≥97%，总砷（以 As 计）≤0.5 mg/kg，铅≤1.0mg/kg，食品添加剂符合食品安全国家标准 GB 2760 相关要求，营养强化剂符合食品安全国家标准 GB 14880 相关要求。

（3）微生物指标

符合 GB 7101 的相关规定。

第五章 发酵豆制品

第一节 腐乳的概述及其分类

一、概述

腐乳古称乳腐，又称乳豆腐、霉豆腐、酱豆腐、臭豆腐或长毛豆腐。在《本草纲目拾遗》中记述："豆腐又名菽乳，以豆腐腌过酒糟或酱制者，味咸甘心。"清代李化楠的《醒园录》中已经详细地记述了豆腐乳的制法。著名的绍兴腐乳在四百多年前的明朝嘉靖年间就已经远销东南亚各国，声誉仅次于绍兴酒。

腐乳的酿造虽然主要是靠毛霉（或根霉）的蛋白酶作用，但由于生产各个环行都是在开放式的环境中进行的，因此腐乳的特殊风味除了辅料赋予外主要是各种微生物的协同作用形成。研究表明，腐乳的香气成分主要有醇类、脂肪酸乙酯类、有机酸乙酯类，其中多种乙酯构成了豆腐乳的香气成分，腐乳的鲜味主要来源于氨基酸和核酸类物质的盐类，氨基酸则主要由豆腐坯的蛋白质经毛霉等菌体中的蛋白酶水解而成，其中谷氨酸钠盐是鲜味的主要成分，另外霉菌、细菌、酵母菌菌体中的核酸经有关核酸酶水解后，生成的5′-鸟苷酸及5′-肌苷酸也增加了腐乳的鲜味。由淀粉酶水解成的葡萄糖、麦芽糖形成腐乳的甜味。发酵过程中生成的乳酸和琥珀酸会增加一些酸味。

腐乳的分类方式因区域不同，有多种方法，目前比较通用的方法是按产品颜色和风味进行分类。

二、分类

1.根据颜色分类

(1)红方

红方是红腐乳的简称,北方称为酱豆腐,南方称为酱腐乳、红酱腐豆腐,红豆腐、太方、行方等。装坛前,以红曲涂抹于豆腐坯六面,腌制后呈酱红色,或用红酒腌制,或加入红辣椒色素,红方味鲜甜,具有酒香,一般由酵母作用后发酵。红腐乳从选料到成品要经过近30道工艺,十分考究。腐乳装坛后还要加入优质白酒继续沁润,数月后才能开坛享用,是最为传统的一种腐乳。红腐乳的表面呈自然红色,切面为黄白色,口感醇厚,风味独特,除佐餐外常用于烹饪调味品。制造红腐乳的原料除大豆外还有芋类。其成分也含有较多的蛋白质,以色正、形状整齐、质地细腻、无异味者为佳品。

(2)青方

青方是青腐乳的简称,产品表面为青色,俗名臭豆腐或臭酱豆腐。青方腐乳不加酒,所以常用以“闻着臭,吃起来香”形容。以北京百年老店王致和所产的为代表,发明人是安徽人王致和,这里还有个故事:王父在家乡开设豆腐坊,王致和幼年曾随父学过做豆腐,名落孙山的他在京租了几间房子,每天磨上几升豆子的豆腐,沿街叫卖。时值夏季,有时卖剩下的豆腐很快发霉,无法食用。他就将这些豆腐切成小块,稍加晾晒,寻得一口小缸,用盐腌了起来。之后歇伏停业,一心攻读准备再考,渐渐地便把此事忘了。秋天,王致和打开缸盖,一股臭气扑鼻而来,取出一看,豆腐已呈青灰色,用口尝试,觉得臭味之余却蕴藏着一股浓郁的香气,虽非美味佳肴,却也耐人寻味,送给邻里品尝,都称赞不已。流传至今已有300多年。臭豆腐曾作为御膳小菜送往宫廷,受到慈禧太后的喜爱,亲赐名“御青方”。

(3)白腐乳

腐乳表面为纯白色或乳白色,为豆腐本色。产品不添加红曲,其他辅料辣椒、酒、香油等。以桂林白腐乳和广州白腐乳为代表。桂林豆腐乳历史悠久,颇负盛名,远在宋代就很出名,是传统特产“桂林三宝”之一。桂林腐乳从磨浆、过滤到定型、压干、霉化都有一套流程，选材也很讲究。制出豆腐乳块小，质地细滑松软，表面橙黄透明，味道鲜美奇香，营养丰富，增进食欲，帮助消化，是人们常用的食品，同时又是烹饪的佐料。1937 年 5 月，在上海举行的全国手工艺产品展览会上，桂林腐乳因其形、色、香、味超群出众而受到特别推崇，并从而畅销国内外。1983 年，被评为全国优质食品。白腐乳蜚声海外，受到东南亚及日本人的欢迎。

2. 根据腐乳的风味分类

(1)糟方

糟方又称糟豆腐、糟腐乳、香糟豆腐、香糖腐乳。装坛时添加的辅料以糟米为主。产品不加红曲，带有酒糟味。

(2)醉方

醉方以黄酒为主要添加料，不加红曲，淡黄色，有酒香。

(3)其他味腐乳

其他味腐乳属于红腐乳类的若干品种。依据添加的主要调味料而命名，如玫瑰红腐乳、火腿腐乳、虾子腐乳、香菇腐乳、芝麻腐乳、辣子腐乳、五香腐乳、桂花腐乳等。

除上述分类方法外，腐乳还有根据外形命名的棋方腐乳。把切成豆腐方块后 多余的边块制成小块豆腐乳，块头小，不整齐，类似棋子大小，售时称量。

第二节　腐乳的原料及其基本工艺

酿造腐乳所需的原料种类甚多，有大豆、发酵用微生物菌种、糯米、红曲米、食盐、酒类、甜味剂、胶凝剂和香辛料等，原料的优劣，直接关系到产品的品质。因此，选择优质原料是生产腐乳的基础。

一、腐乳生产用的主要原料和辅料

1. 主要原料

大豆、豆饼或豆粕，以大豆生产腐乳最佳。

2. **辅料**

(1)糯米

糯米是制造腐乳的主要辅料之一,糯米颗粒均匀,质地柔软,粳性少,产酒率高,残渣少,一般 100 kg 米可出酒酿 130 kg 以上,酒酿糟 28 kg 左右。

(2)食盐

食盐是腐乳生产不可缺少的辅料,食盐既能调味,又能在发酵过程及成品储存中起防腐作用。食盐的主要成分是氯化钠,由于食盐来源不同,氯化钠含量也不尽相同,用于腐乳的食盐主要是闽盐(福建)和贡盐(四川)。

(3)酒类

①黄酒是低度酒,由于其颜色呈黄色,故称黄酒。酒精含量一般在 16%,酸度在 0.45% 以下。黄酒的特点是:酒精含量低,性醇和,香气浓,为广大消费者所喜爱。

②家酒酿主要特点是:糖分高,浓度厚,酒香浓,酒精含量低,是江南一带的佳酿食品。由于腐乳的品种不同,所用的酒酿也有不同。甜酒酿用于糟方腐乳。

③米酒也是用于腐乳的辅料。

④大曲酒腐乳生产中一般要求使用酒精含量 50% 左右的无浑浊和无异味的白酒。根据腐乳品种来决定配料中酒精含量的高低。

(4)曲类

①面曲是用面粉经米曲霉发酵而成。操作方法是:用 36% 的冷水将面粉搅匀,蒸熟后,趁热将块轧碎,摊晾至 40℃ 后接种曲种,接种量为面粉的 0.4%,培养 2 ~ 3 d 即可。晒干后备用。面曲中有大量酶系存在,加到腐乳中后可以提高香气和鲜味。

②米曲是用糯米制作而成。

③红曲是以籼米为主要原料,经红曲霉菌发酵而成。它不仅用于肉、鸡、鸭、鱼等食品的着色,还可使腐乳染成红色,加快腐乳的成熟。

(5)微生物

目前腐乳生产,虽然绝大多数已改传统的自然发酵(前发酵)工艺为纯菌种发酵工艺，但由于生产中仍然采用敞开式自然环境培养，外界的微生物难免侵入，加上配料中也带有微生物，所以，豆腐乳酿造用的微生物十分复杂。现将从豆腐乳中分离出来的微生物列于表5－1。目前，全国各地生产豆腐乳应用的菌种多数是毛霉菌。如As 3.25（五通桥毛霉）、As 3.2278（放射状毛霉）等。

毛霉菌能分泌多量的蛋白酶，使豆腐坯中蛋白质水解程度较高，腐乳质地柔糯，滋味鲜美，且毛霉菌丝高大柔软，能被包在豆腐坯外面，以保持豆腐乳的块形整齐。毛霉的缺点是不耐高温，不利于全年生产。只有华新10号（放射性毛霉属的一种）能在35℃的条件下良好地生长。

表5－1　从豆腐乳中分离得到的微生物

微生物	豆腐乳产地	微生物	豆腐乳产地
腐乳毛霉（*Mucorsufu*）	浙江绍兴、江苏苏州、镇江	溶胶根霉（*Rhizopusliguefaciems*）	江苏
		米曲霉（*Asp. oryzae*）	江苏
		青霉（*Penicilliun* sp.）	四川五通桥
		交链孢霉（*Alternaria* sp.）	江苏
		枝孢霉（*Cladosporium* sp.）	江苏
		芽孢杆菌（*Bacillus* sp.）	江苏
		藤黄小球菌（Micrococcusluteus）	武汉
		酵母菌（*Saccharomces*）	黑龙江克东
		杆菌（*Bactorium* sp.）	江苏
		链球菌（*Streptococcus* sp.）	四川五通桥
鲁氏毛霉（*M. rouvanus*）	江苏		
五通桥毛霉（*M. Wutungkiao*）	四川五通桥		
毛霉（*Mucorso.*）	台湾省、中山、桂林、杭州		
总状毛霉（*M. racemesus*）	台湾省、四川牛花溪		
冻土毛霉（*M. hiemalis*）	台北市		
黄色毛霉（*M. feavus*） 紫红曲霉（*Monascuss－urpureus*）	四川五通桥		

随着科学技术的发展,也许还会有新的菌种应用于腐乳生产,但无论如何,在选择腐乳生产菌种时必须遵循以下原则:

A. 不产毒素。

B. 生长繁殖快,抗杂菌力强。

C. 生长温度范围大,有利于常年生产。

D. 能分泌出大量的、高活力的蛋白酶、脂肪酶、肽酶及有利于提高腐乳质量的酶系。

E. 能使产品质地细腻柔糯,不散不烂,气味鲜香。

①五通桥毛霉。

由四川乐山五通桥区生产的腐乳坯中分离而得。此菌系目前我国推广应用的优良菌种之一。编号为 As 3.25。该菌种的形态如下:

菌丝高:10 ~ 35 mm 菌丝白色,老后稍黄。

孢子梗:不分枝,很少成串或假状分枝,宽 20 ~ 30 μm。

孢子囊:圆形,60 ~ 130 μm,色淡,囊膜成熟后,多溶于水,留有小领。

中轴:圆形或卵形,(6 ~ 9.5) μm × (7 ~ 13) μm。

厚恒孢子:很多,梗上有孢囊,20 ~ 30 μm。

生长适温:10 ~ 25℃,4℃勉强能生长,37℃不能生长。

②腐乳毛霉。

从浙江绍兴、江苏苏州、江苏镇江等地生产的腐乳上分离而得。

菌丝:在大豆等培养基上,初期白色,后期灰黄色。

孢子囊:球形,灰黄色,直径为 1.46 ~ 28.4 μm。孢子轴:圆形,直径 8.12 ~ 12.08 μm。

孢囊孢子:椭圆形,平滑,大小(4.9 ~ 15.9) μm × (3.2 ~ 8.0) μm。生长适温:37℃。

③总状毛霉。

菌丝:初白色、后黄褐色,高 5 ~ 20 μm。

孢子囊:球形,褐色,直径 20 ~ 100 μm,孢子囊膜不溶于水,成熟后稍溶解。孢子梗:初期不分枝,后期成单轴式不规则分枝,长短不一,直径 8 ~ 12 μm。孢子轴:卵形或球形,(17 ~ 60) μm × 10 μm ×

42 μm。

孢囊孢子：短卵形，(4 ~7) μm ×(5 ~10) μm。

厚恒孢子：大量形成，菌丝体上、孢囊梗甚至囊轴都有，大小均匀，光滑，无色或黄色。生长适温：23℃，4℃以下、37℃以上都不能生长。

④雅致放射毛霉。

从北京腐乳厂和台湾省腐乳中分离而得，它是我国当前推广应用的优良菌种之一，编号 As 3.2278。

菌丝：棉絮状，高约 10 mm，白色或浅橙黄色，有匍匐菌丝和不发达的假根，色泽与菌丝相同。

孢子梗：直立，分枝多集中在顶端，立枝顶端有一较大的孢子囊，孢囊梗主枝直径约 30 μm，典型的分枝各有一横隔。

孢子囊：球形，主枝上的直径为 80 μm，有时可达 120 μm；分枝上的较小，直径 20 ~50 μm；老后，色深黄，壁粗糙，有草酸钙结晶；成熟后，孢子囊壁消解或裂开，留有囊领。孢子轴：在较大的孢子囊内的卵形或梨形，其大小为(50 ~70) μm ×(30 ~48) μm，较小的孢子囊内呈球形或扁球形，12 ~30 μm。孢子：圆形，直径 5 ~10 μm。

厚恒孢子：产于气生菌丝。圆形、壁厚，黄色，有刺，内含油脂。

生长温度：30℃。

(6)甜味剂

腐乳中使用的甜味剂主要是蔗糖、葡萄糖和果糖等，它们的甜度以蔗糖为标准，其甜度为 1∶0.75∶(1.14 ~1.75)。还有一类，它们不是糖类，但具有甜味，可作甜味剂，常用的有糖精钠、甘草、甜菊糖苷、天冬酰苯丙氨酸甲酯(APME)等。

(7)香辛料

香辛料种类很多，使用最广的有胡椒、花椒、八角茴香、小茴香、桂皮、五香粉、咖喱料、辣椒、姜等。使用香辛料，主要是利用香辛料中所含的芳香油和刺激性辛辣成分，目的是抑制和矫正食物的不良气味，提高腐乳的风味，并增进食欲，促进消化，还具有防腐杀菌和抗氧化作用。

二、主要工艺流程

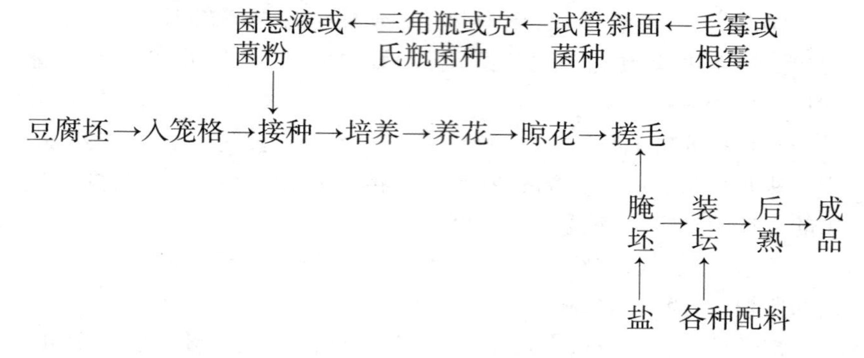

三、主要操作

1. 前期发酵

腐乳的前期发酵过程主要有菌种的制备、装格、接种、培养、晾花、搓毛等环节，把握住前期发酵的重要环节是制好腐乳的关键。

2. 毛霉菌粉的制备

毛霉菌粉的制备要通过三个阶段来完成。先制备固体试管菌种，再制备克氏瓶菌种，最后制备毛霉菌粉。

①制备固体试管菌种：将大豆洗净，加水浸泡至豆粒无硬心，捞出，按1∶3加清水文火煮沸3～4 h，滤出豆汁。每1 kg大豆可出豆汁2 kg。在豆汁内加入2.5%的饴糖，2.5%的琼脂，加热使琼脂熔化。分装试管，置100 kPa的压力下灭菌1 h，摆斜面，冷却。在无菌条件下，将毛霉菌种接于斜面上，置恒温箱20～25℃培养7 d，即为试管菌种。

②制备克氏瓶菌种：取新鲜豆腐渣，与大米面按1∶1比例混合均匀。分装于克氏瓶中，每瓶约250 g。置100 kPa的压力下灭菌1 h，冷却。待冷却至室温，在无菌条件下接种，每支试管固体菌种可接克氏瓶10支左右。接种后，置20～25℃恒温箱内培养5～6 d，即得克氏瓶菌种。

③制备毛霉菌粉：将成熟菌种从克氏瓶中取出，干燥，每瓶菌种

加 2 ~2.5 kg 大米面混合，粉碎。即可作为生产用菌粉使用。

3. 毛霉菌液的制备

毛霉菌液的制备也要通过三步来完成。

①制备试管菌种：取蔗糖 3 g，硝酸钠 0.3 g，磷酸二氢钾 0.1 g，氯化钾 0.05 g，硫酸镁 0.05 g，硫酸亚铁 0.001 g，琼脂 2 g，水 100 mL。混合后加热，使之完全溶解。待溶液稍冷后，调 pH 为 4.6，分装试管，置 150 kPa 压力下灭菌 30 min，摆斜面，冷却至室温。在无菌条件下，将毛霉种接种于斜面培养基上。置恒温箱内，25 ~30℃ 培养 3 ~5 d，即为固体试管菌种。

②制备三角瓶菌种：将豆腐坯切成 5 cm ×2 cm ×0.5 cm 的条状，置 500 mL 三角瓶中，每瓶放 3 ~5 条。在 150 kPa 压力下灭菌 1 h，冷却至 30℃ 可进行接种。先将固体试管菌种用无菌水冲洗，使菌丝与孢子悬浮于水中。然后在无菌条件下，均匀地接种于三角瓶中。使每块豆腐坯均能与菌液接触。每支固体试管菌种水可接 5 ~6 瓶。接种后，塞上棉塞，置恒温箱中 25 ~28℃ 培养 3 ~4 d，即为三角瓶菌种。

③制备毛霉菌液：将成熟的三角瓶菌种中添加冷开水，每瓶加 100 ~150 mL，分 3 次冲洗，以便使毛霉菌孢子充分洗出。洗后，用纱布将毛霉菌菌丝滤出，并将清液调 pH 为 4.6，即制成毛霉菌液。生产接种时，用喷雾器将菌液均匀地喷洒在豆腐坯上。毛霉在白坯上旺盛生长，菌丝紧紧包住坯子外层，形成腐乳特征，并促使毛霉分泌蛋白酶、淀粉酶、谷氨酰胺酶等，为后期发酵生成多种氨基酸准备活力强大的酶系。

4. 装格接种

豆腐乳前期发酵设备是木框竹底盘笼格。一般有方形笼格和长方形笼格两种，其规格方形为 55 cm ×55 cm ×8 cm（见图 5 -1），长方形为 55 cm ×75 cm ×8 cm（见图 5 -2）。先用蒸汽对笼格灭菌，灭菌结束，待温度降至 35℃ 时，向笼格底部及四壁喷洒新配制的菌悬液，随即装格。对装格豆腐坯的要求是：水分适当，即凭经验用手按压坯子，目测估计含水量，或取少量坯烘干称重量，计算含水量；大小形状符合规定，豆腐坯温度应在 40℃ 以下。

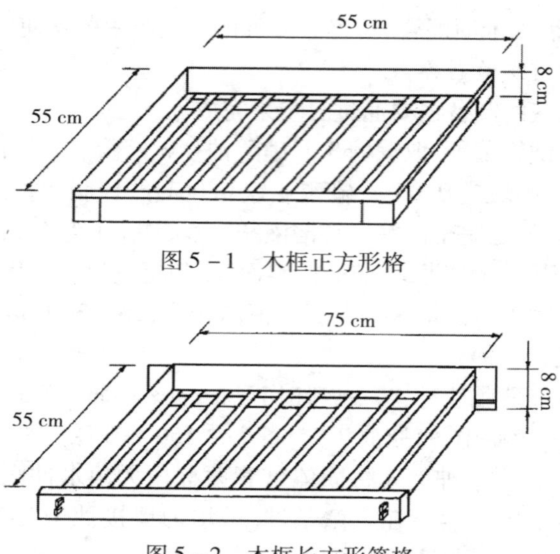

图 5-1　木框正方形格

图 5-2　木框长方形笼格

装格操作方法：把豆腐坯竖放在笼格内，排列整齐成行，每块间留 2～5 cm 的空隙。装完一只笼格，马上用配制的接种菌悬液喷洒在豆腐坯上。接种力求均匀、全面，让每块豆腐坯前后左右和顶上都粘上接菌悬液。一般每 100 kg 大豆制得的豆腐坯用克氏瓶菌种一瓶。

5. 培养

接种完毕，笼格放于平地上稍微摊晾，让豆腐坯表面水分散失一些后，将笼格移入发酵室，重叠起来培养。控制室温在 20～24℃，相对湿度 90%。笼格每天上下对调 3 次，接种后如温度适宜，14 h 后毛霉就开始生长，此时就开始第 1 次翻笼，调节上下层温度，更换新鲜空气。22～24 h 后，菌丝生长逐渐旺盛，白坯表面可以看到散点式的霉花，这时温度易升高，需要第 2 次翻笼。以后视情况缩短翻箱间隔时间，温度控制在 30℃以内。经过 20～28 h 的菌丝旺盛生长阶段，白色菌丝已包围住豆腐坯，毛霉生长基本结束。在毛霉菌丝已经布满整个豆腐坯时，应通过翻笼和减少笼格堆叠层数降低品温至

25～27℃养花，促进酶系大量分泌，养花时间需要经历30～40 h，然后扯开笼格让热量和水分散失，使坯温度冷却到20℃，此操作在工艺上称作晾花。晾花也称晾毛坪，使毛坯温度冷却到20℃以下即可搓毛腌制。

由于毛霉适于低温培养，虽然人们选育了耐热毛霉，但是终年生产腐乳的问题仍未获得解决。根霉生长的最适温度是28～30℃，高温季节在豆腐坯上能旺盛生长，可以减轻杂菌污染，所以高温季节生产腐乳就采用根霉菌种。采用根霉菌种做腐乳前期发酵的菌种管理方法和毛霉做菌种生产腐乳的管理法基本相同，只是控制的发酵温度稍高。

6. 腌坯

①搓霉：把笼格内冷却到20℃以下的坯块上互相粘连的菌丝分开，用手轻轻在每块表面涂一遍，弄倒毛头，使豆腐坯上形成皮衣，做到坯与坯之间折开不粘连，以利腌坯。

②腌制：毛坯腌制设备有传统的陶瓷大缸或竹萝，也有自行设计的水泥预制长方形池及不锈钢的腌坯池（图5－3）。腌坯的大缸应洗净擦干，在离缸底15～20 cm处铺一块中央有直径为15 cm的圆孔的木板。将腐乳坯放在木板上，沿缸壁向内整齐地排成圆圈，坯块侧放，未长霉的一方一律靠外，每圈贴紧，不留空隙，直排至木板中孔边缘。摆满一层即用手压平上面，撒入一层食盐。如此一层层铺满全缸。下层食盐用量少，向上食盐用量逐层增多，整缸装满，面上再盖一层厚食盐。用盐量大致是每1000块坯（每小块大小为4.2 cm×4.2 cm×1.6 cm），春季用盐60 kg，冬季用盐57.5 kg，夏季用盐62.5～65 kg。而青方每1000块坯只用47.5～50 kg食盐。腌坯时间冬季13 d，春秋两季11 d，夏季8 d即可。用盐过少，毛坯不能充分析出水分，达不到抑制杂菌和防腐的目的，也不能使蛋白酶充分浸出而渗透毛坏基质，均匀作用于霉豆腐，分解蛋白质；盐分过高或腌制时间过长，析出的水分过多，会造成腐乳硬度过大，同时高盐抑制酶解进程，使蛋白质降解程度差，甚至使成品出现生心或硬心，大失其风味。为不造成蛋白质过度分解而引起的腐烂泄块，也不造成蛋白质

降解太差、水分析出过多引起的腐块硬度大、口感粗的缺点，应控制适当的用盐量和腌坯时间，腌坯要求平均食盐的量达到16%。为了使腌缸中上下层含盐均匀，腌坯3～4 d时要再添加盐水淹没坯面进行压坯。腌坯期满，准备装坛的前一天，将腌坯盐水用橡皮管从中心圆孔中吸出来，放置过夜，使坯块适当干缩，以利配。

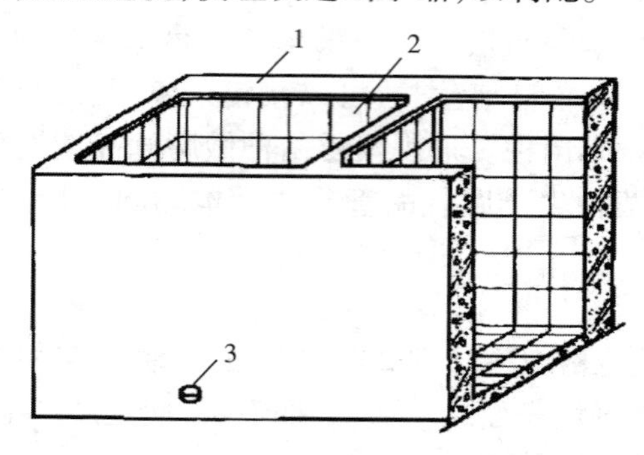

图5－3　腌坯池

1—池壁；2—瓷砖贴面；3—清洗排水孔

③后期发酵：腐乳的风味主要是在后期发酵中形成和完善的。

7. 配料装坛

(1)红腐乳

红腐乳装坛前首先应配制好染坯红曲卤和装坛红曲卤。

染坯红曲卤配制方法：红曲1.5 kg、面曲11.6 kg、黄酒6.25 kg，先浸泡2～3 d，磨细成浆后再加黄酒18 kg，搅匀备用。

装坛红曲卤配制方法：红曲3 kg、面曲1.2 kg、黄酒12.5 kg，先浸泡2～3 d，磨细成浆后再加黄酒57.8 kg，糖精15 g用热开水溶化加入，搅匀备用。

腌坯要先经过染坯红曲卤染色方可入坛，染色设备是染色盘(图5－4)，使腐乳块涂匀，六面染红。装入坛内，再将坛红曲卤灌入淹没腐乳1 cm。每坛再按顺序加入面曲150 g，荷叶1～2张，面封食盐150 g，最后加烧酒150 g，盖上陶瓷盖，涂布水泥，封严坛。

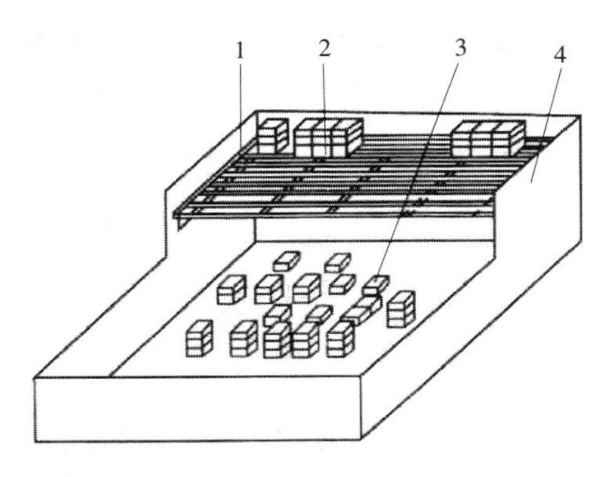

图 5－4　染色盘
1—支撑搁条;2—竹片架;3—腐乳成坯;4—染盘

(2)辣味型腐乳

每块体积为 4.1 cm×4.1 cm×1.6 cm,每 1000 块用辣椒 10 kg、花椒 1 kg、五香粉 0.5 kg、食盐 5 kg 配成混合粉(干辣椒去蒂经炒焙后磨细,花椒经烘烤磨细与辣椒粉、五香粉拌匀,再与 5 kg 炒过的干盐混合均匀备用)。

装坛操作:将腌坯在混合粉中蘸拌,使六面都蘸上混合粉。用白菜叶包裹入坛,其操作方法是先将嫩白菜叶洗净晾萎,入坛时利用萎白菜叶,按每 4 块 1 包,包裹入坛。装坯完毕,每坛盖荷叶 2 张,面封食盐 150 g,再加醇含量 50% 的烧酒 100 g,最后用笋壳扎上坛口,再以掺猪血的石灰糊牢。

(3)青腐乳

每 1000 块所应用的装坛灌卤是由冷开水 25 kg、黄浆水 75 kg,加入花椒卤和食盐配制成 8～8.8°Bé 的卤液。装坛首先将腌坯点数入坛,后将卤液灌满至坛口,每坛再加烧酒 50 g,最后封好坛口。

现在大部分腐乳加工企业采用灌汤机进行腐乳汤料的灌装。如北京王致和腐乳厂采用自行设计的低真空自动灌汤机,设计合理、使用方便、生产效率高。其结构图如图 5－5 所示。它是利用真空装置(水环式真空泵),在灌装时间内,使容器内保持一定程度的真空度。

在储汤缸与容器之间压力差的作用下,使流体汤料从储汤缸中沿灌装头的管道自动流到容器中,从而完成流体汤料的灌装工作。

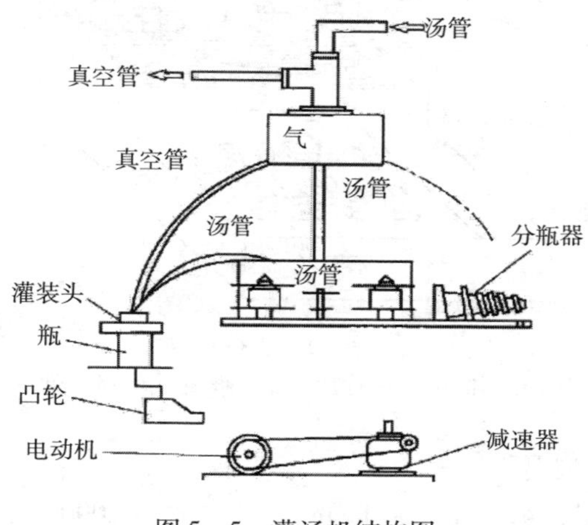

图 5-5 灌汤机结构图

8. 储存

腐乳的后发酵是在储存过程中完成的。因为豆腐乳品种不同,配料不一,成熟有快有慢。装坛封口后,一般都放在空场上露晒进行后发酵,在常温下一般 6 个月可以成熟。而含水量大、含氯化物低的品种,如青腐乳 1 ~2 个月成熟,白腐乳只需 30 ~ 35 d 就能成熟。成熟快的豆腐乳品种保质期短,不宜久储。糟方腐乳、醉方腐乳、红腐乳含氯化物多,醇含量高或是糖分高,成熟期长,有的品种后发酵期需要 1 年时间。

第三节 腐乳发酵的机理

在酿造腐乳过程中,毛霉培养分三个步骤。首先是在无菌室内进行试管移植,在(30 ±1)℃培养 72 h(即第二代)。其次是以麸皮或大米为培养基进行克氏瓶接种培养,一般在 28 ~ 30℃培养 3 d(即第三代),又称扩大培养。克氏瓶内菌种的质量要求是:菌丝饱满、粗壮有力、有浓厚的曲香气，瓶底板无花斑点（杂菌）。最后是前期培菌，以豆腐坯为培养基，将克氏瓶中菌种均匀接种于豆腐坯表面。在培养过程中，要求相对湿度控制在（95% ±1%）。这样既有利于毛霉生长繁殖又能保持菌丝白嫩，还能延长产酶期。

前期培菌阶段，毛霉的生长大致分为孢子发芽生长期、菌丝生长旺盛期和菌丝产酶期。在菌丝生长前期，坯中蛋白质已开始被酶水解，水溶性蛋白质增多。前期发酵的作用有两点：一是使坯表面有一层菌膜包住，形成腐乳的形状；二是使毛霉分泌大量蛋白酶，以利于蛋白质水解。在蛋白质水解过程中需要多种酶系，主要是内肽酶和外肽酶的协同作用。

经过前期培菌后，豆腐坯的含水量由原来的73%下降到64%，毛坯块形变小、坯身变硬，毛坯中的氨基酸含量达0.08% ~0.14%。

一、发酵机理

腐乳发酵分为前期培菌（发酵）和后期发酵。前期培菌主要是培养菌系，后期发酵主要是酶系与微生物协同参与生化反应的过程。

腌制的目的是使毛坯渗透盐分，析出水分，坯身收缩，坯体变硬。首先，咸坯入坛后加酒的目的是利用酒精抑制微生物的生长繁殖，防止霉变；其次是利用酒精对蛋白酶的抑制作用，使蛋白酶作用缓慢，促进其他生化反应，生成腐乳的香气；最后，酒精能合成酯类等芳香物质，形成腐乳独特的风味。

脂肪酶将脂肪水解为甘油及脂肪酸，甘油可被细菌进一步转化为各种有机酸。

二、腐乳色、香、味、体的形成机理

1. 色

按添加配料的不同，腐乳大致分为白腐乳和红腐乳两种，前者不添加红曲，成品呈黄白色至金黄色，后者添加红曲，使成品染上红色。

豆腐发酵后，从原来的白色变为黄白色乃至金黄色，这与氧化酶有关。酪氨酸酶催化酪氨酸氧化成为多巴醌，多巴醌经分子内部加成及重排和进一步氧化、偶合后形成高聚物，这就是黑色素。

因此，白腐乳暴露于空气中会逐渐变黑。所以常在后发酵时用纸盖在腐乳表面，让腐乳汁液浸没腐乳表面，后发酵成熟时将纸取出，添加封面食用油脂，以防腐乳变黑。

红腐乳的红色仅是一种覆盖在腐乳表面的红色素，汁液的红色也是红色素的悬浊液。这种红色素是由红曲霉所产生。后发酵时，红色素稍溶于配料的酒中，但由于酒精含量低，溶解度不大，因此，只能使腐乳的表层染上红色，而腐乳内部还是淡黄色的。

2. 香

腐乳发酵虽然主要是靠毛霉（或根霉）的蛋白酶（红腐乳还有米曲霉及红曲霉的蛋白酶及淀粉酶）作用，但生产时难免感染上杂菌。腐乳中除毛霉（或根霉）及米曲霉、红曲霉外，还有青霉、交链孢霉（*Alternaria*）、枝孢霉（*Cladosporium*）、酵母菌、芽弛杆菌、杆菌、链球菌（*Stereptococcus*）、小球菌（*Mirococctis*）、棒杆菌（*Carynebacterium*）等。由于它们的协同作用，使代谢产生的各种有机酸和酒精形成多种酯类，构成腐乳的特殊香气。后发酵后添加的各种辅料，例如辣椒、胡椒、咖喱、芝麻油等，也赋予腐乳各具特色的香气。

3. 味

腐乳的鲜味来源是氨基酸，主要是谷氨酸钠、天冬氨酸钠、谷氨酰胺等少数几种，其中谷氨酸钠的呈味力最强。腐乳中氨基酸态氮含量在0.5 g/100 g以上。此外，菌体自溶后，核酸降解生成强助鲜剂——5′-鸟苷酸和5′-肌苷酸，增添了腐乳的鲜味。

大豆含碳水化合物约25%，淀粉含量仅为0.4%~0.9%，生产时半纤维素与纤维素留在豆渣中，而蔗糖与野芝麻四糖则大量溶解于黄泔水，只有少量留在豆腐中。故后发酵用的卤汤以含糖分高的甜酒酿卤为主，同时还加入适量面曲等。成品腐乳含糖5%左右，有适当的甜味。

蛋白质缓冲能力很强，虽然微生物代谢产生各种有机酸，pH值一般维持在4.8~5.1，但口尝不会感到有酸味。腌制过程中加入的食盐赋予了腐乳的咸味。

4. 体

腐乳外层的被膜是由霉菌的菌丝体构成的，质地嫩滑。若前发酵期霉菌生长均匀，被膜完整，则腐乳不易破碎，被膜内腐乳体态柔嫩；反之，则被膜不完整，腐乳易破碎。因此，在前期培菌阶段应使霉菌生长旺盛，使腐乳坯表面都布满菌丝，且要防止杂菌污染。为此，除纯菌培养外，还要控制发酵温湿度及卫生状况。

豆腐坯经发酵后变得柔嫩，是由于蛋白降解为相对分子量较小的水溶性物质。如果腐乳口感粗糙，则说明蛋白酶活力低。

成熟腐乳有酒味消失、具有腐乳特有的香气、相对密度较其汁液略小等特征。转动包装瓶子时，腐乳会离开瓶底随之转动。

第四节　地方特色的腐乳代表

一、桂林腐乳

桂林腐乳产于广西桂林，具有300多年的历史，其颜色淡黄、质地细腻、气香味鲜、咸淡适宜。

1. 原料与配方

每1万块腐乳坯配三花酒100 kg，食盐50 kg，茴香50 g，八角1.25 kg，草果105 g，陈皮105 g，沙姜50 g。

2. 工艺流程及其操作要点

(1)工艺流程

大豆→筛选→浸泡→磨豆→滤浆→煮浆→点浆→蹲脑→上榨→划块→制坯→降温→接种→培菌→腌渍→咸坯→装瓶→灌汤→封口→陈酿→清理→贴标→装箱→成品

(2)操作要点

①大豆浸泡：用优质漓江水泡豆，浸泡时间一般为春、秋季6～10 h，夏季4～6 h，冬季10～20 h，豆瓣中稍有糟，水面无泡沫。磨豆：豆糊细匀，手感无颗粒。过滤分离4次，头浆与二浆合并为豆浆，其浓度为5.5～7.0°Bé′，三浆水(尾浆)与四浆均套用豆糊。豆渣蛋白质低于

2.5%,豆浆内含渣量低于5%。煮浆:豆浆煮至100℃为宜,达到蛋白质适度变性,若蛋白质不变性或过度变性,均影响豆腐坯质量。

②点浆:采用老水(酸水)点浆,老水即为黄泔水经发酵酸化24~28 h而成,用酸化后的老水,冲兑豆浆,使豆浆中蛋白质凝固,形成豆脑,静止澄清3~5 min后,方可撇水。

③制坯:上榨先将豆腐脑打碎,豆腐上榨,加压时不得过急,一般分4~5次压成,待豆腐框架不再连续溢水,可开榨取豆腐,再用刀切成方块,水分在68%~71%为宜。

④前期培菌(发酵)采用优良毛霉菌种,接种后腐乳坯斜角立即放在霉盒内,整齐成行,每块间距2 cm,夏季稍宽些,霉盒可垛放或架放,顶部留一空盒,完毕后关上门窗,地面洒水,采取加温或降温措施。霉房内最佳温度为18~25℃,温度85%以上。夏季培菌需36~48 h,冬天需72~96 h。腐乳表面六方有霉,呈白色菌体。

后发酵腐乳霉坯经腌制,装在容器内,加辅料密封,存放,进行后期发酵,再控温发酵40~60 d即成熟。出库清理,入成品库。

3. **质量指标**

(1)感观指标

颜色淡黄,表里一致,质地细腻,气香味鲜,咸淡适宜,无杂质异味,块形整齐均匀。

(2)理化指标

如表5-2所示。

表5-2 豆腐乳理化指标一览表

项目	要求			
	红腐乳	白腐乳	青腐乳	酱腐乳
水分/(%)≤	72.0	75.0	75.0	67.0
氨基肽氮(以氮计)/(g/100)≥	0.42	0.35	0.6	0.5
水溶性蛋白≥	3.2	3.2	4.5	5.0
总酸(以乳酸计)/(g/100)≤	1.3	1.3	1.3	1.5
食盐(以氯化钠计)/(g/100)≥	6.5	6.5	6.5	6.5

(3)微生物指标

符合 GB 2712 及其相关食品安全国家标准。

二、上海鼎丰精制玫瑰腐乳

上海鼎丰酿造食品有限公司,创建于 1864 年(清同治三年),产量居全国大型腐乳生产企业前列。1979 年起,鼎丰腐乳连续被评为上海市局名优产品,精制玫瑰腐乳在 1983 年获国家银质奖,1988 年更获首届中国食品博览会金质奖。

1. **原料与配方**

硬豆腐 5000 g,白糖 1500 g,精盐 500 g,玫瑰香精 25 g,红曲 120 g,毛霉菌菌种 1.2 g。

2. **工艺流程及其操作要求**

(1)工艺流程

毛霉菌试管→克氏瓶

↓

大豆→浸泡→磨豆→滤浆→煮浆→点浆→上箱→压榨→划坯→豆腐坯

→接种→晾花→搓毛→腌坯→装坛(瓶)→封口→后期发酵→成熟腐乳

食盐

(2)操作要点

①豆腐坯制作。

A. 原料处理:大豆需经振动筛筛选,除去大豆中的泥块、石块、铁屑等杂物。使制出的豆腐坯有光泽且富有弹性,从而保证腐乳质量。

B. 大豆浸泡:大豆浸泡时,加水量控制在 1∶3.5 左右,浸泡时间冬季为 12 ~ 16 h,春秋季为 8 ~ 12 h。要根据大豆品种、新豆和陈豆确定具体的浸泡时间。

C. 磨豆:磨豆操作必须掌握磨碎的粗细度,要求不粗不黏,颗粒大小平均在 15μm 左右。加水量一般控制在 1∶6 左右,并以适量加水和调节磨子松紧来控制浆温。

D. 滤浆:滤浆主要是将大豆的水溶性物质与残渣分开,采用锤卧式锥形离心甩水机，滤布选用96～102目的尼龙绢丝布。在离心分离过程中，豆渣分4次洗涤，洗涤的淡浆水套用。豆浆浓度一般掌握在6～8（以乳汁表测定）或5°Bé，每100 kg大豆出浆1000 kg左右。

E. 煮浆：使用蒸汽煮浆，快速煮至95℃，将熟浆经振荡式筛浆机振筛，除去熟豆渣，以提高豆浆的纯洁度。

F. 点浆：点浆操作时，要注意控制盐卤浓度、点浆温度及豆浆的pH值。生产上一般使用的盐卤浓度为16～24°Bé，小白方腐乳用14°Bé左右的盐卤。点浆温度应控制在80～85℃为宜。

G. 压榨：上榨动作要轻，压榨时加压先轻后重，防止豆腐包布压破，导致豆腐脑漏出。使用电动压榨床，榨出豆腐脑中的部分水分。白坯水分应控制在71%～73%，小白方水分掌握在76%～78%。成形的豆腐坯厚度要均匀，四角方正，无烂心，无水泡，富有弹性，具有光泽。

H. 划坯：用多刀式豆腐切块机划坯，按产品的大小规格事先调节好刀距，划后坯子不得有连块现象，不合乎标准的坯子要剔除掉。

②前期培菌（发酵）。

A. 工艺流程。

毛霉菌
↓
豆腐坯→接种→培养（又称发花）→晾花→搓毛

B. 操作步骤。

a. 菌种检查：要求培养瓶内的毛霉菌种纯，菌丝齐壮浓密，无杂菌感染，培养瓶底板不得有花纹斑点及异味。

b. 制备菌种悬浮液：每只800 mL克氏瓶菌种配制成1000 mL左右的菌液。配制好的菌液存放时间不宜过长，特别是夏天，要防止发酵变质。使用时需摇匀，使孢子呈悬浮混合状态。

c. 接种（喷菌）：把划好的豆腐坯按规定块数整齐放入发酵格，用装在喷雾接种器内的毛霉菌悬浮液喷洒在豆腐坯上，菌液要五面喷洒均匀。

d. 培养（发花）：毛霉菌生长繁殖需要以蛋白质和淀粉质等为养

料，并要求一定的水分、空气和温度。室温控制在 20 ~ 24℃，培养时间为 48 ~ 60 h。待菌大部分生长成熟时，搭格养花，促使豆腐坯水分挥发和降低品温，以防菌体自溶而造成坯子外表黏滑和形不成菌膜皮，同时养花还可以提高酶活力。

e. 晾花：待毛霉长足，菌体趋向老化，毛头呈浅黄色时，方可将培养室的门窗打开，通风降温，晾花老熟，散发水分。

f. 搓毛（扳毛头）：毛头凉透即可搓毛。搓毛时应将每块连在一起的菌丝搓断，整齐地排列在格内待腌。

③后期发酵操作要点。

A. 工艺流程。

酿酒卤、红曲、辅料

↓

食盐→腌坯→装坛→封口→储存

B. 操作步骤。

a. 腌坯：要求定量坯用定量盐，一层坯撒一层盐。每缸 13600 块，用盐 75 kg。腌期一般为 7 ~ 8 d。咸坯氯化物含量为 17% ~ 18%。

b. 配料、染色：用黄酒和上海产特级红曲调配成染色液，将咸坯装坛用。

c. 装坛：既不能装得过紧，又不能装得松散歪斜，坛子必须先经洗涤和蒸汽灭菌，晾干后方可使用，否则腐乳易霉变。咸坯装坛后（每坛 260 块）加入配好的卤汤和其他辅料，每坛加封 100 g。

d. 封口：将装好的咸坯及卤料的坛子盖上坛盖，用厚尼龙膜盖密封扎紧口，送仓库储存 6 个月后即可成熟。

3. 质量指标

（1）感官指标

色呈暗红，质地细腻，香甜适口，稍有咸味。

（2）理化指标

水分 ≤ 72%，氨基肽氮（以氮计）≥ 0.42%，水溶性蛋白质 ≥ 3.20%，总酸（以乳酸计）≤ 1.3%，食盐（以氯化钠计）≤ 6.5%。总砷（以 As 计）≤ 0.5 mg/kg，铅（Pb）≤ 1.0 mg/kg。

(3)微生物指标

黄曲霉毒素 $B_1 \leqslant 5\ \mu g/kg$,大肠杆菌群 ≤30 CFU/100 g,致病菌(沙门菌、志贺菌、金黄色葡萄球菌)不得检出。

三、绍兴腐乳

绍兴腐乳有千余年的历史,品种繁多,驰名中外。传统产品有醉方腐乳、红方腐乳、青方腐乳、棋方腐乳,其中尤以醉方腐乳声誉最高。除棋方腐乳不经前发酵直接腌制外,绍兴腐乳腌渍前一阶段制造过程和方法大致相同,仅腐乳坯的大小厚薄略有区别。各个品种的风味及特色主要是由于腌渍时间、盐的用量以及装坛辅料的不同而形成的。

1. 原料与配方

1 万块豆腐,红曲 3 kg,面曲 1 ~ 2 kg,黄酒 12.5 kg,花椒粉1 kg,五香粉0.5 kg,食盐 5 kg。

2. 工艺流程及其操作要点

(1)工艺流程

大豆→筛选→浸泡→磨豆→过滤→煮浆→点浆→蹲脑→上榨→划坯→冷却→接种→培养→转桩→摊笼→晾花→腌制→集板→装坛→配料→加卤→密封→后酵→成品

(2)操作要点

①大豆的选择与除杂:大豆选择粒大、皮薄、含蛋白质高的原料,除尽泥土及杂质。

②浸泡:浸泡时间为春秋季 8 ~10 h,夏季以两片豆瓣内有细菊花纹,冬季豆瓣为平纹,大豆皮不轻易脱落,豆瓣掐之易断,断面无生心为度。

③磨豆:将豆冲洗干净后放入磨中,磨出的浆水粗细均匀,加水量为大豆量的 2.8 倍,并加入适量消泡剂。

④滤浆:采用三级过滤工艺。筛网设定为 70 目、80 目、120 目,出浆率为 100 kg 大豆出浆 1100 kg。

⑤煮浆:采用密封式煮浆桶,生豆浆注入桶内,20 min 内使豆浆品温达到 100 ~105℃。

⑥凝固：熟浆放入缸内，冷却至 85 ~ 90℃ 兑浆，兑浆之前用小划板轻轻划动浆水，使其上下翻动，用 18°Bé′盐卤缓慢加入豆浆中，边加边划动，使其凝固。

⑦压榨：点浆豆脑下沉后，黄泔水已澄清，按品种快速舀入袱布中，充入四角，中间稍凸，包上袱布加压脱水。白坯水分视季节品种定，春秋季为 38% ~72%，冬季为 73% ~75%，夏季 70% 左右。

⑧前期培菌（发酵）：将快速冷却的豆腐坯入屉，接入悬浮液菌种，控制室温在 25℃ 下进行培菌（发酵），相对湿度为 80%，培养 48 h 左右，生长较完全，倒笼一次，72 h 搓毛。

⑨腌制与装坛：分缸腌和箩腌两种，一般红腐乳缸（池）腌，白腐乳箩腌、腌制方法是分层加盐加卤，腌完最后上面加盐 3 cm 封缸口，经 5 ~7 d 腌渍，捞起装入坛内，加入配制汤料，密封陈酿 8 个月左右，即为腐乳。

3. 质量标准

（1）感观指标

颜色淡黄，表里一致，质地细腻，气香味鲜，咸淡适宜，无杂质异味，块形整齐均匀。

（2）理化指标

如表 5 -2 所示。

（3）微生物指标

符合 GB 2712 及其相关食品安全国家标准。

四、王致和腐乳

作为地道的中华老字号，“王致和”声名远播。其腐乳产品独有的细、腻、松、软、香五大特点，深受消费者的喜爱。而其创始人王致和的故事也充满了戏剧性。王致和原本是安徽省宁国府太平县仙源的举人，清康熙八年（1669 年）进京赶考落第，受盘缠所困，滞留京城。幼时曾在家做过豆腐的王致和为谋生计，做起了豆腐生意——在所住的北京前门外延寿寺街羊肉胡同“安徽会馆”内，用手推的小磨，每日磨上几升豆子做成豆腐沿街销售。同时他刻苦攻读，以备下科。

盛夏某日，他做出的豆腐没卖完，恐日久腐坏，便切成四方小块，配上盐、花椒等佐料，腌于小缸中。从此，他歇伏停磨，一心攻读，竟淡忘此事。秋凉后，王致和重操旧业，猛然间想起那小缸豆腐，连忙打开，未曾想臭味扑鼻，定神一看，豆腐已变成青色。扔了实在可惜，于是他大着胆子尝了一下，不料别具风味，遂送给邻里品尝，结果品者无不称奇，王致和腐乳声名鹊起。现已开拓出一系列腐乳产品，如玫瑰腐乳、红辣腐乳、甜辣腐乳、桂花腐乳、五香腐乳、霉香腐乳、火腿腐乳、白菜辣腐乳、虾子腐乳、香菇腐乳、银耳腐乳等，北京市场及其周边地区占有率为90%。

1. 原料与配方

(1)原料

大豆，13～14°Bé盐卤，毛霉菌种，食盐。

(2)辅料配方

门丁腐乳：食盐6 kg，黄酒3.2 kg，白酒0.2 kg，上等白砂糖600 g，红曲米100 g，面糕500 g。汤料配制后酒精体积分数15%。

甜辣腐乳：食盐1.6 kg，黄酒3.6 kg，白酒250 g，砂糖700 g，搅匀，制成汤料，再加辣椒粉125 g，面糕500 g。

2. 工艺流程及其操作要点

(1)工艺流程

原料→筛选→浸泡→磨豆→滤浆→煮浆→点浆→蹲脑→上榨→划块→腐坯→降温→接种→培养→搓毛→腌渍→咸坯→装瓶→灌汤→封口→陈酿→清理→贴标→装箱→成品

(2)操作要点

①原料：选用优质大豆为原料，颗粒饱满，无虫蛀、无霉变及异物。

②筛选：应除去原料中的沙石、杂质、采用去石、磁吸、风选、水洗等工序。

③浸泡：将精选后的大豆送入泡料糟内浸泡。要求浸泡后的大豆表皮不易脱落，子叶饱满、无凹心。浸泡时间视季节而定，一般冬季14～16 h，春秋季10～14 h，夏季6～8 h，经浸泡后大豆体积是原来的2～2.2倍。

④磨豆:浸泡好的大豆即可上磨制成豆糊,磨豆的粗细度以手捻成片状为宜。

⑤滤浆:用离心机将豆浆与豆渣分离,为了提高利用率,一般滤出的豆渣要反复加水洗涤三次,要求豆渣含水量为90%左右,豆渣含蛋白质1.5%左右。

⑥煮浆:将纯豆浆置入阶梯式煮浆溢流罐,使豆浆加热到95~100℃。

⑦点浆:用16~18°Bé′盐卤点浆,下卤流量均匀一致,并注意观察凝聚状态。在即将成脑时,划动速度要适量减慢,至全部形成凝胶状态时,方可停止划动。然后甩些盐卤在豆脑表面,以便更好地凝固,从点浆到全部形成,时间为5 min左右。

⑧蹲脑:又称养脑,必须要有充足的静置时间。养脑时间与豆腐的出品率和品质有一定关系。

⑨上榨:上榨是将凝固好的豆腐脑上箱压榨。此前应做好设备和用具卫生,避免不洁造成污染。

⑩降温:刚榨出的豆腐坯品温较高,均在40℃以上,此时若接种,则不利于菌种生长,也易污染杂菌,故先将品温降至40℃以下,方可接种。

⑪接种:先将纯菌种扩大培养,制成固体菌或液体菌,然后将菌种均匀地撒在或喷在降温的豆腐坯上。

⑫培养:将接种之后的坯子转入培养室,置入笼屉内。一般为方形屉,块与块之间相距4 cm左右,便于毛霉生长,培养的室温为28~30℃,时间为36~48 h,视季节而定,可常年生产。

⑬腌渍:长满毛的豆腐坯,搓开毛,倒入池腌渍,一层毛坯、撒一层盐、码满一池后,上面撒放封口盐,用石块压住,一般用盐量为100块(3.2 cm×3.2 cm×1.6 cm)毛坯用盐400 g,腌制5~7 d,咸坯含盐量13%~17%。

⑭装瓶:腌渍完成后,放毛花卤,将咸坯捞起、淋干、装瓶。

⑮灌汤:主要配料有面黄、红曲和酒类,辅之各种香辛料。汤料配制完毕后,灌入已装好咸坯的瓶内,封口,入后发酵室。

⑯后发酵(陈酿):陈酿需室温在25~28℃,在2个月左右时间成

熟,冬天通入暖气来提高室温,春、夏、秋三个季节为自然温度。

⑰清理:产品在陈酿期间、灰尘和部分霉菌依附在瓶体表面,需用清水清理瓶体表面的污物,而后再经紫外线灭菌。

⑱成品:经过清洗、灭菌后、再贴标、装箱、入库。

3. 质量指标

(1)感观指标

表面呈鲜红色或枣红色,断面呈杏黄色;毛茸密实,方块完整;滋味鲜美,咸淡适口,具有红腐乳特有气味,无异味。规格:门丁腐乳(以每坛220块计)规格5 cm×5 cm×1.8 cm;甜辣腐乳(以每坛320块计)规格4.5 cm×4.5 cm×1.5 cm。

(2)理化指标

蛋白质含量≥11%,可溶性无盐固形物≥80%,氨基酸态氮≥0.7%以上,盐分12%,酸度≤1.3%,铅含量(以铅计)≤1.0 mg/kg,总砷含量(以砷计)≤0.5 mg/kg。食品添加剂符合GB 2760相关规定。

(3)微生物指标

符合GB 2712及其相关食品安全国家标准。

五、克东腐乳

克东腐乳产于黑龙江省克东县,有70多年的历史,属红腐乳。此腐乳色泽鲜红,质地柔软、气味芳香、回味绵长。由于克东腐乳前发酵时采用的是嗜盐性小球菌,因此其生产制作过程与普通毛霉腐乳工艺相差较大。

1. 原料与配方(按100 kg豆腐坯计)

原料:大豆,卤水,微球菌菌种,食盐。

辅料配方:白酒10.5 kg,面曲6.5 kg,红曲1.4 kg,香料1 kg。(粉状中药包括白芷4.4 g、砂仁2.5 g、良姜4.4 g、白蔻2 g、公丁香4.4 g、母丁香4.4 g、贡桂0.6 g、管木0.6 g、三柰3.9 g、紫蔻2 g、肉蔻2 g、甘草2 g和陈皮0.6 g等)。

2. 工艺流程及其操作要点

(1)工艺流程

①汤料工艺。

面曲、制曲→混合→浸泡(盐水)→磨碎→配料(加香料、白酒)→汤料

②腐乳工艺。

大豆→净选→浸泡→磨豆→分离→煮浆→点浆→压榨→切块→汽蒸→冷却→腌制→倒坯→清洗→改块→摆盘→接菌→前发酵→倒垛→干燥→装缸→后发酵→成品

(2)操作要点

①制坯。

A. 大豆的选择与除杂:豆腐坯的质量优劣,首先取决于大豆的品质。一般选择粒大、皮薄、含蛋白质高的本地大豆。大豆在浸泡前务必除尽泥土及杂质。

B. 大豆浸泡:浸泡用水量视大豆膨胀后仍高于3.3 cm为宜。浸泡时间分季节而定。同时在浸泡过程中适时醒豆,以便浸泡均匀。

C. 磨豆:采用二磨三滤工艺,磨出的浆水粗细均匀,加水量为大豆的3~4倍,并加入适量的消泡剂。

D. 滤浆:采用三级过滤工艺。将磨糊通过三次离心、一次筛选来完成浆渣分离。头浆与二浆合并为豆浆,三浆水与筛选过的滤渣混合加入磨糊,豆浆浓度7~8°Brix,豆渣残蛋白质含量低于2.5%。

E. 煮浆:采用连续煮浆器煮浆,出口温度控制在105~110℃。

F. 点浆:熟浆根据品种的要求冷却至80~90℃,先用小木板轻轻划动豆浆使其上下翻动,边划豆浆边加卤水。盐卤放入速度要缓,打扒上下翻勺,使豆浆逐渐凝结成豆腐为止。

G. 压榨:豆脑经养花、开浆、撇去部分黄浆水后,即可上榨。榨格内先垫豆腐包布再上脑,每板上脑量要均匀,薄厚一致,四角用板列好。拢包不要太过分,以免出现秃角,上完后送入液压机成型。

H. 切块:成型后的豆腐板,经翻板机翻板后切成10 cm×10 cm×2 cm的方块,经检验合格后,再捡入铁屉中送入蒸汽高压锅内蒸10~

20 min 后取出,冷却后进入下道工序。

②前期发酵。

将已冷却的豆坯块一层层地码入腌池内,并码一层撒一层盐。第一次用盐为所需盐量的2/3,腌制 24 h 后倒坯一次,再用第二遍盐,用盐量为总量的 1/3,腌制 48 h 即可。将腌制后的盐坯用温水稍洗净后,装入塑料筐内,改切成小块后摆放在木花盘上,接微球菌液至其上,码入前发酵室进行前期培菌发酵。3d 后倒垛一次,7 ~ 8 d 后,视菌坯呈黄红色为成熟。将成熟的菌坯送入干燥室,在不超过 60℃ 的高温下干燥 12 h 左右。坯子的软硬适度,有弹性,水分收缩率在 20% 左右。

③后发酵。

A. 配汤:将面曲、红曲及中药粉用 16°Bé 盐水浸泡 48 h 后,用磨反复磨两遍,再配入酒精含量为 60% 的白酒,搅匀备用。

B. 装缸:将干燥后的菌坯一层层码入坛内,每块之间要有0.5 mm 间隙,并码一层浇一层配汤,坯子离坛口 10 cm 左右,最上一层要装得紧一些,完毕后再加入 5 cm 深的第二遍汤,以备发酵时损耗。

C. 后发酵:大坛加入第二遍汤后,送入后发酵室,封盖、码垛、封库后在 30℃ 的温度下发酵 4 ~5 个月后,即成成品。

3. 质量指标

(1)感观指标

色泽鲜艳,质地细腻而柔软,味道鲜美而绵长,具有特殊的芳香气味。

(2)理化指标

水分≤55.2%,食盐(以氯化钠计)8% ~10%,蛋白质含量 13% 以上,氨基酸态氮 0.8% 以上,总糖 5.0%。铅含量(以铅计)≤ 1.0 mg/kg,总砷含量(以砷计)≤0.5 mg/kg,黄曲霉毒素 B_1 ≤ 5 μg/kg,食品添加剂符合 GB 2760 相关规定。

(3)微生物指标

符合 GB 2712 及其相关食品安全国家标准。

六、夹江豆腐乳

夹江豆腐乳产于四川省夹江县。色乳黄或灰黄，块形均匀，滋味鲜美，芳香扑鼻，细腻无渣，余味绵长。创始于清咸丰十年，1926年起，历届省劝业会上均曾获奖；1980年被评为四川省优质产品；1981年、1983年连续被评为商业部优质产品。夹江豆腐乳已有100多年的历史，以芳香扑鼻、红腻化渣、鲜美可口的特色驰名中外。

1. 原料与配方

原料为大豆，1000 kg产豆腐坯1万块（5 cm×4 cm×1.8 cm），辅料为：广木香1.5 kg、丁香1.3 kg、小茴香5 kg、排草2.6 kg、灵草2.6 kg、甘松3 kg、陈皮6 kg、八角8 kg、三柰6 kg、花椒5 kg、冰糖30 kg、红米30 kg、桂皮0.65 kg、食盐2000 kg、52°白酒2500 kg。

2. 工艺流程及其操作要点

（1）工艺流程

选料→浸泡→磨浆→浆渣分离→煮浆→点浆→养花→压榨→划块→豆腐坯→摆块→接种→培养→搓毛→腌坯→装坛→后发酵→成品

（2）操作要点

①豆腐压榨成坯后，在常压下蒸30 min，排净点卤水，划块后摊晾12～14 h，再用常压蒸2 h左右，使豆腐坯达到适宜接种的湿度，将其放入霉房。

②在每年开始生产时，将毛霉菌种进行扩大培养后，得到的菌液接种于霉房内的各用具上，控制霉房温度在15～20℃；以后连续生产时，靠自然接种长霉，4～5 d即可。

③待毛霉坯变黄后，即入坛，放一层坯，加一层香盐，底轻面重，装坛一半，灌酒浆一次，装满后再灌满酒浆，撒面盐，用两层塑料纸密封坛口，经夏季暑热后成熟。

④香盐制法：将广木香、桂皮等11味香料炒熟，粉碎后与盐混匀即成。

⑤酒浆制法：将冰糖溶于52%～57%（酒精体积分数）的白酒中

即为酒浆。制红腐乳时,需加入红米用以增色。

四川有些地区生产腐乳的方法与此法类似,腐乳品质也较好,如忠县豆腐乳。

3. 质量指标

(1)感观指标

色泽乳黄,质地细腻而有光泽,香气浓郁,味道鲜美,咸淡适口。

(2)理化指标

水分≤67%,总酸≤1.3%,氨基酸态氮0.67%以上,还原糖0.15%以上,无盐固形物7%~9%,蛋白质11%~12%。铅含量(以铅计)≤1.0 mg/kg,总砷含量(以砷计)≤0.5 mg/kg,黄曲霉毒素B_1≤5 μg/kg,食品添加剂符合GB 2760相关规定。

(3)微生物指标

符合GB 2712及其相关食品安全国家标准。

七、江苏新中糟方腐乳

新中酿造厂创建于1956年,产品具有香味浓郁、质地细腻、口感酥糯、乳汁醇厚清亮、营养丰富、健脾开胃的特点,是调味品中的佳品。新中腐乳被评为“中国名特腐乳”称号,并被评为中国调味品协会和江苏省消费者协会推荐产品,荣获首届中国食品博览会金奖、中国国际农业博览会金奖等多项殊荣。

1. 原料与配方(1000瓶糟方腐乳配料配方)

原料:大豆,16~20°Bé卤水,毛霉菌种,食盐。

辅料配方:酒精含量16%的混合酒(酒酿+白酒)250 kg,糯米糟10 kg,白砂糖18 kg,面曲6 kg。

2. 工艺流程及其操作要点

(1)工艺流程

大豆→除杂→浸泡→磨浆→浆渣分离(滤浆)→煮浆→制坯→接种、摆坯→前发酵(培养)→腌坯→装罐、配料→后发酵(入库)→整理→检验→出厂

(2)操作要点

①腐乳制坯。

A. 大豆:大豆浸泡前必须经筛豆机筛选处理,除去泥沙、砖屑等杂质。

B. 浸泡:大豆经洗涤后加水浸泡。浸泡时间冬季一般为20~24 h,春、秋季一般为12~14 h,夏季6~8 h,浸豆水为大豆量的3.5~4倍,同时加入豆量的0.2%~0.3%的纯碱(方法:先溶解,后倒入),开耙拌匀。要按豆质分批分池进行浸泡,以免浸豆时间过长或过短,影响坯质和出品率。浸豆标准是豆胀后不露出水面;两瓣劈开成平板;水面不起泡沫或有少量气泡;pH值在7.0左右。

C. 磨浆:滤去浸泡水,将浸泡后的大豆用清洁水冲洗干净即可磨豆。磨豆时同时加入三浆水,并掌握流速,保持稳定。要求豆浆细腻、均匀,用手指捻摸无粒感,呈乳白色。

D. 分离(滤浆):利用离心机将豆浆与豆渣分离,用清水洗涤3次,以降低豆渣中残留的蛋白质,提高原料利用率。

E. 煮浆:将符合工艺要求的生豆浆送至煮浆桶内,煮浆时要随时观察温度表,到94℃左右即发生起泡沫现象时调小进汽量,防止豆浆溢出。

F. 制坯:将市售浓盐卤配成16~20°Bé的卤水稀液。待浆煮熟送入点浆桶后,温度下降到80~85℃时,用稀盐卤以细流缓缓滴入热豆浆中,同时用勺在豆浆中轻轻左右划动,使桶内豆浆全部上下翻转,即浆水上翻,再连同卤水下降。如此循环,直至蛋白质渐渐凝固而与水分离,再把少量盐卤浇在面上。然后静置养浆3~5 min,使蛋白质进一步凝固。压榨时需逐步缓慢加压,一般要求腐乳坯有弹性,无蜂眼,结构细密,水分在68%~72%。再用划刀根据产品要求切成规格不同的腐乳坯。

G. 划块:将压成的整板取下,去布,平铺于板上,按规格划成正方形小块(35 mm×35 mm),放在铁架上,使其自然冷后接入毛霉菌种悬浮液,冷却后的坯板叠放不宜超过3块,防止水分被压出。划块的边角料用胶体磨粉碎成糊状后加入点浆桶中,重新点浆。

②前期发酵。

A. 菌种悬浮液的制备:首先选择优良的克氏瓶(盒)扩大菌种,用

75%酒精溶液清洁瓶口和勾针,将瓶内(盒)培养基全部勾出,放入清洁的容器内,每瓶(盒)加冷开水 750 ~ 1000 mL,夏季加水量适当减少。每 100 kg 大豆使用 2.6 瓶种子。待充分拌匀后用清洁布滤去培养基,防止麸皮落入接种液内影响喷菌。滤过的悬浮液(要求新鲜)作接种用。

B. 接种:接种是前期发酵的重要一环。将冷却好的豆腐坯摆入不锈钢笼车内,侧面竖立放置,均匀排列,每块四周留有空隙。用喷枪把悬浮液喷雾接种在豆腐坯上。要求喷射均匀,使毛霉生长一致。接种后,待坯块表面水分吹干后方可入室、盖布。

C. 培养:霉坯培养所需的时间与室温、品温、含水量、接种量及装笼、堆笼的条件有关。温度高、接种量大生长较快,反之较慢。一般室温要求控制在 20 ~ 24℃,冬季略高一些。豆腐坯自接种后 10 ~ 12 h开始发芽,14 h 左右开始生长,至 24 h 左右已全面生长,此时需翻笼一次。翻笼的作用:一是调节上下温差;二是散温,防止部分笼格内品温过高而影响质量;三是补充氧气。到 32 h 时菌丝大部分成熟,需第二次翻笼 40 h 左右,可扯开晾花,使其老化,增强酶的作用,经迅速冷却后将发酵中的霉气散发,毛霉培养期间,要求加强技术管理,认真掌握温度,及时翻笼、养花、晾花。晾花应掌握在菌种全面生长情况下进行,过早会影响菌的生长、繁殖,过晚会因温度升高而影响质量,如发黄、起泡等。

③后期发酵。

A. 搓毛:毛坯凉透后即可搓毛。搓毛前首先进行感官检查,发现生长不良、有异味的坯块及时剔除,另行处理。搓毛时把每块相互依连的菌丝分开搓断,再行合拢,整齐排列在笼格内,准备腌制。

B. 腌制:将完成搓毛的毛坯运至腌坯地点,准确计量后腌制。腌坯前先将容器洗净擦干,在底部薄薄地撒上一层食盐,取出笼格内的毛坪腌制,每摆满一层后撒入一层食盐,直至摆满为止,要求坯块之间互相轧紧。腌制两天后,卤汁要全部淹没毛坯,如发现坯块未被卤水浸没,应及时添加 20°Bé 的盐水或配好的毛花卤,以便增加上层的咸度。腌制时间为 5 ~6 d,每 100 kg 豆腐坯块的用盐量视季节、品种可在 19 ~ 20 kg 范围内变化。在装瓶前一天将腌坯容器内的卤水取出，放置 12 h，使每块腌坯干燥收缩后备用。

C. 装罐：糟醅、面曲、米酒、白酒等必须符合质量指标。装瓶前先把容器内腌坯取出，搓开，再点块计数装入广口瓶内。根据腐乳的不同品种，添加不同配料。不同规格的容器装入不同的块数，并分层加入面曲、糟醅。

腐乳后期发酵是在储藏过程中进行的，这是利用腐乳坯上生长的微生物与配料中的各种微生物所分泌的酶，在自然常温条件下所引起的生物化学作用，促进腐乳在瓶中发酵成熟，形成了特有的色、香、味。

D. 成品：腐乳发酵成熟后，检验合格后方可进行整理。首先将瓶外壁洗净擦干，拧开瓶盖，去除盖膜，瓶口抹净，用清洁纱布蘸 75% 的酒精消毒，扎上新的无菌薄膜，去除瓶外污物，贴上合格商标。

3. **质量指标**

(1)感官指标

香味浓郁、质地细腻、口感酥糯、乳汁醇厚清亮。

(2)理化指标

水分 74% 以下，食盐(以氯化钠计)6.5% 以上，蛋白质含量 13% 以上，氨基酸态氮 0.35% 以上，总酸 1.3% 以下。铅含量(以铅计)≤1.0 mg/kg，总砷含量(以砷计)≤0.5 mg/kg，黄曲霉毒素 B_1 ≤5 μg/kg，食品添加剂符合 GB 2760 相关规定。

(3)微生物指标

符合 GB 2712 及其相关食品安全国家标准。

八、重庆石宝寨牌忠州腐乳

忠州腐乳始于唐代，盛于清朝，历来以质纯细腻、清香味美而著称，千余年来长盛不衰。1924 年曾在全国手工艺产品展览会上获奖，1979 年被评为四川省优质产品。如今畅销全国各地，产品已打入我国港澳地区及国际市场。忠州腐乳所用菌种系以清雍正十二年启用至今的霉房分离而得，其酶系多样性和分解力为全国独有。香料配方,一直沿用祖传秘方。生产过程采用传统与现代工艺相结合,已形成流水线规模化生产。

1. 原料与配方

原料:大豆,老水(酸水),高大毛霉菌种,食盐。

辅料配方:广木香3.5%,丁香3%,茴香12%,排草6%,灵草6%,甘松7.5%,陈皮14%,八角19%,山柰14%,花椒12%,桂皮3%。

2. 工艺流程及其操作要点

(1)工艺流程

大豆→净选→浸泡→磨豆→分离→煮浆→点浆→养花→压榨→豆腐白坯→冷却→接种→培菌(高大毛霉菌种)→腌坯(食盐)→装坛(配制老汤)→后熟→成品

(2)操作要点

①制坯。

A. 浸泡:浸泡时间长短要根据气温高低的具体情况决定,一般冬季气温低于15℃时,泡12~16 h,春秋季气温在15~25℃时,泡8~10 h;夏季气温高于30℃时仅需4~8 h。泡豆程度的感官检查标准是掰开豆粒,两片子叶内侧呈平板状,但泡豆水表面不出现泡沫。泡豆水用量为大豆容量的4倍左右,一般膨胀率为120%左右。

B. 磨豆:将浸泡适度的大豆,连同适量的三浆水均匀送入磨孔,磨成细腻的乳白色的连渣豆浆。在此过程中使大豆的细胞组织破坏,大豆蛋白质得以充分溶出。掌握流速,保持稳定。要求豆浆细腻、均匀,用手指拈摸无粒感,呈乳白色。

C. 滤浆:将磨出的连渣浆及时送入滤浆机(或离心机)中,将豆浆与豆渣分离,并反复用温水套淋3次以上。一般100 kg大豆可滤出5~6°Bé的豆浆1000~1200 kg(测定浓度时要先静置20 min以上,使浆中的豆渣沉淀)。

D. 煮浆:滤出的豆浆要迅速升温至沸(100℃),如在煮沸时有大量泡沫上涌,可使用消泡油或使用消泡剂消泡。生浆煮沸要注意上下均匀,不得有夹心浆。消泡油不宜用量过大,以能消泡为度。

E. 点浆:采用老水点浆。待黄泔水(又称黄浆水或豆清液)酸化后，冲对豆浆，使豆浆中的蛋白质凝固，形成豆花。点浆是关系到豆腐乳出品率高低的关键工序之一，点浆时要注意正确控制4个环节：点浆温度(80±2)℃；pH值5.5～6.5；凝固剂浓度(如用盐卤，一般要12～15°Bé)；点浆时间不宜太快，凝固剂要缓缓加入，做到细水长流，通常每桶熟浆点浆时间需3～5 min，黄浆水应澄清不浑浊。

F. 养花：豆浆中蛋白质凝固有一定的时间要求，并保持一定的反应温度，因此养花时最好加盖保温，并在点浆后静置10～20 min。点浆较嫩时，养花时间相对应延长一些。

G. 压榨：豆花上箱动作要快，并根据花的老嫩程度，均匀操作。上完后徐徐加压，一般分4～5次压成，豆腐框架不再连续溢水，可开榨取出白坯进行冷却，划块最好待坯冷后再划，以免块形收缩，划口当致密细腻，无气孔。

H. 注意事项：制坯过程要注意工具清洁，防止积垢产酸，造成"逃浆"，出现"逃浆"现象时，可试以低浓度的纯碱溶液调节pH至6.0。再加热按要求重新点浆。如发现豆浆pH高于7.0时，可以用酸黄浆中和，调节pH值，至达蛋白质的等电点。

②前期发酵。

A. 菌种制备：试管培菌用豆芽培养基，二级种子用麸皮培养基。将已充分生长的毛霉麸曲用已经消毒的刀子切成2.0 cm×2.0 cm×2.0 cm的小块，低温干燥磨细备用。

B. 接种：在腐乳坯移入"木框竹底盘"的笼格前后，分次均匀洒播裁曲菌种，用量为原料大豆重量的1%～2%。接种温度不宜过高，一般温度控制在40～45℃这个范围，然后将坯均匀侧立于笼格竹块上。霉菌也可培养成液体菌种进行喷雾接种。

C. 培菌：腐乳坯接种后，将笼格移入培菌室，呈立柱状堆叠，保持室温25℃左右。约20 h后，菌丝繁殖，笼温升至30～33℃，要进行翻笼，并上下互换。以后再根据升温情况将笼格翻堆成"品"字形，先后3～4次，以调节温度。入室72～96 h后，菌丝生长丰满，不黏、不臭、不发红，即可移出(培养时间长短与不同菌种、温度和其他环境条件有关，应根据实际情况掌握)。

③后期发酵。

A. 腌坯:腐乳坯经短时晾笼后即进行腌坯。

腌坯有缸腌、箩腌两种。缸腌是将毛坯整齐排列于缸(或小池)中,缸的下部有中留圆孔的木板假底。将坯列于假底上,顺缸排成圆形,并将毛坯未长菌丝的一面(贴于竹块上的一面)靠边,以免腌时变形。要分层加盐,逐层增加。腌坯时间 5 ~ 10 d。腌坯后盐水逐渐自缸内圆孔中浸出,腌渍期间还要在坯面淋加盐水,使上层毛坯含盐均匀。腌渍期满后,自圆孔中抽去盐水,干置一夜,起坯备用。箩腌是将毛坯平放竹箩中,分层加盐,腌坯盐随化随淋,腌两天即可供装坛用。

B. 装坛:将腌制好的腐乳坯装入容器内,加入浸提好的香料酒、辅料,密封存放于发酵库,控温发酵。

C. 包装与储藏:腐乳按品种配料装入坛内,加盖,用纸花扎紧盖边,放一层纸,用石灰拌煤渣呈糊状封坛口,待封口稍干后,再抹一次封口。将腐乳坛放在阴凉仓库中,一般六个月成熟。

3. 质量指标

(1)感官指标

外观为乳黄色,鲜艳而有光泽,块型整齐,质纯细腻,清香味美,入口化渣,余味绵长。

(2)理化指标

水分 74% 以下,食盐(以氯化钠计)6.5% 以上,蛋白质含量 13% 以上,氨基酸态氮 0.35% 以上,总酸 1.3% 以下。铅含量(以铅计)≤ 1.0 mg/kg,总砷含量(以砷计)≤0.5 mg/kg,黄曲霉毒素 B_1 ≤ 5 μg/kg,食品添加剂符合 GB 2760 相关规定。

(3)微生物指标

符合 GB 2712 及其相关食品安全国家标准。

九、广东美味鲜白腐乳

广东美味鲜调味食品有限公司是我国调味品的主要生产和出口基地之一。拥有厨邦、美家、美味鲜岐江桥三大品牌。

1. 原料与配方(按10000瓶豆腐乳计)

原料:大豆,酸水,毛霉菌种,食盐。

辅料配方:酒精含量为16% ~18%的混合酒460 g,食盐460 g,辣椒45 kg。

2. 工艺流程及其操作要求

(1)工艺流程

酸水←发酵←黄泔水
↓　　↑
大豆→浸泡→洗豆→磨豆→滤浆→磨浆→煮浆→点浆→蹲脑→排水→上榨→压榨→划块、排坯→接种→培养→腌制→沥干→后期发酵→换汁→成品

(2)操作要点

①制坯。

A. 大豆挑选:选用优质的东北非转基因大豆,要求原料新鲜,颗粒饱满,无虫蛀,无霉变及杂质。水分含量≤14%,蛋白质含量≥36%。

B. 浸泡:浸豆时间要根据大豆品种、新豆和陈豆来确定具体时间,以质量指标为准。一般加入大豆体积2.5倍的水,浸泡时上层豆粒不允许露出水面。

C. 磨豆:利用电动砂轮磨将大豆磨成细度适中的豆糊,加水量以豆糊不发热为准。磨出的浆汁要求清稠适合,颜色淡黄,不夹泡发热,豆糊细匀,手感无颗粒。

D. 点浆:采用酸水点浆。一般酸水的pH小于等于4.0。待黄泔水(豆清发酵液)酸化后,冲对豆浆,使豆浆中的蛋白质凝固,形成豆花。

E. 蹲脑:豆浆中蛋白质凝固有一定的时间要求,并保持一定的反应温度,因此蹲脑时最好加盖保温,并在点浆后静置15 ~20 min。点浆较嫩时,蹲脑时间相对应延长一些。

F. 压榨:豆花上箱动作要快,并根据花的老嫩程度,均匀操作。

上完后徐徐加压，一般分 4 ~ 5 次压成，豆腐框架不再连续溢水，可开榨取出白坯进行冷却，划块最好待坯冷后再划，以免块形收缩，划口当致密细腻，无气孔。

②前期发酵。

A. 毛霉菌种的制作。

菌种→固体斜面培养→麦麸培养基扩大培养→毛霉悬浮液的制备

B. 前期发酵（培菌）。

a. 接种：将排入胶格中的白坯降温到 40℃ 以下，用喷枪将菌种悬浮液均匀地喷洒于白坯表面，喷种时喷枪尽可能与乳坯垂直，确保乳坯五面均匀接到菌种。

b. 前期发酵温度控制在 25 ~ 28℃，相对湿度 90% ~ 98%。一般经过 24 h 以上发酵后，发酵逐渐进入旺盛期，品温逐渐上升。要注意发酵情况，根据具体情况转格一次，调节上下温差及补充空气。酵房内有氨味，此时可判断豆腐坯已成熟，应及时开门晾花。

③后期发酵。

A. 腌制：首先在箱底撒上薄薄的一层盐，然后将毛抹倒，一层毛坯一层盐，直至腌满塑料箱。在腌制过程中下层坯可以少放些盐，越往上面要求盐越多一些，最上一层的乳坯要撒一层较多的封面盐，最后盖上压板。时间控制在 48 h 左右。

B. 沥干未溶化的盐粒，用盐水漂洗，然后自然沥干 2 h 后装瓶。沥干乳坯手感稍湿不黏手，表面无水渍，呈浅黄色，无异味，有毛霉特有的香味及咸味。

C. 后期发酵温度控制在 25 ~ 35℃，夏季一般 45 d 成熟，冬季 100 d左右。

④包装。

A. 检验：美味鲜腐乳执行 SB/T 10170 标准，因此半成品经过后期发酵成熟后，需抽样检查，合格后方可包装生产。

B. 清洗：半成品在后期发酵时间较长，瓶底表面比较脏，因此必须经过洗瓶机洗干净，同时沸水洗，灭菌后吹干。

C. 挑选：将发酵异常的产品挑选出来并进行相应处理，良好品进入下一工序包装。

D. 换汁：经挑选后的良好品通过自动倒汁机将半成品腐乳汁倒出，并收集，重新灌入经过处理后的成品汁。

E. 包装：加完腐乳汁后通过洗瓶机再次清洗瓶体表面，并在瓶口处喷洒75%的酒精消毒，然后封口、贴标、喷码，最后按要求封膜或装箱。

3. 质量指标

(1)感官指标

呈乳黄色，色泽基本一致，滋味鲜美，咸淡适口，具有白腐乳特有香味，无异味；块形整齐，质地细腻，无外来可见杂质。

(2)理化指标

水分74%以下，食盐(以氯化钠计)6.5%以上，蛋白质含量13%以上，氨基酸态氮0.35%以上，总酸1.3%以下。铅含量(以铅计)≤1.0 mg/kg，总砷含量(以砷计)≤0.5 mg/kg，黄曲霉毒素 B_1 ≤5 μg/kg，食品添加剂符合GB 2760相关规定。

(3)微生物指标

符合GB 2712及其相关食品安全国家标准。

十、湖南十八子腐乳

1. 原料与配方

原料：大豆100 kg，老水(酸水)250 kg，食盐2 kg，辣椒0.5 kg，白酒(52%以上)0.5 kg。

2. 工艺流程及其操作要点

(1)工艺流程

大豆→净选→浸泡→磨豆→滤浆→煮浆→点浆→养花→压榨→豆腐白坯→冷却→摆坯接种→搓毛→装坛腌坯→后熟→成品

(2)操作要点

①制坯。

A. 浸泡：浸泡时间长短要根据气温高低的具体情况决定，一般冬季气温低于15℃时，泡12～16 h，春秋季气温在15～25℃时，泡8～10 h；夏季气温高于30℃时仅需4～8 h。泡豆程度的感官检查标准是掰开豆粒，两片子叶内侧呈平板状，但泡豆水表面不出现泡沫。泡豆水用量为大豆容量的4倍左右，一般膨胀率为120%左右。

B. 磨豆：将浸泡适度的大豆，连同适量的三浆水均匀送入磨孔，磨成细腻的乳白色的连渣豆浆。在此过程中使大豆的细胞组织破坏，大豆蛋白质得以充分溶出。掌握流速，保持稳定。要求豆浆细腻、均匀，用手指拈摸无粒感，呈乳白色。

C. 滤浆：将磨出的连渣浆及时送入滤浆机（或离心机）中，将豆浆与豆渣分离，并反复用温水套淋3次以上，一般100 kg大豆可滤出5～6°Bé的豆浆1000～1200 kg（测定浓度时要先静置20 min以上，使浆中豆渣沉淀）。

D. 煮浆：滤出的豆浆要迅速升温至沸（100℃），如在煮沸时有大量泡沫上涌，可使用消泡油或使用消泡剂消泡。生浆煮沸要注意上下均匀，不得有夹心浆。消泡油不宜用量过大，以能消泡为度。

E. 点浆：采用老水点浆。待黄泔水（又称黄浆水或豆清液）酸化后，冲对豆浆，使豆浆中的蛋白质凝固，形成豆花。点浆是关系到豆腐乳出品率高低的关键工序之一，点浆时要注意正确控制4个环节：点浆温度（80±2）℃；pH值5.5～6.5；凝固剂浓度（如用石膏，一般要0.2%～0.5%）；点浆时间不宜太快，凝固剂要缓缓加入，做到细水长流，通常每桶熟浆点浆时间需3～5 min，黄浆水应澄清不浑浊。

F. 养花：豆浆中蛋白质凝固有一定的时间要求，并保持一定的反应温度，因此养花时最好加盖保温，并在点浆后静置10～20 min。点浆较嫩时，养花时间相对应延长一些。

G. 压榨：豆花上箱动作要快，并根据花的老嫩程度，均匀操作。上完后徐徐加压，一般分4～5次压成，豆腐框架不再连续溢水，水分控制在80%以下，可开榨取出白坯进行冷却，划块最好待坯冷后再划，以免块形收缩，划口当致密细腻，无气孔。

②前期发酵。

将白豆腐坯摆放在干稻草上，然后盖上干稻草，一层白豆腐坯一层干稻草，豆腐坯和干稻草应均匀摆放，保持室温25℃左右，5～7 d后，菌丝生长丰满，不黏、不臭、不发红，即可移出（培养时间长短与温度和其他环境条件有关，应根据实际情况掌握）。

③后期发酵。

A. 腌坯：腐乳坯经短时晾笼后即进行腌坯。腌坯有缸腌、坛腌两种。将毛坯搓毛，整齐排列于缸（或坛）中。将辣椒粉、盐和白酒拌匀，然后再分层，一层豆腐坯加一层调味料，逐层增加。

B. 装坛：将腌制好的腐乳坯装入容器内，密封存放，自然发酵，发酵时间为20～30 d。

C. 包装：将后发酵的产品进行包装。

3. 质量指标

（1）感官指标

外观为乳黄色，鲜艳而有光泽，块型整齐，质纯细腻，香辣适宜。

（2）理化指标

水分74%以下，食盐（以氯化钠计）6.5%以上，蛋白质含量13%以上，氨基酸态氮0.35%以上，总酸1.3%以下。铅含量（以铅计）≤1.0 mg/kg，总砷含量（以砷计）≤0.5 mg/kg，黄曲霉毒素 B_1 ≤5 μg/kg，食品添加剂符合GB 2760相关规定。

（3）微生物指标

符合GB 2712及其相关食品安全国家标准。

第五节　臭豆腐

臭豆腐（Stinkytofu）是中国传统特色小吃之一，在各地的制作方式、食用方法均有相当大的差异，有北方和南方的不同类型，臭豆腐在南方又称臭干子。其名虽俗气，却外陋内秀、平中见奇、源远流长，是一种极具特色的中华传统小吃，古老而传统，令人欲罢不能。在中国及世界各地的制作方式和食用方式均存在地区上的差异，其味道也差异甚大，但都具有“闻起来臭、吃起来香”的特点。长沙和南京的臭豆腐相当闻名，台湾、浙江、上海、北京、武汉、玉林等地的臭豆腐也颇有名气。天津街头多为南京臭豆腐，为灰白豆腐块油炸成金黄色，臭味很淡。南方街头的臭豆腐多以“长沙臭豆腐”为招牌，同样是油炸，但是内部中空且为黑色，臭味更为突出。

一、长沙臭豆腐

“长沙油炸臭豆腐”是20世纪50年代以后的名称，过去叫“油炸豆腐”，避免了一个“臭”字。它起源于长沙豆腐，大约有100年历史了，以火宫殿的产品最有名。“长沙油炸臭豆腐”在1997年12月被评为300多种“中华名小吃”之一。

1. 原料与配方

大豆5 kg，辣椒油250 g，茶油1 kg，麻油150 g，酱油500 g，卤水15 kg，粗盐100 g，熟石膏300 g，青钒75 g。

2. 工艺流程及其操作要点

(1)工艺流程

大豆→浸泡→洗豆→磨豆→滤浆→煮浆→点浆→蹲脑→排水→上榨→压榨→卤水

↓

划块→排坯→浸泡→冲洗→沥下→炸制→调味→成品

↑ ↑

茶油 辣椒油、酱油、麻油

(2)操作要点

①将大豆加入浸泡桶中，加入水（软水做的豆腐品质细腻有弹性，软水pH值为6.5~7.5）至淹没大豆，用捞筛翻动大豆，使豆壳、豆杆等杂物浮出水面并用捞筛除去。

②根据下豆量来调节水量并控制豆浆浓度，得到一浆。同时清水与第一次磨浆分离出的豆渣进行第二次磨浆，得到二浆，将一浆和二浆混合后豆浆浓度控制在(10.0±1.0)°Brix。

③豆浆的冲浆温度在80~85℃，冲浆为大桶倒入豆浆缸中，动作要一次性完成，冲浆后，等待豆浆静止1 min左右，查看豆腐脑老嫩状

态，确认效果后再冲下一锅。豆腐脑偏嫩需增加石膏量，偏老需减少石膏量。

④冲好后蹲脑时间 10 ~ 15 min，使脑花凝固到合适的老嫩程度才开始上箱（框）。

⑤将洗净的豆腐布覆盖在模具上，摊布时要将包布四角与箱子四角错开紧贴内壁，底部要四角平正，方便将豆腐脑舀入箱子内，为使豆脑在成型时受压均匀。

⑥臭豆腐坯子要求含水量高，用不锈钢盆装 8 ~ 9 kg 豆腐脑进行浇注，在浇制时注意落手要轻快，动作利索，箱子内豆腐脑要均匀，四角不缺豆腐脑，中间部位豆腐脑宜多于四周。

⑦注意包布平整，叠放松紧适度，过紧会导致豆腐块过小，过松会导致豆腐边角料过多。

⑧箱子需摆放整齐，不可歪斜。上箱完成后，在最上面放置一个大的木压板。利用自身的重量，把水分缓慢挤压出来，静置 5 min 后待压到坯子滴水断线时，加压。一般总压榨时间在 50 ~ 60 min，根据冲浆后脑花老嫩决定。

⑨揭布时手要轻要快，时刻注意包布是否粘在豆腐上面，揭布结束时发现豆腐过软，必须继续压榨。压榨好的豆腐等待划坯。

⑩将刀片居中对齐豆腐块，呈直线用力划到底，不可歪斜，不可因未划断导致豆腐之间牵连。横一刀，竖一刀，每次划到豆腐边时，刀片需要用力往下压划开豆腐。

⑪将做好的白胚倒入热烫桶中，热烫容器中添加青矾 0.25%。

⑫豆腐白胚必须一块一块分开，严禁粘在一起，如果白胚不能充分接触青矾水，会导致后面卤制时上色不均匀。热烫后豆腐冷却到 40 ~ 50℃时才能进入下一工序。

⑬水需发酵至起白泡后方可下豆腐，池中先放垫底筛，筛装好豆腐后，依次放入卤水池中，直至放满为止。放入卤水后，需轻轻翻动豆腐，使豆腐与卤水充分接触。

⑭卤制过程中，需随时注意观察豆腐上色情况，可选择豆腐块掰开，颜色浸入 1 mm 即可起筛。

⑮油炸臭豆腐将青矾放入桶内，倒入沸水用棍子搅开，放入豆腐浸泡2 h左右，捞出豆腐冷却。然后将豆腐放入卤水内浸泡，春、秋季需3～5 h，夏季浸泡2 h左右，冬季需6～10 h，泡好后取出，用冷开水略洗，沥干水分，再将茶油全部倒入锅内烧红，放入豆腐，用小火炸约5 min，一待焦黄，即捞出放入盘内，用筷子在豆腐中间钻一个洞，将辣椒油、酱油、麻油倒在一起调匀，放在豆腐洞里即成。

3. 质量标准

(1)感官指标

焦脆而不糊、细嫩而不腻、初闻臭气扑鼻，细嗅浓香诱人，具有白豆腐的新鲜爽口，油炸豆腐的芳香松脆。

(2)理化指标

水分不超过85%，蛋白质含量不低于8.5%，铅含量(以铅计)≤1.0 mg/kg，总砷含量(以砷计)≤0.5 mg/kg，黄曲霉毒素B_1≤5 μg/kg，食品添加剂符合GB 2760相关规定。

(3)微生物指标

符合GB 2712及其相关食品安全国家标准。

二、绍兴臭豆腐

“吴字坊臭豆腐”源于一个叫沈天明的老人，沈老的祖上几代一直都以开豆腐作坊为生，到沈老这辈，他从17岁就开始入行，在江南古城的一个小镇上，以油炸“臭豆腐”为主业，到80岁高龄才得以歇手。60余年中，他兢兢业业、呕心沥血，在祖传工艺的基础上潜心研制、不断摸索，所制作的“臭豆腐”外酥内嫩、清咸奇鲜，味美无以伦比，亦臭亦香的特色更是独领风骚。

吴利忠独家继承了沈老的衣钵，并在原传统、落后、低效的工艺上，又进行了大刀阔斧的改进，使得“臭豆腐”的品质在原有的基础上更上了一层楼。并别具一格地为它量身定做了一个极具文化气息的包装盒，成为第一个贴上商标、搬上店铺以连锁店专卖形式销售的臭豆腐。凡尝过“吴字坊臭豆腐”者，无不赞誉其美味绝伦、前所未有，故留有“尝过吴字坊臭豆腐，三日不想肉滋味”之美名。

1. 原料与配方(100 kg 卤汁)

大豆 50 kg,苋菜梗 25 kg,竹笋根 25 kg,鲜草头(苜蓿)20 kg,鲜雪菜 20 kg,生姜 5 kg,甘草 4 kg,花椒 1 kg,食盐 1 kg。

2. 工艺流程及其操作要点

(1)工艺流程

辅料→洗净→沥干→切碎→煮透→冷却→自然发酵→臭卤
↓
大豆→浸泡→洗豆→磨豆→滤浆→煮浆→点浆→涨浆→浇制→压榨→划坯→浸泡→冲洗→沥干→炸制→调味→成品

(2)操作要点

①臭卤的制作。

A. 下料时间的掌握:以苋菜生长季节为起始时间开始下料,各种物料可以根据生长季节的不同,分别按照 5 kg 鲜料加 4 kg 冷开水和 0.5 kg 食盐的比例逐一下料。即当季有什么料就先按比例下什么料,直至将配方中的料全部下完为止。

B. 制原卤:按配方将当季的鲜料(不包括雪菜)洗净、沥干、切碎、煮透和冷却后放入缸中,如有老卤在缸中更佳,甘草用刀背轻轻砸扁切成长 5~10 cm。另按比例加入花椒、食盐和冷开水(如有笋汁汤则可以直接代替冷开水)。如有雪菜则不必煮熟,直接洗净、沥干,用盐曝腌并切碎后加入。

C. 自然发酵:配料放入缸中后,让其自然发酵。一年后臭卤产生浓郁的香气和鲜味后方可使用,在自然发酵期内,要将卤料搅拌 2~3 次,使其发酵均匀。使用时,取出卤汁后,料渣仍留存在容器中,作为老卤料,让其继续发酵,这对增加卤水的风味很有好处。如果年代过久,缸中的粗纤维残渣过多,可捞出一部分,然后按比例加入部分新料,臭卤可以长期反复使用下去,越久越值钱,味道越浓郁,泡制的臭豆腐味道也越好。

②臭豆腐坯制作。

A. 点浆:制作工艺与普通盐卤豆腐相仿,但豆腐花要求更嫩一些。将盐卤(氯化镁)用水冲淡至波美度8%作凝固剂,点入的卤条要细。点浆时用铜勺搅动的速度要缓慢,才能使大豆蛋白质网状结构交织的比较牢固,使豆腐花柔软有劲,持水性好,浇制成的臭豆腐干坯子有肥嫩感。

B. 涨浆:开缸面、摊布与普通豆腐相仿。

C. 浇制:臭豆腐干的坯子要求含水量高,但又比普通嫩豆腐牢固,不易破碎。在浇制时要特别注意落水轻快,动作利索。先把豆腐花舀入铺着包布厚度为20 mm的套圈里。当豆腐花量超过套圈10 mm时,用竹片把豆花抹平,再把豆腐包布的四角包紧覆盖在豆腐花上。按此方法一板接一板地浇制下去。堆到15板高度时,利用豆腐花自身的重量把水分缓慢地挤压出来。为保持上下受压排水均匀,中途应将15层豆腐坯按顺序颠倒过来,继续压制。待压倒的坯子泄水至滴水短线为止。

D. 划坯:把臭豆腐干坯子的包布揭开后翻在平方板上,然后根据规格要求划坯[每块体积为5.3 cm×5.3 cm×(1.8~2.2)cm]。

③浸臭卤。

将豆腐坯冷透后再浸入臭卤。坯子要全部浸入臭卤中,达到上下全面吃卤。浸卤的时间为3~4 h。50 kg臭卤可以浸泡豆腐坯300块,每浸一次应加一些食盐,以增加卤的咸度。连续浸过2~3次后,可加卤2~3 kg。平均每100块臭豆腐坯耗用臭卤约250 g。食用前需用清水洗净。

④油炸。

A. 油的选择:可用猪油、茶油、菜籽油、花生油、大豆油等动植物油,以猪油较为经济和实用,以花生油最为正宗。

B. 锅、灶:锅用普通铸铁锅,灶用煤球灶、煤气灶、液化气灶均可。

C. 下锅看火候,在油温七成热时,方可把豆腐坯夹进锅内,1次可炸10块左右。注意要用慢火才能有绍兴臭豆腐的风味,豆腐坯在锅内经慢火油炸几分钟后,坯体略有膨胀,外表呈黄色而焦硬,内里嫩白。当锅内水分形成的气泡基本没有时,将豆腐捞起放在锅上边的筛网内沥油,上汤出售。

⑤调味。

用筷子把炸好的臭豆腐戳洞,夹进汤盆内上汤后装袋即可出售。汤料的配制:锅热时放入菜籽油。油热时,加适量的盐,再依次放入大蒜细末、生姜细末、辣椒粉、味精、五香粉,然后将一壶开水倒入锅内,加入酱油、芝麻油、山胡椒油、葱等调料,用锅铲搅匀即可。

3. 质量指标

(1)感官指标

臭卤浸透、不酸、不破碎、含水量高,持水性好,色泽白中带黑,黑里透白,气味臭中带香,香气浓郁,清香入味,质地绵软柔糯,爽口不腻,肥嫩溜滑,咸淡适口。

(2)理化指标

水分不超过85%,蛋白质含量不低于8.5%,铅含量(以铅计)≤1.0 mg/kg,总砷含量(以砷计)≤0.5 mg/kg,黄曲霉毒素 B_1 ≤5 μg/kg,食品添加剂符合 GB 2760 相关规定。

(3)微生物指标

符合 GB 2712 及其相关食品安全国家标准。

三、油炸臭豆腐

1. 原料和配方

大豆 5 kg,专用卤水 2500 g,酱油 50 g,青矾(硫酸亚铁)3 g,鲜汤 150 g,干红椒末 50 g,香油 25 g,精盐 8 g,味精 3 g,炸用植物油 1000 g,盐卤适量。

2. 工艺流程及其操作要点

(1)工艺流程

大豆→浸泡→磨浆→浆渣分离→煮浆→点浆→涨浆→压榨→划块→白豆腐坯→卤制→油炸→成品

(2)操作要点

①白豆腐胚的制作与其他臭豆腐的白胚一致。

②热烫:将青矾放入桶内,倒入沸水,用木棍搅动,然后将水豆腐压干水分放入,浸泡 2 h,捞出平晾凉沥去水分。

③卤制：将热烫后的白豆腐胚放入专用卤水中浸泡（春、秋季浸泡3～5 h，夏季浸泡1～2 h，冬季浸泡6～10 h），豆腐经卤水浸泡后，呈黑色的豆腐块，取出用冷开水稍冲洗一遍，平放竹板上沥去水分。

④把干红椒末放入盆内，放精盐、酱油拌匀，烧热的香油淋入，然后放入鲜汤、味精兑成汁备用。

⑤锅置中火上，放入油炸用植物油烧至六成热时逐片下臭豆腐块，炸至豆腐呈膨空焦脆即可捞出，沥去油，装入盘内。再用筷子在每块熟豆腐中间扎一个眼，将兑汁装入小碗一同上桌即可。

3. 质量指标

（1）感官指标

臭卤浸透、不酸、不破碎、含水量高，持水性好，色泽白中带黑，黑里透白，气味臭中带香，香气浓郁，清香入味，质地绵软柔糯，爽口不腻，肥嫩溜滑，咸淡适口。

（2）理化指标

水分不超过85%，蛋白质含量不低于8.5%，铅含量（以铅计）≤1.0 mg/kg，总砷含量（以砷计）≤0.5 mg/kg，黄曲霉毒素 B_1 ≤5 μg/kg，食品添加剂符合 GB 2760 相关规定。

（3）微生物指标

符合 GB 2712 及其相关食品安全国家标准。

第六节　乳酸发酵豆乳

植物基发酵豆乳是近年来研究的热点，基于大豆蛋白的优势和特点，大豆蛋白为基料的乳酸菌发酵饮品成为消费关注的焦点。大型乳制品企业介入豆奶发酵，如蒙牛乳业、伊利乳业、三元乳业和达利集团等。大豆蛋白质含量约40%，大豆蛋白中包含有18种氨基酸和人体需要的8种必需氨基酸和不饱和脂肪酸，此外，不含有胆固醇，经常食用可能对改善心血管有所帮助。以豆奶为主要原料的植物蛋白发酵饮品，由于营养丰富、风味独特、价格便宜、原料充足，所以发展非常迅速,同时,由于牛奶在我国产量严重不足,酸豆奶的开发和利用,可弥补牛奶的不足,可谓是物美价廉,是东方人或牛奶过敏者理想的饮品。

一、发酵剂

在生产酸豆乳之前,必须根据生产需要,预先制备各种发酵剂。发酵剂就是生产酸豆乳所用的特定微生物培养物。

通常制备发酵剂分三个阶段,即乳酸菌纯培养物、母发酵剂和生产发酵剂。

①乳酸菌纯培养物:一般多接种在脱脂乳、乳清、肉汁或其他培养基中;或者用升华法制成干燥粉末,供生产单位应用。它的优点是便于保存菌种、维持活力和长途运送等。生产单位取到菌种后,即可将其移植于灭菌豆乳中,供生产需要。

②母发酵剂:母发酵剂为生产发酵剂的基础。生产单位为了扩大菌种,必须将纯培养物进行扩大培养,即为母发酵剂。

③生产发酵剂:用于实际生产的发酵剂,称作生产发酵剂,也称工作发酵剂。生产单位根据实际生产数量,用母发酵剂扩大培养而制成。

(一)发酵剂用菌种的选择

发酵剂所用的菌种,随生产的酸豆乳而异。有时单独使用一个菌种,有时将两个以上的菌种混合使用。随所使用的菌种数量不同,可称单用发酵剂或混合发酵剂。乳酸菌的混合发酵剂,多以乳酸链球菌或嗜热链球菌与干酪乳杆菌或保加利亚乳杆菌混合,其组合方式随制品的种类而异。混合的目的就是利用菌种间的共生作用,互相得益。

菌种的选择对发酵剂的质量起重要作用。可根据不同的生产目的,选择适当的菌种。选择时,对菌种的产酸力等性质需特别注意。表5-3所示为发酵剂常用的微生物及其性质。

表 5－3　豆奶发酵微生物生物特性一览表

发酵剂用微生物菌种的名称	特性										
	乳酸发酵	产生丁酮酸	产气	蛋白质分解	脂肪分解	丙酸发酵	产生抗生素	细胞外形	菌落形态	发育最适宜温度/℃	极限产酸能力/°T
嗜热链球菌（*Str. thero－mophilus*）	○							链状	光滑微白，菌落有光泽		
保加利亚乳杆菌（*L. bulgaricus*）	○	△		△				长杆状，有时呈颗粒状	无色的小菌落，如棉絮状		
干酪乳杆菌（*L. casei*）	○										
嗜酸乳杆菌（*L. acidophiius*）	○	△		○			△				
乳酸链球菌（*Str. lactis*）	○	△		○	△		△	双球状	光滑微白，菌落有光泽		
柠檬串珠菌（*Leuc. citrovorum*）		○	○					单球状、双球状、长短不同的细长链状	光滑微白，菌落有光泽		
戊糖串珠菌（*Leuc. dex－tranicum*）		○	○								
丁二酮乳酸链球菌（*Str. diacetilactis*）											

注　○—各菌种通用性；△—部分菌株的性质。

（二）发酵剂的调制

1. 调制发酵剂的必要条件

要调制优质的发酵剂，必须具备下列条件。

①培养基的选择：调制发酵剂所用的培养基，原则上要与产品原料相同或相似，例如，调制乳酸菌发酵剂时最好用全乳、脱脂乳或还原乳等。作为培养基的原料乳，必须新鲜、优质。

②培养基的制备：用作乳酸菌发酵剂的培养基，必须预先杀菌，以破坏阻碍乳酸菌发酵的物质并消灭杂菌。当调制乳酸菌纯培养物和母发酵剂的培养基时，可采用高压灭菌或间歇灭菌，以达到无菌状

态。调制发酵剂的培养基,应采用90℃、60 min或100℃、30~60 min杀菌。因高温杀菌或长时间灭菌,易使牛乳褐变和产生蒸煮味。

③接种量:接种量随培养基的数量、菌的种类、活力、培养时间及温度等而异。一般调制乳酸菌发酵剂时,按脱脂乳的0.5%~1%比较合适。工业生产上需要快速出产品时,接种量可略为增加。

④培养时间与温度:培养的时间与温度,随微生物的种类、活力、产酸力、产生香味的程度及凝块形成情况等而异。

⑤发酵剂的冷却与保存:当发酵剂按照适宜的培养条件培养,并达到所要求的发育状态后,应迅速冷却,并存放于0~5℃冷藏库中。发酵剂冷却的速度,受发酵剂的数量所影响。当培养大量发酵剂时,如直接放入冷藏库中,则需要很长时间才能达到完全冷却的程度。在这段时间里,酸度继续上升,会使发酵过度。因此,必须提前停止培养,或将培养好的发酵剂置于冰水中冷却。必要时可振荡发酵剂的容器,促进冷却。发酵剂在保存中的活力随保存温度、培养基的pH等而变化,通常为1个月,如1.7℃时可保存2个月。

2.调制发酵剂必要的用具及材料

调制发酵剂时,为避免杂菌污染,接种前必须做好一切准备。必要的设备及用具有下列各种。

①干热灭菌器:供发酵剂容器及吸管等灭菌用。

②高压灭菌器:供培养基等灭菌用。

③恒温箱:供培养发酵剂用。

④发酵剂容器:带棉塞的三角瓶,容量100~300 mL。

⑤工作发酵剂容器:大型三角烧瓶或发酵罐、发酵槽等,可按生产量选择容器。

⑥灭菌吸管:容量2~5 mL,预先用硫酸纸包严,并进行干热灭菌或高压灭菌。

⑦灭菌试管:带棉塞的试管。预先进行150~160℃,2 h干热灭菌,供培养乳酸菌纯培养物用。

⑧冰箱:能调节0~5℃的冰箱,保存发酵剂用。

⑨菌种培养:用脱脂乳将新鲜脱脂乳盛于预先干热灭菌的带棉

塞试管中(乳量为试管容量的1/3)并进行间歇灭菌,供移植及复活乳酸菌纯培养物用。

3. **调制发酵剂的具体方法**

①纯培养物的复活及保存:从菌种保存单位取来的纯培养物,通常都装在试管或安瓿中。由于保存和运送等影响,活力减弱,故需反复接种,以恢复其活力。

接种时先将接菌种的试管口用火焰灭菌,然后打开棉塞,用灭菌吸管从底部吸取1~2 mL纯培养物(即培养在脱脂乳中的乳酸菌种),立即移入预先准备好的灭菌培养基中。根据采用菌种的特性,按规定,放入保温箱中进行培养。凝固后取出1~2 mL,再按上述方法移入灭菌培养基中。如此反复数次,待乳酸菌充分活化后,即可调制母发酵剂,供正式生产用。如新取用的发酵剂是粉末状的,将瓶口充分灭菌后,用灭菌铂耳取少量,移入预先准备好的培养基中。在所需温度下培养。最初数小时缓缓振荡,使菌种与培养基(脱脂乳)均匀混合。然后静止使其凝固,再按上述方法反复进行移植活化后,即可用于调制母发酵剂。以上操作均需在无菌室内进行。

②乳酸菌纯培养物的保存:如果单以维持活力为目的,只需将凝固后的菌管保存于0~5℃的冰箱中,每隔2周移植一次即可。但在正式应用于生产之前,仍需按上述方法反复接种进行活化。

③母发酵剂的调制:取新鲜脱脂乳100~300 mL(同样2份)装入经干热灭菌(160℃,1~2 h)的母发酵剂容器中,以120℃/15~20 min高压灭菌或采用100℃/30 min进行连续3d间歇灭菌,然后迅速冷却至25~30℃。用灭菌吸管吸取适量纯培养物(约为培养母发酵剂用脱脂乳量的1%)进行接种后放入保温箱中,按所需温度进行培养。凝固后再移植于另外的灭菌脱脂乳中。如此反复接种2~3次,使乳酸菌保持一定活力,然后用于调制生产发酵剂。

④生产发酵剂(工作发酵剂)的调制取实际生产量1%~2%的脱脂乳,装入经灭菌的生产发酵剂容器中,以100℃/30~60 min杀菌并冷却至25℃左右。然后无菌操作添加母发酵剂(生产发酵剂用脱脂乳量的1%),加入后充分搅拌,使其均匀混合,然后在所需温度下进

行保温,达到所需酸度后,即可取出贮于冷藏库中待用。

当调制生产发酵剂时,为了使菌种的生活环境不致急剧改变,生产发酵剂的培养基最好与成品原料相同。

4. 发酵剂的质量要求及测定

①发酵剂的质量要求凝块需有适当的硬度,均匀而细滑,富有弹性,组织均匀一致,表面无变色、龟裂、产生气泡及乳清分离等现象;需具有优良的酸味与风味,不得有腐败味、苦味、饲料味及酵母味等异味;凝块完全粉碎后,质地均匀,细腻滑润,略带黏性,不含块状物;按上述方法接种后,在规定时间内产生凝固,无延滞现象。活力测定时(酸度、感官、挥发酸、滋味)符合规定指标。

②发酵剂的质量检查。

A. 感官检查:首先观察发酵剂的质地、组织状况、色泽及乳清分离等。其次用触觉或其他方法检查凝块的硬度、黏度及弹性等。然后品尝酸味是否过高或不足,有无苦味和异味。

B. 化学性质检查:这方面的检查方法很多,最主要的为测定酸度和挥发酸。酸度一般用滴定酸度来表示,以 0.8% ~1%(乳酸度)为宜。测定挥发酸时,可取发酵剂 250 g 于蒸馏瓶中,用硫酸调整 pH 为 2.0 后,用水蒸气蒸馏,收集最初的 100 mL 用 0.1 mol/L 氢氧化钠滴定。

C. 细菌检查:用常规方法测定总菌数和活菌数,必要时选择适当的培养基测定乳酸菌等特定的菌群。

D. 发酵剂的活力测定:发酵剂的活力可利用乳酸菌的繁殖而产生酸和色素还原等现象来评定。活力测定的方法必须简单而迅速,可任选酸度测定或刃天青还原试验方法。酸度测定法是在高压灭菌后的脱脂乳中加入 3% 的发酵剂,并在 37.8℃的恒温箱内培养 3.5 h,然后测定其酸度。如酸度为 0.4% 则认为活力较好,并以酸度的数值(此时为 0.4)来表示。刃天青还原试验:脱脂乳 9 mL 中加发酵剂 1 mL和 0.005% 刃天青溶液 1 mL,在 36.7℃的恒温箱中培养 35 min 以上,如完全褪色则表示活力良好。

二、原味酸豆奶

1. 原料及其配方

大豆100 kg,白砂糖80 kg,科汉森乳酸菌100 g,果胶0.1%,六偏磷酸钠0.05%。

2. 工艺流程及其操作要点

(1)工艺流程

大豆→挑选→浸泡→灭酶→磨浆→精磨→调配→预热→均质→脱气→超高温瞬时灭菌→冷却→接菌(生产发酵剂)→发酵→后熟→成品

(2)操作要点

①挑选:选用表面有光泽、无霉变、无虫蛀、颗粒饱满的大豆。

②浸泡:常温下用0.2% $NaHCO_3$溶液浸泡8 h。

③灭酶:用0.1 MPa的蒸汽蒸豆20 min,钝化大豆中的脂肪氧化酶,防止豆腥味的出现。

④磨浆:大豆与磨浆用水比例为1∶5,浆料过100目筛网,然后再过胶体磨精磨。目的是使原料进一步细化,以获得细腻的口感。

⑤均质:用板式换热器将豆乳加热到55~65℃,然后进行均质。采用两级均质处理,第一级均质压力为15~20 MPa,第二级均质压力为10 MPa。

⑥脱气:将均质后的豆乳泵入真空度为0.09 MPa的罐中,进行脱气处理。

⑦超高温瞬时(UHT)灭菌:脱气后的豆乳立即进行超高温瞬时杀菌135℃/3 s,然后迅速降温冷却至45℃。

⑧接菌、发酵:按3%的量接入1∶1的科汉森豆奶专用乳酸菌菌种,在37℃的温度下培养8~10 h,或在42℃培养4~6 h。

⑨后熟:将发酵好的产品在0~6℃的环境中进行后熟,保持24 h后即可上架销售。

3. 质量指标

(1)感官指标

乳白色略带黄，无乳清析出，豆香味醇厚，酸甜适宜，入口爽滑。

(2)理化指标

蛋白质含量≥2.0%，脂肪含量≥0.8%，食品添加剂符合 GB 2760 相关规定，其他食品安全指标符合国家食品安全标准要求。

(3)微生物指标

活菌数≥1×10^{6} CFU/mL。

三、葛根酸豆奶

1. 原料及其配方

大豆 100 kg，白砂糖 64 kg，葡萄糖 20 kg，鲜葛根 50 kg，牛奶 100 kg，科汉森菌株 100 g，维生素 C 0.5 kg，果胶 0.2%，六偏磷酸钠 0.05%。

2. 工艺流程及其操作要点

(1)工艺流程

0.02% KOH 溶液　纯牛奶　葛根汁发酵剂

大豆→浸泡→磨豆→豆浆→调配→高压均质→UHT→接种→保温发酵→无菌灌装→后熟→成品

(2)操作要点

①葛根汁制备：选用外观良好，无腐烂、无斑点的新鲜葛根，用水清洗干净表面的泥沙和杂质，接着去皮、切成小块，添加维生素 C 进行护色处理，按重量 1∶4 加去离子水打浆制成葛根汁，再用 200 目滤网，获得葛根汁，可制得色泽洁白，葛根清香味浓的葛根汁，其浓度为 0.5°Brix，备用。

②豆浆制备：挑选外观良好、颗粒饱满、无霉变的大豆，添加 0.02% KOH 溶液在 70℃浸泡 3 h，沥水，再以豆水比为 1∶6 的热水 90℃磨豆，然后将豆糊加热至 100℃用 120 螺旋挤压机进行浆渣分离，豆浆浓度为 8.5°Brix，蛋白质含量≥3.5%，并将豆浆保温待用。

③豆奶的制备：将上述豆浆与纯牛奶（蛋白质含量为 3.2%，脂肪含量为 2.8%）按照 9∶1 的比例，混合均匀制成豆奶待用。

④发酵液的调配：将预处理好的豆奶与葛根汁、白砂糖、葡萄糖、果胶和六偏磷酸钠按配方比例混合，并搅拌均匀，高压均质机均质的温度70℃，均质压力为20 MPa。

⑤灭菌：将均质后的豆奶，采用高温瞬时灭菌130℃/8 s，UHT 出口的温度设置(40 ±1)℃。

⑥接种发酵：科汉森专业豆奶发酵菌株，按照一定接种量接种到灭菌后的豆奶中，然后在42℃发酵罐中保温发酵，发酵过程中不断观察发酵情况，定期检查产品的pH 值和总酸含量，酸度达到70°T 时即可终止发酵。

⑦将发酵后的酸豆奶，搅拌，并在无菌条件下灌装到PE 瓶或纸盒等包装内。

⑧后发酵：将灌装后的产品，放在4℃的条件下进行冷藏48 h 左右，进行后熟，然后产品出库。

3. 质量指标

(1)感官指标

乳白色略带黄，无乳清析出，豆香味醇厚，酸甜适宜，略有葛根清香。

(2)理化指标

蛋白质含量≥2.5%，脂肪含量≥0.8%，葛根素含量为29.97 ±0.05 mg/kg(平均值)。食品添加剂符合GB 2760 相关规定，其他食品安全指标符合国家食品安全标准要求。

(3)微生物指标

活菌数≥1×10^{6}CFU/mL。

四、二次浆渣共熟酸豆奶

二次浆渣共熟工艺是豆制品制浆工艺比较适宜做豆奶饮品或酸豆奶的制浆工艺。该制浆工艺可以获得较高的蛋白质溶出率，豆浆的稳定性和口感均优于其他制浆工艺。二次浆渣共熟酸豆奶是广州佳明食品科技有限公司的发明专利技术，其专利号(ZL201910160741.9)。

1. 原料与配方

大豆 100 kg,白砂糖 8% ~10%,低聚糖 0.5% ~1.5%,发酵菌株 100 g(湖南君益福食品有限公司)。

2. 工艺流程及其操作要点

(1)工艺流程

大豆→浸泡→磨豆→二次浆渣共熟→浆渣分离→豆浆→调配→高压均质→UHT→接种→保温发酵→无菌灌装→后熟→成品

(2)操作要点

①浸泡:以质量计,按照 1:3 ~1:6 的豆水比将大豆在室温下浸泡 5 ~12 h;

②去皮:对浸泡好的大豆脱皮,并用去离子水清洗干净,备用;

③磨浆:以质量计,以干大豆:水 =1:4 ~1:6 的比例进行磨浆,得到豆糊;

④一次煮浆:将豆糊吸入煮浆罐内搅拌均匀,采用微压(即压强在 0.05 ~0.1 MPa 的范围内)煮浆,煮浆温度控制在 103 ~115℃,并保温 3 ~10 min;

⑤一次过滤:将经过一次煮浆的豆糊进行分离,得到一渣和一浆;

⑥二次煮浆:将 1.5 ~2.5 倍干大豆质量的去离子水加入一渣中,在煮浆罐中搅拌均匀,采用微压煮浆,煮浆温度控制在 103 ~115℃,并保温 3 ~10 min;

⑦二次过滤:将经过二次煮浆的豆糊进行分离,得到二渣和二浆;

⑧混合煮浆:以质量计,按照比例 2:1 ~4:1 将一浆和二浆混合,采用微压煮浆,煮浆温度控制在 103 ~115℃,保温 3 ~10 min,过震动筛,得混合豆浆备用;

⑨调配:按混合豆浆质量计,加入配料的比例分别为:白砂糖 8.0% ~12.0%,功能低聚糖 0.5% ~1.5%,搅拌至溶解;

⑩灭菌:在 103 ~108℃灭菌 5 ~10 min,然后迅速冷却至40 ~43℃;

⑪接种:按混合豆浆体积计,接种 2.5% ~4% 液态混合菌种工作发酵剂,搅拌均匀;

⑫发酵:42 ~44℃恒温培养 5 ~8 h,间隔检测酸度值,当酸度达到

65～75°T 或 pH 达到 4.2～4.6 时立即停止发酵；

⑬后熟：将发酵后的混合豆浆放入 2～8℃的冷库中冷藏 18～24 h，即得酸豆奶。

3. 质量指标

（1）感官指标

乳白色略带黄，无乳清析出，豆香味醇厚，酸甜适宜，入口爽滑。

（2）理化指标

蛋白质含量≥2.5%，脂肪含量≥0.8%，食品添加剂符合 GB 2760 相关规定，其他食品安全指标符合国家食品安全标准要求。

（3）微生物指标

活菌数≥1×10^6 CFU/mL。

第七节　发酵豆渣制品

一、日本豆渣发酵调味品

日本对发酵豆渣食品的研究较多。Matsuo 分别用少孢根霉（*R. oligosporus*）和米曲霉（*A. oryzae*）发酵得到 okara～tempe 和 okara～koji，以达到提高豆渣营养价值的目的。发酵豆渣蛋白消化率从 80% 提高到 84%，游离氨基酸含量从 0.02% 增加到 0.41%，游离糖从 12% 增加到 18%，纤维含量从 56.6% 降低到 49.5%，膳食纤维的含量超过 50%，但能量只相当于燕麦粉能量的一半。

1. 原料及其配方

豆渣、花生饼、面粉、麸皮、茴香、八角、蒜、胡椒、桂皮、香菇、米曲霉 As 3951。

2. 工艺流程及其操作要点

（1）工艺流程

①原料处理和制曲：

豆渣种曲┐
花生饼→混合→蒸熟↓┐
面粉→炒熟→混合→冷却→接种→通风培养→成曲

②发酵：

固态无盐发酵：成曲→粉粹→入容器→加温开水→加盖面料→保温发酵→成熟酱醅

固态低盐发酵：成曲→粉碎→入容器→拌入盐水→保温发酵→成熟酱醅

③后发酵：

成熟酱醅→制醪→后发酵→成熟→烘干→塑型→包装→成品
↑
食盐→混合←香菇浸提液与香辛料浸出液

(2)操作要点

①原料处理：将豆渣与适量花生饼充分混匀，在 121℃ 下蒸 40 min。取面粉适量，将其炒成黄色，有浓香味即可。

②制曲：取约 1/10 已炒熟的面粉，按原料总重的 1/100 加入事先用麸皮培养基制好的 As 3951 曲种，混匀并捣碎。

取已蒸熟的豆渣、花生饼混合料放在盘中，待品温降至 40℃ 时，加入炒面粉混匀，然后再加曲种混匀，铺成约 2 cm 厚，再划几条小沟，使其通气放入培养箱，箱温 28℃，经 10～12 h，曲霉孢子萌发开始，菌丝逐渐生长，曲温开始上升。进曲 16 h 后，菌丝生长迅速，呼吸旺盛，曲温上升很快，此时要保持上、中、下层曲温大体一致。到 22 h 左右曲温上升至 38～40℃，白色菌丝清晰可见，酱曲结成块状，有曲香，此时可进行第一次翻曲。翻曲后，曲温下降至 29～32℃。第一次翻曲后，将曲盘叠成“X”型，经 6～8 h，品温又升到 38℃ 左右，此时可进行第二次翻曲，此期菌丝继续生长，并开始着生黄色孢子。全期经 60 h 左右，酱曲长成黄绿色、有曲香味即可使用。

③发酵（固态低盐发酵）：将酱曲捣碎，表面扒平并压实，自然升温至 40℃ 左右，再将准备好的 12°Brix 热盐水（60～65℃）加至面层，

其加入量为干曲质量的90%,拌匀,面层用薄膜封闭,加盖保温。在发酵期中,保持酱醅品温45℃左右。发酵10 d后,酱醅初步成熟。

④制醪:在发酵完成的酱醅中,加入香菇浸提液、香辛料混合液(香辛料浸出液酱醅:香辛料液:香菇=40:6:12和酱醅质量5%的食盐,充分拌匀,于室温下后发酵3 d即成酱。

香菇、香辛料配制方法如下:

香辛料液的配制:小茴香7 g,八角8 g,胡椒4 g,桂皮6 g,蒜5 g,加水500 mL,熬煮1 h,补水至500 mL煮沸,过滤,置阴凉处备用。

香菇浸提液的配制:香菇50 g,加500 mL水浸渍3 h后,熬煮1 h,补水到500 mL煮沸,过滤,置阴凉处备用。

⑤烘干、塑形、包装:将酱平铺于瓷盘上于75℃烘箱中烘12 h后,用模具塑型,再烘12 h,冷至室温,最后用食品袋抽真空包装。

新鲜豆渣含水量高,蛋白质含量低,添加20%的花生饼,采用固态低盐发酵,发酵完成后加入香菇、香辛料浸提液进行后发酵,可在较短的时间内酿造出美味可口的调味品,为充分利用豆资源提供了新途径,同时也给有关厂家带来了一定的经济利益。

3. 指标

(1)感官指标

色泽红褐色或棕红色,略带光泽。

体态块状、无霉心、无杂质。

有酱香味,咸味淡,辛辣适口,舌觉细腻化渣,无其他异味。

(2)理化指标

水分40%~45%,葡萄糖5.1%~5.3%,食盐12%~13%,总酸0.495%,氨基酸态氮0.4%。

(3)微生物指标

大肠杆菌群不超过30 CFU/100 g,致病菌不得检出。

二、武汉霉豆渣

霉豆渣在湖南和湖北等地均有制作,但文献只有武汉霉豆渣的介绍。武汉霉豆渣的生产始于何时,无史可查,但从传统的师傅得知，霉豆渣的历史比较长久，生产工艺也无文献记载，它是一代代言传身授传下来的，它的霉制过程跟腐乳前期发酵基本一致，由此可以推测：可能是先有腐乳的生产而后有霉豆渣的生产。

1. 原料及其配方

新鲜豆渣 100 kg。

2. 工艺流程及其操作要点

（1）工艺流程

豆渣→清浆→压榨→蒸料→摊晾→成型→进霉箱→霉制→倒箱→霉制→霉豆渣

（2）操作要点

①清浆：取新鲜豆渣 100 g 约加水 200 g，并加少量做豆腐的黄浆水，在木桶或大缸中搅拌均匀，使呈糨糊状，置常温浸泡（酸化），直至豆渣表面出现清水纹路，挤出水来不浑浊为止。浸泡时间、浸泡用水量与气温有关，气温高，时间短；气温低，时间长。一般在 24 h 左右。气温高，加水多；气温低，加水少，一般为豆渣质量的 2 倍左右。

②压榨：将已清浆的豆渣装入麻袋中，进压榨设备，压榨出多余水分。经过压榨的豆渣，用手捏紧，可见少量余水流出。

③蒸料：将经过压榨的豆渣蒸热，底锅水沸腾后，将豆渣搓散，疏松地倒在炊蓖上，加盖，用旺火蒸料。开始蒸汽有轻微酸味逸出，上大汽后酸味逐渐消失。从上大汽算起，再蒸 20 min，直至有热豆香味逸出为止。

④摊晾：熟豆渣出锅，置干净竹席上摊晾至常温。

⑤成型：将散豆渣装入木制小碗（碗需用桐油浸刷过）。呈凸尖状，手工加压至碗口平止，然后碗口朝下，轻轻扣出。

⑥霉制发酵：霉箱大小形状如腐乳霉箱。霉箱无底，每隔 3 ~ 5 cm有固定竹质横条，横条上竖放干净单颗稻草一层，再将豆渣把排列在稻草上，每块间距 2 cm 左右，每箱装 80 ~ 90 个豆渣把，霉箱重叠堆放，每堆码 10 箱，上下各置空霉箱 1 只，静置霉房保温发酵。早春，晚秋季节，在霉房常温中霉制；冬天霉房里生炉火保温。室温在 10 ~ 20℃。从发酵算起，隔 1 ~ 3 d（室温高，时间短；室温低，时间长）。堆

垛上层的豆渣把,隐约可见白色茸毛。箱内温度上升到20℃以上,进行倒箱。倒箱是将上下霉箱颠倒堆码。豆渣把全部长满纯白色茸毛,箱温如再上升,可将霉箱由重叠堆垛改为交叉堆垛,以便降温。再过1~2 d茸毛由纯白变成淡红黄色,可出箱,即制成霉豆渣。霉制周期:冬季5~6 d。早春、晚秋3~4 d。

⑦食用方法:将霉豆渣切成1 cm见方的小块,置热油中煎炒,适当蒸发水分。然后按食用者习惯加进油炒葱丁或蒜丁,配上食盐或辣椒粉作佐料。其生产季节一般是每年的5月1日以前和10月1日以后。

第六章　休闲豆制品

改革开放以来，消费者对产品的追求也逐渐向方便、美味和营养发展。休闲产品应运而生，豆干从普通菜肴，变成休闲的零食，不仅可以带出去旅游吃，还可以在家里看电视、聊天、乘汽车或火车的时候吃。豆干的餐桌食品概念在逐渐淡化，从而，人们给这类产品取了个响亮的名字——休闲豆干。

休闲豆制品的卤制工艺，由卤制食品演绎而成。卤制食品源于宫廷，其历史悠久，可以追溯至战国时期，最早记载于《齐民要术》。随着"十二五"时期我国居民收入进入中等收入阶段，城乡居民的食品消费从生存型消费向享受型、发展型消费加速转变，卤制食品正好符合了我国居民生活方式转变的现状，方便快捷的休闲卤制食品日益受到人们的青睐，我国卤制食品消费迎来持续的快速增长，2016 年、2017 年、2018 年我国休闲卤制食品的市场规模分别为 2231 亿元、2419 亿元、2658 亿元，已成为中国食品行业的重要领域。

休闲豆干的流行使豆腐从传统的菜肴逐渐成为旅游、休闲食品，产品质量与技术含量迅速提高，同时休闲豆干制品的口味也变得日益丰富，五香味、麻辣味、泡椒味、香辣味、鸡肉味、牛肉味……休闲豆干制品的口感成为企业和消费者的关注焦点，休闲豆干制品的软、硬、弹成为关键的指标。软，要软得入口即化；硬，也不是硬梆梆，而是入口有嚼劲，像煮透冷却后的肉皮，弹弹的又软软的。咀嚼后停留在口腔里的细末，在唾液的溶解消化帮助下，顺着喉咙缓缓地进入食道和胃。

随着人们对产品质量要求的不断提高，未来休闲豆干行业将会向安全、营养、绿色的方向发展。随着大众消费者健康理念的提升以及现代都市人消费习惯的改变，含有优质大豆蛋白的休闲豆干制品市场取得了飞速发展，正逐渐成为人们日常的消费品，且被食品行业和消费者誉为21世纪最受欢迎的休闲食品，市场潜力十分巨大。

第一节　休闲豆制品的调味概述

休闲豆制品的关键工序调味，调味的成败决定了休闲豆制品的特色和市场消费者的接受程度。本章节将概要介绍调味的基本味和调味的原理，对调味有初步的概念和基础。

味感的构成包括口感、观感和嗅感，是调味料各要素化学、物理反应的综合结果，是人们生理器官及心理对味觉反应的综合反映。

一、味的种类

人们通常所讲的“味道”或者“风味”其实是个十分模糊的概念，在不同的时间，在不同的环境下，人们对味道会有不同的感受，味道和风味的关系非常密切，但又是不一样的。风味的概念大于味道的概念，风味包括食物的味道（化学的味）、人对食物的感触（物理的味）、人的心理感受（心理的味）三大要素。其中，食物的味道主要是指化学性的味和气味，是由人的舌、口腔、鼻系统感受到的（调味之味）；人对食物的感触主要是指对食物的潜色、形状等外观的观察所获得的印象，是由眼睛或身体的其他部分接触感受到的（质感）；人的心理感受主要是指对饮食环境，食品所反映出的文化环境、习惯、嗜好、生理及健康因素等所做出的精神方面的反应（美感）。人们常说的北京风味、广东风味、四川风味、上海风味等指的绝不仅是菜肴本身的味道，其中包括了菜肴的味道、气味、外观形状、颜色、风格、周围的饮食环境，菜肴所衬托出的文化背景等各方面的要素。这些综合要点共同作用于人的感官、神经和大脑之后，使人对某种食物对象产生一种综合的判断而形成的概念，由此而产生或喜爱、或兴奋、或讨厌等各种不同的反应。

食物的味道是通过刺激人的味觉和嗅觉器官表现出来的。关于味的分类法有很多，目前比较有影响的是由德国 Hening 提出的分类法,即甜味、酸味、咸味和苦味,又称四种基本味。四种基本味的不同搭配和组合可以表达出各种不同的味感。Hening 认为,其他各种不同的味道都可以被纳入四种基本味的四面体图之中,也就是说,其他所有味道都处于该四面体图中的某个位置上。

基本味又称本味,是指单纯的一种味道,没有其他味道。基本味是构成复合味的基础,一般复合味由两种以上的基本味构成。人们对食品风味的识别基于食品中呈味成分的含量、状态和对呈味成分的平均感受力与识别力。呈味成分只有在合适的状态下,才能与口腔中的味蕾进行化学结合,即被味蕾所感受。当呈味含量低于致味阈值时,人们也感受不到味;当含量过高,会使味觉钝化,人们也感觉不到呈味成分含量的变化;当呈味成分含量处于有效的调味区间时,人们对食品风味的味感强度与呈味成分含量成正比。研发高质量的调味品,生产质量好的加工食品,离不开研发人员对化学性味道的性质及其相互联系的深刻理解。

二、味的定量评价

自然界物种丰富,可食用物质不计其数,呈味物质也是数量繁多。人们在对食品的风味进行研究时,应在数量上对食品和呈味物质的味觉强度和味觉范围进行量度,以保证描述、对比和评价的客观和准确,通常使用的量度参数包括:阈值(CT)、等价浓度(PSE)、辨别阈(DL 或 JND),使用最多的是阈值。

阈值是指可以感觉到特定味的最小浓度。“阈”是刺激的临界值或划分点,阈值是心理学和生理学上的术语,指获得感觉的不同而必须达到的最小刺激值。如食盐水是咸的,但将其稀释至极就与清水没有区别了,一般感到食盐水咸味的浓度应达到 0.2% 以上。

不同的测试条件和不同的人,最小刺激值是有差别的。一般来说,应有许多人参加评味,半数以上的人感到的最小浓度(最低呈味浓度),即刺激反应的出现率达到 50% 的数值,称为该呈味物质的阈值。5 种基本味的代表性呈味物质的阈值,参见表 6-1。

表6-1　各种物质的阈值(质量百分比)

基本味	物质	阈值/%	基本味	物质	阈值/%
咸味	食盐	0.2	苦味	奎宁	0.00005
甜味	白砂糖	0.5	鲜味	谷氨酸钠	0.03
酸味	柠檬酸	0.003			

由上表可见,白砂糖等甜味物质的阈值较大,而苦味的阈值较小,即苦味等阈值越小的物质越比甜味物质等阈值较大的物质易于被感知,或者说其味觉范围较大。阈值受温度的影响,不同的测定方法获得的阈值不同。采用由品评小组品尝一系列以极小差别递增浓度水溶液而确定的阈值称为绝对阈值或感觉阈值,这是一种对从无到有的刺激感觉。若将一给定刺激量增加到显著刺激时所需的最小量,就是差别阈值。而当在某一浓度再增加也不能增加刺激强度时,则是最终阈值。可见,绝对阈值最小,而最终阈值最大,若没有特别说明,阈值都是指绝对阈值。

阈值的测定依靠人的味觉,这就会产生差异。为避免人为因素的影响,人们正在研究开发有关仪器,其中有的是通过测定神经的电化学反应间接确定味的强度。

阈值中最常用的是辨别阈。辨别阈是指能感觉到某呈味物质浓度变化的最小变化值,即能区别出的刺激差异,也称为差阈或最小可知差异(缩写为JND)。人们都有这样的经验,当一种呈味物质为较高浓度时,能辨别的最小浓度变化量增大,即辨别阈也变得“较大”的现象;反之,辨别阈则感觉“较小”。不同的呈味物质浓度,其辨别阈也是不同的,一般浓度越高或刺激越强,辨别阈也就越大。

三、嗅感对风味的影响

嗅觉是一种比味感更敏感、更复杂的感觉现象,是由散发在空气中的物质微粒作用于鼻上的感受细胞引起的。在鼻腔上鼻道内有嗅上皮,嗅上皮嗅细胞,是嗅觉器官的外周感受器。嗅细胞的黏膜表面带有纤毛,可以和有气味的物质相接触。每种嗅细胞的内端延续成为神经纤维,嗅分析器皮层部分位于额叶区。嗅觉的刺激物必须是气体物质,只有挥发性有味物质的分子,才能成为嗅觉细胞的刺激物。

嗅觉不像其他感觉那么容易分类,在说明嗅觉时,还是用产生气味的东西来命名,例如玫瑰花香、肉香、腐臭……在几种不同的气味混合同时作用于嗅觉感受器时,可以产生不同情况,一种是产生新气味,一种是代替或掩蔽另一种气味,也可能产生气味中和,这时混合气味就完全不引起嗅觉。

由于嗅感物质在食品中的含量远低于呈味物质浓度,因此,在比较和评价不同食品的同一种嗅感物质的嗅感强度时,也使用嗅感物质的浓度。一种食品的嗅感风味,并不完全是由嗅感物质的浓度高低和阈值大小决定的。因为有些组分虽然在食品中的浓度高,但如果其阈值也大时,它对总的嗅感作用的贡献就不会很大。

嗅感物质浓度与其阈值之比值是香气值,即香气值(FU) = 嗅感物质浓度/阈值。

若食品中某嗅感物质的香气值小于1.0,说明这个食品中该嗅感物质没有嗅感,或者说嗅不到食品中该嗅感物质的气味,香气值越大,说明其越有可能成为该体系的特征嗅感物质。

利用好香气正是调味师的追求之一。美好的食品香气会促进消化器官的运动和胃分泌,使人产生腹鸣或饥饿感;腐败臭气则会抑制肠胃活动,使人丧失食欲,甚至恶心呕吐。不同的气味可改变呼吸类型。香气会使人不自觉地长吸气;嗅到可疑气味时,为鉴别气味,人会采用短而强的呼吸;恶臭先会使呼吸下意识地暂停,随后是一点点试探;辛辣气味会使人咳嗽。美好气味会使人身心愉快、神清气爽,可放松过度的紧张和疲劳;恶臭则使人焦躁、心烦,进而丧失活动欲望。气味的作用在人的精伸松弛时会增强。

除了对气味的感知之外,嗅觉器官对味道也会有所感觉,嗅觉和味觉会整合和互相作用。嗅觉是外激素通信实现的前提,嗅觉是一种远感,即它是通过长距离感受化学刺激的感觉。相比之下,味觉是一种近感。当鼻黏膜因感冒而暂时失去嗅觉时,人体对食物味道的感知就比平时弱;而人们在满桌菜肴中挑选自己喜欢的菜时,菜肴散发出的气味常是左右人们选择的基本要素之一。

四、色泽对风味的影响

色泽对风味的影响不是直接作用于味觉器官和嗅觉器官，而是通过对心理、精神等心理作用间接地影响人们对调味品风味的品评。但色泽对风味的衬托作用非常重要，特别是错色将导致感官对风味品评的偏差。因此，对调味品的着色、保色等调色都是保证其质量的重要手段(表6－2)。

表6－2　颜色与心理对照表

颜色	感官印象	颜色	感官印象	颜色	感官印象
白色	营养、清爽、卫生、柔和	深褐色	难吃、硬、暖	暗黄	不新鲜、难吃
灰色	难吃、脏	橙色	甜、营养、味浓、美味	淡黄绿	清爽、清凉
粉红色	甜、柔和	暗橙色	不新鲜、硬、暖	黄绿色	清爽、新鲜
红色	甜、营养、新鲜、味浓	奶油色	甜、滋养、爽口、美味	暗黄绿色	
紫红色	浓烈、甜、暖	黄色	滋养、美味	绿	新鲜

注　本表摘自《食品物性学》。

各种感觉的总和，对其评价要控制某些因素的影响，综合各种因素间的互相关联和作用。

五、调味品呈味成分构成

化学的味是某种物质刺激味蕾所引起的感觉，也就是滋味。它可分为相对单一味(旧称基本味，像咸、甜、酸、辣、苦等)和复合味两大类。在调味品生产中，所用的原料既有呈现单一味的调料如咸味剂、甜味剂、鲜味剂等，又有呈现复合味的调料如酵母精、动植物水解蛋白、动植物提取物等。每种原料都有自己的调味特点和呈味阈值，只有知道了它们的特性，才能在复合调配中运用自如。

(一)咸味

咸味是一种非常重要的基本味，它在烹饪调味中的作用是举足轻重的，大部分菜肴都要先有一些咸味，然后再调和其他的味。例如糖醋类的菜是酸甜的口味，但也要先放一些盐，如果不加盐，完全用糖加醋来调味，反而变成怪味；甚至做甜点时，往往也要先加一点盐，既解腻又好吃。

具有咸味的物质并非只限于食盐（NaCl）一种，还有其他物质（表6－3），而且它们的咸味强度各不相同。咸味是中性盐呈现出来的特征味感，盐在水溶液中解离后的正负离子都会影响到咸味的形成。中性盐 M＋A 中的正离子 M，属于定味基，主要是碱金属离子，其次是碱土金属离子。它们容易被味觉感受器中蛋白质的羟基或磷酸吸附而呈现出咸味。助味基 A^- 往往是硬碱性的负离子，它影响着咸味的强弱和副味、对于 NaCl 来说，Na^+ 是咸味定味基，Cl^- 则是咸味的助味基。一般来说，在中性盐中，盐的正离子和负离子的相对质量越大，越有增加苦味的趋向。正负离子半径都小的盐有咸味；半径都大的盐有苦味；介于二者之间的盐呈咸苦味。若从一价离子的理化性质来看，凡是离子半径小、极化率低、水合度高，并且由硬酸、硬碱生成的盐是咸味的；而离子半径大、极化率高、水合度低，并且由软酸、软碱组成的盐则是苦味的。二价离子的盐和高价离子的盐可咸、可苦，或不咸、不苦，很难预料。

表6－3　各种咸味物质列表

种类	盐类
咸味醇正的物质	NaCl、KCl、LiCl、RbCl
带苦味的物质	KBr、NH_4Cl
苦味大于咸味的物质	CsCl、RbBr、CsBr

咸味是良好味感的基础，也是调味品中的主体。咸味有许多种表现方式。一是单纯的咸味，也就是由食盐直接表达出的咸味，这种咸味如果强度过大，会强烈刺激人的感官，即使是有其他味道存在，如鲜味等共存的情况下也是如此。此外，单纯的咸味不太容易与其他味道融合，如用得不好，有可能出现各味道间的失衡感觉。二是由

酱油、酱类表达的咸味,这种咸味由于是来自于酿造物、食盐与氨基酸、有机酸等共存一体,咸味变得柔和了许多,这是由于氨基酸和有机酸等能够起到缓冲作用的缘故。所以,酱油和酱的咸味刺激小,容易同其他味道融合,使用比较方便。三是同动物蛋白质和脂肪共存一体发咸味,比如含盐的猪骨汤或鸡骨架汤等。这种咸味由于食盐是同蛋白质、糖类、脂肪等在一起,特别是有脂肪的存在,能够进一步降低咸味的刺激性。此外,还有一些咸味的表达形式,比如甜咸味、有烤香或炒香的咸味、腌菜(经过乳酸发酵)的咸味等。

咸味是所有味感之本,是支撑味道表达及其强度的最重要的因素。所以,控制咸味的强度,让咸味同其他味道之间保持平衡是非常重要的。咸味既不能太强,也不能太弱,需要有一个总体的计算。经过许多试验证明,人的舌和口腔对咸味(食盐含量)的最适感度一般为1.0% ~1.2%,在这个范围内人的舌和口腔感觉最舒服。

(二)甜味

甜味在调味中的作用仅次于咸味,可增加菜肴的鲜味,并有特殊的调和滋味的作用。如缓和辣味的刺激感、增加咸味的鲜醇等。常用的甜味剂有蔗糖、葡萄糖、果糖、饴糖、低聚糖、甜蜜素、蛋白糖和低分子糖醇类。除此之外,还有部分氨基酸(如甘氨酸和丙氨酸)、肽、磺酸等也具有甜味。呈甜味的物质很多,由于其组成和结构不同,产生的甜感有很大的不同,主要表现在甜味强度和甜感特色两个方面。甜味强度差异表现为:天然糖类一般是碳链越长甜味越弱,单糖和双糖类都有甜味,乳糖的甜味较弱,多糖大多无甜味。蔗糖的甜味纯,且甜度的高低适当,刺激舌尖味蕾 1 s 内产生甜味感觉,很快达到最高甜度,约 30 s 后甜味消失,这种甜味的感觉是愉快的,因而其成了不同甜味剂比较的标准物,常用的几种糖基本上符合这种要求,但也存在差异。有的甜味剂不仅在甜味上带有酸味、苦味等其他味感,而且从含在口中瞬间的留味到残存的后味都各不同。合成甜味料的甜味不纯,夹杂有苦味,是不愉快的甜感。糖精的甜味与蔗糖相比,糖精浓度在 0.005% 以上即显示出苦味和有持续性的后味,浓度越高、苦味越重;查耳酮类呈甜味的速度慢,但后味持久;甘草甜感是慢速的、带苦味的强甜味，有不快的后味；葡萄糖是清凉而较弱的甜感，清凉的感觉是因为葡萄糖的溶解热较大的缘故，与蔗糖相比，葡萄糖的甜味感觉反应较慢，达到最高甜度的速度也较慢；某些低分子糖醇，如木糖醇和甘露醇的甜感与葡萄糖极为相似，具有清凉的口感且带香味。

甜味因酸味、苦味而减弱，因咸味而增加，甜味能够减轻和缓和由食盐带来的咸味强度，减轻盐对人（包括动物）的味蕾的刺激度，以达到平和味道的作用，这也就是几乎所有的配方中都要使用糖类原料的重要原因。还原性糖类与调味品中含氮类小分子化合物反应，还能起到着色和增香作用。在经热反应加工的复合调味料生产中，可根据成品的颜色深浅要求，确定配方中还原糖的用量。

（三）酸味

人们在饮食当中经常会尝到酸味。酸味是由于舌黏膜受到氢离子的刺激而产生的，凡在溶液中能解离出氢离子的化合物都具有酸味。酸味是食品调味中最重要的调味成分之一，也是用途较广的基本味一。

酸味在蛋黄酱、生蔬菜调味汁等当中具有十分重要的作用。但要注意的是，不同的有机酸所表达的酸味是不一样的。各种酸都有自己的味质；醋酸具有刺激臭味，琥珀酸带有鲜辣味，柠檬酸带有温和的酸味，乳酸有湿的温和的酸味，酒石酸带有涩的酸味，食醋的醋酸与脂肪酸乙酯一同构成带有芳香气味的酸味。使用酸味剂不仅可以获得酸味，还可以用酸味剂收敛食物的味。收敛味道不是要得到酸味，而是要将本来宽度大和绵长的味变成一种较为紧缩的味型，这种紧缩不是要降低味的表现力，而是要强化味的表现力。酸具有较强的去腥解腻作用，在烹制禽、畜的内脏和各种水产品时尤为重要，是很多菜肴所不可缺少的味道，并且具有抑制细菌生长和防腐作用。常用的酸味剂是各种有机酸，如醋酸、柠檬酸、乳酸、酒石酸、琥珀酸、苹果酸等。呈酸味的调味品主要有红醋、白醋、黑醋，还有酸梅、番茄酱、鲜柠檬汁、山楂酱等。

在调制复合调味料时会使用两种以上的有机酸原料，这并非是为了加强酸味的强度，而是为了提高和丰富酸味的表现力。酸味很容易受其他味道的影响，比如容易受到糖的影响。酸和糖之间容易发生相互抵消的效应，在稀酸溶液中加 3% 的砂糖后，pH 值虽然不变，但酸味强度会下降 15%。此外，在酸中加少量的食盐会使酸味减少，反之在食盐里加少量的酸则会加强咸味。如果在酸里加少量的苦味物质或者单宁等，可以增强酸味，有的饮料就是利用这个原理提高了酸味的表现力。

酸味剂的使用量应有所控制，超过限度的酸味不容易被人们接受。食醋是酸味剂的代表性物质，食醋不仅可以产生酸味、降低 pH 值，还能带给人们爽口感，收敛味道。

（四）苦味

苦味是一种特殊的味道，人们几乎都认为苦味是不好的味，是应该避免的，但苦味在某些食品和饮料当中不仅存在，而且起到了相当重要的作用。茶、咖啡、啤酒和巧克力等都含有某种苦味，这些苦味实际上有助于提高人们对该食品和饮料的嗜好性，起到了好的作用。苦味，可消除异味，在菜肴中略微调入一些带有苦味的调味品，还可形成清香爽口的特殊风味。苦味主要来自各种药材和香料，如苦杏仁、柚皮、陈皮等。

苦味物质的阈值都非常低。只要在酸味、甜味等味道中加进极少的苦味就能增加味的复杂性，提高味的嗜好性。

苦味在感官上一般具有以下一些特征：

①越是低温越容易感觉到苦味。

②微弱的苦味能增强甜味感。如在 15% 的砂糖溶液中添加 0.001% 的金霉素，该砂糖溶液比不添加金霉素的砂糖溶液的甜味感明显增强。但苦味过强则会损害其他味感。

③甜味对苦味具有抑制作用，比如在咖啡中加糖就是如此。

④微弱的苦味能提高酸味感，特别是在饮料当中，微苦可以增加酸味饮料的嗜好性。

(五)辣味

辣味具有强烈的刺激性和独特的芳香,除可除腥解腻外,还具有增进食欲,带助消化的作用。呈辣味的调味品有辣椒糊(酱)、辣椒粉、胡椒粉、姜、芥末等。香辛料是提供复合调味料香味和辛辣味的主要成分之一。

辣味是饮食和调味品中的一种重要的味感,不属于味觉,只是舌、口腔和鼻腔黏膜受到刺激所感到的痛觉,对皮肤也有灼烧感。可见辣味是一些特殊成分所引起的一种尖利的刺痛感和特殊灼烧感的共同感受,不同的成分产生的辣味刺激是不同的,如切大葱或洋葱时眼睛受强烈的刺激而泪流不止;调配芥末时气味刺鼻;舔辣椒粉时有刺辣的痛感和嚼大蒜的辣感等。胡椒中的胡椒脂碱,辣椒中的辣椒素,芥末中的异硫氰酸烯丙酯等都是典型的辣味成分。

辣味调料是烹调的重要调料。因为辣味成分浓度的不同,辣感也有不同,人们将辣味分为从火辣感到尖刺感几个阶段。因所含辣味成分不同而使各种感觉不同,辣味物质大致分成热辣(火辣)味物质、辛辣(芳香辣)味物质和刺激辣味物质三大类。

热辣味物质是在口中能引起灼烧感觉而无芳香的辣味。此类辣味物质常见的主要有辣椒、胡椒、花椒。辣椒主要辣味成分是类辣椒素,属于一类碳链长度为 C8 ~ C11 不饱和单羧酸香草基酰胺。胡椒的辣味成分是胡椒碱,是一种酰胺化合物,其不饱和烃基有顺反异构体,顺式双键越多时越辣;全反式结构也叫异胡椒碱。胡椒经光照或储存后辣味会减弱,这是顺式胡椒碱异构化为反式结构所致。花椒素也是酰胺类化合物,花椒中的主要辣味成分即为花椒素,还有异硫氰酸烯丙酯等。除辣味成分外,花椒还含有一些挥发性香味成分。

辛辣味物质包括姜、肉豆蔻和丁香。辛辣味物质的辣味伴有较强烈的挥发性芳香味物质。鲜姜的辛辣成分是邻甲氧基苯基烷基酮类。鲜姜经干燥储存,最有活性的 6 - 姜醇会脱水生成姜酚类化合物,辛辣变得更加强烈。但姜受热时,6 - 姜醇环上侧链断裂生成姜酮,其辛辣味较为缓和。丁香酚和异丁香酚也含有邻甲氧基苯酚基团。

刺激辣味物质最突出的特点是能刺激口腔、鼻腔和眼睛，具有味感、嗅感和催泪感。此类辣味物质主要有蒜、葱、韭菜类和芥末、萝卜类。二硫化物是前一类辣味物质的辣味成分，在受热时都会分解生成相应的硫醇，所以蒜、葱等在煮熟后不仅辛辣味减弱，还有甜味。异硫氰酸酯类化合物中的异硫氰酸丙酯，也叫芥子油，是后一类辣味物质的辣味成分，其特点是刺激性辣味较强烈，在受热时会水解为异硫氰酸，导致辣味减弱。

辣椒素、胡椒碱、花椒碱、生姜素、丁香、大蒜素、芥子油等都是两性分子，定味基是其极性头，助味基是其非极性尾。辣味随分子尾链的增长而增强，在碳链长度 C9 左右（这里按脂肪酸命名规则编号，实际链长为 C8）达到极大值，然后迅速下降，此现象被称为 C9 最辣规律。辣味分子尾链如果没有顺式双键或支链时，在碳链长度为 C12 以上将丧失辣味；若在 ω－位邻近有顺式双键，即使是链长超过 C12 也还有辣味。一般脂肪醇、醛、酮、酸的烃链长度增长也有类似的辣味变化。辣味成分种类繁多，由辣椒的火辣感到黑胡椒或白胡椒的尖刺感，辣味顺序逐级改变。辣味可用于各种特色辣椒酱、辣味调味料的配制。辣味与其他呈味物的复合，才是辣味调味的关键所在。油辣子是辣椒最普通的产品，但以此为基础的发展变化是无穷尽的。油脂特有的香味和浓厚味感，是辣味最好的载体；以其他香辛料为原料进行的香化处理，可以赋予辣味丰富的香感。各种香辣粉的辣味成分比较复杂，一般来讲，香辣粉中多含辛辣型和刺激辣型的物质，其中所含的辛辣成分同时也是芳香型成分。

（六）鲜味

鲜味虽然不同于酸、甜、咸、苦四种基本味，但对于中国烹饪的调味来说，它是能体现菜肴鲜美味的一种十分重要的味，应该看成是一种独立的味。这在菜肴的调味中尤其显得突出和重要。鲜味可使菜肴鲜美可口，其来源主要是原料本身所含有的氨基酸等物质。呈鲜味的调味品主要有味精、鸡粉，还有高汤等。

对于鲜味的味觉受体目前还没有彻底的了解，有人认为是膜表面的多价金属离子在起作用。鲜味的受体不同于酸、甜、咸、苦四种基本味的受体,味感也与上述四种基本味不同。然而鲜味不会影响这四种味对味觉受体的刺激,反而能增强上述四种味的特性,有助于菜肴风味的可口性。鲜味的这种特性和味感是无法由上述四种基本味的调味剂混合调出的。人们在品尝鲜味物质时,发现各种鲜味物质在体现各自的鲜味作用时,是作用在味觉受体的不同部位上的。例如质量分数为0.03%的谷氨酸钠和0.025%的肌苷酸二钠,虽然具有几乎相同的鲜味和鲜味感受值,但却体现在舌头的不同味觉受体部位上。

能够呈现鲜味的物质很多,大体上可以分为三类:氨基酸类,核苷酸类和有机酸类。目前市场上作为商品鲜味调料出现的主要谷氨酸类和核苷酸类。鲜味成分的结构通式为:—O—(C)$_n$—O—,n = 3 ~9,其通式表明:鲜味分子需要一条相当于3 ~9个碳原子长的脂链,而且两端都带有负电荷,当n =4 ~6时,鲜味最强。脂链不只限于直链。也可为脂环的一部分。其中的C可被O、N、S等取代。保持分子两端的负电荷对鲜味至关重要。若将羧基经过酯化、酰胺化或加热脱水形成内酯、内酰胺后,均可降低鲜味。但其中一端的负电荷也可用一个负偶极来替代。例如口蘑氨酸和鹅羔氨酸等,其鲜味比味精强5 ~30倍。这个通式能将具有鲜味的肽和核苷酸都包括进去。

呈鲜味效果与pH值有关,在复合调味料中使用谷氨酸钠时应注意调味品的pH值。pH =3.2(等电点)时,呈味最低;pH =6 ~7,其几乎全部电离,鲜味最高;pH =7以上,则鲜味完全消失。关于pH值与谷氨酸钠鲜味强弱之间的关系,其解释如下:谷氨酸钠鲜味的产生是由$\alpha-NH_4^+$和γ - COO—两个基团之间产生静电引力,形成类似五元环结构。在酸性条件下,氨基酸的羧基成为—COOH,在碱性条件下,氨基酸的氨基成为$-NH_2$,都使氨基与羧基之间的静电引力减弱,因而鲜味降低以至消失,MSG鲜味与食盐的存在有一定的联系。据文献介绍,味精与氯化钠在水中解离出HOOC—$(CH_2)_2$—CH(NH_2)—COO—、Na^+和Cl^-三种离子,而谷氨酸钠解离后的阴离子HOOC—$(CH_2)_2$—CH(NH_2)—COO—,本身具有一定鲜味并起决定作用,但不

与 Na^+ 结合，其鲜味并不那么明显，只有与 Na^+ 在一起作用才显示出味精特有的鲜味，其中 Na^+ 起着辅助增强的作用。

鲜味能引发食品原有的自然风味，是多种食品的基本呈味成分。选择适宜的鲜味剂以突出食品的特征风味，如增强肉制食品的肉味感，海产品的海鲜等。鲜味与其他呈味成分——咸味、酸味、甜味、苦味等的关系可归纳如下：使咸味缓和，并与之有协同作用，可以增强食品味道；可缓和酸味、减弱苦味；与甜味产生复杂的味感。谷氨酸钠的使用有益于风味的细腻、和谐。肌苷酸可以掩蔽鱼腥味和铁腥味。在复合调味料的调味过程中除了注意咸味的有关因素外，还应注意到它与其他味感之间的对比、相抵作用。多种酿造和天然调味品都可以作为复合调味料中鲜味的来源，具体说来有味精、I＋G、（肌苷酸钠＋鸟苷酸钠）、动物提取物、蛋白质水解液、酵母精、增鲜剂、氨基酸类添加剂、大豆蛋白质加工品（主要是粉末）、琥珀酸钠、海带精等。上述物质都具有生鲜的效果，但使用时却各有各的侧重点。

（七）香味

应用在调味中的香味是复杂多样的，其可使菜肴具有芳香气味，刺激食欲，还可去腥解腻。可以形成香味的调味品有酒、葱、蒜、香菜、桂皮、八角、花椒、五香粉、芝麻、芝麻酱、芝麻油、香糟，还有桂花、玫瑰、柠汁、白豆蔻、香精等利用热反应工艺能够对所要形成的风味进行设计，控制一定条件最终得到所希望的香型。热反应产生的香气有烤香型、焦香型、硫香型、脂肪香型等。动物的肉、骨、酱油粉、HVP 粉、酱粉等许多原料都能进行“烧烤”处理，形成众多有风味特色的调味原料。但这种原料生产一般比较定向，是针对某种特定需要而生产的产品。洋葱、大蒜等香辛蔬菜类很适合制成带烤香味的产品，可以是膏状、粉状或者是油脂状，比如烤蒜味在面的骨汤中具有绝佳的效果，如果有了烤蒜味的膏、油脂等产品，就可使骨汤的味道实现大的变化。复合调味料中也使用以油脂为载体的香味原料，这种香味油是以美拉德反应或酶解等手段生产的，它可以代替许多合成香精用于汤料，炒菜调料、拌凉菜汁等，适用于多种调味。

（八）熟化味

老汤是经过长时间熬制后得到的，味道丰满、浑厚、回味无穷，这是长时间加热，汤内部各种有机成分经过不断分解和聚合反应后形成的一种深度熟化了的味感，称熟化味。一般的加工食品因工艺处理达不到这种要求，所以会显得单调乏味，或让人感觉味道是浮在表面的，在很大程度上会对人的食欲产生负面影响。

调味品的熟化工艺流程：

原料破碎→加水加热→过滤→滤液→浓缩→第1次反应物→加辅料→加热反应→过滤→调整→第2次反应物→加辅料→加热→调整→陈化→产品

（九）酷味

所谓“酷味”就是厚味和后味，或者叫绵长味、回味等。这种味感常发生于浓汤、烧烤肉类食品、咖啡、豆奶、啤酒以及带有各种能滞留于口腔的显味物质的食品。“酷味”与“熟化味”，最大的区别在“滞留于口腔”的表现力上，酷味要强得多。从目前的研究结果来看，能形成酷味的成分是多方面的，其形成机理也很复杂。成分有动植物蛋白质转变而来的多肽（如相对分子质量10000～50000），美拉德反应形成的碱性物质（吡嗪类等），苦味成分（如咖啡因、生物碱等），脂肪酸类等，酷味是多种复杂成分相互重合及缓冲作用的结果。

（十）模糊味

所谓“模糊味”是指在主体风味基础上形成的一种不同于主体风味的微妙味感，它似有似无，但又是确实存在的某种滋味。有意识地运用好这一调味方法，可以极大地提高产品的档次，起到“四两拨千斤”的作用。当人们感觉到美味时，实际上是感觉到其中有些妙不可言的滋味在抚慰着自己的口腔，要想都说清楚是不容易的，不是只用“鲜”字就能概括的，这就是所谓的“模糊”美味。许多好的厨师经常在有意无意地运用这个概念。要想让加工食品的味道提高档次，就应使用具有这类功能的调味原料，其中包括各种天然有特色的调味配料。食物美味的概念公式如下：

食物美味 = 主体风味 + 模糊味

$$主体风味0.9+模糊味0.1x=食物美味$$

式中:x为模糊味的效应(正整数,≥1.0),这个系数越高,食物美味就越大于主体风味。

六、调味原理

调味是将各种呈味物质在一定条件下进行组合,产生新味。调味是一个非常复杂的过程,是动态的,随着时间的延长,味还有变化。尽管如此,调味还是有规律可循的,只要了解味的相加、相减、相乘、相除,并在调料中知道它们的关系及原料的性能,运用调味公式就会调出成千上万的味汁,最终再通过实验确定配方。

(一)味的增效作用

味的增效作用也可称味的突出,即民间所说的提味,是将两种以上不同味道的呈味物质,按悬殊比例混合使用,从而突出量大的呈味物质味道的调味方法,也称为味的对比作用。也就是说,由于使用了某种辅料,尽管用量极少,但能让味道变强或提高味道的表现力。甜味与咸味、鲜味与咸味等,均有很强的对比作用。如少量的盐加入鸡汤内,只要比例适当,鸡汤立即变得特别鲜美。所以,要想调好味,就必须先将百味之主抓住,一切自然会迎刃而解。调味中咸味的恰当运用是一个关键:当食糖与食盐的比例大于10∶1时,可提高糖的甜味,反过来时,会发现不光是咸味,似乎还出现了第三种味。这个实验告诉我们,此方式虽然是靠悬殊的比例将主味突出,但这个悬殊的比例是有限的,究竟什么比例最合适,要在实践中体会。调味公式为:

主味(母味)+子味A+子味B+子味C=主味(母味)的完美

谷氨酸钠与5′-肌苷酸或5′-鸟苷酸之间存在十分明显的协同作用。当谷氨酸钠(MSG)与5′-肌苷酸或5′-鸟苷酸的比例为1∶1时,其鲜味增强效果最明显,但由于IMP与CMP的价格昂贵,实际生产中I+G用量约为MSG的1/20。

(二)味的增幅效应

味的增幅效应也称两味的相乘,是将两种以上同一类味道的物质混合使用,导致这种味道进步增强的调味方式。如姜有一种土腥气,同时又有类似柑橘那样的芳香,再加上它清爽的刺激味,常被用于提高清凉饮料的清凉感;桂皮与砂糖一同使用,能提高砂糖的甜度;5′-肌苷酸与谷氨酸相互作用能起增幅效应产生鲜味。在烹调中,要提高菜的主味时,要用多种原料的味来扩大积数。如想让咸味更加完美时,可以在盐以外加入与盐相吻合的调味料,如味精、鸡精、高汤等,这时主味会扩大到成倍的咸鲜,所以适度的比例进行相乘方式的补味,可以提高调味效果。调味公式为:

主味(母味)×子味 A×子味 B=主味积的扩大

味的相乘作用应用在复合调味料中,可以减少调味基料的使用量,降低生产成本,并取得良好的调味效果。

(三)味的抑制效应

味的抑制效应,又称味的掩盖、味的相抵作用,是将两种以上味道明显不同的主味物质混合使用,导致各种物质的味均减弱的调味方式。有时当加入一种呈味成分,能减轻原来呈味成分的味觉,即某种原料的存在会明显地减弱其呈味强度。如苦味与甜味、酸味与甜味、咸味与鲜味、咸味与酸味等,具有明显的相抵作用。具有相抵作用的呈味成分可作为遮蔽剂,掩盖原有的味道:在1%～2%的食盐溶液中添加7～10倍的蔗糖,咸味大致会被抵消。在较咸的汤里放少许黑胡椒,就能使汤味道变得圆润,这属于胡椒的抑制效果。如辣椒很辣,在辣椒里加上适量的糖、盐、味精等调味品,不仅缓解了辣味,味道也更丰富了。调味公式为:

主味+子味 A+主子味 A=主味完善

(四)味的转化

味的转化,又称味的转变,是将多种不同的呈味物质混合使用,使各种呈味物质的本味均发生转变的调味方式。如四川的怪味,就是将甜味、咸味、香味、酸味、辣味、鲜味等调味品,按相同比例融合,最后导致什么味也不像,称为怪味。调味公式为:

子味 A+子味 B+子味 C+子味 D=无主味

两种味的混合有时会产生出第三种味,如豆腥味与焦苦味结合,产生肉鲜味。有时一种味的加入,会使另种味失真,如菠萝或草莓能使红茶变得苦涩。食品的一些物理或化学状态会使人们的味感发生变化,如食品稠度、醇厚度能增强味感,细腻的食品可以美化口感,pH值小于3的食品鲜度会下降。这种反应有的是感受现象,原味的成分并未改变。例如,黏度高的食品在口腔内黏着时间延长,以至舌上的味滞留时,滋味的感觉时间持续加长,这样在对前一口食品呈味的感受尚未消失前,后一口食品又触到味蕾,从而使人处于连续的美味感受中。醇厚是食品中的鲜味成分多,并含有肽类化合物及芳香类物质所形成的,从而可以留下良好的厚味。

(五)复合味的配兑

单味可数,复合味无穷。由两种或两种以上不同味觉的呈味物质通过一定的调和方法混合后所呈现出的味,称为复合味,如酸甜、麻辣等。常见的复合味有:呈酸甜味的调味品有番茄沙司、番茄汁、山楂酱、糖醋汁等;呈甜咸味的调味品有甜面酱等;呈鲜咸味的调味品有鲜酱油、虾子酱油、虾油露、鱼露、虾酱、豆豉等;呈辣咸味的调味品有辣油,豆瓣辣酱(四川特产)、辣酱油等;呈香辣味的调味品有咖喱粉、咖喱油、芥末糊等;呈香咸味的调味品有椒盐和糟油、糟卤等。不同的单一味相互混合在一起,这些味与味之间就可以相互产生影响,使其中每一种味的强度都会在一定程度上发生相应的改变。总之,调味品的复合味较多,在复合味的应用中,要认真研究每一种调味品的特性,按照复合的要求,使之有机结合、科学配伍、准确调味,要防止滥用调味料,导致调料的互相抵消、互相掩盖、互相压抑,造成味觉上的混乱。所以,在复合调味料的应用中,必须认真掌握,组合得当,勤于实践,灵活应用,以达到更好的整体效果。

第二节　休闲豆制品配方和工艺

一、湘派麻辣鲜虾味休闲豆制品

1. *原料及其配方*(*豆干* 100 kg *计*)

主要原料:大豆 90 kg,豆清发酵液适量,辣椒油 5%,麻辣精油

1%，虾肉油状香精油2.5%，麻辣膏0.5%，虾粉1%。

卤料配方：花椒1 g，八角8 g，桂枝3 g，肉蔻6 g，草果1 g，山柰6 g，山胡椒4 g，桂皮3 g，香叶2 g，香果4 g，母丁香2 g，公丁香2 g，孜然8 g，干辣椒15 g。

辣椒油：菜籽油1000 mL，辣椒面100 g，菜籽油∶辣椒面＝10∶1。

2. 工艺流程及其操作要点

（1）工艺流程

豆清液→接种→豆清发酵液
↓
大豆选料→浸泡→水洗→磨制→浆渣共熟→浆渣分离→煮浆→点浆→蹲脑→破脑→上箱→压制成型→切块成品→烘烤→卤制→拌料→包装→杀菌→成品

（2）操作要点

①原料选择及处理：应选择颗粒整齐、无虫眼、无霉变的新大豆为原料。为了提高加工产品的质量，必须对原料进行筛选，以清除杂物如砂石等。一般可采用机械筛选机、电磁筛选机、风力除尘器、比重去石机等进行筛选。大豆的理化指标：水分≤14.0%、脂肪≥13.0%、蛋白质≥35%、杂质率≤1%。

②浸泡：大豆浸泡要掌握好水量、水温和浸泡时间。泡好的大豆表面光亮，没有皱皮，有弹性，豆皮也不易脱掉，豆瓣呈乳白色、稍有凹心、容易掐断。

③水洗：浸泡好的大豆要进行水洗，以除去脱离的豆皮和酸性的泡豆水，提高产品质量。

④磨制：将泡好的大豆用石磨或砂轮磨磨浆，为了使大豆充分释放蛋白质，应磨两遍。磨第一遍时，边投料边加水，磨成较稠的糊状物。磨浆时的加水量一般是大豆质量的5～8倍，不宜过多或过少。

⑤浆渣共熟：磨浆后，将豆糊加入煮熟，并在100～105℃维持3～5 min，促进大豆有效成分的溶出，特别是大豆磷脂和大豆多糖。

⑥浆灌分离：将煮熟的豆糊，采用挤压的方式，使豆浆与豆渣分

离,获得需要的豆浆。

⑦煮浆:将获得的豆浆用蒸汽加入,促使豆浆适度变性,同时进一步使大豆中的生物酶失活,以减少豆浆的豆腥味和苦涩味,增加豆香味。加热温度要求在95～98℃,保持2～4 min。

⑧点浆:豆清发酵液的pH范围控制3.8～4.2,豆清发酵液的添加量为20%～30%。豆清发酵液缓慢添加,边加边搅拌,看见大的豆花形成后,放慢点浆速度。豆腐偏老,则减少豆清发酵液的用量,豆腐偏嫩,则增加豆清发酵液的用量。

⑨蹲脑:点浆工序完成后,须静置20～30 min。可根据豆清液的状态,适度调整蹲脑的时间,豆腐嫩可适当延长蹲脑时间,豆腐老可缩短蹲脑时间。

⑩压制成型:豆腐的压榨具有脱水和成型双重作用。压榨在豆腐箱和豆腐包布内完成,使用包布的目的是使水分通过,而分散的蛋白凝胶则在包布内形成豆腐。豆腐包布网眼的粗细(目数)与豆腐制品的成型密切相关。压榨方式可以借助石头等重物置于豆腐压框上方进行压榨,或液压杠等设备缓慢加压,液压的压力控制范围0.6～0.8 MPa,使豆腐成型。

⑪烘烤:采用隧道链条上烘干设备,热源可以选择电或蒸汽。烘干的温度设定65℃－70℃－80℃的模式,时间分别为60 min－70 min－60 min。烘干机的长度根据产品的产能和水分含量进行设计。烘干过程注意豆腐表面形成干硬膜,阻止水分外迁。这是“湘派”豆腐干的工艺特色之一,区别于川式和徽式豆干。

⑫卤制:采用传统的常压敞开式的卤制设备和密闭脉冲真空卤制设备两种方式。卤汁按照配方熬制完成,将卤汁加入设备中,卤汁的浓度为25～30°Brix,卤汁的温度70～75℃、常压敞开式卤制的时间8～10 h,密闭脉冲真空卤制的时间1.5～2 h。

⑬晾干:采用吹风机,将卤制豆干冷却。

⑭拌料:按配料表准确称取佐料,然后加入热辣椒油混匀配料,再倒入卤豆干,在滚筒式拌料器混匀,滚动15 min。

⑮包装:采用真空包装,真空度0.1 MPa,抽真空时间40 s,封口

时间 7 s。

⑯杀菌：冬天选用高温巴氏杀菌工艺，温度 98℃，时间 60 min，可保证产品安全。夏天选用高温杀菌工艺，温度 121℃，时间 15 min。杀菌工艺的选择根据产品卤制后的微生物数量决定。

⑰成品：杀菌后的产品，表面水需要吹干或晾干，再按照产品标准包装成大箱，以便运输销售。

3. 质量指标

(1)感官指标

具有本品种的正常色、香、味、不酸、不黏、无异味、无杂质、无霉变。

(2)理化指标

水分≤65%，蛋白质≥15%，食盐≤3%，重金属含量砷≤0.5 mg/kg，铅≤1.0 mg/kg；食品添加剂按照 GB 2760 标准执行。

(2)微生物指标

大肠菌群参见表 4-2，致病菌不得检出。

二、湘派葱爆牛肉味休闲豆干

1. 原料及其配方(豆干 100 kg 计)

主要原料：大豆 90 kg，豆清发酵液适量，辣椒油 5%，辣椒精油 1.5%，香葱油 1%，大蒜油 1.2%，肉味油状香精 0.2%，牛肉膏 0.5%，牛肉粉末香精 0.5%。

卤料配方：花椒 1 g，八角 8 g，桂枝 3 g，肉蔻 6 g，草果 1 g，山奈 6 g，山胡椒 4 g，桂皮 3 g，香叶 2 g，香果 4 g，母丁香 2 g，公丁香 2 g，孜然 8 g，干辣椒 15 g。

辣椒油：菜籽油 1000 mL，辣椒面 100 g，菜籽油∶辣椒面=10∶1。

2. 工艺流程及其操作要点

(1)工艺流程

豆清液→接种→豆清发酵液
↓
大豆选料→浸泡→磨制→浆渣共熟→浆渣分离→煮浆→点浆→

蹲脑→破脑→上箱→压制成型→切块成品→烘烤→卤制→拌料→包装→灭菌→成品

(2)操作要点

①休闲豆干的豆腐坯、卤制等工序与上述豆干一致。

②制油料时务必保证足够的热油温度和加热时间,避免辣椒粉及植物源香料带入过多微生物而增加原始菌落数,影响产品保质期。

③拌料时将制备好的各种辅料与合格的卤制休闲豆干按配比在拌料锅内充分混合均匀。拌料按照“先粉料后油料膏体”的原则进行,即先加粉料,待搅拌均匀后再加入油料和各种风味膏体进行混合,拌料后的产品保证小料均匀地黏附在休闲豆干的表面,拌料后的休闲豆干应及时送入包装工序,避免长时间滞留造成微生物二次污染。

3. 不同风味的休闲豆干的配方

(1)花椒卤鸭味

辣椒油 8%,辣椒精油 1.8%,花椒油 1.5%,肉味油状香精 0.2%,周黑鸭膏状香精 1.5%,鸡肉粉末香精 1%。

(2)干锅鸡菇味

辣椒油 3%,麻辣精油 1.5%,辣椒精油 0.5%,肉味油状香精 0.2%,鸡肉膏 0.5%,干锅膏 1.5%,香菇粉 2.5%。

三、川式五香休闲豆腐干

1. 原料及其配方(100 kg 豆干坯)

主要原料:大豆 90 kg,盐卤 2500 mL(浓度:12 ~ 15°Bé),碳酸氢钠 0.25 kg,白砂糖 100 g,味精 160 g,鸡精 80 g,花椒面 600 g,油制辣椒面 3000 g,红油 3000 mL 食盐适量。

五香卤料:清水 50 kg,八角 120 g,桂皮 120 g,草果 120 g,小茴 80 g,山柰 120 g,陈皮 12 g,姜片 40 g,甘草 32 g,白蔻 40 g,香果 20 g,辣椒 12 g,花椒 32 g,生姜 300 g。

2. 工艺流程及其操作要点

(1)工艺流程

大豆拣选→清洗浸泡→磨糊(浆)→浆渣分离→煮浆→上次滤浆→点浆→蹲脑、破脑→上包→压榨→切块定型→冷却→氽碱→清洗→卤制→烘烤(过油)→拌料→内包装→杀菌→成品

(2)操作要点

①大豆拣选:采用人工或机械除杂和挑选,除去混在大豆中的草根茎、树枝、砂石、泥块、铁钉、塑料袋膜等,保证产品质量和磨浆设备。

②清洗浸泡:用符合 GB 5749 要求的水,将大豆清洗 1 ~2 次,然后用大豆 2 ~2.5 倍的水,将大豆浸泡,浸泡的时间根据生产季节和水温而调整。浸泡后的大豆表面光滑、无皱皮、豆皮不轻易脱落,手指能掐开,且断面无硬心,豆瓣中心呈凹线,同时要求豆子不滑、不黏、不酸。

③磨糊(浆):磨浆采用砂轮磨或陶瓷磨,将浸泡好的大豆,按照 6 ~8 倍的水(以干豆重量计),将大豆磨成豆糊,豆糊粗细适宜。国内现有绝大部分企业采用二次磨浆法。即先磨豆成糊(只磨一次),再进入离心机进行浆渣分离,分离出的浆进入混合浆池,渣进入渣桶兑水混合均匀再进入另一台离心机分离浆渣。再得到渣,再兑水混合均匀进入最后一台分离磨。分离磨可加磨片再磨浆,也可不加磨片仅作分离用。太粗影响大豆蛋白的溶出,太细豆纤维难以过滤除去而进入豆浆,影响产品口感。

④浆渣分离:采用离心机,将豆糊分离成豆浆和豆渣,离心机的型号和产能相匹配。豆浆浓度控制范围 6 ~10°Brix,豆渣残留蛋白质 ≤3.5% ,豆渣残留水分≤84% 。

⑤煮浆:温度 98 ~102℃;豆浆保持上述温度时间:3 ~5 min。煮浆就是利用大豆蛋白质的热变性特点,使之在凝固剂协同作用下凝固成型。煮浆的方式可以采用敞开式煮浆锅,也可用密闭的煮浆罐,罐可分单体罐和连续多联罐。敞开式煮浆注意防止假沸现象,同时煮浆过程容易产生泡沫,需要添加消泡剂。密闭式煮浆要防止煮浆过度,大豆蛋白过度变性,影响后续的凝胶形成。

⑥二次滤浆:煮熟的豆浆再过滤,一般采用高频振动圆筛,滤网目数控制在 200 ~300 目。低于 200 目,能明显吃出休闲豆干口感粗

糙、不细腻，但高于300目，过滤效率较低，增大了清洗滤网的难度，同时影响得率。

⑦点浆：点浆桶内豆浆放满时，马上开始点浆，以保证豆浆温度符合标准要求。点浆的温度控制在82～85℃，若豆浆的温度低于82℃时，应对豆浆进行加热，温度达到82℃以上方能点浆。

豆腐老嫩度遵循如下原则：

A. 当要求豆腐较老时，点浆终点应以大颗粒呈现且有一丝淡黄色浆体为准。

B. 当要求豆腐中等嫩度时，点浆终点应以大颗粒呈现且无一丝淡黄色浆体为准。

C. 当要求豆腐较嫩时，点浆终点应以小颗粒呈现且无一丝淡黄色浆体为准。

⑧蹲脑、破脑：点浆后的豆腐脑静置（蹲脑）3～10 min，再用点浆铲在30 s内翻转该桶豆腐脑。

⑨上包：碎脑结束应及时上包[参考：垫板边长46 cm，垫板沟槽距(3±0.5) cm，包布框边长44 cm，包布边长71～76 cm，上包温度≥70℃]，并根据品种规格适度控制胚厚薄。豆腐脑在模具内应平整、均匀，四周填满，并用包布折叠盖住，无皱折。上包产品应及时压榨，一般放置时间≤8 min。

⑩压榨：薄胚的压榨时间一般控制在25～40 min，厚胚压榨的时间40～60 min，根据当时加工的具体品种及豆腐老嫩情况在参考时间范围内进行适当调整。压榨应把握先轻压后重压的原则，一般情况下，有大量豆清液流出即完成一次施压，待豆清液的流出变成滴或无时，再添加重物模块，施压频率，一般先快后慢。上榨时各包片板不得歪斜，压榨过程中导致固定钢棍变形时待压榨结束后应将其恢复原态。

⑪切块定型：压榨结束将成品豆腐胚放置于洁净台面，及时撕去表面包布。按不同湿胚水分、尺寸、重量标准，对豆胚进行手工或机械切分成型。切片后，初选出单品尺寸不符、朽边、蜂窝眼、含杂质等不合格胚料。经操作人员检选，将外型完整合格的产品进入余碱

工序。

⑫余碱：这是川式休闲豆干制品的特征之一。压制成型的休闲豆干胚在切片、切块等成型后，均要在沸腾的热碱（Na_2CO_3）水中煮制一遍。其目的有三个：一是去掉休闲豆干胚压榨过程中形成的布纹，使产品表面滑爽，防止卤制过程中产品粘连；二是便于着色，使卤制后产品表面颜色均匀，光泽度好；三是使蛋白质再次适度变性熟化，口感细腻。

通常情况下，余碱所用碱液的浓度与煮制时间长短具有线性关系，一般为0.25%的碱液中煮3 min。碱浓度过高，时间过长，休闲豆干坯表面会被碱液大量溶解掉，露出内部不均匀结构，降低表面平整度，降低产品成品率，蛋白质变性过度，影响产品质地和卤制风味；碱浓度过低，时间过短，不能有效溶解休闲豆干坯表面的布纹，蛋白质变性不彻底，不利于卤制后形成光泽，不利于形成轻脆而又有韧性的口感。

⑬卤制：按照卤汁原料配方，精确称量，并熬煮一定的时间，形成卤汁。前述物料准备好后，为增加卤制品的盐味、鲜味，通常在卤制前还应根据一定配方，将食盐、味精、鸡精加入卤汁中，对卤汁进行调味。调好味的卤汁，即可卤制产品。配制的香辛料总量占水的比例为2%～5%。为确保卤汁的循环使用及卤汁风味的稳定，香辛料应平均分装在4个口袋中，将料包进行编号管理，比如第一次加入4袋料包，等到卤制一定数量产品后，增加一个料包，此时共有5个料包；再卤制一定数量产品后，扔掉一个1号料包，再增加一个料包，此时仍然保持5个料包；继续卤制一定数量产品后，扔掉一个2号料包，又增加一个料包，此时料包数量一直保持在5个。

卤制过程中应重点注意以下几个问题：

A. 卤汁和休闲豆干胚的比例应合理。批量生产中一般为3.5∶1，混合后液面离锅口有一定距离，防止卤汁溢出。

B. 卤制过程中尽量确保卤汁保持轻微沸腾状态。火或蒸汽太大太猛，均可能导致休闲豆干胚中水分急剧汽化而冲破休闲豆干胚表面，形成蜂窝眼；火或蒸汽太小，则可能休闲豆干胚相互堆叠而影响卤制的效果,入味不均、色泽不一。

C. 卤制时应定时轻翻轻搅,防止休闲豆干胚堆叠。动作过大,易造成大量断料、划伤,影响产品外观。

D. 卤制时间根据单片单块产品的厚薄大小而定。一般 4 mm 厚度的片状条状休闲豆干,卤制时间 30 ~ 60 min。卤制厚度为 10 mm 左右的休闲豆干,卤制时间控制在 120 min 以上,甚至可能需要卤制后烘干,烘干后再卤制的方式多次卤制。

E. 卤料的补充和修正:在卤制一定数量产品后,卤汁中的各种配料都会存在损耗,所以,每卤制一批产品,都要对卤汁进行补盐、补味精、补鸡精等的补料处理。卤汁每卤制一定数量产品后,还应进行过滤、补清水、补香料包。

F. 卤汁的保质保鲜:由于卤汁中营养成分较为丰富,在一定时间放置后会出现变质腐败现象,所以当天生产完后,卤汁应过滤后加热进行再杀菌后,盖上防蝇防尘的透气网罩进行静置保存,或将卤汁快速降温后转移至冷库内加盖进行保存。静置保存期间,卤汁不能再去搅动,否则易变质。常温保存期间,即使不生产,卤汁都应每天加热沸腾一次,防止变质;冷藏保存期间,如果不生产,卤汁最多三天应加热沸腾一次,若三天以上不进行卤制生产的话,该批卤汁应该废弃。

川式休闲豆干卤制的形式有三种,第一种是蒸汽直接加热的卤制方式,第二种是煤火燃气等的燃烧加热,第三种是蒸汽或导热油在夹层中加热的形式。由于休闲豆干胚的表面没有形成比较坚韧的表皮,卤制的工艺要求是在料汤熬制好后放入胚子,煮开锅后立即改用文火继续卤制。文火的特征是:能够见到料汤的轻微翻滚,漂浮的胚子只是轻微的抖动和移位,卤汤表面没有大的起伏。

普通休闲豆干卤制的时间依据产品口味浓重的程度为依据,风味浓厚的产品卤制的时间要长一些;清淡口味、以咸味为主的产品卤制时间可短。

川式休闲豆干卤制效果的鉴定有两个方面,一是产品的外观质量,二是口感口味的鉴定。卤制后的休闲豆干不能有块形上的明显改变,不糟不烂,不能有破碎或弯曲折叠不开的现象,色泽均匀。口感上要有嚼劲，口味上要有产品标准要求的特点等并符合产品理化指标的要求。

⑭烘烤：烘烤是川式休闲豆干卤制后处理方式之一。卤制完成后，为保证产品的色泽稳定及拌制调料量的准确，一般需进行烘干处理。烘干传统的方法采用烘房，但是目前基本上都不使用。目前烘干采用连续式烘干机等设备进行烘干。二者原理相同，但后者的质量稳定性及卫生安全方面更可靠。

烘干中应注意以下几个问题：

A. 休闲豆干胚要平铺，片块间保留间隔，不能重叠，否则会造成花片或压痕。

B. 烘干时应先中温、再低温，一般不用高温。

C. 烘干的主要目的在于收干休闲豆干胚表面的水分，同时使内部水分均匀，另外也有一定的固色作用。如果要使烘干后产品形成特别耐咀嚼的感觉，则应采用低温长时间的方法。

D. 卤制后的休闲豆干坯表面相对于内部来说有大量的卤汁，为提高工作效率，需要快速地去掉表面水分，使其内部水分能有效地转移到表面，所以先用中温。但水分转移到一定程度后，其转移速度会降低，故此时应降低温度，使内部水分均匀渗出，确保产品烘烤后内外水分较一致，保持良好的口感。

烘干一般宜采用的温度为 85℃ 左右，最好不超过 95℃。温度太低，效率低且易使产品变质；温度太高，容易引起休闲豆干胚内部水分迅速汽化而冲破休闲豆干胚表面，造成不均匀甚至表面破损状态，形成感官缺陷。

E. 烘干时间根据产品设计的软硬度及休闲豆干胚厚薄决定，一般为 20 ~ 60 min。烘干过程中适当的翻动效果更好。

F. 烘干过程中尤其要注意滤筛是否有破损。如有破损极有可能混入折断的丝网等杂质，对产品安全构成重大隐患。

⑮过油：过油是川式休闲豆制品另外特征点之一。过油是指产品在卤汁卤制后，不需烘干，沥去卤水后直接用植物油在 120℃ 状态下轻微炸制的过程。通常，过油的产品选用的休闲豆干胚都比较薄，

厚度约3 mm,成品水分在60%左右。其目的在于除去休闲豆干胚表面水分,同时使内部水分均匀,另外也有一定的固色作用。

⑯拌料:卤制烘干或过油后的产品,为丰富其味型、弥补味的不足,一般还需进行再次调味——拌料处理,才能成为成品。根据不同产品的要求,拌料往往也采用不同的配方进行。

⑰内包装:休闲豆干拌料后,必须立即进行装袋包装。现市售的产品一般有两种包装:一种为非真空复合彩袋包装,产品在10万级以内的洁净内包装间,进行含片包装。另一种为真空包装,多使用高温蒸煮袋,包装后需进行严格杀菌处理。

⑱杀菌:产品包装后,应立即进行杀菌处理。

A. 巴氏杀菌又称低温加热杀菌,是一种较温和的加热杀菌形式,典型的巴氏杀菌条件为93~95℃、30~60 min。巴氏杀菌工艺产品一般选择在秋冬季节销售。经巴氏杀菌处理的产品能较好地保留原有产品的口感和风味,因此,经巴氏杀菌的产品要和其他储存手段配合使用(如冷藏),且保质期不能定得太长。

B. 高温高压杀菌是一种较强烈的高温热处理形式。一般是将包装后的食品加热到110℃以上的高温。目前,为了确保食品安全,休闲豆干普遍采用高温高压杀菌。杀菌设备为杀菌釜,分汽杀、水杀、喷淋等多种形式。高温高压杀菌的基本步骤为:排空、升温、恒温、降温、冷却。每一环节都应根据产品的特点设置一定的时间、温度等参数,即杀菌公式。所以,高温高压杀菌后的食品较巴氏杀菌产品口感稍差、风味减弱,营养成分也有一定损失。

C. 微波、辐照杀菌是近年来兴起的杀菌方式,部分企业开始尝试,但因应用于休闲豆干还属探索性阶段,故效果还有待验证。另外,在杀菌过程中,适当地加入防腐剂等对杀菌及保质有一定的帮助,但添加时必须严格按照国家标准GB 2760有关规定加入品种和数量,防止滥用食品添加剂。

(3)油制辣椒面和红油的制作

①15 kg辣椒烘干,然后将其粉碎成30目的辣椒面待用。

②将锅洗净后,倒入菜籽油50 kg,加热至无油泡、油温约200℃

时熄火。待油温降至约130℃时,用瓢舀部分热油加入备好的辣椒面中搅拌,待所有的辣椒面已经均匀被热油浸湿润后,再将剩下的油一次性倒入有辣椒面的容器中,同时搅拌5 min左右放置72 h待用。

③存放72 h的油料,用60目的筛网进行过滤,至红油不再向下流成线状,即制得油制辣椒面和红油。过滤的目的主要在于将红油和油制辣椒面分离,便于配料拌制操作。

3. 质量指标

(1)感官指标

具有本品种的正常色、香、味、不酸、不黏、无异味、无杂质、无霉变。

(2)理化指标

水分≤55%,蛋白质≥20%,食盐≤3%,重金属含量砷≤0.5 mg/kg,铅≤1.0 mg/kg;食品添加剂按照GB 2760标准执行。

(3)微生物指标

大肠菌群参见表4-2,致病菌不得检出。

四、香辣味武冈兰花串

1. 原料及其配方

主要原料:大豆90 kg,豆清发酵液适量,辣椒油5%,辣椒精油1.5%,香葱油1%,大蒜油1.2%,肉味油状香精0.2%,牛肉膏0.5%,牛肉粉末香精0.5%。

卤料配方:花椒1 g,八角8 g,桂枝3 g,肉蔻6 g,草果1 g,山柰6 g,山胡椒4 g,桂皮3 g,香叶2 g,香果4 g,母丁香2 g,公丁香2 g,孜然8 g,干辣椒15 g。

辣椒油配方:菜籽油1000 mL,辣椒面100 g,菜籽油:辣椒面=10:1。

2. 工艺流程及操作要点

(1)工艺流程

豆清液→接种→豆清发酵液
↓
大豆→挑选→清洗→浸泡→磨浆→煮浆→过滤→加热→点浆→

蹲脑→浇脑→压榨成型→切块→烘干→冷却→穿串→烘干→冷却→卤制→拌料→包装→杀菌→成品

(2)操作要点

①挑选:挑选饱满、无虫蛀、无发霉变质的大豆,剔除石头等杂质。

②浸泡:清洗大豆2遍后,按照1∶3的豆水比,将大豆于室温下(夏季2~5 h,冬季6~10 h)浸泡。泡豆完毕大豆应是饱满,断面无明显硬心,湿豆重量约为干豆的2~2.4倍。

③磨浆:以干豆∶水=1∶10的比例进行磨浆。

④煮浆:将磨好的豆糊转移至煮浆桶,加热至80℃。

⑤过滤:用100目过滤布过滤豆糊,得到浓度为(6±0.5)°Brix的豆浆。

⑥加热:将豆浆加热至95℃,保温3~5 min。

⑦点浆:采用新醋兑老醋方式进行点浆,一般分3~5次点浆,每次依次提高酸浆浓度,期间可观察到豆浆中出现少量不断上浮的小米粒状脑花,接着大量米粒状脑花上浮,逐渐形成大颗粒脑花,最后形成大面积脑花且逐渐析出淡黄色豆清液直至澄清。

⑧蹲脑:点浆完毕后,先蹲脑3~5 min,观察豆清液析出是否澄清,是否有米粒状脑花继续上浮,若有可再养脑3~5 min后再破脑;若破脑后发现仍有少量白浆可再养脑3~5 min;蹲脑时间可根据实际情况进行调整。

⑨压榨成型:将脑花浇注至铺好滤布的豆腐框中,包好布后,先预压2~3 min,再逐渐压实直至少量豆清液析出为止,压榨10~15 min。

⑩烘干:将豆胚按要求切块,并用85℃烘3 h,间隔1 h翻1次边。

⑪穿串:将烘干冷却后的豆胚按要求切块并用木签穿串,再85℃烘1 h,并冷却至室温置于85℃中卤制1 h。

⑫拌料:按不同口味添加调味料,搅拌均匀。

⑬内包装:拌料后,必须立即进行装袋包装。现市售的产品一般有两种包装:一种为非真空复合彩袋包装,产品在10万级以内的洁净

内包装间,进行含片包装。另一种为真空包装,多使用高温蒸煮袋,包装后需进行严格杀菌处理。

⑭杀菌:一般是将包装后的食品加热到121℃/10 min的方式进行高温杀菌。杀菌设备为杀菌釜,分汽杀、水杀、喷淋等多种形式。高温高压杀菌的基本步骤为:排空、升温、恒温、降温、冷却。每一环节都应根据产品的特点设置一定的时间、温度等参数。

3. 质量指标

(1)感官指标

具有本品种的正常色、香、味、不酸、不黏、无异味、无杂质、无霉变。

(2)理化指标

水分≤55%,蛋白质≥20%,食盐≤3%,重金属含量砷≤0.5 mg/kg,铅≤1.0 mg/kg;食品添加剂按照GB 2760标准执行。

(3)微生物指标

大肠菌群参见表4-2,致病菌不得检出。

五、石屏休闲豆干

1. 原料及其配方

主要原料:大豆90 kg,豆清发酵液适量,辣椒油5%,辣椒精油1.5%,香葱油1%,大蒜油1.2%,肉味油状香精0.2%,牛肉膏0.5%,牛肉粉末香精0.5%。

卤料配方:花椒1 g,八角8 g,桂枝3 g,肉蔻6 g,草果1 g,山柰6 g,山胡椒4 g,桂皮3 g,香叶2 g,香果4 g,母丁香2 g,公丁香2 g,孜然8 g,干辣椒15 g。

辣椒油配方:菜籽油1000 mL,辣椒面100 g,菜籽油∶辣椒面=10∶1。

2. 工艺流程及操作要点

(1)工艺流程

豆清液→接种→豆清发酵液+井水

↓

大豆→挑选→清洗→浸泡→磨浆→热水冲浆→煮浆→过滤→点浆→蹲脑→浇脑→压榨成型→摊晾→切块→油炸→脱油→卤制→脱卤→拌料→包装→杀菌→成品

(2)操作要点

①挑选:挑选饱满、无虫蛀、无发霉变质的大豆,剔除石头等杂质。

②浸泡:将脱皮大豆清洗2遍后,按照1∶3的豆水比,将大豆于室温下(夏季2~3 h,冬季4~6 h)浸泡。泡豆完毕大豆应是饱满,断面无明显硬心,湿豆重量为干豆的2~2.4倍。

③热水冲浆:将豆糊装入布袋,并将沸水冲入豆糊中,将豆浆冲洗出。

④煮浆:将豆糊中洗出的豆浆加热至沸腾(90℃)保温3~5 min。

⑤过滤:用100目的过滤袋过滤豆浆,得到浓度为6°Brix的豆浆。

⑥点浆:先加入豆浆质量分数10%的当地井水,再加酸浆点浆,直至豆浆中出现大面积脑花,再往酸浆中加入相同质量的井水用其点浆,直至点浆完成。

⑦蹲脑:浇脑点浆完毕后,蹲脑3~5 min,再破脑将脑花装入相应模具中。

⑧压榨成型:先预压1~5 min,再压实10~15 min。

⑨摊晾:用风扇对豆胚表面吹风,降至室温备用。

⑩切块:用切块机将豆胚切块。

⑪油炸:将油温升至200~210℃,再倒入豆胚,保持油温为135~150℃,油炸5~7 min。

⑫脱油:将油炸后的胚子置于离心机中离心3~5 min,直至无成股油滴出。

⑬卤制:将脱油后的胚子置于卤汁中65~80℃卤制5~30 min。

⑭脱卤:将卤制后的胚子离心3~5 min,直至无成股卤汁滴出。

⑮拌料:按比例添加调味料,搅拌均匀。

⑯内包装:拌料后,必须立即进行装袋包装。现市售的产品一般有两种包装:一种为非真空复合彩袋包装,产品在10万级以内的洁净

内包装间,进行含片包装。另一种为真空包装,多使用高温蒸煮袋,包装后需进行严格杀菌处理。

⑰杀菌:一般是将包装后的食品加热到121℃/10 min的方式进行高温杀菌。杀菌设备为杀菌釜,分汽杀、水杀、喷淋等多种形式。高温高压杀菌的基本步骤为:排空、升温、恒温、降温、冷却。每一环节都应根据产品的特点设置一定的时间、温度等参数。

3. 质量指标

(1)感官指标

具有本品种的正常色、香、味、不酸、不黏、无异味、无杂质、无霉变。

(2)理化指标

水分≤55%,蛋白质≥20%,食盐≤3%,重金属含量砷≤0.5 mg/kg,铅≤1.0 mg/kg;食品添加剂按照GB 2760标准执行。

(3)微生物指标

大肠菌群参见表4-2,致病菌不得检出。

六、五城茶干(徽派茶干)

五城茶干,是安徽省休宁县特产,是国家地理标志产品。五城茶干咸淡相宜,质纯味鲜,柔韧香醇,营养丰富,是品茗之佐餐,下酒之佳肴,老幼皆宜之美味食品。2010年3月,五城茶干成功获批国家地理标志保护产品称号。五城茶干地理标志产品保护范围为安徽省休宁县五城镇、商五城茶干山乡、山斗乡、岭南乡、海阳镇、万安镇、齐云山镇、鹤城乡8个乡镇现辖行政区域。

五城茶干为徽州传统特产,始创于南宋末年理宗时期,工艺成熟于元代,隆盛于清。五城茶干色泽红棕色,色泽均匀、有油润感,滋味咸甜适中、香气浓厚、质地组织细密、对折不断、柔软有劲、有弹性。茶干选用优质大豆、甘草等十几种天然材料精制而成,且色泽酱红、细嚼味长、回味持久、有韧性、对折不断等特色。除含丰富的植物蛋白外,五城茶干还含有人体所需的十八种氨基酸,以及钙、镁、钼、锰、硒、锶、铜等十几种微量元素。

1. **原料及其配方**

主要原料：大豆 90 kg，卤水适量，香葱油 1%，大蒜油 1.2%，肉味油状香精 0.2%，生抽酱油 2%，食盐 2%。

卤料配方：八角 8 g，桂枝 3 g，肉蔻 6 g，草果 1 g，山柰 6 g，山胡椒 4 g，桂皮 3 g，香叶 2 g，甘草 8 g。

2. **工艺流程及其操作要点**

（1）工艺流程

大豆→浸泡→清洗→磨浆→滤浆→煮浆→点浆→上箱→切坯块、包扎→压制→拆包布杀坯→卤制→包装→杀菌

（2）操作要点

①生产用水：须取自保护范围内的优质地下水，水质符合生活饮用水国家标准。

②大豆：选用安徽区域内的七月黄、八月黄良种大豆，或选用与安徽区域内气候、土壤等生产条件类似的、品质相近的大豆，并符合大豆国家标准的规定。

③泡豆、磨浆和分离与其他豆制品加工相似。

④煮浆：煮浆须用蒸汽煮沸，煮浆温度控制在 95 ~ 98℃，并在此温度保持 5 min。特别注意：在煮浆过程中不得加入生浆或生水。

⑤点浆：点浆须以盐卤为凝固剂，点浆温度控制在（85 ± 2）℃之间，12 ~ 14°Bé 的盐卤水手工点浆。

⑥卤制：卤锅加入确定量的水，按工艺配方的比例放入辅料，加热煮沸 30 min 后，倒入白干坯，进行搅拌，保持卤汤刚浸没茶干坯后加盖焐制，焐制时间为 5 h，每隔 1 h，轻轻自下而上翻动，焐制时温度在 70℃至 75℃，起锅前 15 min，加温至 95℃至 98℃。5 h 后捞出经摊晾带输送至包装间。

⑦杀菌：杀菌时成品箱摆放整齐，每排之间要留 5 cm 间距，池盖密封，确保在 110℃至 120℃温度内进行 60 min 高压蒸汽消毒。杀菌结束后冷却要迅速，降至室温后及时包装并送成品库。

3. **质量指标**

（1）感官指标

色泽酱红、色泽均匀，不酸、不黏、无异味、无杂质、无霉变。

(2)理化指标

水分≤70%，蛋白质≥14%，食盐≤3%，重金属含量砷≤0.5 mg/kg，铅≤1.0 mg/kg；食品添加剂按照GB 2760标准执行。

(3)微生物指标

大肠菌群参见表4-2，致病菌不得检。

第七章　植物肉及其制品

2016年我国消费了全世界28%的肉制品，肉制品的进口额超过100亿美元。预计2050年，地球的人口总数将为90亿，而每年肉制品的需求量将高达为4.65亿吨，这样将有1亿吨肉制品的缺口。同时，肉制品的生产面临诸多限制，如土地资源、环境生态、水体资源等。此外，肉制品的摄入量增加，导致许多慢性疾病的产生，因此，人造肉应运而生。按生产技术可以分为两类，一类是通过植物性蛋白改性生产的人造肉，又称“植物肉”；另一类是用动物干细胞培育出的人造肉，又称“细胞培养肉”。植物人造肉通常以大豆、小麦、豌豆等的植物蛋白为原料，应用挤压组织化技术，在热剪切和压力等物理场作用下，蛋白质发生改性、分子链取向、重新交联，使其具备动物肉制品的质地和口感，如植物牛排等。植物肉含有较高的蛋白质含量和较低的脂肪含量，是蛋白质良好来源食物，并可以丰富人们的餐桌，提供更多的膳食选择。植物肉原料资源丰富，且处于食物链上游，可以缓解传统肉制品生产过程中存在的环境保护和动物保护、动物福利问题，大概能减少95%的土地使用、90%的用水和85%的温室气体排放，是符合低碳绿色、可持续发展的。中国人传统饮食习惯是以植物性食物为主，动物性食物为辅，豆类食品和豆类蛋白制品的种类丰富，食用历史悠久。同时，随着人们对营养健康和可持续发展的重视，植物蛋白制造的人造肉有一定的市场规模和消费人群。

植物肉制造链包括农作物种植、植物蛋白提取、植物蛋白组织化（干法、湿法）、组织化蛋白调制（造型、调味、调色）等环节。可用于作为植物蛋白初级原料的农作物主要有大豆、豌豆、小麦、花生等。通过提取纯化，从农产品原料中获得高浓度的植物蛋白质，如大豆分离蛋白（蛋白质含量高于90%）。植物蛋白组织化主要是通过提高温度、加大压力和搅拌剪切等方式，将散沙一样的天然结构植物蛋白改性，挤压成组织化蛋白，其中含水量高的被称为“拉丝蛋白”，和动物肉的外观和口感非常相近，再以此为原料，做成整块或肉碎，交由食品企业或餐饮企业做后续加工和调制。调味是指采用各种调味物质和条件对组织化植物蛋白赋味，主要包括添加肉类的风味物质，赋予其肉的色泽、滋味和香味，以及遮蔽不符合要求的滋味和香味，主要是去掉豆制品原有的腥味。

当前，大多数企业仍然以大豆蛋白作为底料，极少数企业如美国的 Béyond meat 和法国的 Toreos 采用了豆类蛋白分离物作为底料。此外可以发现几乎每个产品都添加了椰子油、葵花籽油、玉米油等植物油来改善口味。有些企业还提取了植物中的血红素来模拟肉中鲜腥和焦糖化的香气，并为成品带来类肉的色泽。魔芋胶、黄原胶、阿拉伯树胶等被用于粘合各种物料，使其紧凑有弹性。总而言之，不同的公司所关注的方面并不相同，但诸多植物性物料的组合均是为了更好地将植物性肉模拟类似于动物肉，让消费者易于接受。

植物肉的制备主要利用挤压技术、剪切技术和纺丝技术。其中挤压技术实际是一个热机械加工的过程，将植物性配料挤压、加热以及剪切后推送到模具中，从而挤压成型。剪切技术是一种基于流动诱导结构的技术。而纺丝技术分为静电纺丝和湿法纺丝，纺丝原液经过挤压喷出形成细流，凝固成纤维。植物基肉制品是新兴产品，国内尚无出台相应食品安全标准及其生产卫生管理规范，目前部分企业以大豆分离蛋白为原料的制品，主要参考标准还是豆制品相关标准。尽管 2020 年 12 月中国食品科学技术学会发布的团体标准《植物基肉制品》填补了植物基肉标准的空白，但在国家层面没有相应的标准，不利于整体行业的发展，建议国家尽快出台相应的标准，以促进行业健康有序地发展。

第一节　植物基肉

由于动物肉，如猪肉、牛肉等，都含有较多的脂肪与胆固醇，故医学界普遍认为人们不应食用过多的动物肉。近年来国外普遍发展植物肉生产，在制造灌肠、鱼肠、肉丸、肉馅饼、肉包、饺子等肉馅食品中均掺入适量的植物肉，以代替部分猪肉、牛肉，这不仅可减少食品中的脂肪及胆固醇的含量，提高蛋白质比例，同时还可降低肉制品的成本。

一、植物蛋白肉的用法

原料先用温水浸泡十几分钟，也可直接用肉汤煨制，其吸水能力为其原重的1～1.5倍，泡好后可与动物肉一并捻碎作馅，掺入量一般为肉的20%～30%，并可根据需要加入各种调料，可做快餐或炒菜。

二、原料配方、制作方法及注意事项

1. 配方

蛋白原材料：脱脂大豆、小麦、花生、葵花子等。

调味液（料）：酱油、食盐、元葱、蒜等。

油类：大油、大豆油、奶油、菜籽油等经加工制成的油脂。

2. 制作方法

将脱脂大豆和水混合在一起，在高温高压下，用挤压机及有狭缝的模具将其挤压成片状（4 cm×7 cm×1 cm）的大豆蛋白材料（干燥品）。把所获得的蛋白原材料100份（质量份），浸渍在由170份浓缩调味液、70份洋葱和水混合成的1000份的浸渍液（食盐浓度为1.8%）中，浓缩调味液是由酱油、猪油浸液、香辛料配制的，浸渍时温度为65℃，时间2.5 h，之后，用猪油将其进行过油处理。过油时间以120℃的温度下，4 min为宜。过油后可得到300份的过油制品，此后便可按通常的烹饪方法，将这些油制品做成各种各样的肉菜。

3. 注意事项

①食盐用量：浸渍液中食盐浓度必须在1%以上，否则在过油处理时，蛋白原材料容易变形。

②葱或蒜：切细或捣碎、挤出汁液都可。其用量要占调味液总量的0.5%以上，因为这样可更好地抑制大豆的生豆味。

③过油处理：过油温度要控制在100～150℃进行。最好在105～130℃。高于150℃时，大豆蛋白易硬化，会失去近似肉类的弹性和柔

软性。温度低于100℃，则油分不能完全浸入大豆蛋白中，食用起来就会缺乏肉食感，而且对于大豆的生豆味几乎起不到抑制作用。

三、大豆分离蛋白植物肉

（一）原料及其配方（表7-1）

表7-1 原料及其配方

原料名称	比例	原料名称	比例
大豆分离蛋白	14%~20%	鸡蛋清（乳清蛋白）	2%~3%
大豆色拉油	5%~6%	小麦蛋白	0.5%~1.0%
冰水	68%~75%	TG酶	0.15%~0.2%
淀粉	4%~6%	变性淀粉	0.2%~0.5%
糖	0.3%~0.5%	植物胶质	0.2%~0.4%
味精	0.3%~0.5%		

（二）工艺流程及其操作要点

1. **工艺流程**

大豆分离蛋白、冰水→混合→斩拌→混合→斩拌→装模→冷藏成型→蒸煮或油炸→速冻→包装

2. **操作要点**

①将TGase用冷水溶解，然后直接加入大豆分离蛋白和冰水混合物的搅拌器中，与胚料和造型辅助料混合斩拌。TGase直接加入搅拌器中，与胚料和造型辅助料混合，然后注入模具或成型机中定型，并进行酶解反应，视混合物的状态控制斩拌的时间。

②将色拉油加入上述斩拌完成的混合物中，继续斩拌，然后将淀粉、调味料、调色料加入，斩拌。

③然后注入模具或成型机中定型，并进行酶解反应，在4℃以下，冷藏12 h。

④油炸或蒸煮 蒸煮的温度不低于90℃。

3. TGase加工植物肉的作用原理

①TGase作为一种应用范围较广的酶,其作用方式是以蛋白质及多肽链中的谷氨酰胺残基的γ-羧酰胺基作为酰基供体,TGase的酰基受体各不相同,可以为蛋白质或肽键上游离氨基酸的ε-氨基、伯胺、赖氨酸残基的ε-氨基或者简单的物质如水,催化反应如图7-1所示。

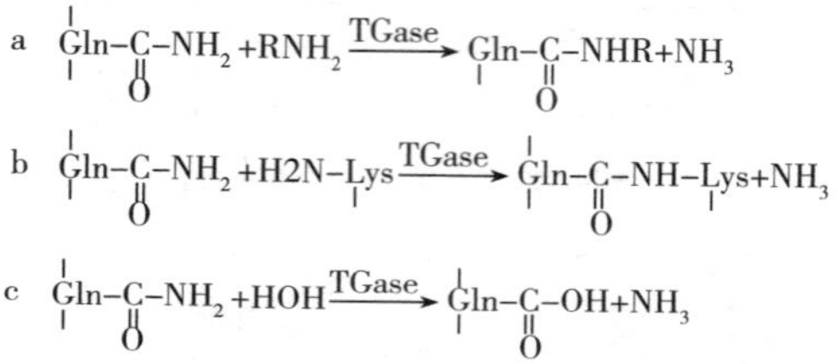

$$\text{a}\quad \text{Gln-C(=O)-NH}_2+\text{RNH}_2\xrightarrow{\text{TGase}}\text{Gln-C(=O)-NHR}+\text{NH}_3$$

$$\text{b}\quad \text{Gln-C(=O)-NH}_2+\text{H2N-Lys}\xrightarrow{\text{TGase}}\text{Gln-C(=O)-NH-Lys}+\text{NH}_3$$

$$\text{c}\quad \text{Gln-C(=O)-NH}_2+\text{HOH}\xrightarrow{\text{TGase}}\text{Gln-C(=O)-OH}+\text{NH}_3$$

图7-1 TGase的三个反应及其产物图

②图7-1中a反应形成新的蛋白质分子,从而达到蛋白质营养特性被改善的目的。

③图7-1中b反应可使蛋白质分子内及分子间发生交联反应,使蛋白质的功能特性得到改变,以改善相关加工食品的质构。

④图7-1中c反应使蛋白质的等电点及溶解性等功能特性得到提高,使蛋白质在生产应用过程中有更好的适用性。

⑤基于上述三个反应,将TGase、大豆分离蛋白和水按照一定的比例乳化,成型后即可形成蛋白凝胶。且凝胶具有弹性好和适口性强等优点,即便再遭受冷冻、加热再冷却等处理方式也不会对其口感造成影响。

4. 注意事项

①整个斩拌过程,物料斩拌时间、添加顺序(水、大豆分离蛋白、油、其他原料)需严格按照操作标准进行,且出锅温度不得超过20℃。

②TGase的添加并不是越高越好,在实际生产应用的过程中,由于产品需求的凝胶强度不同,需要有针对性地进行及时调整。

③TGase对Ca^{2+}不具有依赖性,同时大多数金属离子对该酶的活

性无影响或影响不大。但是金属离子 Zn^{2+} 对该酶的活性具有很强的抑制作用，据研究报道可能因为 Zn^{2+} 对 TGase 活性中心的重要组成部分（半胱氨酸残基）有束缚作用。EDTA 还可以直接消除其活性，所以在实际应用中应该根据实际需要避免这一点。

四、植物基肉

实例一：植物蛋白肉现有多种类型。包头制油厂生产的是大豆蛋白肉，是以大豆提取油脂后，经过粉碎、筛选、加水、加盐配制，采用膨化工艺而制成的。

实例二：一种具有医学意义、新型的高蛋白食品——植物蛋白肉，利用“高温脱溶豆粕”制成。在生产植物蛋白肉中，采用了“植物蛋白肉挤压喷爆机”，通过这种机器的挤压喷爆，使高温脱溶豆粕转化为肉状组织，色泽、形状、食用感觉都与猪瘦肉、牛瘦肉相似。用这种机器生产植物蛋白肉，工艺流程简单，投资少、见效快，生产无污染，无“三废”，经济收益显著，适用原料广泛。除高温豆粕可作原料外，低温脱溶豆粕、脱脂花生、脱脂葵花子等也可作为原料生产植物蛋白肉。由于植物蛋白肉是含水量10%左右的干制品，食用前要用温水或冷水浸泡，使之膨胀成瘦肉状，然后将水挤干，反复数次，以除去豆味，烹调时用挤干的蛋白肉进行加工成各种美味菜肴。

实例三：吉林省财贸学院研制成功了以大豆为原料生产植物蛋白肉的方法。

1. 原料与配方

豆粕细粉 100 kg，食用碱 1.5 kg，盐 3 kg，水 50 kg。

2. 工艺流程及其操作要点

（1）工艺流程

大豆→筛选除杂→破碎→去豆皮→轧粒→低温蒸炒（70℃以下）豆粉→过筛→磨粉→粉碎→豆饼→压缩脱脂（75℃以下）→豆油→加水和面→挤压喷爆→植物蛋白肉→干燥（水分13%以内）（水分调整为4.0%）（14～24代）→成品

(2)操作要点

①制细豆粕粉:将干燥、清洁的大豆剥皮后,送入榨油机取油2次,然后由粉碎机将取油后的饼料加工成细粉(细度为80~100目)。

②制人造肉:将细粉加水、食用碱、盐调匀,陆续喂入膨化机,经过高温、高压、热挤成型,即成为瘦肉状的"人造肉"。

③干燥脱水:成型后的"人造肉"还含有一定量的水分,需经过干燥脱水后,才能包装出厂。其蛋白质含量在50%以上。每100 kg大豆可生产"人造肉"75 kg左右,出食用豆油10 kg左右,生产中的副产品如豆皮、碎肉渣等,又是动物的优质蛋白饲料。

④制第二代人造肉:在原料中加入虾米、芝麻、辣椒等,制成"海味人造肉""腊味人造肉"等,使产品色、香、味既全又佳。

3. 常见配方

下面是几种用双螺杆挤压加工的工程肉的配方。

①大豆分离蛋白粉80 kg,玉米淀粉15 kg,畜肉13 kg,山梨糖醇9 kg,调味液1 kg。

②小麦面筋155 kg,小麦面粉70 kg,猪皮30 kg,甘油单脂肪酸酯0.3 kg。

③大豆分离蛋白61 kg,猪肉20 kg,淀粉6 kg,小麦谷蛋白10 kg,酱油1 kg,食盐1 kg,香精1.5 kg,干燥鸡蛋白8 kg。

④鸡肉60 kg,大豆分离蛋白10 kg,酪蛋白10 kg,脱脂大豆粉20 kg。

⑤大豆分离蛋白29 kg,鸡蛋清12 kg,小麦面筋12 kg,脱腥豆粉10 kg。

⑥鱼糜30 kg,大豆分离蛋白40 kg,鸡蛋清10 kg。

4. 质量指标(参考团体标准　植物基　肉制品)

(1)理化指标

蛋白质含量8%~10%,脂肪含量低于10%,水分含量20%~50%。

(2)微生物指标

①大肠菌群限量要求。

大肠菌群参见表4-2。

②致病菌限量要求(表7－2)。

表7－2　致病菌限量要求

项目	采样方案[a]及限量(若非指定,均以/25 g表示)				检验方法
	n	c	m	M	
沙门氏菌	5	0	0	—	GB 4789.3
金黄色葡萄球菌	5	1	100 CFU/g	1000 CFU/g	GB 4789.10中第二法

注　a表示样品的采样及处理按GB 4789.1执行。

第二节　素肉

一、油炸素肉

1. 原料与配比

分离蛋白70%、小麦蛋白10%、豆粕10%、淀粉10%。

2. 工艺流程及其操作要点

(1)工艺流程

原料→双螺旋挤压膨化→拉丝蛋白复水→卤制→离心脱卤→油炸→成品

(2)操作要点

①拉丝蛋白复水:将干的泡状大豆组织蛋白先复水浸泡,使蛋白组织软化,一定要用凉水浸泡,水位要没过干的大豆组织蛋白。浸泡3～4 h后,当大豆组织蛋白完全吃透水,里面的纤维丝状出现时,表明大豆组织蛋白就浸泡好了。

②离心脱卤:复水后将泡状大豆组织蛋白捞出来,装入可透水的塑料袋中,用离心机进行脱水,当离心机的出水口没有水流出来时,将高速转动的离心机缓慢停止。

③油炸:油炸的目的是香味浓郁、色泽鲜明。油炸的关键是要掌握好油温和油炸时间,一般对素肉的油炸温度在120～180℃,这样油温既可以渗透进入素肉内部,又可以使表面呈金黄色,内外温度能保持均匀。油

炸时间则根据产品需求而发生改变,时间一般在 2 ~3 min。

3. 质量指标

(1)感官指标

外观呈金黄色、香气纯正,无异味,无杂质。

(2)理化指标

水分≤55%,蛋白质≥17%,砷(以 As 计)≤0.5 mg/kg。

(3)微生物指标

大肠菌群参见表 4 -2。

二、卤素肉

1. 原料与配方

坯配方:分离蛋白 70%,小麦蛋白 10%,豆粕 10%,淀粉 10%。

卤汁配方:水 1000 mL、八角 3 g、茴香 3 g、砂仁 2 g、桂皮 3 g、砂仁 2 g、丁香 2 g、荷叶 1 g、花椒 5 g、盐 5 g、糖 5 g。

2. 工艺流程及其操作要点

(1)工艺流程

原料→双螺旋挤压膨化→拉丝蛋白→卤制→离心脱卤→烘烤→包装→成品

(2)操作要点

①双螺旋挤压膨化:将原料按照配方要求称量,并投入挤压机中,挤压的温度和压力是控制的关键,一般情况下挤压温度 140 ~200℃,压力大于 10 MPa。

②卤制:将干制大豆组织蛋白置于配制好的卤汁中,使蛋白组织软化,热水浸泡,水温 80℃,水位没过干的大豆组织蛋白。浸泡 2 h 后,当大豆组织蛋白完全吃透水,里面的纤维丝状出现,大豆拉丝蛋白内芯柔软,无硬质感,这时就浸泡好了。

③离心脱卤:复水后将泡状大豆组织蛋白捞出来,装入可透水的塑料袋中,用离心机进行脱水,当离心机的出水口没有水流出来时,将高速转动的离心机缓慢停止。

④烘烤:5 层烘干机,湿度 37%、温度 80℃、时间 40 min。

⑤包装:将产品采用真空包装,包装袋的材质是复合铝膜材料。

3. 质量指标

(1)理化指标

水分≤55%,蛋白质≥17%,砷(以As计)≤0.5 mg/kg。

(2)微生物指标

大肠菌群参见表4-2。

三、熏素肉

1. 原料配比

坯配方:分离蛋白70%,小麦蛋白10%,豆粕10%,淀粉10%。

调味料配方:牛肉膏100 g,酵母膏30 g,味精50 g,白砂糖60 g,通统卤200 g,酱油200 g,盐200 g。

2. 工艺流程及操作要点

(1)工艺流程

原料→双螺旋挤压膨化→拉丝蛋白→卤制→离心脱卤→熏干→成品

(2)操作要点

①卤制:将干制大豆组织蛋白置于配制好的卤汁中,使蛋白组织软化,热水浸泡,水温80℃,水位没过干的大豆组织蛋白。浸泡2 h后,当大豆组织蛋白完全吃透水,里面的丝状纤维出现,大豆拉丝蛋白内芯柔软,无硬质感,这时就浸泡好了。

②离心脱卤:复水后将泡状大豆组织蛋白捞出来,装入可透水的塑料袋中,用离心机进行脱水,当离心机的出水口没有水流出来时,高速转动的离心机缓慢停止。

③熏干:将脱水后的素肉置于调好配料的卤料中,搅拌均匀,浸渍30 min,80℃烘干。

3. 质量指标

(1)理化指标

水分≤55%,蛋白质≥17%,砷(以As计)≤0.5 mg/kg。

(2)微生物指标

大肠菌群参见表4-2。

第八章　豆制品品质控制

第一节　品质控制的基本概念

一、质量和质量要求

我国国家标准 GB/T 19000—2016(等同于国际标准 ISO 9001—2015)对质量的定义是:一组固有特性满足要求的程度即产品或服务满足规定或潜在需要的特征和特性的总和。

(1)关于“特性”

“特性”指“可区分的特征”,可以有各种类的特性:物的特性,如机械性能;感官的特性,如气味、噪声、色彩等;行为的特性,如礼貌;时间的特性,如准时性、可靠性;人体工效的特性:如生理的特性或有关人身安全的特性;功能的特性:如飞机的最高速度。

特性可分为固有特性和赋予特性。

固有特性就是指某事或某物中本来就有的,尤其是那种永久的特性,如螺栓的直径、机器的生产率或接通电话的时间等技术特性。

赋予特性不是固有的,不是某事物本来就有的,而是完成产品后因不同的要求而对产品所增加的特性,如产品的价格、硬件产品的供货时间和运输要求(如运输方式)、售后服务要求(如保修时间)等特性。

固有与赋予特性的相对性:不同产品的固有特性和赋予特性不同,某种产品的赋予特性可能是另一种产品的固有特性(转换)。

(2)关于“要求”

“要求”指“明示的、通常隐含的或必须履行的需求或期望”。

“明示的”可以理解为规定的要求,如在文件中阐明的要求或顾客明确提出的要求。“通常隐含的”是指组织、顾客和其他相关方的惯例或一般做法,所考虑的需求或期望是不言而喻的,如“化妆品对顾客皮肤的保护性等。一般情况下,顾客或相关方的文件,如标准中不会对这类要求给出明确规定,组织应根据自身产品的用途和特性进行识别,并做出规定。

“必须履行的”是指法律法规要求的或有强制性标准要求的。组织在产品的实现过程中必须执行这类标准。

要求要由不同的相关方提出,不同的相关方对同一产品的要求可能是不相同的。要求可以是多方面的,如需要指出,可以采用修饰词表示,如产品要求、质量管理要求、顾客要求等。

(3)质量具有经济性、广义性、时效性、相对性

质量的经济性:由于要求汇集了价值的表现,价廉物美实际上是反映人们的价值取向,物有所值就是表明质量有经济性的表征。顾客对经济性的考虑是一样的。

质量的广义性:质量不仅指产品质量,也可指过程和体系的质量。

质量的时效性:由于组织的顾客和其他相关方对组织和产品、过程和体系的需求和期望是不断变化的。因此,组织应不断地调整对质量的要求。

质量的相对性:组织的顾客和其他相关方可能对同一产品的功能提出不同的需求,也可能对同一产品的同一功能提出不同的需求。需求不同,质量要求也不同,只有满足需求的产品,才会被认为是质量好的产品。

质量的优劣是满足要求程度的一种体现,质量的比较应在同一等级基础上做比较。

等级是指对功能用途相同但质量要求不同的产品、过程和体系所做的分类或分级。

(4)质量要求

质量要求是指对产品需要的表述或将需要转化为一组针对实体特性的定量或定性的规定要求,以使其实现并进行考核。生产者应当建立健全内部产品质量管理制度,严格实施岗位质量规范、质量责

任法,承担产品因质量问题引发的法律责任。产品的生产者、销售者应严格执行产品质量法及相关法律、法规规定,严禁伪造产品产地,伪造或者冒用认证标志,禁止在生产、销售产品中掺杂、掺假、以假充真、以次充好。

①最重要的是质量要求应全面反映顾客明确的和隐含的需要。

②要求包括合同的和组织内部的要求,在不同的策划阶段可对它们进行开发、细化和更新。

③对特性规定定量化要求包括:公称值、额定值、极限偏差和允差。

④质量要求应使用功能性术语表述并形成文件。质量要求应把用户的要求、社会的环境保护等要求以及企业的内控指标,都以一组定量的要求来表达,作为产品设计的依据。在设计过程中,不同的设计阶段又有不同的质量要求,如方案设计的质量要求,技术设计的质量要求,施工图设计的质量要求,试验的质量要求,验证的质量要求等。同时,在制造过程中,不同的阶段也有不同的质量要求。

二、质量管理

质量管理是在质量方面指挥和控制组织的协调的活动。质量管理是指确定质量方针、目标和职责,并通过质量体系中的质量策划、控制、保证和改进来使其实现的全部活动。质量管理的发展大致经历了 3 个阶段和 7 大工具。

(1)质量检验阶段

20 世纪前,产品质量主要依靠操作者本人的技艺水平和经验来保证,属于"操作者的质量管理"。20 世纪初,以 F. W. 泰勒为代表的科学管理理论的产生,促使产品的质量检验从加工制造中分离出来,质量管理的职能由操作者转移给工长,是"工长的质量管理"。随着企业生产规模的扩大和产品复杂程度的提高,产品有了技术标准(技术条件),公差制度(见公差制)也日趋完善,各种检验工具和检验技术也随之发展,大多数企业开始设置检验部门,有的直属于厂长领导,这时是"检验员的质量管理"。上述几种做法都属于事后检验的质量管理方式。

(2)统计质量控制阶段

1924 年,美国数理统计学家 W. A. 休哈特提出控制和预防缺陷的概念。他运用数理统计的原理提出在生产过程中控制产品质量的“6σ”法,绘制出第一张控制图并建立了一套统计卡片。与此同时,美国贝尔研究所提出关于抽样检验的概念及其实施方案,成为运用数理统计理论解决质量问题的先驱,但当时并未被普遍接受。以数理统计理论为基础的统计质量控制的推广应用始于第二次世界大战。由于事后检验无法控制武器弹药的质量,美国国防部决定把数理统计法用于质量管理,并由标准协会制定有关数理统计方法应用于质量管理方面的规划,成立了专门委员会,并于 1941 ~ 1942 年先后公布了一批美国战时的质量管理标准。

(3)全面质量管理阶段

20 世纪 50 年代以来,随着生产力的迅速发展和科学技术的日新月异,人们对产品的质量从注重产品的一般性能发展为注重产品的耐用性、可靠性、安全性、维修性和经济性等。在生产技术和企业管理中要求运用系统的观点来研究质量问题。在管理理论上也有新的发展,突出重视人的因素,强调依靠企业全体人员的努力来保证质量。此外,“保护消费者利益”运动兴起,企业之间市场竞争越来越激烈。在这种情况下,美国 A. V. 费根鲍姆于60 年代初提出全面质量管理的概念。他提出,全面质量管理是“为了能够在最经济的水平上,并考虑到充分满足顾客要求的条件下进行生产和提供服务,并把企业各部门在研制质量、维持质量和提高质量方面的活动构成为一体的一种有效体系”。

(4)质量管理 7 大工具

①控制图。

控制图是用图形显示某项重要产品或过程参数的测量数据。在制造业可用轴承滚珠的直径作为例子。在服务行业测量值可以是保险索赔单上有没有列出某项要求提供的信息。人们依照统计抽样步骤,在不同的时间测量。控制图显示随时间而变化的测量结果,该图按正态分布,即经典的钟形曲线设计。用控制图很容易看出实际测量值是否落在这种分布的统计界线之内。上限叫“控制上限”,下限叫“控制下限”。如果图上的测量值高于控制上限或低于控制下限,说明过程失控,此时就得仔细调查研究以查明问题所在,找出并非随机方式变动的因素,例如是制造轴承滚珠用的钢棒太硬?太软?还是钢棒切割机上切割量调节值设得不对?

②帕累托图。

帕累托图,又叫排列图,是一种简单的图表工具,用于统计和显示一定时间内各种类型缺陷或问题的数目。其结果在图上用不同长度的条形表示。所根据的原理是十九世纪意大利经济学家维尔弗雷德·帕雷托(Vilfred Pareto)的研究,即各种可能原因中的20%造成80%左右的问题;其余80%的原因只造成20%的问题和缺陷。

为了使改进措施最有效,必须首先抓住造成大部分质量问题的少数关键原因。帕雷托图有助于确定造成大多数问题的少数关键原因。该图也可以用于查明生产过程中最可能产生某些缺陷的部位。

③鱼骨图。

鱼骨图,也称因果分析图或石川图,它看上去有些像鱼骨,问题或缺陷(即后果)标在“鱼头”外。在鱼骨上长出鱼刺,上面按出现机会多寡列出产生生产问题的可能原因。鱼骨图有助于说明各个原因之间如何相互影响。它也能表现出各个可能的原因是如何随时间而依次出现的。这有助于着手解决问题。

④走向图。

走向图,也叫趋势图,它用来显示一定时间间隔(例如一天、一周或一个月)内所得到的测量结果。走向图以测得的数量为纵轴,以时间为横轴绘成图形。走向图就像不断改变的记分牌。它的主要用处是确定各种类型问题是否存在重要的时间模式,这样就可以调查其中的原因。例如,按小时或按天画出次品出现的分布图,就可能发现只要使用某个供货商提供的材料就一定会出问题,这表示该供货商的材料可能是原因所在。或者发现某台机器开动时一定会出现某种问题,这就说明问题可能出在这台机器上。

⑤直方图。

直方图,也叫线条图,在直方图上,第一控制类别(对应于一系列相互独立的测量值中的一个值)中的产品数量用条线长度表示。第一类别均加有标记,条线按水平或垂直依次排列。直方图可以表明哪些类别代表测量中的大多数,同时也表示出第一类别的相对大小。直方图给出的是测量结果的实际分布图。图形可以表现分布是否正常,即形状是否近似为钟形。

⑥分布图。

分布图提供了表示一个变量与另一个变量如何相互关联的标准方法。例如要想知道金属线的拉伸强度与线的直径的关系,一般是将线拉伸到断裂,记下使线断裂时所用的力的准确数值,以直径为横轴,以力为纵轴将结果绘成图形。这样就可以看到拉伸强度和线径之间的关系。这类信息对产品设计有用。

⑦流程图。

流程图也叫输入—输出图,该图直观地描述了一个工作过程的具体步骤。流程图对准确了解事情是如何进行的,以及决定应如何改进过程极有帮助。这一方法可以用于整个企业,以便直观地跟踪和图解企业的运作方式。

流程图使用一些标准符号代表某些类型的动作,如决策用菱形框表示,具体活动用方框表示。但比这些符号规定更重要的,是必须清楚地描述工作过程的顺序。流程图也可用于设计改进工作过程,具体做法是先画出事情应该怎么做,再将其与实际情况进行比较。

三、质量价值观

(1)质量第一

质量是企业的生命,质量是一切的基础,企业要生存和盈利,就必须坚持质量第一的原则,从始至终能够为顾客提供满意质量的产品和服务,才能在激烈的竞争中立于不败之地。

(2)零缺陷

零缺陷是以抛弃缺点难免论,树立无缺点的哲学观念为指导,要求全体人员“从开始就正确地进行工作,第一次就把事情做对”,以完全消除工作缺点为目标的质量经营活动。

(3)源头管理

质量管理应以预防为主,将不良隐患消灭在萌芽状态,这样不仅能保证质量,而且能减少不必要的问题发生,降低变更次数,使企业整体的工作质量和效率得到提高。

(4)顾客至上

顾客可分为内部顾客和外部顾客。内部顾客是指公司或组织内部上游业务与下游业务的关系。作为企业的员工,工作时不能只考虑自己的方便,要明确自己对上工序的要求,充分识别下工序的要求,及时了解工序发来的反馈信息,把下工序当作顾客,经常考虑怎样做才能使下工序的顾客满意。外部顾客是指企业产品的销售或服务对象。现代企业掌握在顾客手中,对于企业而言,要把顾客的需要放在第一位,全心全意为顾客服务。企业要树立好“顾客至上”的服务理念,把为顾客服务摆在第一位,想顾客之想,急顾客所急。

(5)满足需要

质量是客观的固有特性与主观的满足需要的统一,质量不是企业自说自话,而是是否能够满足顾客的需求。只有满足了顾客需要,顾客才会愿意买单,企业才能实现盈利。

(6)一把手质量

企业一把手的一言一行从始至终受到全体员工的特别关注,他对质量的认知、观点与态度很大程度上决定了员工工作质量的好坏。一把手应确保企业的质量目标与经营方向一致,全面推进质量工作的开展。

(7)全员参与

现代企业的质量管理需要全员参与,它不仅仅是某个人、几个质量管理人员或质量管理部门一个部门的事情,它需要各个部门的密切配合,需要全员的共同参与。质量是设计和生产出来的,而不是检测出来的,也不是监控出来的。检测和监控只是质量判定的方法或工具。

(8)持续改进

持续改进整体业绩是企业永恒的话题,持续改进是质量管理的原则和基础,是质量管理的一部分,质量管理者应不断主动寻求改进企业过程的有效性和效率的机会,持续改进企业的工作质量。质量管理永远在路上,没有最好,只有更好。

(9)基于事实的决策方法

质量管理要求尊重客观事实,用数据说话,真实的数据既可以定性反映客观事实,又可以定量描述客观事实,给人以清晰明确的直观概念,从而更好地分析和解决问题。质量管理不能凭感觉和推测,需要检测或测量数据。

(10)规则意识

规则意识是指发自内心的,以规则为自己行动准绳的意识。企业每个人都要树立规则意识,敬畏规则。规则不合理,甚至不正确我们可以或者争取改变,从内心树立起规则意识,学习、遵循、监督和执行规则。

(11)标准化预防再发生

发生问题就要去解决,并且确保同样的问题不会再因同样的理由而发生。问题解决后,要标准化解决方案,更新作业程序,实施 PDCA 循环。

(12)尊重人性

很多时候,质量工作需要与人沟通。企业经营者为了持续发展和提升质量,就要充分尊重从事的工作人员,使员工感受到工作的意义与价值。快乐工作才能更好地提供顾客满意的工作质量。

四、PDCA 循环

PDCA 是四个英文单词的首字母组合(P - plan,计划;D - do,执行;C - check,检查;A - act,处理)。PDCA 循环也称戴明环,戴明强调连续改进质量,把产品和过程的改进看作一个永不停止的、不断获得小进步的过程。PDCA 是大环套小环,企业总部、车间、班组、员工都可进行 PDCA 循环,找出问题以寻求改进。PDCA 循环阶梯式上升，第一循环结束后，则进入下一个更高级的循环，循环往复，永不停止。

①计划阶段：看哪些问题需要改进，逐项列出，找出最需要改进的问题。

②执行阶段：实施改进，并收集相应的数据。

③检查阶段：对改进的效果进行评价，用数据说话，看实际结果与原定目标是否吻合。

④处理阶段：如果改进效果好，则加以推广；如果改进效果不好，则进行下一个循环。

五、5S 管理

5S 现场管理法，是现代企业管理模式。5S 即整理（SEIRI）、整顿（SEITON）、清扫（SEISO）、清洁（SEIKETSU）、素养（SHITSUKE），又被称为“五常法则”。5S 起源于日本，是指在生产现场中对人员、机器、材料、方法等生产要素进行有效的管理，这是日本企业独特的一种管理办法。1955 年，日本 5S 的宣传口号为“安全始于整理，终于整理整顿”。当时日本只推行了前两个 S，其目的仅为确保作业空间的充足和安全。到了 1986 年，日本的 5S 的著作逐渐问世，从而对整个现场管理模式起到了冲击的作用，并由此掀起了 5S 的热潮。

日本式企业将 5S 运动作为管理工作的基础，推行各种品质的管理手法，第二次世界大战后，产品品质得以迅速地提升，奠定了经济大国的地位，而在丰田公司的倡导推行下，5S 对于塑造企业形象、降低成本、准时交货、安全生产、高度的标准化、创造令人心旷神怡的工作场所、现场改善等方面发挥了巨大作用，逐渐被各国的管理界所认识。随着世界经济的发展，5S 已经成为工厂管理的一股新潮流。5S 是广泛应用于制造业、服务业等改善现场环境的质量和员工的思维方法，使企业能有效地迈向全面质量管理，主要是针对制造业在生产现场，对材料、设备、人员等生产要素开展相应活动。根据企业进一步发展的需要，有的企业在 5S 的基础上增加了安全（Safety），形成了“6S”；有的企业甚至推行“12S”。但是万变不离其宗，都是从“5S”里衍生出来的。

(1)整理

定义:区分要与不要的物品,现场只保留必需的物品。

目的:改善和增加作业面积;现场无杂物,行道通畅,提高工作效率;减少磕碰的机会,保障安全,提高质量;消除管理上的混放、混料等差错事故;有利于减少库存量,节约资金;改变作风,提高工作情绪。

意义:把要与不要的人、事、物分开,再将不需要的人、事、物加以处理,对生产现场的现实摆放和停滞的各种物品进行分类,区分什么是现场需要的,什么是现场不需要的;其次,对于车间里各个工位或设备的前后、通道左右、厂房上下、工具箱内外,以及车间的各个死角,都要彻底搜寻和清理,达到现场无不用之物。

(2)整顿

定义:必需品依规定定位、定方法,摆放整齐有序,明确标识。

目的:不浪费时间寻找物品,提高工作效率和产品质量,保障生产安全。

意义:把需要的人、事、物加以定量、定位。通过前一步整理后,对生产现场需要留下的物品进行科学合理的布置和摆放,以便用最快的速度取得所需之物,在最有效的规章、制度和最简洁的流程下完成作业。

要点:物品摆放要有固定的地点和区域,以便于寻找,消除因混放而造成的差错;物品摆放地点要科学合理,例如,根据物品使用的频率,经常使用的东西应放得近些(如放在作业区内),偶尔使用或不常使用的东西则应放得远些(如集中放在车间某处);物品摆放目视化,使定量装载的物品做到过目知数,摆放不同物品的区域采用不同的色彩和标记加以区别。

(3)清扫

定义:清除现场内的脏污、清除作业区域的物料垃圾。

目的:清除"脏污",保持现场干净、明亮。

意义:将工作场所的污垢去除,使异常的发生源很容易发现,是实施自主保养的第一步，主要是在提高设备稼动率。

要点：自己使用的物品，如设备、工具等，要自己清扫，而不要依赖他人，不增加专门的清扫工；对设备的清扫，着眼于对设备的维护保养，清扫设备要同设备的点检结合起来，清扫即点检；清扫设备要同时做设备的润滑工作，清扫也是保养；清扫也是为了改善。当清扫地面发现有飞屑和油水泄漏时，要查明原因，并采取措施加以改进。

(4)清洁

定义：将整理、整顿、清扫实施的做法制度化、规范化，维持其成果。

目的：认真维护并坚持整理、整顿、清扫的效果，使其保持最佳状态。

意义：通过对整理、整顿、清扫活动的坚持与深入，从而消除发生安全事故的根源，创造一个良好的工作环境，使职工能愉快地工作。

要点：车间环境不仅要整齐，而且要做到清洁卫生，保证工人身体健康，提高工人劳动热情；不仅物品要清洁，而且工人本身也要做到清洁，如工作服要清洁，仪表要整洁，及时理发、刮须、修指甲、洗澡等；工人不仅要做到形体上的清洁，而且要做到精神上的“清洁”，待人要讲礼貌、要尊重别人；要使环境不受污染，进一步消除浑浊的空气、粉尘、噪声和污染源，消灭职业病。

(5)素养

定义：人人按章操作、依规行事，养成良好的习惯，使每个人都成为有教养的人。

目的：提升“人的品质”，培养对任何工作都讲究、认真的人。

意义：努力提高员工的自身修养，使员工养成良好的工作、生活习惯和作风；让员工能通过实践5S获得人身境界的提升，与企业共同进步，是5S活动的核心。

(6)实施要点

整理：正确的价值意识——“使用价值”，而不是“原购买价值”。

整顿：正确的方法——“3要素、3定”+整顿的技术。

清扫：责任化——明确岗位5S责任。

清洁：制度化及考核——5S 时间；稽查、竞争、奖罚。

素养：长期化——晨会、礼仪守则，标准化。

六、CIP 概述及其要点

CIP 又称清洗定位或定位清洗（cleaning in place）。CIP 广泛地用于饮料、乳品、果汁、果浆、果酱、酒类等机械化程度较高的食品饮料生产企业中。就地清洗不用拆开或移动装置，利用洗涤剂和洗涤水以高速的液流冲洗设备的内部表面，形成机械作用而把污垢冲走。这种作用于管道、泵、换热器、分离器及阀门等的清洗是有效的，可用于卫生级别要求较严格的生产设备的清洗、净化。

CIP 清洗系统能保证一定的清洗效果，提高产品的安全性；节约操作时间，提高效率；节约劳动力，保障操作安全；节约水、蒸汽等能源，减少洗涤剂用量；生产设备可实现大型化，自动化水平高；延长生产设备的使用寿命。CIP 清洗的作用机理：化学能主要是加入其中的化学试剂产生的，它是决定洗涤效果最主要的因素。

（1）CIP 的特点

酸、碱洗涤剂的优点：酸洗能通过化学反应去除钙盐和矿物油等残留；碱洗能通过皂化反应去除脂肪和蛋白等残留。

酸碱洗涤剂中的酸是指 1% ~2% 硝酸溶液，碱指 1% ~3% 氢氧化钠，在 65 ~80℃ 使用。灭菌剂为经常使用的氯系杀菌剂，如次氯酸钠等。热能在一定流量下，温度越高，黏度系数越小，雷诺数（Re）越大。温度的上升通常可以改变污物的物理状态，加速化学反应速度，同时增大污物的溶解度，便于清洗时杂质溶液脱落，从而提高清洗效果、缩短清洗时间。运动能的大小是由 Re 来衡量的。

Re 的一般标准为：从壁面流下的薄液，槽类 $Re>200$，管类 $Re>3000$，而 $Re>30000$ 效果最好。水的溶解作用：水为极性化合物，对油脂性污物几乎无溶解作用，对碳水化合物、蛋白质、低级脂肪酸有一定的溶解作用，对电解质及有机或无机盐的溶解作用较强。机械作用：由运动而产生的作用，如搅拌、喷射清洗液产生的压力和摩擦力等。清洗效果的影响因素：设备污染程度、污染物性质及产品生产工艺等是决定清洗效果的重要原因，如果清洗时不根据其特性来确定CIP 的条件，很难达到理想的目的或导致清洗费用过高等缺陷。清洗剂种类：截至 2012 年食品行业应用的清洗剂种类很多，主要有酸碱类等，其中氢氧化钠和硝酸应用最为广泛。碱类洗涤剂对含蛋白质较高的污物有很好的去除作用，但对食品橡胶垫圈等有一定腐蚀作用。酸类洗涤剂对碱性清洗剂不能去除的顽垢有较好的效果，但对金属有一定的腐蚀性，使用时应添加一些抗腐蚀剂或用清水冲洗干净。清洗剂还有表面活性剂、螯合剂等，但只在特殊需要时才使用，如清洗用水硬度较高时可使用螯合剂去除金属离子。清洗剂浓度提高时，可适当缩短清洗时间或弥补清洗温度的不足。清洗剂浓度增高会造成清洗费用的增加，而且浓度的增高并不一定能有效地提高清洗效果，因此厂家有必要根据实际情况确定合适的浓度。通常而言，洗液温度每升高 10℃，化学反应速度会提高 1.5 ~2.0 倍，清洗速度也相应提高，清洗效果较好。清洗温度一般不低于 60℃。清洗时间受许多因素的影响，如清洗剂种类、浓度、清洗温度、产品特性、生产管线布置以及设备设计等。清洗时间必须合适，太短不能对污物进行有效去除，太长则浪费资源。

（2）CIP 清洗的常规步骤

①洗涤 3 ~5 min，常温或 60℃以上的热水；碱洗 10 ~20 min，1% ~2%溶液，60 ~80℃；中间洗涤 5 ~10 min，60℃以下的清水；最后洗涤 3 ~5 min，清水常温。

②洗涤 3 ~5 min，常温或 60℃以上的热水；碱洗 5 ~10 min，1% ~2%溶液，60 ~80℃，中间洗涤 5 ~10 min，60℃以下的清水，杀菌 10 ~20 min，90℃以上的热水。

③洗涤 3 ~5 min，常温或 60℃以上的热水；碱洗 10 ~20 min，1% ~2%溶液，60 ~80℃；中间洗涤 3 ~5 min，60 ~80℃清水；酸洗 10 ~20 min，1% ~2%溶液，60 ~80℃；洗涤 3 ~5 min，60℃以下的清水。

④清洗流量：保证流量实际上是为了保证清洗时的清洗液流速，从而产生一定的机械作用，即通过提高流体的湍动性来提高冲击力，取得一定的清洗效果。

七、异物控制

异物是影响产品质量的一个重要原因，也是客户反馈和客户抱怨索赔的比例最高的因素之一。为了更好地控制外来异物，提高产品质量，下面从异物的来源、异物分类和异物控制措施等方面，详细介绍。

（一）异物来源

1. 异物的分类

①外来异物：金属、玻璃、砂石、毛发、线毛、纸屑、木屑、塑料、纸渣、手套皮等本食品以外的物品。

②本身异物：产品本身带的异物，所有不能被客户接受的产品本身的异物，比如糊渣、鱼骨硬刺等。

2. 异物混入的原因

异物混入从人、机、料、法、环五个方面分析，通常有以下原因：

①人：加工人员的带入：作为劳动密集型企业，人员管理不善会造成严重的异物混入，如：毛发、绒线的混入，手套皮混入，创可贴混入，纽扣、钥匙、饰物、烟蒂等的混入。

②机：加工用器具、设备破损混入。加工用设备、器具破损、脱落很容易造成异物的混入，如筐具、刀具的破损，灯泡、玻璃破裂造成玻璃的混入，焊接维修器具有焊豆、焊渣等造成金属的混入。

③料：原料处理不良带入。原料来自基地、加工的场所等，本身含有一些杂物如虫子、干草等。加工时清洗不干净、不彻底等都会造成外来异物或本身异物的混入。

④法：加工方法不正确，原料本身异物较多而工艺中没有挑选、清洗等去除异物的工序。

⑤环：加工环境不良造成的异物混入。如包装箱中飞虫、苍蝇的混入，产品中苍蝇飞虫的混入，墙壁水泥块破碎、脱落的混入等，另外水质的不洁（水中杂质），内包装材料带有异物等皆可造成异物的混入而影响产品的品质。

（二）异物控制的管理要求

防止异物混入是食品加工的首要问题，异物混入具有常见性和多发性。控制异物的混入首先要从混入的原因进行分析，采取坚决有效的措施预防异物混入的可能。

1. 原则及方向

①加强原料库、前处理车间杂质异物管理的力度，比如取出原料后剩下的废纸箱、废塑料袋、废线绳以及标签等必须随时清理，保持干净整洁，更不能混入下一道工序。

②加强车间安全卫生的管理，及时进行检查，发现不安全的卫生隐患及时消除，如飞虫的捕杀、毛发的控制、乳胶手套的控制、破损工器具的控制、车间报表纸张的控制、车间墙上张贴纸张的控制、对灯管、灯泡爆裂等进行区域性的彻底的清理。不安全的产品一定报废。

③加强对异物重要性的认识，车间在生产管理中对异物控制的管理要加强，把此项列入影响产品质量的重要规程当中，全体动员，把异物的混入控制在安全范围之内。

2. 对异物控制的具体管理

（1）非生产性物品管理

①更衣室入口处监督检查。

A. 进入车间前主动将与生产无关的物品交与更衣室管理人员（如手机、钥匙、饭卡等）集中存放在非生产物品存放区，不准随身携带，不准放在便服中。

B. 食品、饮料等一律不准带入更衣室内（如花生、瓜子等）。

C. 更衣室管理人员随机抽查，对于未按以上要求执行的人员，报告车间主任进行处理。

②首饰的检查。

A. 严禁佩戴首饰进入更衣室。

B. 所佩戴的头饰、发夹等进出车间个人进行检查核对。

③纽扣或拉锁检查。

A. 严禁穿戴有装饰品（漂浮易脱落）的便服进车间。

B. 工人在进更衣室时，自检便服上的纽扣或拉锁有无脱落或松动。对于脱落的纽扣要及时报告,更衣室做好记录。

C. 工作服只准用粘合扣,严禁使用纽扣。

④其他因车间需要必须带入的非生产性物品。

做好出入车间自我检查和出入车间物品登记记录,如有缺损,按重大异常问题处理。

(2)工作人员穿戴管理

①工作服卫生。

A. 工作服必须清洁、卫生、无异味。

B. 工作服定时清洗,保持清洁。

C. 工作服无破损、无线头。

D. 新工作服穿戴前必须先检查,去除表面的线头等。

②工作服穿戴程序。

A. 换拖鞋→脱便服(检查)→换工作服(检查)→戴口罩内帽(发网)→上衣→工作裤→水鞋

B. 执行完洗手消毒程序后系好围裙、戴好套袖。

③穿戴要求。

A. 内帽罩住耳朵、头发,内外帽系紧,帽沿紧贴脸部。

B. 口罩罩住鼻子,不准在车间内随便摘下,不准在车间内吐痰等。

C. 加工人员全部穿戴围裙,生产过程中不准穿烂围裙,不准戴烂套袖、烂手套。

D. 围裙、套袖、手套不准乱涂乱画,加工人员的名字、工号可以写在某一位置。

E. 加工过程中便服不准外露,严禁穿工作服外出。

(3)毛发控制管理

①工作服穿戴前。

自检或互检工作服和便服上的毛发,查出的毛发贴在胶带上,严禁随手乱扔。工作服、套袖、围裙上的线头、绒线,进车间前必须彻底检查、去除,生产过程中由专人定时检查。

②穿戴程序。

换拖鞋→检便服→自检工作服→戴口罩戴内帽(发网)→上衣→工作裤(上衣扎在裤子里)→水鞋

③穿戴整齐后。

两人互检→照镜子自检

④洗手消毒后的毛发检查:由专人进行毛发检查、粘贴。

⑤工作期间。

A. 工作中设专人检查,确保每小时巡回检查一次。

B. 班中工作禁止挽袖作业,防止毛发从袖口窜出。

C. 巡检员检出毛发统一收集,集中进行处理。

⑥毛发检查。

头部→肩部→背部→前胸→双臂及腋下→腿部依次进行检查

⑦粘发用具。

为粘辊或胶带(胶带颜色最好与产品颜色反差大,防止混入)

⑧粘发用具更换。

A. 进车间前的毛发检查每检查 4 人更换粘发用纸。

B. 加工过程中根据情况更换粘发用纸。

⑨工作人员卫生。

A. 工作人员理发后必须洗头,将头发渣清理干净,进车间前主动报告卫生班检查人员,并接受卫生班人员的检查,合格后方可进入车间。

B. 男工人不可留长胡子进入车间。

C. 鼓励督促加工人员每周至少洗澡一次、洗头两次。

3. 原辅物料间操作管理

(1)使用前

A. 所有原辅物料在使用前必须将外包装清理干净。

B. 所有分内外包装的原辅物料,外包装不准带入加工车间。

C. 内外包装物料分开离地放置。

(2)使用时

①使用时采用先进先出的原则。

②任何原辅料使用前要开口整齐,避免异物混入。

4. 设备维修管理

①清点维修人员自带工具数量，记录更衣室人员。

②保持维修人员工作服卫生清洁。

③禁止非必须使用的工具带入车间，时刻保持车间准备的专用工具箱清洁卫生。

注：如果班中机械设备损坏，需动用电焊机、拉结电线，或挖凿地面、更换灯管等造成产品安全隐患较大的维修项目在正常生产中严禁进行，必须全部清理结束，在班后实施。

5. 玻璃制品管理

（1）灯管更换规范

①严禁正常生产加工过程中维修、更换灯管。维修、更换应在班后无产品后方可进行。

②更换程序（专业人员进行）。

A. 废灯管卸下（现场至少两人操作）→小心密封，防止露出→送出车间外面；

B. 新灯管→小心密封→带入车间安装→检查防护罩牢靠程度→现场卫生清理。

（2）车间玻璃门窗管理

①所有的玻璃都贴上防护玻璃纸。

②玻璃卫生的清理及管理落实到个人。

③门窗上的玻璃（如车间有玻璃的话）如有裂纹，当天班后组织人员更换。

④班中如有突发事件，造成玻璃破损，按重大问题处理，保证产品安全。

（3）更衣室的镜子

统一编号管理更衣室的镜子，定期检查并做好记录；班中如有突发事件，按重大异常问题处理进行。

（4）任何玻璃器具

在车间内严禁使用任何玻璃器具。特殊情况：如压力表、温度计等必须加设防护设施，进行特殊保管。

6. 金属制品使用管理

(1)原料方面

通过目视检查(及磁铁吸附)保证原辅料中没有金属的混入。

(2)工器具、设施方面

①使用的器具无破损残缺。每班进行检查,破损的器具严禁使用。如加工过程中有破损,破损工器具停止使用,该时间段内产品单独存放,评估后处理。

②器具、案面、设施等有进行焊接的地方,使用前必须先去除表面的焊豆,确保生产加工过程中无开焊裂口现象。

③设备安全卫生控制。如有些机器中使用的小螺丝,更换时必须检查个数,确认有无缺失,及时上报。

(3)设备仪器进行控制

包装时加设金属探测器进行探测监控。

7. 纸片使用管理

①每天班前对进车间的工人进行检查,不准工作时带废纸进车间。

②对加工过程用的报表实行数量管理,不得带多余的报表进车间,并保证带入车间的报表无破损。

③加工过程中定时对填写的报表进行检查,发现破损立即寻找,若找不到则该时间段内生产的产品单独存放,评估后处理。

④班中加工人员有事出车间时,使用公司统一的请假条,严禁私自乱涂乱画,造成不必要的废纸产生。

⑤包装产品:产品倒包装时,纸箱与产品及包装案面必须分开,防止纸屑混入成品中。

⑥班后出车间时,检查报表有无破损。若报表破损未找到,对应上一次检查时间段内产品单独存放,评估后处理。

⑦严禁工作中私自在墙上张贴纸张,应加塑处理或用 PE 袋装起来。

⑧报表记录人员离开加工案面一定距离。

8. 塑料制品管理

(1)塑料片、毛刺的控制

①工器具消毒间专人对塑料盒、塑料筐进行检查及毛刺的修整，并将破损、开裂的塑料盒选出做退库处理。

具体程序为：目视检查有无毛刺→修理（毛刺放入专用器具中）→清水冲洗→退出车间

②塑料器具轻拿轻放，严禁在案面上或其他地方来回拖拉、磕碰，装好产品的塑料筐具；严禁用力敲打或在案面上用力垫盘，防止人为造成碎塑料产生；塑料器具经长时间使用逐渐出现老化现象，加工车间要定期检查，及时将老化的塑料器具做退库处理。

③新塑料器具。在生产车间外全部进行检查，组织专人用烙铁烙除盘子的毛边、毛刺及易脱落部分。

④车间尽量不使用塑料尺、硬塑料夹子等。能使用不锈钢器具的地方，可考虑将塑料器具更换成相应的不锈钢器具替代。

⑤车间使用的报表夹子要远离生产区，填写报表时严禁放在与产品接近的地方，防止破损脱落混入产品。

⑥灯防护罩每班检查，如有破损班后安排更换，班中突发事件造成灯罩破损，按重大异常问题处理。

(2)对塑料纸的控制

①车间使用的塑料纸统一管理，裁剪时将毛边彻底去除，确保无破损塑料纸。

②塑料纸颜色与产品颜色分开。

(3)塑料毛刷的控制

①用来清洗工器具的塑料毛刷必须为深色的，并且不能和刷地面的刷子放置一起，刷子不用时放于专用的小筐或小盒中。

②车间所有的卫生器具不用时放于“卫生器具存放间”；清洗工器具的塑料毛刷放于专用的小筐或小盒中后，离地放置于“卫生器具存放间”；其他卫生器具也要整齐地放于“卫生器具存放间”，且摆放整齐。

9. 竹木制品管理

①工器具:严禁使用竹木质材料的器具:如木质刀把。

②卫生器具:用来清理卫生的器具不能有木质的,如木质的拖把。

10. 毛发控制管理

(1)进车间前

①加工人员在车间外,并将身带毛发等异物彻底清理。

②穿工作服之前,首先检查便衣、工作服内外有无毛发。

③穿好工作服后两人一组检查毛发,合格后进入下一道控制工序。

(2)车间入口检查

车间入口处,专人检查毛发后才能进车间。进入加工车间后由专人检查监控。

(3)车间巡查

①工作中设专人检查,确保每小时巡回检查一次,检查过程中工作人员离案面 30 cm 以上,以免毛发落入产品中,不准与检查者闲谈。

②检查的毛发要集中放置,统一处理。

③工作中禁止挽袖作业,防止毛发外窜。

(4)班后

①保证每周洗澡一次,洗头两次。

②保证每周经常洗工作服。

③理发的工作人员进车间必须洗头,由更衣室人员仔细检查,确保无发渣后方可进入。

11. 乳胶手套使用管理

①检查。

A. 工作进车间前,车间入口设专人检查手套有无破损。

B. 工作人员定时自检,破损立即更换。

C. 班中专人检查(每次洗手消毒时),如果有破损马上更换,并做好相关记录。

D. 班后工人出车间时,车间入口设专人检查手套有无破损。

E. 班中手套如有破损(无缺损)及时到车间手套统一管理处更

换,并设专人监督检查。

②手套如有胶皮丢失,从上次检查到发现时的时间段内的产品重新检查,找到胶皮;如不能找到,产品判定为不合格品。

12. 包装管理

(1)包装物料进厂

①运输:车辆必须清洁无异物,无污染,保持干燥。

②生产厂家:必须为合格供应方,有厂家证明、卫生合格证、注册证书、出厂检验合格单等。

③检验。

A. 包装物料接收时要对其强度、版面、有无污染、有无异物等进行检验,合格入库,不合格退货。

B. 内包装袋每进一批需由化验人员进行微生物涂抹检测,合格使用;不合格退货。

(2)包装物料使用

①确认。

A. 提前确认包装物料和版面、印记位置等,合格后方可使用。

B. 包装前检查产品品名规格与包装物料上的品名规格是否一致。

②产品更换时。

A. 产品清理:上一种产品彻底清理、全部入库存放。

B. 物理清理:上一种产品所用物料彻底清理,全部入物料库内标识清楚,防止不同物料混用。

13. 包装物料间管理

(1)人员管理

①工作服穿戴整齐,严禁露发、身带毛发及碎纸屑等异物。

②内外包装人员分开(特殊情况时,由外包装作业转为内包装作业时,必须将身上的纸屑清理彻底,手部消毒)。

③班中外来人员严禁进入物料间。

(2)室内卫生

①保持地面、门窗、墙壁、胶帘、铁架、案子等清洁无破损、无杂

物、无污垢。

②班前、班后对盖印处的案面进行清理,保持清洁无碎屑。

③物料摆放整齐、有序。

④夏季因多雨造成的潮湿、发霉要及时晾晒,控制微生物的繁殖污染,保证纸箱的强度不受影响,以免纸箱破损混入产品中。

(3)物料管理

①内、外包装物料按客户、产品规格等分开放置,如有必要可挂牌标识。

②物料要用垫板垫起,离地、离墙放置,严禁直接放在地面上。

③所有物料上加遮盖物,防止灰尘污染。

(4)非生产性物品的管理

①物料间严禁存放化学药品、竹木制品、玻璃制品等。

②破损、烂裂的器械、物品严禁存放在物料间。

14. 虫害控制管理

(1)车间控制

①车间出入口、递料口、成品入库的胶帘要随时保持干净完整。

②原料库、物料间的入口处的缓冲间要随时保持卫生清洁。

③车间进出人员随手关门。

④车间设备与墙壁之间的隔断之间不能有卫生死角,不得乱放烂抹布或塑料或破手套。

⑤车间排水口的不锈钢防护罩和垃圾出口的门不能打开太长时间,防止虫、鼠由此进入车间。

⑥加工车间所有的进排气口的过滤网要达到一定的密度,防止飞虫进入车间,并要定时清理。

(2)飞虫捕杀

①每天开启灭蝇灯捕杀害虫,并定时清理。

②班中可以进行人工捕杀,找到飞虫尸体并单独处理。

③必要时在班后或非生产时间进行药物杀虫,之后进行彻底的清理,防止残留。

第二节　豆制品原辅材料品质检验

一、大豆

1. 索证

根据《食品安全法》相关要求，原料采购需要索票和索证。大豆原料的索证清单，不仅限于如下证件及其频次：

①营业执照复印件，销售者身份证复印件（仅限于农民出售时）；每次新供应商或供应商更换证件时。

②大豆的出厂检验报告，检验报告的检验项目（不仅限于）：大豆外观色泽、大豆等级、完整粒率、杂质率、损伤粒率、蛋白质含量、脂肪含量、碳水化合物含量、水分、重金属限量、农药残留限量，每批产品入库时。

③第三方检测报告（检测机构出具）：大豆外观色泽、大豆等级、完整粒率、杂质率、损伤粒率、蛋白质含量、脂肪含量、碳水化合物含量、水分、重金属限量、农药残留限量，每半年一次。

④其他证件：产地证明、检疫证明、海关检疫证明（进口大豆）等。

2. 入库检验

①装载车辆的卫生、是否有有毒有害物混装、是否有异味。

②检测包装袋外观是否完整、是否有污渍等。

③抽样检测大豆的外观色泽、大豆的水分、蛋白质含量、脂肪含量和灰分。

3. 检测方法

(1) 水分检测方法

①原理：利用食品中水分的物理性质，在 101.3 kPa（一个大气压），温度 101～105℃下采用挥发方法测定样品中干燥减失的重量，包括吸湿水、部分结合水和该条件下能挥发的物质，再通过干燥前后称量的数值，计算出样品水分的含量。

②试剂：氢氧化钠（NaOH），盐酸（HCl），海砂。

③试剂配制。

A. 盐酸溶液(6 mol/L):量取 50 mL 盐酸,加水稀释至 100 mL。

B. 氢氧化钠溶液(6 mol/L):称取 24 g 氢氧化钠,加水溶解并稀释至 100 mL。

C. 海砂:取用水洗去泥土的海砂、河砂、石英砂或类似物,先用盐酸溶液(6 mol/L)煮沸 0.5 h,用水冲洗至中性,再用氧化钠溶液(6 mol/L)煮沸 0.5 h,用水洗至中性,经 105℃干燥备用。

④设备与仪器。

A. 扁形铝制或玻璃制称量瓶。

B. 电热恒温干燥箱。

C. 干燥器:内附有效干燥剂。

D. 天平:感量为 0.1 mg。

⑤实验步骤:取洁净铝制或玻璃制的扁形称量瓶,置于 101 ~ 105℃干燥箱中,瓶盖斜支于瓶边加热 1 h,取出盖好,置干燥器内冷却 0.5 h,称量,并重复干燥至前后两次质量差不超过 2 mg,即为恒重。将混合均匀的试样迅速磨细至颗粒小于 2 mm,不易研磨的样品应尽可能切碎,称取 2 ~ 10 g 试样(精确至 0.0001 g),放入此称量瓶中,试样厚度不超过 5 mm,如为疏松试样,厚度不超过 10 mm,加盖,精密称量后置于 101 ~ 105℃干燥箱中,瓶盖斜支于瓶边,干燥 2 ~ 4 h 后,盖好取出,放入干燥器内冷却 0.5 h 后称量。然后再放入 101 ~ 105℃干燥箱中干燥 1 h 左右,取出,放入干燥器内冷却 0.5 h 后再称量。并重复以上操作至前后两次质量差不超过 2 mg,即为恒重。

⑥分析结果的表述。

试样中的水分含量,按照式(8 - 1)计算。

$$X = \frac{m_1 - m_2}{m_1 - m_3} \times 100\% \qquad (8-1)$$

式中:X ——试样中水分的含量,g/100 g;

m_1 ——称量瓶(加海砂、玻棒)和试样的质量,g;

m_2 ——称量瓶(加海砂、玻棒)和试样干燥后的质量,g;

m_3 ——称量瓶(加海砂、玻棒)的质量,g。

(2)蛋白质含量的检测方法

①原理:食品中的蛋白质在催化加热条件下被分解,产生的氨与硫酸结合生成硫酸铵,碱化蒸馏使氨游离,用硼酸吸收后以硫酸或盐酸标准滴定溶液滴定。根据酸的消耗量计算氮含量,再乘以换算系数,即为蛋白质含量。

②试剂:硫酸铜($CuSO_4 \cdot 5H_2O$),硫酸钾(K_2SO_4),硫酸(H_2SO_4),硼酸(H_3BO_3),甲基红指示剂($C_{15}H_{15}N_3O_2$),溴甲酚绿指示剂($C_{21}H_{14}Br_4O_5S$),亚甲基蓝指示剂($C_{16}H_{18}ClN_3S \cdot 3H_2O$),氢氧化钠(NaOH),95%乙醇($C_2H_5OH$)。

③试剂配制。

A. 硼酸溶液(20 g/L):称取20 g硼酸,加水溶解后稀释至1000 mL。

B. 氢氧化钠溶液(400 g/L):称取40 g氢氧化钠加水溶解后,冷却至室温,并稀释至100 mL。

C. 硫酸标准滴定溶液[$c(12H_2SO_4)$]0.0500 mol/L或盐酸标准滴定溶液[$c(HCl)$]0.0500 mol/L。

D. 甲基红乙醇溶液(1 g/L):称取0.1 g甲基红,溶于95%乙醇,用95%乙醇稀释至100 mL。

E. 亚甲基蓝乙醇溶液(1 g/L):称取0.1 g亚甲基蓝,溶于95%乙醇,用95%乙醇稀释至100 mL。

F. 溴甲酚绿乙醇溶液(1 g/L):称取0.1 g溴甲酚绿,溶于95%乙醇,用95%乙醇稀释至100 mL。

G. A混合指示液:2份甲基红乙醇溶液与1份亚甲基蓝乙醇溶液临用时混合。

H. B混合指示液:1份甲基红乙醇溶液与5份溴甲酚绿乙醇溶液临用时混合。

④仪器和设备。

A. 天平:感量为1mg。

B. 定氮蒸馏装置:如图8-1所示。

C. 自动凯氏定氮。

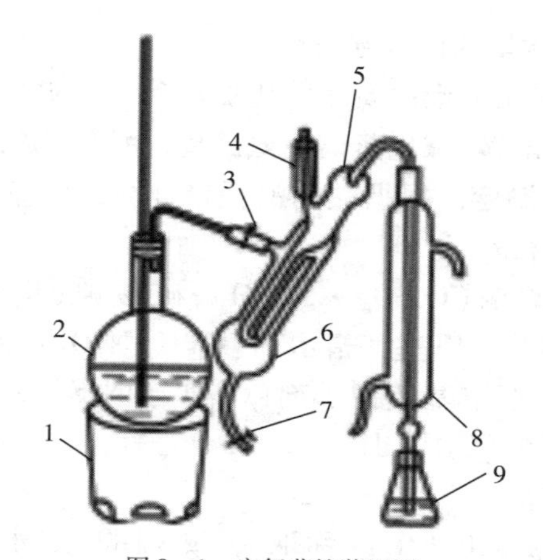

图 8-1　定氮蒸馏装置图

1—电炉;2—水蒸气发生器(2 L 烧瓶);3—螺旋夹;4—小玻杯及棒状玻塞;5—反应室;6—反应室外层;7—橡皮管及螺旋夹;8—冷凝管;9—蒸馏液接收瓶

⑤操作步骤。

A. 试样处理:称取充分混匀的固体试样 0.2 ~2 g、半固体试样 2 ~5 g 或液体试样 10 ~25 g(相当于 30 ~40 mg 氮),精确至0.001 g,移入干燥的 100 mL、250 mL 或 500 mL 定氮瓶中,加入 0.4 g 硫酸铜、6 g 硫酸钾及 20 mL 硫酸,轻摇后于瓶口放一小漏斗,将瓶以 45℃ 角斜支于有小孔的石棉网上。小心加热,待内容物全部碳化,泡沫完全停止后加强火力并保持瓶内液体微沸,至液体呈蓝绿色澄清透明后,再继续加热 0.5 ~1 h。取下冷却至室温,小心加入 20 mL 水,冷却至室温后,移入 100 mL 容量瓶中,并用少量水洗定氮瓶,洗液并入容量瓶中,再加水至刻度,混匀备用。同时做试剂空白试验。

B. 测定:按图 8-1 装好定氮蒸馏装置,向水蒸气发生器内装水至 2/3 处,加入数粒玻璃珠,加甲基红乙醇数滴及数毫升硫酸,以保持水呈酸性,加热煮沸水蒸气发生器内的水并保持沸腾。

C. 向接收瓶内加入 10.0 mL 硼酸溶液及 1 ~2 滴 A 混合指示剂或 B 混合指示剂,并使冷凝管的下端插入液面下,根据试样中氮含量准确吸取 2.0 ~10.0 mL 试样处理液由小玻杯注入反应室,以 10 mL

水洗涤小玻杯并使之流入反应室内，随后塞紧棒状玻塞。将10.0 mL氢氧化钠溶液倒入小玻杯，提起玻塞使其缓缓流入反应室，立即将玻塞盖紧，并水封。夹紧螺旋夹，开始蒸馏。蒸馏10 min后移动蒸馏液接收瓶，液面离开冷凝管下端，再蒸馏1 min，然后用少量水冲洗冷凝管下端外部，取下蒸馏液接收瓶。尽快以硫酸或盐酸标准滴定溶液滴定至终点。如用A混合指示剂，终点颜色为灰蓝色；如用B混合指示剂，终点颜色为浅灰红色，同时做试剂空白试验。

⑥分析结果的表述。

试样中蛋白质的含量按式(8－2)计算：

$$X=\frac{(V_1-V_2)\times c\times 0.0140}{m\times V_3/100}\times 6.25\times 100\% \qquad (8-2)$$

式中：X——试样中蛋白质的含量，g/100 g；

V_1——试液消耗硫酸或盐酸标准滴定液的体积，mL；

V_2——试剂空白消耗硫酸或盐酸标准滴定液的体积，mL；

V_3——硫酸或盐酸标准滴定溶液浓度，mol/L；

c——1.0 mL硫酸[$c(\frac{1}{2}H_2SO_4)=1.000$ mol/L]或盐酸[$c(HCl)=1.000$ mol/L]标准滴定溶液相当的氮的质量，g。

(3)脂肪的检测方法(索氏抽提法)

①原理：脂肪易溶于有机溶剂。试样直接用无水乙醚或石油醚等溶剂抽提后，蒸发除去溶剂，干燥，得到游离脂肪的含量。

②试剂及材料：无水乙醚($C_4H_{10}O$)。石油醚(C_nH_{2n+2})，石油醚沸程为30～60℃，石英砂，脱脂棉。

③设备：索氏抽提器，恒温水浴锅，分析天平(感量0.001 g和0.0001 g)，电热鼓风干燥箱，干燥器(内装有效干燥剂，如硅胶)，滤纸筒，蒸发皿。

④分析步骤。

A. 试样处理：称取充分混匀后的试样2～5 g，准确至0.001 g，全部移入滤纸筒内。

B. 抽提：将滤纸筒放入索氏抽提器的抽提筒内，连接已干燥至恒重的接收瓶，由抽提器冷凝管上端加入无水乙醚或石油醚至瓶内容积的 2/3 处，于水浴上加热，使无水乙醚或石油醚不断回流抽提（6～8 次/h），一般抽提 6～10 h。提取结束时，用磨砂玻璃棒接取 1 滴提取液，磨砂玻璃棒上无油斑表明提取完成。

C. 称量：取下接收瓶，回收无水乙醚或石油醚，待接收瓶内溶剂剩余 1～2 mL 时在水浴上蒸干，再于（100±5）℃干燥 1 h，放干燥器内冷却 0.5 h 后称量。重复以上操作直至恒重（直至两次称量的差不超过 2 mg）。

⑤结果计算。

试样中脂肪的含量按式（8－3）。

$$X = \frac{m_1 - m_0}{m_2} \times 100\% \qquad (8-3)$$

式中：X ——试样中脂肪的含量，g/100 g；

m_1 ——恒重后接收瓶和脂肪的含量，g；

m_0 ——接收瓶的质量，g；

m_2 ——试样的质量，g。

⑥精确度：在重复条件下获得的两次独立测定结果的绝对差值不得超过算术平均值的 10%。

二、生产用水品质管理

1. 索证

根据《食品安全法》和其他相关法规，企业应向属地的自来水公司每月索取《水质出厂检验报告》一次，同时，每半年需要自来水公司提供符合 GB 5479《生活饮用水卫生标准》的第三方检测报告。

2. 自来水日常监控

①监测项目：检测自来水的感官（颜色、气味、滋味和异物）、色度、浊度、pH 值、游离氯、硬度和微生物指标。

②监测频率：4 h/次。

③质量标准。

A. 感官：无色、透明、无异臭异味，不得有肉眼可见物，无任何异物。

B. 色度(铂钴色度单位):≤15。

C. 浑浊度(散射浑浊度单位):≤1 NTU。

D. pH:6.5 ~ 8.5。

E. 余氯(游离氯):≤0.05 ppm。

F. 硬度(以 $CaCO_3$ 计):100 mg/L。

G. 微生物:细菌总数≤100 CFU/mL,大肠菌群不得检出。

3. 水处理设备的消毒机清洗

(1)原水池(原水缸)

①清洗方法。

先排完水,再人工或采用自动系统清洗干净,必要时用食品级柠檬酸(pH = 2.00 ~ 4.00)或等效食品级清洗液(浓度按照清洗剂使用说明配制)清洗,最后用自来水冲洗干净。

②消毒方法。

使用浓度为2%的二氧化氯(使用前,按说明书要求进行活化),按 10 mL/m³左右的使用量,根据水池布局均匀置于水池底(禁止二氧化氯直接与水池底接触),持续密闭熏蒸 24 h 及以上,最后用自来水冲洗干净。

③频率。

A. 正常情况下每半年应进行清洗。

B. 首次使用时、维修维护后且对产品质量存在质量隐患时应进行清洗和消毒。

C. 其他需要时进行清洗或消毒。

(2)多介质过滤器

①清洗方法。

先排水,用水反洗(反洗强度应控制在不冲出过滤介质),多介质过滤器反洗时间 20 ~ 30 min,直至出水感官无异常,然后进行正洗,时间 20 ~ 30 min,直至出水感官无异常。

②清洗频率。

A. 首次使用时。

B. 至少每半月进行一次。

C. 维修维护后且对产品质量存在质量隐患时。

D. 反渗透进水水质不满足如下指标时（SDI ≤ 5，或浊度 < 0.5 NTU，或余氯 <0.1 ppm）；

E. 其他需要时。

③消毒方法。

A. 气擦：排水后，使用 0.1 ~ 0.3 MPa 的压缩空气气擦 5 ~ 15 min，气擦强度控制在滤料不被冲出为限。

B. 反洗、正洗：用水反洗（反洗强度应控制在不冲出过滤介质），反洗时间约为 20 min，直至出水澄清（无明显颗粒状物质），然后进行正洗，时间约为 10 min，直至出水感官无异常。

C. 蒸汽消毒：打开罐体蒸汽进汽阀向罐内通入蒸汽，打开顶部排气阀，排出罐内空气以防形成假压。罐内温度逐渐升高，待有大量蒸汽排出时关闭排气阀。罐底排空阀每隔 30 min 排放一次冷凝水，使罐体内部热量上升到顶部（可以根据罐体外壁上的冷凝水来判断），然后微开顶部排气阀，当罐内蒸汽压达到 0.1 MPa（表压）（以罐内温度达到 120℃及以上为准）时，保持 2 h 以上（包括 2 h）。

D. 冷却：打开罐身排空阀及其他阀门卸压，当压力降至零，缓慢冷却，防止罐体骤冷变形。

E. 按照本条款 b 点的要求进行反洗和正洗。

④消毒频率。

A. 首次使用时。

B. 维修维护后且对产品质量存在质量隐患时。

C. 其他需要时。

（3）活性炭过滤器

①清洗方法及频率。

按照多介质过滤器对应条款的要求执行。

②消毒方法。

按照多介质过滤器对应条款的要求执行。

③消毒频率。

按照多介质过滤器对应条款的要求执行。

(4)反渗透膜

①清洗方法。

A. 酸洗:使用 RO 水配制的柠檬酸溶液(pH = 2.00 ~ 4.00),循环、浸泡交替进行,保持 8 h 以上,启动反渗透系统冲洗至出水符合 RO 水标准。

B. 碱洗:使用 RO 水配制 0.1% 氢氧化钠 + 0.05% 十二烷基硫酸钠(pH = 10 ~ 11)的碱溶液,循环清洗、浸泡交替进行,保持 8 h 以上,启动反渗透系统冲洗至出水符合 RO 水标准。

C. 工厂可根据实际情况选择使用酸洗或碱洗,也可酸洗、碱洗同时进行。

②清洗频率。

A. 首次使用时。

B. 正常运行时,至少每半年清洗一次。

C. 出水量比初始或上一次清洗后降低 10% ~20%,或压差增加 ≥15% 时。

D. 维修维护后且对产品质量存在质量隐患时。

E. 其他需要时。

③消毒方法。

使用 RO 水配制浓度为 1.0% ~1.5% 的亚硫酸氢钠溶液,循环、浸泡交替进行,保持 8 h 以上,启动反渗透系统冲洗至出水符合 RO 水标准。

④消毒频率。

A. 首次使用时。

B. 维修维护后且对产品质量存在质量隐患时。

C. 其他需要时。

(5)成品水池或成品水缸(包括 RO 水缸)

①清洗消毒方法。

排水后,有条件的工厂可进行人工或采用自动系统清洗,必要时用食品级柠檬酸(pH = 2.00 ~4.00)或等效食品级清洗液(浓度按照清洗剂使用说明配制)清洗,然后使用活化后的二氧化氯原液,按

10 mL/m^{3}左右的使用量,持续密闭熏蒸 8 h 以上,用工艺水或 RO 水清洗干净(余氯≤0.05 ppm)。或使用 85℃以上热水浸泡消毒 30 min 以上。

②清洗消毒频率。

A. 至少每半年一次。

B. 首次使用时。

C. 维修维护后等且对产品质量存在质量隐患时。

D. 其他需要时。

第三节　其他辅料品质管理

一、其他原料

1. 索证

根据《食品安全法》相关要求,原料采购需要索票和索证。大豆原料的索证清单,不仅限于如下证件及其频次:

①营业执照复印件、销售者身份证复印件(仅限于农民出售时),每次新供应商或供应商更换证件时。

②基于产品的执行标准要求,提供出厂检验报告。检验报告的检验项目(不仅限于):产品外观色泽、理化指标、微生物指标和采购合同约定的指标,每批产品入库时。

③第三方检测报告(检测机构出具):产品外观色泽、理化指标、微生物指标、污染物限量水平、真菌毒素和农药残留限量,每半年一次。

④其他证件:产地证明、检疫证明、海关检疫证明(进口时)等。

2. 入库检验

①装载车辆的卫生、是否有有毒有害物混装、是否有异味。

②检测包装袋外观是否完整、是否有污渍等。

③基于原料的执行标准,抽样检测相应的指标。

二、食品添加剂

1. 索证

根据《食品安全法》相关要求，原料采购需要索票和索证。大豆原料的索证清单，不仅限于如下证件及其频次：

①营业执照复印件，销售者身份证复印件（仅限于农民出售时），每次新供应商或供应商更换证件时。

②基于产品的执行标准要求，提供出厂检验报告。检验报告的检验项目（不仅限于）：产品外观色泽、理化指标、微生物指标和采购合同约定的指标，每批产品入库时。

③第三方检测报告（检测机构出具）：产品外观色泽、理化指标、微生物指标、污染物限量水平、真菌毒素和农药残留限量，每半年一次。

④其他证件：产地证明、检疫证明、海关检疫证明（进口时）等。

2. 入库检验

①装载车辆的卫生、是否有有毒有害物混装、是否有异味。

②检测包装袋外观是否完整、是否有污渍等。

③基于食品添加剂的执行标准，抽样检测相应的指标。

第四节　豆制品在线品质控制

一、大豆浸泡工序

在豆腐加工过程中，干豆的浸泡效果对大豆蛋白的抽提率和豆腐品质有重要影响。磨豆前对大豆要加水浸泡，使其子叶吸水软化，硬度下降，组织、细胞和蛋白质膜破碎，从而使蛋白质、脂质等营养成分更易从细胞中抽提出来。大豆吸水的程度决定了磨豆时蛋白质、碳水化合物等其他营养成分的溶出率，进而影响最终豆腐的凝胶结构。同时，浸泡使大豆纤维吸水膨胀，韧性增强，磨浆破碎后仍保持较大碎片，减少细小纤维颗粒的形成量，保证浆渣分离时更易分离除去。

大豆品种、浸泡用水水质、浸泡用水水温、浸泡时间、豆水比等因素影响浸泡的工艺参数。张平安等认为,浸泡时间 12 h,浸泡温度 22℃,豆水比 1∶12,此时的豆腐凝胶强度最大,含水量率较高,口感细腻,颜色白皙,且富有弹性。张亚宁认为生产豆乳时最佳浸泡处理条件为水温 25℃,浸泡 8 h,pH 值 8.5。赵秋艳等研究发现适当提高水温可以缩短泡豆时间,当温度为 20~40℃时,蛋白质提取率随温度的升高而增大,在 40℃时大豆蛋白的提取率最大。李里特等研究表明用 20℃的水浸泡大豆后,在加工过程中发现其浆液中固形物和蛋白质损失较少,豆腐的凝胶结构和保水性较好。

最佳浸泡时间判断标准:将大豆去皮分成两瓣,以豆瓣内部表面基本呈平面,略微有塌陷,手指稍用力掐之易断,且断面已浸透无硬芯为浸泡终点。

1. 浸泡水质标准

依据 GB 14881《食品企业通用卫生规范》中规定食品企业生产用水水质必须符合 GB 5749《生活饮用水卫生标准》要求,若能在 GB 5749 水质的基础上,进行软化或反渗透处理得到的软化水或反渗透水泡豆则更佳。检测频率 4 h/次,检测项目:pH 值、总硬度、余氯和浊度。

2. 浸泡用水温度和时间(表 8-1~表 8-3)

表 8-1 冬季(水温 12℃以下)浸泡时间

温度/℃	2	4	6	8	10
时间/h	15.0	14.0	14.0	13.5	13.0

表 8-2 春秋季(水温 12~28℃)浸泡时间

温度/℃	12	14	16	18	20	22	24	26	28
时间/h	12.5	12.0	11.0	11.0	10.5	10.0	9.0	8.5	8.0

表 8-3 夏季(水温 28℃以上)浸泡时间

温度/℃	30	32	34	36	38
时间/h	7.5	7.0	7.0	6.5	6.0

从表8－1～表8－3可知，浸泡温度不同，浸泡时间也不同。水温高，浸泡时间短；水温低，浸泡时间长。其中冬季水温为2～10℃时，浸泡时间为13～15 h；春、秋季水温为10～30℃时，浸泡时间为8.0～12.5 h；夏季水温在30℃以上，仅需6.0～7.5 h，并且期间应更换泡豆水一次。

大豆浸泡后，子叶由于吸水而膨胀软化，其硬度显著降低，细胞和组织结构更易破碎，大豆蛋白等更容易从细胞中抽提出来。与此同时，泡豆使纤维素吸水、韧性增加，保证磨豆后纤维素以较大的碎片存在，不会因为体积小而在浆渣分离时大量进入豆浆中，影响产品口感。浸泡时间过短，水分无法渗透至大豆中心。但浸泡时间过长，则会使一些可溶固形物流失，增加泡豆损失。长时间浸泡也导致pH下降，不利于大豆蛋白溶出，甚至会因微生物繁殖而导致酸败，造成跑浆，无法形成豆腐凝胶。

夏季因为气温高，在浸泡水中宜添加0.4%（以干豆质量计）食用级碳酸氢钠，防止泡豆水变酸，并且可提高大豆蛋白抽提率。

3. **豆水比**（表8－4）

表8－4 干豆重量与浸泡用水量比值

编号	1	2	3	4	5	6	7	8	9	平均值
干豆/kg	50	50	50	50	50	50	50	50	50	50
水/kg	194	205	199	190	195	202	192	203	191	197.7
豆水比	0.258	0.244	0.251	0.263	0.256	0.248	0.260	0.246	0.262	0.253

调查发现，虽然大豆品种差异导致的吸水程度不同，但三家企业的豆水比在0.244～0.262间，取平均值得最适豆水比为0.253，约为1:4。泡豆水量较少会导致大豆露出水面，浸泡不均匀。在工厂用水和排污水费高昂的情况下，泡豆水量太多则造成浪费，提高了生产成本。

4. **监控的频率**

每泡豆槽或泡豆缸一次。

二、磨浆

1. 磨浆的浓度控制标准

磨浆机装有湿豆定量分配器可保证水、豆按一定比例添加,减少了人为因素对豆汁浓度的影响,豆浆浓度控制偏差小于±0.3°Brix,为后道工序的点浆奠定了良好的基础。

2. 监控频率

2 h/次。

三、煮浆

1. 煮浆温度和时间

煮浆的时间和温度控制的标准,参考如表8-5、表8-6。在二次浆渣共熟工艺中,2次煮浆的温度、时间、加热方式决定了煮浆的效果。

表8-5　第一次煮浆温度和时间

编号	1	2	3	4	5	6	7	8	9
温度/℃	90.0	93.5	92.0	93.5	91.0	93.0	93.0	92.0	92.5
时间/min	5	4	4	5	6	5	4	4	5

表8-6　第二次煮浆温度和时间

编号	1	2	3	4	5	6	7	8	9
温度/℃	91.4	93.0	92.0	94.0	93.0	93.5	93.5	93.5	92.0
时间/min	4	3	4	5	4	6	5	4	5

调查表明,两次的煮浆温度和时间为90.0~93.5℃和3~6 min时,所得浆液无豆腥味和烧焦味,在适宜条件下点浆时无“白浆”残留,且未有或极少有微生物检出。取平均值得最适煮浆温度和时间分别为第一次92.2℃,4.7 min,第二次为92.5℃,4.4 min;即两次煮浆最适的温度均在92℃以上,维持4~5 min。若只加热到70~80℃或只加热1~2 min,尽管部分细菌已被杀死,但抗营养因子及豆腥味生成物如胰蛋白酶抑制剂、皂苷和脂肪氧化酶等还未得到抑制;这样

的温度下，尤其是分子量大的蛋白质的高级结构还未打开，凝胶化性较差，当点浆时因持水性差会造成豆腐凝胶结构散乱、没有韧性，甚至无法形成豆腐。

2. 监控频率

2 h/次。

四、浆渣分离

将生浆或熟浆进行浆渣分离的主要目的就是把豆渣分离去除，以得到大豆蛋白质为主要分散质的溶胶液——豆浆。人工分离一般借助压力放大装置和滤袋，滤袋目数一般为 100～120 目为宜（表 8－7）；机械过滤一般选择（生浆）卧式离心机或（熟浆）挤压机，加水量、进料速度、转速、筛网目数决定着分离效果。

在二次浆渣共熟工艺中，经 3 次浆渣分离后，得到的豆浆浓度稳定，适合以豆清发酵液为凝固剂进行点浆。

表 8－7　浆渣分离的筛网目数

编号	1	2	3	4	5	6	7	8	9
目数	100	100	120	120	120	120	120	120	120

经过对生产优质休闲豆干所用筛网的测量表明，邵阳地区大部分优质豆腐生产中所用滤布为 120 目。可能是目数太高会造成分离过滤的阻力过大，反而影响分离效果；目数太低则会分离不彻底，造成大量豆渣残留在豆浆中。

五、点浆

点浆是指向煮熟的豆浆中按一定方式添加一定比例的凝固剂，使大豆蛋白溶胶液变成凝胶，即豆浆变豆腐脑的过程，是豆腐生产过程中最为关键的工序。以豆清发酵液作为凝固剂为例，凝固剂和产品类别不同，豆浆的浓度和点浆的温度均不同，可根据具体的产品调整。

1. 豆浆浓度标准

最佳点浆用豆浆浓度的判断标准：在豆清发酵液点浆时不出现

整团大块的豆腐脑,水豆腐含水量适中有弹性,此豆浆浓度即适合豆清发酵液点浆。豆浆浓度如表8-8所示。

表8-8 豆浆浓度

编号	1	2	3	4	5	6	7	8	9
浓度/°Brix	5.2	5.4	5.5	5.4	5.6	5.7	5.8	5.5	5.6

调查发现,豆浆浓度在5.2~5.8°Brix,加入凝固剂后形成的脑花大小适中,豆腐韧性足。从表8-8计算平均值,豆浆浓度在5.5°Brix左右为最适点浆的浓度。

2. *点浆的温度和时间*

豆清发酵液全部加入豆浆中之后,温度计感应端插入豆腐脑内部测量温度,以开始加入豆清发酵液至开始破脑的时间为点浆时间。

最佳点浆温度判断标准:随着凝固剂加入,豆浆凝固均匀,形成的豆花大小适中,所得水豆腐持水性好,既有弹性又不失韧性。

最佳点浆时间判断标准:在静置保温过程中,待豆腐脑已稳定,再轻洒少许酸豆清发酵液,未有明显豆花沉淀,则判断为点浆终点。

点浆温度和时间如表8-9所示。点浆时维持在78℃左右,加入豆清发酵液后静置保温40 min,点浆效果最好。温度过高,会使蛋白质分子内能跃升,一遇到酸性的豆清发酵液,蛋白质就会迅速聚集,导致豆腐持水性变差、凝胶弹性变小、硬度变大。从宏观上看,由于凝固速度过快,豆清发酵液点浆又是分多次加入凝固剂,稍有偏差,凝固剂分布不均,就会出现白浆现象。当温度低于78℃甚至低于70℃时,凝固速度很慢,凝胶结构会吸附大量水分,导致豆腐含水量上升,韧性不足。

表8-9 点浆温度和时间

编号	1	2	3	4	5	6	7	8	9
温度/℃	76.5	78.0	77.5	78.5	78.0	78.0	77.0	78.5	77.5
时间/min	39.0	40.0	39.5	40.0	40.0	40.0	40.5	38.5	40.0

3. 豆清发酵液 pH 和添加比例

在豆清发酵液混入豆浆之前，取少许豆清发酵液测量 pH；通过计量豆浆量和豆清发酵液添加量计算豆清发酵液添加比例（凝固剂/豆浆）。

最佳豆清发酵液 pH 和添加比例的判断标准：豆清发酵液加入后凝固彻底，未出现白浆现象，制得豆腐口感良好，无酸味，且温度未显著降低。豆清发酵液 pH 和添加比例如表 8 – 10 所示。

表 8 – 10　豆清发酵液 pH 和添加比例

编号	1	2	3	4	5	6	7	8	9
pH	3.97	4.04	4.13	4.09	4.10	4.13	4.10	4.08	4.14
比例/%	20.7	21.8	22.5	22.0	22.0	22.4	22.2	21.5	21.5

在适合的豆浆浓度、点浆温度和时间条件下，当豆清发酵液 pH 和添加比例分别为 3.97 ~4.14 和 20.7% ~22.5% 时，豆腐凝胶结构紧密，且无白浆和过多新鲜豆清蛋白液出现。

4. 凝固时间

豆浆的凝乳效果和凝固时间有很大关系。当凝固时间小于 10 min时，不能成型。凝固时间一般控制在 15 ~20 min 左右。凝固时间过长会影响生产效率。

5. 凝固温度

把豆浆用蒸汽加热到 80℃ 左右开始点浆，温度直接影响蛋白质胶凝的效果。适宜的温度也可以使酶和一些微生物失活，达到一定的杀菌效果。

6. 蹲脑

蹲脑又称养浆，是大豆蛋白质凝固过程的后续阶段。即点浆开始后，豆浆中绝大部分蛋白质分子凝固成凝胶，但其网状结构尚未完全成形，并且仍有少许蛋白质分子处于凝固阶段，故须静置 20 ~30 min。养浆过程不能受外力干扰，否则，已经成型的凝胶网络结构会被破坏。

7. 监控的频率

2 h/次，1 次/缸。

六、压榨脱水

1. 压制时间

压榨的时间 30 min～12 h 不等，依产品特点和产地而异，湖南豆腐的压榨时间通常在 30 min 左右，四川、重庆、安徽等地压榨时间较长，贵州沿江豆腐压榨时间更是超过 12 h。

2. 压力标准

压力不能低于 50 kg。

3. 监控频率

每批。

七、包装

1. 装盒封口

按作业文件的要求将其分割好放在盒中，并注入一定量的水，用包装机把封膜贴好。封口的温度和时间，根据封口膜的特点确定。

2. 金属探测器

按金属检测操作规程执行。标准测试卡：Fe：ϕ 1.5，Sus ϕ 3.0。

3. 巴氏杀菌

将包装好的产品按规定的数量装入不锈钢框中，然后装车，推入杀菌釜按 95℃ 40 min 的设定值进行杀菌（注：该时间不包括水的升温或降温时间）。

4. 冷却

产品出杀菌釜后用吊车转移至冷水槽中，使产品中心温度降至 25℃以下。产品冷却完成后迅速送入 0～10℃的冷库贮藏。

5. 监控频率

1 h/次。

第九章　豆制品工厂生产规范管理

第一节　豆制品工厂的卫生通用要求

豆制品是我国传统的食品，也是我国居民消费量较大的食品品种。我国豆制品企业超过 5000 家，其中 80% 以上的豆制品企业是中小型或作坊式，其规模小，生产环境较差，加工设备简陋，卫生设施缺乏。同时部分豆制品企业是从小作坊转型，因而工厂的布局、整体设计和功能区划分豆存在缺陷。本章节将从豆制品的特点出发，依据《食品安全国家标准 食品生产通用卫生规范》（GB 14881）的相关要求，介绍豆制品企业工厂的卫生通用要求。

一、厂房的选址要求

①厂区不应选择对食品有显著污染的区域。如某地对食品安全和食品宜食用性存在明显的不利影响，且无法通过采取措施加以改善，应避免在该地址建厂。

②厂区不应选择有害废弃物以及粉尘、有害气体、放射性物质和其他扩散性污染源不能有效清除的地址。

③厂区不宜选择易发生洪涝灾害的地区，难以避开时应设计必要的防范措施。

④厂区周围不宜有虫害大量滋生的潜在场所，难以避开时应设计必要的防范措施。

二、厂区的环境要求

①应考虑环境给食品生产带来的潜在污染风险，并采取适当的措施将其降至最低水平。

②厂区应合理布局，豆制品原料区、泡豆区、磨浆区、豆制品制浆区和点浆区、豆制品压制区等各功能区域划分明显，并有适当的划分准清洁区和清洁区，同时人流和物流需要分开，防止交叉污染。

③厂区内的道路应铺设混凝土、沥青、或者其他硬质材料；空地应采取必要措施，如铺设水泥、地砖或铺设草坪等方式，保持环境清洁，防止正常天气下扬尘和积水等现象的发生。

④厂区绿化应与生产车间保持适当距离，其距离不应低于60 cm，植被应定期维护，以防止虫害的滋生。

⑤厂区应有适当的排水系统，同时排水口应设置 U 型，有水封，防止异味反串。

⑥宿舍、食堂、职工娱乐设施等生活区应与生产区保持适当距离或分隔。

三、生产作业场所内部建筑结构

1. 地面、内墙壁和屋顶

①地面应使用无毒、无味、不渗水、不吸水的防腐材料铺砌，且需平坦防滑、不易产生龟裂，并易于清洗消毒；作业中有排水或废水流经的地面，以及作业环境经常潮湿或以水洗方式清洗作业等区域的地面要使用不渗透的材料且要耐酸耐碱，并应具有一定的排水坡度（应在 1/100 以上）及排水系统。

②内墙壁要求表面光滑，窗框的下缘，墙体下部墙裙的上缘要设计成小于 45°的倾斜，以减少灰尘的堆积。另外内墙壁和地面的交界处，要设计成半径 5 cm 以上的弧形结构，以便于清扫。需要用水的区域，其内墙壁至少在操作高度下应使用不渗透的材料铺设墙裙。

③屋顶和顶角要设计成没有缝隙且平滑易于打扫的构造，适当有些坡度，且梁与梁及梁与屋顶的接合处应有适当弧度，防止灰尘积聚，避免结露、长霉或脱落等情形发生。屋顶面要求隔热，不积水，不渗漏。

④蒸汽管、水管等各种管道应设计成容易打扫的构造且具有一定的防护措施。天花板的高度应不低于 3.0 m。

⑤煮浆、点浆、油炸等水蒸气、油烟及热量比较集中的车间，其内墙壁和屋顶所用的材料应耐湿、耐热，并且应该能够防止结露和发霉。

2. 门窗

①门的表面应平滑、防吸附、不渗透，并易于清洗、消毒。应使用不透水的坚固、严密、防腐、不变形材料制成。

②生产车间和贮存场所的门、窗应装配严密不变形，应配备防尘、防有害动物的设施，并便于清洗和消毒。防护门能两面开并可自动关闭。

③门窗位置不能直对或毗邻临近车间的排气口，不得设置在厕所、垃圾堆对面；清洁作业区和准清洁作业区的对外出入口应装设能自动关闭的门和（或）风幕。

④窗户如设置窗台，应易于清洗、减少灰尘积存。可开启的窗户应装有活动的和易于清洗的防有害动物的窗纱。必要时，应设置不可开启的窗户。

3. 设施

（1）照明设施

①生产作业场所内，应有充足的自然采光和（或）人工照明应不低于220 Lux。光照度应能满足作业需求，光源不应影响观察豆制品的颜色。

②位于食品和原材料上方的照明设施应使用安全型的设备或有安全可靠的防护设施，生产作业场所内的照明设施均应有防护。

（2）通风设施

①生产作业场所内，应根据需要在适当的位置设置适当的自然通风或人工通风装置。管制作业区域内，应根据需要设置温湿度调节装置以有效控制生产环境的温度和湿度。

②对车间内产生的水蒸气、油烟、粉尘等应有适当的排除、收集或控制装置，同时要采取适当措施，避免出现过度负压状态。

③厂房内进行空气调节、进排气等换气操作时，其空气流向不得由清洁要求低的作业区域流向清洁要求高的作业区域。另外，排气口的设置上，要考虑到避免由于外界阵风的影响，使得外界污染空气

进入车间内。

④清洁作业区域内,其换气装置内应设有空气过滤装置。

⑤使用无菌包装的充填、包装场所应有良好换气且维持室内适当正压的设施,导入的空气应加以过滤。

⑥内包装室的温度应在27℃以下或相对湿度在70%以下,防止结露,并应维持适当的正压。

(3)供水设施

①应能保证生产用水的水质、水压、水量等符合生产需要,必要时应有贮水设备并能提供适当温度的热水。

②贮水槽(塔、池)应以无毒、无异味,不致污染水质的材料构筑,并应有防污染的措施。

③供水设施出入口应增设安全卫生设施,防止动物及其他物质进入导致污染。

④食品生产用水水质应符合GB 5749的规定,使用自备水源的,应设置净水或消毒设备,其供水过程应符合国家卫生行政管理部门关于生活饮用水集中式供水单位的相关卫生要求;使用二次供水的,应符合GB 17051的规定。若采用水纯化设备,相应的设备应获得涉水产品许可,同时水质应符合相应的食品安全国家标准。

⑤不与食品接触的非饮用水(如冷却水、污水或废水等)的管道系统与生产用水的管道系统应明显区分,并以完全分离的管路输送,不应有逆流或相互交接现象。

⑥地下水源应与污染源(厕所、化粪池、垃圾站等)保持50 m以上的距离,以防污染。

(4)排水设施

①应配备适当的排水系统,且在设计和建造时应避免产品或生产用水受到污染。

②排水系统应有坡度、保持通畅、便于清洗,排水沟的侧面和底面结合处应有一定弧度,排水系统的材质应耐腐蚀,且其管道半径应足够大,能满足排水需要。

③排水系统入口应安装带水封的地漏,以防止固体废弃物进入

及浊气逸出。

④排水系统内及其下方不应有生产用水的供水管路。

⑤排水系统出口应有防止动物侵入的装置。

⑥室内排水的流向应由清洁度要求高的区域向清洁度要求低的区域,并有防止废水逆流的设计。

⑦废水应经专用管道排至废水处理系统,应尽量避免直接将废水排至车间地面上。

(5)清洁设施

应配备能提供冷热水的专门用于食品、器具和设备清洁处理的设施,以及存放废弃物的设施等。

(6)个人卫生设施

①个人卫生。

A. 生产场所或生产车间入口处应设置更衣室;必要时特定的作业区入口处可按需要设置更衣室。更衣室应保证工作服与个人服装及其他物品分开放置。

B. 生产车间入口及车间内必要处,应按需设置换鞋(穿戴鞋套)设施或工作鞋靴消毒设施。如设置工作鞋靴消毒设施,其规格尺寸应能满足消毒需要,消毒水的浓度不低于 200 ppm。

C. 应根据需要设置卫生间,卫生间的结构、设施与内部材质应易于保持清洁;卫生间内的适当位置应设置洗手设施。卫生间不得与食品生产、包装或贮存等区域直接连通。

D. 应在清洁作业区入口设置洗手、干手和消毒设施;如有需要,应在作业区内适当位置加设洗手和(或)消毒设施;与消毒设施配套的水龙头其开关应为非手动式。

E. 洗手设施的水龙头数量应与同班次食品加工人员数量相匹配,一般情况下,20 个人设计一个洗手水龙头,必要时应设置冷热水混合器。洗手池,应采用光滑、不透水、易清洁的材质制成,其设计及构造应易于清洁消毒。应在邻近洗手设施的显著位置标示简明易懂的洗手方法。

F. 根据对食品加工人员清洁程度的要求,必要时应设置风淋室、淋浴室等设施。

②消毒设施。

进入清洁作业区前,应设置消毒设施,必要时设置二次更衣室。

(7)仓储设施

①企业应具有与生产经营的豆制品品种、数量相适应的仓储设施。

②应依据原材料性质的不同分设贮存场所,必要时应设有冷藏(冻)库。同一仓库贮存性质不同的物品时,应适当隔离(如分类、分架、分区存放),并有明显的标识。

③应依据半成品、成品的性质与贮存特点分设贮存场所,必要时应设有冷(冻)藏库。半成品、成品同存一库时,应适当区隔,并有明显的标识。

④仓储设施的地面、内墙壁和屋顶的设计与材料应符合如下要求。

A. 地面要使用具有耐水性且摩擦力大、不容易产生龟裂且易清洁的材料。

B. 内墙壁要比较光滑。窗框的下缘为了防止落灰尘要设计成小于45°的倾斜。另外,内墙壁和地面的交界处,要设计出半径5 cm以上的弧,以便于清洁。

C. 屋顶要设计成没有间隙且平滑的易于清洁的构造。

D. 墙壁及顶棚的颜色应是淡的明亮的色彩。

⑤仓库内应有充足的采光并有合适的避光措施,如避光效果好的百叶窗,还要有适当的照明设备及能防止动物侵入的装置(如在门口设置防鼠板或防鼠沟等)。

⑥仓库应设置数量足够的托盘(物品存放架),并使贮存物品与墙壁、地面保持适当距离,以利空气流通及物品的搬运。

⑦冷(冻)藏库,应装设可正确指示库内温度的温度计、温度测定仪器或温度自动记录仪以及可与监控室联系的报警装置。

四、加工设备要求

1.一般要求

①应具有与生产经营的豆制品品种、数量相适应的生产设备，且各个设备的生产能力应能相互匹配。

②所有生产设备应按工艺流程有序排列，且设备之间有足够的空间，保证生产顺畅有序进行，避免引起交叉污染。

③应制定生产过程中使用的特种设备（如压力容器、压力管道等）的操作规程。

2.加工设备设计基本准则

①所有生产设备包括管道、工器具等，其设计和结构应易于清洗消毒并易于检查。其构造应可避免机器润滑油、金属碎屑、污水或其他可能引起污染的物质混入产品，并应符合相应的标准和/或有关规定。

②食品接触面应平滑、边角圆滑、无凹陷和裂缝，以减少食品碎屑、污垢及有机物的聚积。食品接触表面粗糙系数 Ra 应低于0.6，若用于发酵设备表面粗糙系数 Ra 应低于0.4。

③贮存、运输及加工系统（包括重力、气动、密闭及自动系统）的设计与构造应易于使其维持良好的卫生状况，物料的贮存设备应能密闭。

④直接接触产品的设备，如安装玻璃温度计，必须有安全防护装置。

⑤在产品生产车间或原料处理车间，不与产品接触的设备和器具，也应能易于保持清洁状态。

⑥应有专门的区域贮存设备备件，以便设备维修时能及时获得必要的备件，应保持备件贮存区域的干燥清洁。

3.设备的材质要求

①所有用于产品生产和可能接触产品的设备、操作台、传送带、运输车和工器具等设施设备应使用无毒、无异味、防吸收、耐腐蚀且可重复清洗和消毒的材料制造，并符合有关规定。

②食品接触面的材质应符合相关标准,应使用表面光滑、易于清洗和消毒、不吸水、不易脱落的材料。

③与产品接触的设备所使用的润滑剂必须是食品级的,符合食品接触面材料的相关标准要求。

五、检验设备基本要求

1. 检验设备的基本要求

①应根据原辅料、半成品及成品质量、卫生检验的需要配置检验仪器及设备。

②检验用的仪器、设备,必须定期检定,及时维修,确保检验数据准确。

③企业的检验设备应能满足日常原料、半成品、成品的质量、安全检验,必要时可委托具资质的检验机构检验企业自身无法检测的项目。

2. 监控设备基本要求

①用于测定、控制、记录的测量、记录、监控设备,如压力表、温度计等,应定期校正、维护,确保准确有效。

②当采用计算机网络系统及网络技术进行关键控制点监测数据的采集和对各项记录的管理时,计算机系统及其网络技术的有关功能可参考 SB/T 10829—2012 附录 A 的规定。

六、生产设备的保养与维修

①应建立设备保养和维修程序,并严格执行。

②应建立设备的日常维护和保养计划,定期检修,并做好记录。

③每次生产前应检查设备是否处于正常状态,防止影响产品卫生质量的情形发生;出现故障应及时排除并记录故障发生时间、原因及可能受影响的产品批次。

七、食品安全管理机构、人员与培训

1. 人员管理机构与职责

①应建立健全本单位的食品安全管理制度,采取相应的管理措

施,对豆制品生产实施从原料进厂到成品出厂全过程的安全质量控制,保证产品符合法律、法规和相关标准的要求。

②应建立食品安全管理机构,负责企业的食品安全管理。食品安全管理机构的负责人应该是企业法定代表人或其授权人。

③机构中的各部门应有明确的管理职责,并确保与质量、安全相关的管理职责落实到位。各职能部门应有效分工,避免交叉、重复或缺位。对厂区内外环境、厂房设施和设备的维护和管理、生产过程质量安全管理、卫生管理、品质追踪等制定相应管理制度,并明确管理负责人与职责。生产和质量部门负责人不得相互兼任。

④食品安全管理机构中各部门应配备经专业培训的专职或兼职的食品安全管理人员,负责宣传食品安全法规及有关规章制度,负责督查执行情况并做好相关记录。

2. 人员基本要求

①食品安全管理机构负责人应了解《中华人民共和国食品安全法》的相关条文,具有一定的食品安全卫生和生产、加工等专业知识。

②机构中各职能部门负责人应熟悉《中华人民共和国食品安全法》的相关法律内容,具备相关管理经验,同时应具备各部门所要求的相应的专业知识和技能。

③企业应有足够数量的质量管理及检验人员,以满足整个生产过程的现场质量管理和产品抽检的要求。

3. 教育培训

①应建立培训制度,对本企业所有从业人员进行食品安全知识培训。

②应根据岗位的不同需求制订年度培训计划,进行相应培训,特殊工种应持证上岗。

③应定期审核和修订培训计划,评估培训效果,并进行常规检查,以确保计划的有效实施。

④培训和考核记录应长期保存。

八、卫生管理要求

1. 制度及考核标准

企业应制定卫生管理制度及考核标准，并实行岗位责任制，明确岗位职责。

2. 卫生监控制度

企业应制定卫生监控制度，确立内部监控的范围、对象和频率。记录并存档监控结果，定期对执行情况和效果进行检查。

3. 厂区环境及卫生管理

①厂区及临近厂区的区域，应随时保持清洁。厂区内道路，地面养护良好、无破损、不积水、不扬尘。

②厂区内草木要定期修剪，保持环境整洁。禁止堆放杂物及不必要的器材，以防止有害动物滋生。

③排水系统应保持通畅，不得有污泥淤积。废弃物应作妥善处理。

④应避免有害（有毒）气体、废水、废弃物、噪声等对环境产生有害影响。

4. 厂房及设施卫生管理

①厂房内各项设施应保持清洁，及时维修或更新。厂房地面、屋顶、天花板及墙壁有破损时，应及时修补。地面及排水设施不应有破损或积水。

②用于加工、包装、储运等的设备及工器具、生产用管道、食品接触面，应定期清洁消毒。

③用于清洁消毒后的设备和用具，应妥善保管，避免交叉污染。

④加工制造场所、厕所、更衣室、消毒池等（包括地面、水沟、墙壁等），每天班前班后应及时清洗消毒，必要时增加清洗消毒频次。洗手干手器应定期进行卫生控制与检查，避免成为污染源。车间厕所要有专人管理。

5. 加工设备卫生管理

①已清洗、消毒过的可移动设备和工器具，应放置在能防止其食

品接触面再受污染的场所,并保持适用状态。

②用于清洗与产品接触的设备和工器具的清洁用水,应符合 GB 5749 的规定。

③定期对压缩空气的过滤系统进行维护保养,以免产生污染,保证压缩空气的卫生与质量。

④用于产品生产的机械设备和场所不得用于与生产无关的用途。

6. 辅助设施卫生管理

(1)企业内供水站

①应制定详细的操作规程及管理制度,要有严格、系统的水质检验、系统维修与保养记录,主管人员应定期(至少 1 次/季)进行检查考核。

②贮水槽(塔、池)应定期(至少 1 次/季)清洗、消毒,并随时检查水质,确保生产用水的水质符合 GB 5749 的规定。

③对水处理设备应根据实际情况进行定期或加频清洗及检修。

④非相关人员不得进入供水站,检修后,各种检修口、门窗必须及时关闭。

(2)锅炉房

①锅炉操作人员必须经过职业技能培训,持证上岗。

②严格按相关管理部门的要求对锅炉进行安全操作与维修、保养。炉内水处理药剂必须无毒并严格控制用量,定期排污并做好相关记录。

③对锅炉排烟进行监控,确保其排放符合 GB 13271 的规定。定期清理排烟管道,以防止污染厂区环境。

(3)车间内辅助设施

车间内的辅助设施如灯具及其配管的外表,应定期清洁。

7. 清洁和消毒管理

①应制定有效的清洁和消毒计划和程序,以保证食品加工场所、设备设施和工器具的清洁卫生,防止食品污染。

②应根据产品和工艺特点选择清洁和消毒的方法。

③所有设备和工器具必须经常清洗和消毒;接触湿物料的表面

使用后应立即清洗;接触干物料的表面使用后应立即采用干法清理(必要时采用湿法清洗)。

④直接用于清洁食品设备、工器具及包装材料的清洁剂必须是食品级清洁剂,不得使用危害产品安全及卫生的非食品级清洁剂。

⑤一般不得使用金属材料(如钢丝球)清洗设备和工器具。特殊情况下必须使用金属材料清洗时,应严格防止金属物混入产品。

⑥须原地清洗的设备和管路应先用清水冲洗,然后使用洗涤剂或消毒剂。同时应经常检查冲洗器的喷嘴,以保证洗涤剂或消毒剂均匀喷洒。

⑦清洗消毒的方法必须安全、卫生,使用的洗涤剂、消毒剂应符合 GB 14930.1、GB 14930.2 的相关规定。

⑧用于清理、清洗和消毒的设备、工器具应放置于专用场所内妥善保管,并由专人管理。

⑨应对清洁和消毒程序进行记录,如洗涤剂和消毒剂的品种、作用时间、浓度、对象、温度等。

8. 员工健康管理

(1)食品加工人员健康管理

①应建立并执行食品加工人员健康管理制度。

②食品加工人员每年应进行健康检查,取得健康证明;上岗前应接受卫生培训。

③食品加工人员如患有痢疾、伤寒、甲型病毒性肝炎、戊型病毒性肝炎等消化道传染病,以及患有活动性肺结核、化脓性或者渗出性皮肤病等有碍食品安全的疾病,或有明显皮肤损伤未愈合的,应当调整到其他不影响食品安全的工作岗位。

(2)食品加工人员卫生要求

①进入食品生产场所前应整理个人卫生,防止污染食品。

②进入作业区域应规范穿着洁净的工作服,并按要求洗手、消毒;头发应藏于工作帽内或使用发网约束。

③进入作业区域不应配戴饰物、手表,不应化妆、染指甲、喷洒香水;不得携带或存放与食品生产无关的个人用品。

④使用卫生间、接触可能污染食品的物品、或从事与食品生产无关的其他活动后,再次从事接触食品、食品工器具、食品设备等与食品生产相关的活动前应洗手消毒。

(3)来访者

非食品加工人员不得进入食品生产场所,特殊情况下进入时应遵守和食品加工人员同样的卫生要求。

9. 虫害控制

①应保持建筑物完好、环境整洁,防止虫害侵入及滋生。

②应制定和执行虫害控制措施,并定期检查。生产车间及仓库应采取有效措施(如纱帘、纱网、防鼠板、防蝇灯、风幕等),防止鼠类昆虫等侵入。若发现有虫鼠害痕迹时,应追查来源,消除隐患。

③应准确绘制虫害控制平面图,标明捕鼠器、粘鼠板、灭蝇灯、室外诱饵投放点、生化信息素捕杀装置等放置的位置。

④厂区应定期进行除虫灭害工作。

⑤采用物理、化学或生物制剂进行处理时,不应影响食品安全和食品应有的品质、不应污染食品接触表面、设备、工器具及包装材料。除虫灭害工作应有相应的记录。

⑥使用各类杀虫剂或其他药剂前,应做好预防措施,避免对人身、食品、设备工具造成污染;不慎污染时,应及时将被污染的设备、工具彻底清洁,消除污染。

10. 废弃物卫生管理

①应制定废弃物存放和清除制度,有特殊要求的废弃物其处理方式应符合有关规定。废弃物应定期清除;易腐败的废弃物应尽快清除;必要时应及时清除废弃物。

②车间外废弃物放置场所应与食品加工场所隔离,防止污染;应防止不良气味或有害有毒气体溢出;应防止虫害滋生。

第二节 豆制品加工厂的设计

豆制品工厂选址必须遵守国家法律、法规,符合国家和地方的长远规划和行政布局、国土开发整治规划、城镇发展规划；同时从全局出发，正确处理工业和农业、城市和农村、近期和远期的关系；因地制宜，节约用地，不占或少占耕地或林地；注意资源合理开发和综合利用；节约能源，注意环境保护和生态平衡。

豆腐制品工厂总体规划与设计是根据工厂建筑群的组成内容及使用功能要求，结合厂址条件及有关技术要求，协调研究建筑物、构筑物及各项设施之间空间和平面的相互关系，正确处理建筑物、交通运输、管路管线、绿化区域等布置问题，充分利用地形，节约场地，使所建工厂形成布局合理、协调一致、生产井然有序，并与四周建筑群相互协调的有机整体。

1. *总体设计基本原则*

①所选厂址，必须要有可靠的地理条件，特别是应避免将工厂设在流沙、淤泥、土崩断裂层上。尽量避免特殊地质如溶洞、显陷性黄土、孔性土等。在山坡上建厂则要注意避免滑坡、塌方等。同时也要避免将工厂设在矿场文物区域上。同时厂址要具有一定的耐力，一般要求不低于 $2\times10^5\ N/m^2$。厂址所在地区的地形要尽量平坦，以减少土地平整所需工程量和费用，也方便厂区内各车间之间的运输。厂区的标高应高于当地历史最高洪水位 0.5 ~ 1 m，特别是主厂房仓库的标高更应高于历史洪水位。厂区自然排水坡度最好在 0.004 ~ 0.008。

②总体设计应按批准的设计任务书和可行性研究报告进行，总体布置应做到科学、合理、实用，尽可能减少输送过程，删除不增值的过程设计。

③建筑物、构筑物的布置必须符合生产工艺要求，保证生产过程的连续性。互相联系比较密切的车间、仓库，应尽量考虑组合厂房，既有分隔又缩短物流线路，避免往返交叉污染，合理设计人流和物流。

④建筑物、构筑物的布置必须符合城市规划要求且需结合地形、地质、水文、气象等自然条件，在满足生产作业的要求下，根据生产性质、动力供应、货运周转、卫生、防火等分区布置。

⑤动力供应设施应靠近负荷中心。如变电所应靠近高压线网输

入本厂的一边。同时，变电所又应靠近耗电量大的车间，又如制冷机房应接近变电所，并紧靠冷库。

⑥建筑物、构筑物之间的距离应满足生产、防火、卫生、防震、防尘、噪声、日照、通风等条件的要求，并使建筑物、构筑物之间距最小。

⑦要明确功能区的划分，设计原料区、准清洁区和清洁区，避免因人、物而产生的交叉污染。生活区（宿舍、托儿所食堂、浴室、商店和学校等）、厂前区（传达室、医务室、化验室、办公室、俱乐部、汽车房等）和生产区（各种车间和仓库等）分开。生产车间要注意朝向，保证通风良好。生产厂房要离公路有一定距离，通常考虑 30 ~ 50 m，中间设有绿化地带，不得种植有能为鸟类提供食宿的树木、灌木等，也不能种植为蜜蜂等昆虫提供诱导的植物。

⑧厂区道路应按运输量及运输工具的情况决定其宽度，厂区和进入厂区的主要道路应铺设适于车辆通行并便于冲洗的坚硬路面（如混凝土或沥青路面）。路面应平坦、不积水，厂区内应有良好的排水系统。运输货物道路应与车间分隔，特别是运煤和煤渣，容易产生污染。一般道路应为环形道路，以免在倒车时造成堵塞现象。厂区应注意合理绿化。

⑨合理地确定建筑物、构筑物的标高，尽可能减少土石方工程量。厂区要有完整的、不渗水的、并与生产规模相适应的下水系统。下水系统要保持通畅，不得采用明沟排水，厂区地面不能有污水积存。

⑩总体布置应考虑工厂扩建的可能性，留有适当的发展余地。

⑪总体设计必须符合国家有关规范和规定，如《工业企业总平面设计规范》（GB 50187—2012）、《工业企业设计卫生标准》（GBZ 1—2010）、《建筑设计防火规范》（GB 50016—2014）、《工厂道路设计规范》（GBJ 22—87）、《污水综合排放标准》（GB 8978—1996）、《采暖通风和空气调节设计规范》（GB 50019—2003）、《工业锅炉房设计规范》（GB 50041—2020）、《工业与民用通用设备电力装置设计规范》（GBJ 55—83）、《中国出口食品厂、库卫生要求》、《洁净厂房设计规范》（GB 50073—2010）、豆制品生产管理规范等，以及厂址所在地区的发展

条件。

2. 工厂总平面布置(布局)的卫生设计

①合理布局:豆制品加工厂要合理布局,划分生产区和生活区。生产区应在生活区的下风向。

②衔接要合理:建筑物、设备布局与工艺流程三者衔接要合理,建筑结构完善,并能满足生产工艺和质量卫生要求。原料与半成品和成品、生原料与熟食品均应杜绝交叉污染。豆制品加工厂的库房包括原料和成品库房。库房地面应高于外面地面,并有防止水从地下渗进的措施。屋顶应防漏。库房大小要合适,不同原料和在制品、成品间要相互隔开,以免相互污染。有污染的原料库应该离加工车间远些,而无污染的原料库、成品库应尽量离加工车间近些,避免长距离运输过程中受到污染。库房应有防鼠、防虫、防鸟等措施。库内通风要良好,以防库房内的温湿度偏高而引起食品原料霉变,必要时应装排湿机。建筑物和设备布置还应考虑生产工艺对温、湿度和其他工艺参数的要求,防止毗邻车间受到干扰。

③厂区道路应通畅:厂区道路应便于机动车通行,有条件的应修环行路,且便于消防车辆到达各车间。厂区道路应防止积水及尘土飞扬,采用便于清洗的混凝土、沥青及其他硬质材料铺设。厂房之间,厂房与外缘公路或道路之间应保持一定距离,中间设绿化带。厂区内各车间的裸露地面应进行绿化。

④给排水系统:给排水系统应能适应生产需要,设施应合理有效,确保畅通,有防止鼠类、昆虫通过排水管道潜入车间的有效措施。生产用水必须符合 GB 5749 的规定。污水排放必须符合国家规定的标准,必要时应采取净化设施,达标后才可排放。净化和排放设施不得位于生产车间主风向的上方。

⑤污物存放:加工后的废弃物存放应远离生产车间,且不得位于生产车间上风向。存放设施应密闭或带盖,要便于清洗、消毒。锅炉烟囱高度和排放粉尘量应符合 GB 3841 的规定,烟道出口与引风机之间须设置除尘装置。其他排烟、除尘装置也应达标准后再排放,防止

污染环境。排烟除尘装置应设置在主导风向的下风向。

3. 管线布置

豆制品工厂随着加工能力增加和自动化程度提升，豆制品工程的管线越来越多，除各种公用工程管线外，还有许多物料输送管线。了解各种管线的特点和要求，选择适当的敷设方式，与总平面设计有密切关系。处理好各种管线的布置，不但可节约用地，减少费用，而且可使施工、检修及安全生产带来很大的方便。因此，在总平面设计中，对全厂管线的布置必须予以足够重视。

管线布置时一般应注意下列原则和要求：

①满足生产使用，力求短捷，方便操作和施工维修。

②宜直线敷设，并与道路、建筑物的轴线以及相邻管线平行。干管应布置在靠近主要用户及支管较多的一侧。

③尽量减少管线交叉。管线交叉时，其避让原则是：小管让大管；压力管让重力管；软管让硬管；临时管让永久管。

④应避开露天堆场及建筑物的护建用地。

⑤除雨水、下水管外，其他管线一般不宜布置在道路以下。地下管线应尽量集中共架布置，敷设时应满足一定的埋深要求，一般不宜重叠敷设。

⑥大管径压力较高的给水管宜避免靠近建筑物布置。

⑦管架或地下管线应适当留有余地，以备工厂发展需要。

管线在敷设方式上常采用地下直埋、地下管沟、沿地敷设（管墩或低支架）、架空等敷设方式，应根据不同要求进行选择。

4. 道路布置

根据总平面设计的要求，厂区道路必须进行统一的规划。从道路的功能来分，一般可分为人行道和车行道两类。

人行道、车行道的宽度，车行道路的转弯半径以及回车场、停车场的大小都应按有关规定执行。在厂内道路布置设计中，在各主要建（构）筑物与主干道、次干道之间应有连接通道，这种通道的路面宽度应能使消防车顺利通过。

5. 绿化布置

厂区绿化布置是总平面设计的一个重要组成部分，应在总平面设计中统一考虑。食品工厂的绿化一般要求厂房之间、厂房与公路或道路之间应有不少于 15 m 的防护带，厂区内的裸露地面应进行绿化。在进行厂区绿化应注意下列的原则和要求：

①绿化的主要功能是达到改善生产环境，改善劳动条件，提高生产效率等方面的目的。因此工厂绿化一定要因地制宜，节约投资，防止脱离实际，单纯追求美观的倾向，力求做到整齐、经济、美观。

②绿化应与生产要求相适应，并努力满足生产和生活的要求。因此绿化种植不应影响人流往来、物货运输、管道布置、污水排除、天然采光等方面的要求。

③绿化布置应突出重点，并兼顾一般。厂区绿化一般分生产区、厂前区以及生产区与生活区之间的绿化隔离带。

④厂前区及主要出入口周围的绿化，是工厂绿化的重点，应从美化设施及建筑群体组合进行整体设计；对绿化隔离带应结合当地气象条件和防护要求选择布置方式；厂区道路绿化，是工厂绿化的又一重点，应结合道路的具体条件进行统一考虑；对主要车间周围及一切零星场地都应充分利用，进行绿化布置。

⑤进行绿化布置，要有绿化意识、科学态度和审美观点。树的种类、花的特点和花期、树和植被的分布，都必须有一个科学的态度和审美的观点。

6. 豆制品工厂总体布局范例

豆制品工厂设计布局图如图 9－1 所示。

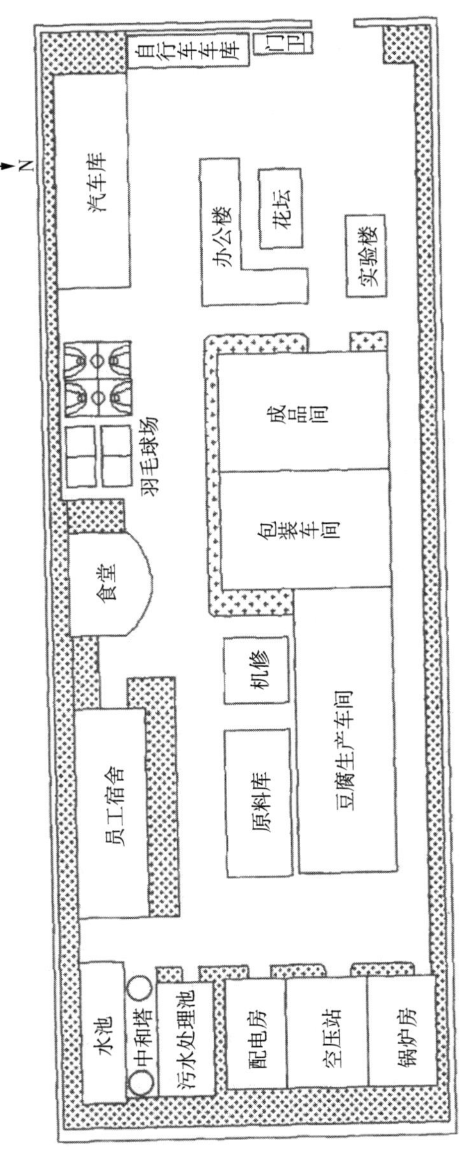

图9-1　豆制品工厂设计布局图

第三节 豆制品相关标准

一、大豆原料标准

1. 范围

①本标准规定了大豆的相关术语和定义、分类、质量要求和卫生要求、检验方法、检验规则、标签标识以及包装、储存和运输要求。

②本标准适用于收购、储存、运输、加工和销售的商品大豆。

2. 规范性引用文件

下列文件中的条款通过本标准的引用而成为本标准的条款。凡是注日期的引用文件,其随后所有的修改单(不包括勘误的内容)或修订版均不适用于本标准。然而,鼓励根据本标准达成协议的各方研究是否可使用这些文件的最新版本,凡是不注日期的引用文件,其最新版本适用于本标准。

GB 2715 食品安全国家标准 粮食

GB/T 5490 粮食检验 一般规则

GB 5491 粮食、油料检验 扦样、分样法

GB/T 5492 粮油检验 粮食、油料的色泽、气味、口味鉴定

GB/T 5493 粮油检验 类型及互混检验

GB/T 5494 粮油检验 粮食、油料的杂质、不完善粒检验

GB 5009.3 食品安全国家标准 食品中水分测定法

GB 5009.5 食品安全国家标准 食品中蛋白质含量测定

GB 5009.6 食品安全国家标准 食品中脂肪含量测定

GB 7718 食品安全国家标准 预包装食品标签通则

(1)下列术语和定义适用于本标准

①完整粒:籽粒完好正常的颗粒。

②未熟粒:籽粒不饱满,瘪缩达粒面 1/2 及以上或子叶青色部分达 1/2 及以上(青仁大豆除外)的、与正常粒显著不同的颗粒。

③损伤粒:受到严重摩擦损伤、冻伤、细菌损伤、霉菌损伤、生芽、

热损伤或其他原因损伤的大豆颗粒。

④破碎粒:子叶破碎达本颗粒体积 1/4 及以上的颗粒。

⑤杂质:通过规定筛层和经筛理后仍留在样品中的非大豆类物质。

⑥完整粒率:完整粒占试样的质量分数。

⑦损伤粒率:损伤粒占试样的质量分数。

⑧热损伤粒率:热损伤粒占试样的质量分数。

⑨高蛋白质大豆:粗蛋白质含量应不低于 40.0% 的大豆。

(2)大豆的分类(按照大豆种皮的颜色分)

①黄大豆:种皮是黄色、淡黄色,脐为黄褐、淡褐或深褐色的粒子不低于 95% 的大豆。

②青大豆:种皮是绿色的粒子不低于 95% 的大豆。按其子叶的颜色分青皮青仁大豆和青皮黄仁大豆。

③黑大豆:种皮是黑色的粒子不低于 95% 的大豆。按其子叶的颜色分黑皮青仁大豆和黑皮黄仁大豆。

④其他大豆:种皮为褐色、棕色、赤色等单一颜色的大豆及双色大豆(种皮为两种颜色,其中一种为棕色或黑色,并且其覆盖粒对面 1/2 以上)等。

3. 质量要求和食品安全要求

(1)质量要求

①大豆质量指标(应符合表 9-1 的规定)。

表 9-1 大豆的质量指标

等级	完整粒率/%	损伤粒率/%		杂质含量率/%	水分/%	气味、色泽
		合计	其中:热损伤粒			
1	≥95.0	≤1.0	≤0.2	≤1.0	≤13	正常
2	≥90.0	≤2.0	≤0.2			
3	≥85.0	≤3.0	≤0.5			

续表

等级	完整粒率/%	损伤粒率/%		杂质含量率/%	水分/%	气味、色泽
		合计	其中:热损伤粒			
4	≥80.0	≤5.0	≤1.0	—	—	—
5	≥75.0	≤8.0	≤3.0			

②高蛋白质大豆质量指标(应符合表9－2的规定)。

表9－2　高蛋白质大豆质量指标

等级	粗蛋白含量/%(干基计)	完整粒率/%	损伤粒率/%		杂质含量率/%	水分/%	气味、色泽
			合计	热损伤粒			
1	≥44.0	≥90.0	≤2.0	≤0.2	≤1.0	≤13	正常
2	≥42.0						
3	≥40.0						

(2)食品安全要求

①真菌毒素限量要求符合GB 2761的相关要求。

②污染物限量要求符合GB 2762的相关要求。

③农药残留限量水平符合GB 2763的相关要求。

④植物检疫按照国家相关规定执行。

4. 检验方法

①称样、分样:按GB 5491的要求执行。

②完整粒率:按GB 1352附录A规定的方法测定。

③损伤粒率:按GB 1352附录A规定的方法测定。

④热损伤粒:按GB 1352附录A规定的方法测定。

⑤杂质、不完善粒:按GB/T 5494规定的方法测定。

⑥水分:按GB 5009.3规定的方法测定。

⑦异色粒:按GB/T 5493规定的方法测定。

⑧色泽、气味:按GB/T 5492规定的方法测定。

⑨粗蛋白质含量:按GB 5009.5规定的方法测定。

⑩粗脂肪含量:按 GB 5009.6 规定的方法测定。

5. 检验规则

①检验的一般规则按 GB/T 5190 执行。

②检验批为同种类、同产地 、同收获年度、同运输单元 、同储存单元的大豆。

③大豆按完整粒率定等,3 等为中等。完整粒率低于最低等级规定的,应作为等外级。其他指标按照国家有关规定执行。

④高蛋白质大豆按粗蛋白质含量定等,2 等为中等。粗蛋白质含量低于最低等级规定的,不应作为高蛋白质大豆。其他指标按照国家有关规定执行。

6. 标签标识

除应符合 GB 7718 的规定外,还应符合以下条款:

①凡标识“大豆”的产品均应符合本标准。

②应在包装物上或随行文件中注明产品的名称、类别、等级、产地、收获年度和月份。

③转基因大豆应按国家有关规定标识。

7. 包装、储存和运输

①包装:包装应使用符合卫生要求的包装材料或容器,同时应清洁、牢固、无破损,缝口严密、结实,不应撒漏。不应带来污染和异常气味。

②储存:应储存在清洁、干燥、防雨、防潮、防虫、防鼠、无异味的仓库内,不应与有毒有害物质或水分较高的物质混存。

③运输:应使用符合卫生要求的运输工具和容器运送,运输过程中应注意防止雨淋和被污染。

二、非发酵豆制品的标准

1. 适用范围

①本标准规定了非发酵豆制品的术语和定义、分类、试验方法、技术要求、检验规则和包装、标签、运输与贮存的要求。

②本标准不适用于未经制浆工艺制成的豆制品,非大豆的其他

豆类加工的产品可参照执行。

2. 规范性引用文件

下列文件中的条款通过本标准的引用而成为本标准的条款。凡是注日期的引用文件,其随后所有的修改单(不包括勘误的内容)或修订版均不适用于本标准,然而,鼓励根据本标准达成协议的各方研究是否可使用这些文件的最新版本。凡是不注日期引用文件,其最新版本适用于本标准。

GB 317 白砂糖

GB 1352 大豆

GB 2711 食品安全国家标准　面筋制品

GB 2760 食品安全国家标准　食品添加剂使用标准

GB 5009.3 食品安全国家标准　食品中水分的测定

GB 5009.5 食品安全国家标准　食品中蛋白质的测定

GB 5009.6 食品安全国家标准　食品中脂肪的测定

GB 5009.183 植物蛋白饮料中脲酶的定性测定

GB 5461 食用盐

GB 5749 生活饮用水卫生标准

GB 7718 食品安全国家标准　预包装食品标签通则

GB 9683 复合食品包装袋卫生标准

JJF 1070 定量包装商品净含量计量检验规则

定量包装商品计量监督管理办法国家质量监督检验检疫总局令第75号(2005)

3. 定义

非发酵豆制品:以大豆和水为主要原料,经过制浆工艺,凝固(或不凝固),调味(或不调味)等加工工艺制成的产品。

4. 产品分类

(1)豆浆类

①纯豆浆:以大豆和水为原料,经制浆、杀菌等工艺加工而成的液态产品。

②调味豆浆:在豆浆中添加了风味物质的液态产品。

(2)豆腐类

①豆腐花:熟豆浆经添加凝固剂使蛋白质凝固,制成的没有固定形状的产品。

②内酯豆腐:以葡萄糖酸 $-\delta-$ 内酯为凝固剂制成的豆腐。

③老豆腐(北豆腐):以盐卤为主要凝固剂制成的豆腐。

④嫩豆腐(南豆腐):以石膏为主要凝固剂制成的豆腐。

⑤酸浆豆腐:以豆清发酵液为凝固剂制成的豆腐。

⑥冷冻豆腐:以豆腐或调味豆腐为原料,经冷冻而成的豆腐。

⑦脱水豆腐:以豆腐或调味豆腐为原料,经脱水、干燥而成的干质产品。

(3)豆腐干类

①豆腐干:熟豆浆经添凝固剂,挤压脱水而成含水量较低的各种形状的产品。

②熏制豆干:以豆腐干为原料,经烟熏及其相关工艺加工而成的具有熏香味的产品。

③炸制豆腐干:以豆腐干为原料,经植物油炸制而成的产品。

④调味豆腐干:以豆腐干、熏制豆腐干,或炸制豆腐干为原料,添加调味料,经卤、炒等工艺中的一种或多种制成的产品。

⑤脱水豆干:以豆腐干或调味豆腐干为原料,经过脱水、干燥而成的干质产品。

(4)腐竹类

①腐皮:从熟豆浆静止表面揭起的凝结薄膜,经干燥而成的产品。

②腐竹:从熟豆浆静止表面揭起的凝结厚膜折叠成条状,经干燥(或不干燥)而成的产品。

5. 技术要求

(1)原料

大豆应符合 GB 1352 的规定;水应符合 GB 5749 的规定。

(2)辅料

①食盐应符合 GB/T 5461 的规定;白砂糖应符合 GB/T 317 的规定。

②其他辅料应符合相关的规定及标准。

(3)食品添加剂

质量应符合相应的标准和有关规定,使用的品种和用量应符合GB 2760 的规定。

6. 质量要求

(1)豆浆类

①感官要求。

应具有该类产品特有的颜色、香味、滋味、无异味,并符合表 9-3 的要求。

表 9-3　感官指标

产品类型	形态	质地
纯豆浆	无可见外来杂质,均匀乳白液状	质地细腻,无可见外来杂质,允许有少量沉淀和脂肪析出
调味豆浆	具有添加物的颜色,均匀乳液状	

②理化指标。

应符合表 9-4 的规定。

表 9-4　理化指标

产品类型	蛋白质/(g/100 g)	脂肪/(g/100 g)
纯豆浆	2.0	0.8
调味豆浆	1.8	0.8

③食品安全指标。

A. 符合 GB 2712 的相关规定。

B. 产品的脲酶试验结果应为阴性。

(2)豆腐类

①感官要求。

应具有该类产品特有的颜色、香气、味道,无异味,无可见外来杂质,并还应符合表 9-5 的规定。

表9-5 感官指标

产品类型	形状	质地
豆花	呈无固定形状的凝胶状	细腻滑嫩
内酯豆腐	呈固定形状,无析水和气孔	柔软细嫩,剖面光亮
嫩豆腐	呈固定形状,柔软有劲,块形完整	细嫩,无裂纹
老豆腐	呈固定形状,块形完整	软硬适宜
酸浆豆腐	呈固定形状,块形完整	软硬适宜
冷冻豆腐	冷冻彻底,块形完整	解冻后呈海绵状,蜂窝均匀
脱水豆腐	颜色纯正,块形完整	孔状均匀,无毒点,组织松脆复水后不碎

②理化指标。

应符合表9-6的规定。

表9-6 理化指标

产品类型	水分/(g/100 g)	蛋白质/(g/100 g)
豆腐花	—	2.5
内酯豆腐	92.0	3.8
嫩豆腐	90.0	4.2
老豆腐	85.0	5.9
酸浆豆腐	85.0~90.0	4.0~6.0
调味豆腐	85.0	4.5
冷冻豆腐	80.0	6.0
脱水豆腐	10.0	35.0

③食品安全指标。

符合GB 2712的相关规定。

(3)豆腐干类

①感官要求。

应具有该类产品特有的颜色、香气、味道,无异味,无可见外来杂质,并还应符合表9-7的规定。

表 9－7　感官指标

产品类型	形态	质地
豆腐干	产品特有色泽，薄厚均匀、块形完整	质地密实，有韧性（对角 90°不断）
熏制豆腐于	块形完整，无焦糊	有韧性，表皮与内芯不分离
炸制豆腐干	色泽均匀，无焦边块形完整	表面结皮，内呈蜂窝状
调味豆腐干	符合产品特有的形状形态	符合产品特有的质地
脱水豆腐干	颜色纯正，形状完整，大小薄厚均匀	孔状均匀，无霉点，组织松脆

②理化指标。

符合表 9－8 的规定。

表 9－8　理化指标

产品类型	水分/（g/100 g）	蛋白质/（g/100 g）
豆腐干	75.0	13.0
熏制豆腐干	70.0	15.0
油炸豆腐干	63.0	17.0
调味豆腐于	75.0	13.0
脱水豆腐干	10.0	40.0

③食品安全指标。

符合 GB 2712 的相关规定。

（4）腐竹类

①感官要求。

应具有该类产品特有的颜色、香气、味道，无异味，无可见外来杂质，并还应符合表 9－9 的要求。

表 9－9　感官指标

产品类型		形态	质地
腐皮		薄膜状，薄厚均匀，形状完整	有韧性
腐竹	未经干燥	形状完整	有韧性
	干燥	浅黄色，有光泽，枝条粗细均匀，无并条	稍有空心，复水后有韧性、弹性

②理化指标。

应符合表9－10的规定。

表9－10　理化指标

产品类型		水分/(g/100 g)	蛋白质/(g/100 g)
腐皮		20.0	43.0
腐竹	未经干燥	40	20
	干燥	12.0	45.0

③食品安全指标。

符合GB 2712的相关规定。

7. 净含量

应符合《定量包装商品计量监督管理办法》的规定。

8. 检验方法

(1)感官性状

①外观和色泽:将样品置于白色搪瓷盘中,在自然光下或相当于自然光的感官评定室用视觉整别法鉴别。

②气味滋味:用嗅觉鉴别法鉴别气味,用味觉鉴别法鉴别滋味。

③组织形态:用触觉鉴别法鉴别。

(2)净含量负偏差

按JJF 1070的规定执行。

(3)水分

按GB 5009.3的方法测定

(4)蛋白质

按GB 5009.5的方法测定,换算系数按5.71计。

(5)脂肪

按GB 5009.6中第二法的酸水解法。

(6)脲酶试验

按GB/T 5009.183的规定执行。

9. 检验规则

(1)出厂检验

出厂检验项目包括感官和净含量。

(2)定期检验

菌落总数、大肠菌群检验应不少于每 10 d 一次,水分、蛋白质检验不应少于每月一次。

①组批抽样:以一次投料为一批次,随机抽样,最低不少于 6 个包装单元(不含净含量抽样),样品量不少于 300 g,等量分成检验试样和备检样。

②判定:出厂检验项目全部符合本标准要求时,判定为合格;检验结果不符合本标准要求时,使用备检样品对不合格项目进行复检(微生物指标不合格不得复检),如复验结果仍不合格,则该批产品判定为不合格。

(3)型式检验

①型式检验实施情况。

有下列情况之一时应进行型式检验:

A. 产品投产定型鉴定。

B. 产品原料来源或生产工艺有较大改变。

C. 停产一年以上又恢复生产。

D. 距上次型式检验已满 6 个月。

E. 出厂检验结果与上次型式检验有较大差异时。

F. 国家质量监督部门提出要求时。

②型式检验项目。

相应产品类型的感官要求、理化指标、食品安全指标。

③型式检验抽样。

随机抽取同一批次不少于 12 个包装样品(不含净含量抽样),样品量不低 900 g,均匀分为三份。一份做微生物检验,一份做感官和其他指标的测定,一份备查。

④判定。

检验结果不符合本标准要求时,使用备检样品对不合格项目进行复检(微生物指标不合格时不得复检),复验结果符合本标准要求则判定为合格;如复验仍不符合标准要求,则该批产品判定为不合格。

10. 包装、标签、运输和贮存

(1)包装

使用复合包装材料应符合 GB 9683 和有关规定的要求。

(2)标签

①定量预包装产品标签应符合 GB 7718 的规定。

②如使用转基因大豆为原料,需在标签中明示。

(3)运输

①产品运输应避免日晒、雨淋,不得与有毒、有害、有异味的物品混装运输。

②除干制品及采用高温灭菌的豆制品外,预包装产品宜采用专用冷藏设施运输。

(4)贮存

①产品应贮存在清洁、干燥、通风良好的场所。不得与有毒、有害、有异味的物品同处贮存。

②除干制品及采用高温灭菌的豆制品外,预包装产品宜低温贮存,销售环节宜低于 10℃。

三、腐乳标准

1. 范围

①本标准规定了腐乳的术语和定义、要求、生产加工过程的卫生要求、试验方法、检验规则、标志、包装、运输和贮存。

②本标准不适用于以腐乳为原料,经再加工制成的、不具有腐乳形态的其他产品。

2. 规范性引用文件

下列文件中的条款通过本标准的引用而成为本标准的条款。凡是注日期的引用文件,其随后所有的修改单(不包括勘误的内容)或修订版均不适用于本标准,然而,鼓励根据本标准达成协议的各方研究是否可使用这些文件的最新版本。凡是不注日期的引用文件,其最新版本适用于本标准。

GB/T 317 白砂糖

GB/T 601 化学试剂　标准滴定溶液的制备

GB 1352 大豆

GB 2712 食品安全国家标准　豆制品

GB 2757 食品安全国家标准　蒸馏酒及配制酒卫生标准

GB 2760 食品安全国家标准　食品添加剂使用标准

GB/T 4789.23 食品卫生微生物学检验　冷食菜、豆制品检验

GB 5009.3 食品安全国家标准　食品中水分的测定

GB 5009.5 食品安全国家标准　食品中蛋白质的测定

GB/T 5009.52 发酵性豆制品卫生标准的分析方法

GB/T 5461 食用盐

GB/T 6682 分析实验室用水规格和试验方法

GB 7718 食品安全国家标准　预包装食品标签通则

GB 10343 食用酒精

GB/T 13662 黄酒

GB 14881 食品安全国家标准　食品生产通用卫生规范

JJF 1070 定量包装商品净含量计量检验规则

国家质量监督检验检疫总局令第 75 号(2005)《定制包装商品计量监督管理办法》

3. 术语和定义(下列术语和定义适用于本标准)

①腐乳:以大豆为主要原料,经加工磨浆、制坯、培菌、发酵而制成的调味、佐餐制品。

②红腐乳(红方):在后期发酵的汤料中,配以着色剂红曲酿制而成的腐乳。

③白腐乳(白方):在后期发酵过程中,不添加任何着色剂,汤料以黄酒、酒酿、白酒、食用酒精、香料为主酿制而成,在酿制过程中因添加不同的调味辅料,使其呈现不同的风味特色。其大致包括糟方、油方、霉香、醉方、辣方等品种。

④青腐乳(青方):在后期发酵过程中,以低度盐水为汤料酿制而

成的腐乳，具有特有的气味，表面呈青色。

⑤酱腐乳（酱方）：在后期发酵过程中，以酱曲（大豆酱曲、蚕豆酱曲、面酱曲）为主要辅料酿制而成的腐乳。

4. 要求

（1）原料和辅料要求

应符合相应的标准和相关规定。

（2）感官要求（表9－11）

表9－11　感官标准

项目	要求			
	红腐乳	白腐乳	青腐乳	酱腐乳
颜色	表面呈鲜红色或枣红色，断面呈杏黄色或酱红色	呈乳黄色或黄褐色，表里色泽基本一致	呈豆青色，表里色泽基本一致	呈酱褐色或棕褐色，表里色泽基本一致
滋味、气味	滋味鲜美，咸淡适口，具有红腐乳特有气味，无异味	滋味鲜美，咸淡适口，具有白腐乳特有气味，无异味	滋味鲜美，咸淡适口，具有青腐乳特有气味，无异味	滋味鲜美，咸淡适口，具有酱腐乳特有气味，无异味
组织形态	切块整齐，质地细腻			
杂质	无外来可见杂质			

（3）理化指标要求（表9－12）

表9－12　理化指标

项目	要求			
	红腐乳	白腐乳	青腐乳	酱腐乳
水分/% ≤	72.0	75.0	75.0	67.0
氨基肽氮（以氮计）/（g/100）≥	0.42	0.35	0.6	0.5
水溶性蛋白≥	3.2	3.2	4.5	5.0
总酸（以乳酸计）/（g/100）≤	1.3	1.3	1.3	1.5
食盐（以氯化钠计）/（g/100）≥	6.5			

(4)食品安全指标

符合 GB 2712 的相关规定。

(5)净含量

应符合《定量包装商品计量监督管理办法》的规定。

5. 生产加工过程卫生要求

符合 GB 14881 的规定。

6. 试验方法

本试验方法所用的水符合 GB/T 6682 规定 3 级以上分析实验室用蒸馏水或去离子水,所用试剂如未说明均为分析纯。

(1)水分测定

按照 GB 5009.3 食品安全国家标准　食品中水分执行。

(2)氨基酸态氮

①原理。

利用氨基酸的两性作用,加入甲醛以固定氨基的碱性,使氨基显示出酸性,用氢氧化钠标准滴定溶液滴定后定量,以酸度计测定终点。

②试剂。

A. 甲醛溶液(36%):应不含有聚合物。

B. 氢氧化钠标准滴定溶液[c(NaOH) =0.0500 mol/L]:按 GB/T 601 配制和标定。

③仪器

A. 酸度计。

B. 磁力搅拌器。

④试液的制备。

称取约 20.000 g 试样于 150 mL 烧杯中,加入 60℃水 80 mL,搅拌均匀并置于电炉上加热煮沸后即取下,冷却至室温(每隔 0.5 h 搅拌一次),然后移入 200 mL 容量瓶中,用少量水分次洗涤烧杯,洗液并入容量瓶中,并加水至刻度,混匀,用干燥滤纸滤入 250 mL 磨口瓶中备用,

⑤分析步骤。

吸取 10.0 mL 上述滤液(6.2.4),置于 150 mL 烧杯中,加 50 mL

水,开动磁力搅拌器,用氢氧化钠标准滴定溶液滴定至酸度计指示 pH 8.2,记下消耗氢氧化钠标准滴定溶液的毫升数,可计算总酸含量。

加入 10.0 mL 甲醛溶液,混匀。再用氢氧化钠标准滴定溶液滴定至 pH 9.2, 记下消耗氢氧化钠标准滴定溶液的毫升数。

同时做试剂空白试验,取 50 mL 水,先用氢氧化钠标准滴定溶液调节至 pH 为 8.2,记下消耗氢氧化钠标准滴定溶液的毫升数。再加入 10.0 mL 甲醛溶液,用氢氧化钠标准滴定溶液滴定至 pH 9.2,记下消耗氢氧化钠标准滴定溶液的毫升数。

⑥结果计算。

试样中氨基酸态氮含量按式(9－1)计算:

$$X_1 = \frac{(V_1 - V_2) \times c \times 0.014}{\frac{m}{200} \times 10} \times 100\% \qquad (9-1)$$

式中:X_1——试样中氨基酸态氮的含量(以氮计),单位为克每百克(g/100 g);

V_1——加甲醛后,测定试样时消耗 0.0500 mol/L 氢氧化钠标准滴定溶液的体积,单位为毫升 (mL) ;

V_2——加甲醛后,空白试验时消耗 0.0500 mol/L 氢氧化钠标准滴定溶液的体积,单位为毫升 (mL);

m——称取试样的质量,单位为克(g);

c——氢氧化钠标准滴定溶液的浓度,单位为摩尔每升(mol/L) ;

0.014——与 1.00 mL 氢氧化钠标准滴定溶液[c(NaOH) = 1.000 mol/L]相当的氮的质量,单位为克(g)。计算结果保留两位有效数字。

⑦精密度。

在重复性条件下获得的两次独立测定结果的绝对差值不得超过算术平均值的 3%。

(3)食盐

①原理。

用硝酸银标准滴定溶液滴定试样中的氯化钠,生成氯化银沉淀,待全部氯化银沉淀后,多滴加的硝酸银与铬酸钾指示剂生成铬酸银使溶液呈桔红色即为终点。由硝酸银标准滴定溶液的消耗量计算氯化钠的含量。

②试剂。

A. 硝酸银标准滴定溶液[$c(AgNO_3)$ = 0.100 mol/L],按 GB/T 601 配制和标定。

B. 50 g/L 铬酸钾指示剂:称取 5 g 铬酸钾用少量水溶解后定容至 100 mL。

③分析步骤。

吸取 2.0 mL 试样于 150 mL 锥形瓶中,加 50 mL 水及1 mL铬酸钾指示剂,混匀。用硝酸银标准滴定溶液(0.100 mol/L)滴定至初显砖红色。

量取 50 mL 水,同时做试剂空白试验。

④结果计算。

试样中食盐含量按式(9-2)计算。

$$X_2 = \frac{(V_1 - V_2) \times c \times 0.0585}{\frac{m}{200} \times 10} \times 100\% \qquad (9-2)$$

式中:X_2——试样中食盐(以氯化钠计)的含量,单位为克每百克(g/100 g);

V_1——测定试样时,消耗硝酸银标准滴定溶液的体积,单位为毫升(mL);

V_2——空白试验时.消耗硝酸银标准滴定溶液的体积,单位为毫升(mL);

c——硝酸银标准滴定溶液的浓度,单位为摩尔每升(mol/L);

m——称取试样的质量,单位为克(g);

0.0585——与1.00 mL 硝酸银标准滴定溶液的浓度[$c(AgNO_3)$ = 1.000 mol/L]相当于氯化钠的质量,单位为克(g)。

计算结果保留两位有效数字。

⑤精密度。

在重复性条件下获得的两次独立测定结果的绝对差值不得超过算术平均值的3%。

(4)水溶性蛋白质

吸取10.0 mL试样按GB 5009.5“第一法”测定。蛋白质换算系数为5.71。

(5)总酸

①原理。

腐乳中含有多种有机酸,用氢氧化钠标准溶液滴定,以酸度计测定终点,结果以乳酸表示。

②试剂。

氢氧化钠标准滴定溶液[c(NaOH) = 0.0500 mol/L]。

③仪器。

同(2)氨基酸态氮。

④分析步骤。

按(2)氨基酸态氮分析步骤操作,量取80 mL水,同时做试剂空白试验。

⑤结果计算。

试样中总酸含量按式(9-3)计算。

$$X_3 = \frac{(V_1 - V_2) \times c \times 0.090}{\frac{m}{200} \times 10} \times 100\% \qquad (9-3)$$

式中:X_3——试样中总酸的含量(以乳酸计),单位为克每百克(g/100 g);

v_1——0.050 mol/L氢氧化钠标准滴定溶液的体积,单位为毫升(mL);

v_2——空白试验时示0.0500 mol/L氧氧化钠标准滴定溶液的体积,单位为毫升(mL);

m——称取试样的质量,单位为克(g);

c——氢氧化钠标准滴定溶液的浓度,单位为摩尔每升(mol/L);

0.090——与1.00 mL氢氧化钠标准滴定溶液[c(NaOH) = 1.000 mol/L]相当的乳酸的质量,单位为克(g)。计算结果保留三位有效数字。

(6)总砷、铅、黄曲霉毒素、食品添加剂

按 GB 5009.52 测定。

(7)大肠菌群、致病菌

按 GB 4789.23 检验。

(8)包装净含量检验

按 JJF 1070 的规定检测。

7. 检验规则

(1)组批

以同一条件、同一天生产的同一品种、同一规格的产品为一批。

(2)抽样

从成品库同批产品的不同部位随机抽取 6 瓶(坛)分别做感官要求、理化指标、卫生指标检验,留样。

(3)检验分类

①出厂检验。

A. 产品出厂前,应由生产企业的质量检验部门按本标准逐批检验。检验合格并签发质量合格证的产品,方可出厂。

B. 出厂检验项目包括;净含量、感官要求、大肠菌群、水分、氨基酸态氮、水溶性蛋白质、总酸、食盐。

②型式检验。

型式检验的项目包括,本标准中规定的全部要求。型式检验每半年进行一次。有下列情况之一时,亦应进行:

A. 新产品试制鉴定时。

B. 正式生产后,如原料、工艺有较大变化,可能影响产品质量时。

C. 产品长期停产后,恢复生产时。

D. 国家质量监督机构提出要求时。

(4)判定规则

①卫生指标如有一项不符合要求时,判整批产品不合格。

②净含量、感官要求及理化指标,如有一项或两项不符合要求时,可以在同批产品中抽取两倍量的样品复检,以复检结果为准。若

仍有一项不合格时，则判整批产品不合格。

8. **标志、包装、运输、贮存**

(1)标志

①标签的标注内容应符合 GB 7718 的规定。

②外包装箱上除应标明产品名称、制造者的名称和地址外，还应标明单位包装的净含量和总数量。

(2)包装

包装材料和容器应符合相应的卫生标准和有关规定。

(3)运输

产品在运输过程中应轻拿轻放，避免日晒、雨淋。运输工具应清洁卫生，不得与有毒、有害、有异味或影响产品质量的物品混装运输。

(4)贮存

产品应贮存于干燥、通风良好的场所，不得与有毒、有害、有异味、易挥发、易腐蚀性的物品同处贮存。

四、预包装食品标签通则

1. **范围**

①本标准适用于直接提供给消费者的预包装食品标签和非直接提供给消费者的预包装食品标签。

②本标准不适用于为预包装食品在贮藏运输过程中提供保护的食品储运包装标签、散装食品和现制现售食品的标识。

2. **术语和定义**

(1)预包装食品

预先定量包装或者制作在包装材料和容器中的食品，包括预先定量包装以及预先定量制作在包装材料和容器中并且在一定量限范围内具有统一的质量或体积标识的食品。

(2)食品标签

食品包装上的文字、图形、符号及一切说明物。

(3)配料

在制造或加工食品时使用的，并存在(包括以改性的形式存在)

于产品中的任何物质,包括食品添加剂。

(4)生产日期(制造日期)

食品成为最终产品的日期,也包括包装或灌装日期,即将食品装入(灌入)包装物或容器中,形成最终销售单元的日期。

(5)保质期

预包装食品在标签指明的贮存条件下,保持品质的期限。在此期限内,产品完全适于销售,并保持标签中不必说明或已经说明的特有品质。

(6)规格

同一预包装内含有多件预包装食品时,对净含量和内含件数关系的表述。

(7)主要展示版面

预包装食品包装物或包装容器上容易被观察到的版面。

3. 基本要求

①应符合法律、法规的规定,并符合相应食品安全标准的规定。

②应清晰、醒目、持久,应使消费者购买时易于辨认和识读。

③应通俗易懂、有科学依据,不得标示封建迷信、色情、贬低其他食品或违背营养科学常识的内容。

④应真实、准确,不得以虚假、夸大、使消费者误解或欺骗性的文字、图形等方式介绍食品,也不得利用字号大小或色差误导消费者。

⑤不应直接或以暗示性的语言、图形、符号,误导消费者将购买的食品或食品的某一性质与另一产品混淆。

⑥不应标注或者暗示具有预防、治疗疾病作用的内容,非保健食品不得明示或者暗示具有保健作用。

⑦不应与食品或者其包装物(容器)分离。

⑧应使用规范的汉字(商标除外)。具有装饰作用的各种艺术字,应书写正确,易于辨认。

A. 可以同时使用拼音或少数民族文字,拼音不得大于相应汉字。

B. 可以同时使用外文,但应与中文有对应关系(商标、进口食品的制造者和地址,国外经销者的名称和地址、网址除外)。所有外文不得大于相应的汉字(商标除外)。

⑨预包装食品包装物或包装容器最大表面积大于 35 cm^2 时,强制标示内容的文字、符号、数字的高度不得小于 1.8 mm。

⑩一个销售单元的包装中含有不同品种、多个独立包装可单独销售的食品,每件独立包装的食品标识应当分别标注。

⑪若外包装易于开启识别或透过外包装物能清晰地识别内包装物(容器)上的所有强制标示内容或部分强制标示内容,可不在外包装物上重复标示相应的内容;否则应在外包装物上按要求标示所有强制标示内容。

4. 标示内容

(1)直接向消费者提供的预包装食品标签标示内容

①一般要求。

直接向消费者提供的预包装食品标签标示应包括食品名称、配料表、净含量和规格、生产者和(或)经销者的名称、地址和联系方式、生产日期和保质期、贮存条件、食品生产许可证编号、产品标准代号及其他需要标示的内容。

②食品名称。

A. 应在食品标签的醒目位置,清晰地标示反映食品真实属性的专用名称。

a. 当国家标准、行业标准或地方标准中已规定了某食品的一个或几个名称时,应选用其中的一个,或等效的名称。

b. 无国家标准、行业标准或地方标准规定的名称时,应使用不使消费者误解或混淆的常用名称或通俗名称。

B. 标示“新创名称”“奇特名称”“音译名称”“牌号名称”“地区俚语名称”或“商标名称”时,应在所示名称的同一展示版面标示②A 规定的名称。

a. 当“新创名称”“奇特名称”“音译名称”“牌号名称”“地区俚语名称”或“商标名称”含有易使人误解食品属性的文字或术语(词语)时,应在所示名称的同一展示版面邻近部位使用同一字号标示食品真实属性的专用名称。

b. 当食品真实属性的专用名称因字号或字体颜色不同易使人误解食品属性时，也应使用同一字号及同一字体颜色标示食品真实属性的专用名称。

c. 为不使消费者误解或混淆食品的真实属性、物理状态或制作方法，可以在食品名称前或食品名称后附加相应的词或短语。如干燥的、浓缩的、复原的、熏制的、油炸的、粉末的、粒状的等。

③配料表。

A. 预包装食品的标签上应标示配料表，配料表中的各种配料应按②食品名称的要求标示具体名称，食品添加剂按照③d 的要求标示名称。

a. 配料表应以“配料”或“配料表”为引导词。当加工过程中所用的原料已改变为其他成分（如酒、酱油、食醋等发酵产品）时，可用“原料”或“原料与辅料”代替“配料”或“配料表”，并按本标准相应条款的要求标示各种原料、辅料和食品添加剂。加工助剂不需要标示。

b. 各种配料应按制造或加工食品时加入量的递减顺序一一排列；加入量不超过2%的配料可以不按递减顺序排列。

c. 如果某种配料是由两种或两种以上的其他配料构成的复合配料（不包括复合食品添加剂），应在配料表中标示复合配料的名称，随后将复合配料的原始配料在括号内按加入量的递减顺序标示。当某种复合配料已有国家标准、行业标准或地方标准，且其加入量小于食品总量的25%时，不需要标示复合配料的原始配料。

d. 食品添加剂应当标示其在 GB 2760 中的食品添加剂通用名称。食品添加剂通用名称可以标示为食品添加剂的具体名称，也可标示为食品添加剂的功能类别名称并同时标示食品添加剂的具体名称或国际编码（INS 号）。在同一预包装食品的标签上，应选择附录 B 中的一种形式标示食品添加剂。当采用同时标示食品添加剂的功能类别名称和国际编码的形式时，若某种食品添加剂尚不存在相应的国际编码，或因致敏物质标示需要，可以标示其具体名称。食品添加剂的名称不包括其制法。加入量小于食品总量 25%的复合配料中含有的食品添加剂，若符合 GB 2760 规定的带入原则且在最终产品中不起工艺作用的，不需要标示。

e. 在食品制造或加工过程中，加入的水应在配料表中标示。在加工过程中已挥发的水或其他挥发性配料不需要标示。

f. 可食用的包装物也应在配料表中标示原始配料，国家另有法律法规规定的除外。

B. 下列食品配料，可以选择按表9－13的方式标示。

表9－13　食品配料标注方式

配料类别	标注方式
各种植物油或精炼植物油，不包括橄榄油	“植物油”或“精炼植物油”；如经过氢化处理，应标示为“氢化”或“部分氢化”
各种淀粉，不包括化学改性淀粉	淀粉
加入量不超过2%的各种香辛料或香辛料浸出物（单一的或合计的）	“香辛料”“香辛料类”或“复合香辛料”
胶基糖果的各种胶基物质制剂	“胶姆糖基础剂”“胶基”
添加量不超过10%的各种果脯蜜饯水果	“蜜饯”“果脯”
食用香精、香料	“食用香精”“食用香料”“食用香精香料”

④配料的定量标示。

A. 如果在食品标签或食品说明书上特别强调添加了或含有一种或多种有价值、有特性的配料或成分，应标示所强调配料或成分的添加量或在成品中的含量。

B. 如果在食品的标签上特别强调一种或多种配料或成分的含量较低或无时，应标示所强调配料或成分在成品中的含量。

C. 食品名称中提及的某种配料或成分而未在标签上特别强调，不需要标示该种配料或成分的添加量或在成品中的含量。

⑤净含量和规格。

A. 净含量的标示应由净含量、数字和法定计量单位组成（标示形式参见附录C）。

B. 应依据法定计量单位，按以下形式标示包装物（容器）中食品的净含量：

a. 液态食品，用体积升（L）、毫升（mL），或用质量克（g）、千克（kg）。

b. 固态食品，用质量克（g）、千克（kg）。

c. 半固态或黏性食品，用质量克（g）、千克（kg）或体积升（L）、毫升（mL）。

C. 净含量的计量单位应按表 9－14 标示。

表 9－14　净含量的计量单位

计量方式	净含量（Q）范围	计量单位
体积	$Q < 1000$ mL	毫升（mL）
	$Q \geqslant 1000$ mL	升（L）
质量	$Q < 1000$ g	克（g）
	$Q \geqslant 1000$ g	千克（kg）

D. 净含量字符的最小高度应符合表 9－15 的规定。

表 9－15　净含量字符的最小高度

净含量（Q）的范围	字符的最小高度/mm
$Q \leqslant 50$ mL；$Q \leqslant 50$ g	2
50 mL $< Q \leqslant 200$ mL；50 g $< Q \leqslant 200$ g	3
200 mL $< Q \leqslant 1$ L；200 g $< Q \leqslant 1$ kg	4
$Q > 1$ kg；$Q > 1$ L	6

E. 净含量应与食品名称在包装物或容器的同一展示版面标示。

F. 容器中含有固、液两相物质的食品，且固相物质为主要食品配料时，除标示净含量外，还应以质量或质量分数的形式标示沥干物（固形物）的含量（标示形式参见附录 C）。

G. 同一预包装内含有多个单件预包装食品时，大包装在标示净含量的同时还应标示规格。

H. 规格的标示应由单件预包装食品净含量和件数组成，或只标示件数,可不标示“规格”二字。单件预包装食品的规格即指净含量(标示形式参见附录 C)。

⑥生产者、经销者的名称、地址和联系方式。

A. 应当标注生产者的名称、地址和联系方式。生产者名称和地址应当是依法登记注册、能够承担产品安全质量责任的生产者的名称、地址。有下列情形之一的,应按下列要求予以标示。

a. 依法独立承担法律责任的集团公司、集团公司的子公司,应标示各自的名称和地址。

b. 不能依法独立承担法律责任的集团公司的分公司或集团公司的生产基地,应标示集团公司和分公司(生产基地)的名称、地址;或仅标示集团公司的名称、地址及产地,产地应当按照行政区划标注到地市级地域。

c. 受其他单位委托加工预包装食品的,应标示委托单位和受委托单位的名称和地址;或仅标示委托单位的名称和地址及产地,产地应当按照行政区划标注到地市级地域。

B. 依法承担法律责任的生产者或经销者的联系方式应标示以下至少一项内容:电话、传真、网络联系方式等,或与地址一并标示的邮政地址。

C. 进口预包装食品应标示原产国国名或地区区名(如香港、澳门、台湾),以及在中国依法登记注册的代理商、进口商或经销者的名称、地址和联系方式,可不标示生产者的名称、地址和联系方式。

⑦日期标示。

A. 应清晰标示预包装食品的生产日期和保质期,如日期标示采用“见包装物某部位”的形式,应标示所在包装物的具体部位。日期标示不得另外加贴、补印或篡改(标示形式参见附录 C)。

B. 当同一预包装内含有多个标示了生产日期及保质期的单件预包装食品时,外包装上标示的保质期应按最早到期的单件食品的保质期计算。外包装上标示的生产日期应为最早生产的单件食品的生产日期,或外包装形成销售单元的日期;也可在外包装上分别标示各单件装食品的生产日期和保质期。

C. 应按年、月、日的顺序标示日期，如果不按此顺序标示，应注明日期标示顺序（标示形式参见附录 C）。

⑧贮存条件。

预包装食品标签应标示贮存条件（标示形式参见附录 C）。

⑨食品生产许可证编号。

预包装食品标签应标示食品生产许可证编号的，标示形式按照相关规定执行。

⑩产品标准代号。

在国内生产并在国内销售的预包装食品（不包括进口预包装食品）应标示产品所执行的标准代号和顺序号。

⑪其他标示内容。

A. 辐照食品。

a. 经电离辐射线或电离能量处理过的食品，应在食品名称附近标示“辐照食品”。

b. 经电离辐射线或电离能量处理过的任何配料，应在配料表中标明。

B. 转基因食品。

转基因食品的标示应符合相关法律、法规的规定。

C. 营养标签。

a. 特殊膳食类食品和专供婴幼儿的主辅类食品，应当标示主要营养成分及其含量，标示方式按照 GB 13432 执行。

b. 其他预包装食品如需标示营养标签，标示方式参照相关法规标准执行。

D. 质量（品质）等级。

食品所执行的相应产品标准已明确规定质量（品质）等级的，应标示质量（品质）等级。

（2）非直接提供给消费者的预包装食品标签标示内容

非直接提供给消费者的预包装食品标签应按照前文相应要求标示食品名称、规格、净含量、生产日期、保质期和贮存条件，其他内容如未在标签上标注，则应在说明书或合同中注明。

(3)标示内容的豁免

A. 下列预包装食品可以免除标示保质期:酒精度大于或等于10%的饮料酒、食醋、食用盐、固态食糖类、味精。

B. 当预包装食品包装物或包装容器的最大表面积小于10 cm^2时(最大表面积计算方法见附录A),可以只标示产品名称、净含量、生产者(或经销商)的名称和地址。

(4)推荐标示内容

①产品批号。

批号根据产品需要,可以标示产品的批号。

②食用方法。

根据产品需要,可以标示容器的开启方法、食用方法、烹调方法、复水再制方法等对消费者有帮助的说明。

③致敏物质。

A. 以下食品及其制品可能导致过敏反应,如果用作配料,宜在配料表中使用易辨识的名称,或在配料表邻近位置加以提示。

a. 含有麸质的谷物及其制品(如小麦、黑麦、大麦、燕麦、斯佩耳特小麦或它们的杂交品系)。

b. 甲壳纲类动物及其制品(如虾、龙虾、蟹等)。

c. 鱼类及其制品。

d. 蛋类及其制品。

e. 花生及其制品。

f. 大豆及其制品。

g. 乳及乳制品(包括乳糖)。

h. 坚果及其果仁类制品。

B. 如加工过程中可能带入上述食品或其制品,宜在配料表邻近位置加以提示。

5. 其他

按国家相关规定需要特殊审批的食品,其标签标识按照相关规定执行。

五、食品安全标准 食品添加剂使用标准(GB 2760)部分内容

非发酵豆制品可以使用食品添加剂名单和限量要求如表9-16所示。

表9-16 非发酵豆制品可以使用食品添加剂名单和限量要求

添加剂	功能	最大使用量/(g/kg)	备注
丙酸及其钠盐、钙盐	防腐剂	2.5	以丙酸计
谷氨酰胺转氨酶	稳定剂和凝固剂	0.25	
聚氧乙烯(20)山梨醇酐单月桂酸酯(又名吐温20),聚氧乙烯(20)山梨醇酐单棕榈酸酯(又名吐温40),聚氧乙烯(20)山梨醇酐单硬脂酸酯(又名吐温60),聚氧乙烯(20)山梨醇酐单油酸酯(又名吐温80)	乳化剂、消泡剂、稳定剂	0.05	以每千克大豆的使用量计
硫酸钙(又名石膏)	稳定剂和凝固剂、增稠剂、酸度调节剂	按生产需要适量使用	
硫酸铝钾(又名钾明矾),硫酸铝铵(又名铵明矾)	膨松剂、稳定剂	按生产需要适量使用	铝的残留量≤100 mg/kg,(干样品,以Al计)
氯化钙	稳定剂和凝固剂、增稠剂	按生产需要适量使用	
氯化镁	稳定剂和凝固剂	按生产需要适量使用	
山梨醇酐单月桂酸酯(又名司盘20),山梨醇酐单棕榈酸酯(又名司盘40),山梨醇酐单硬脂酸酯(又名司盘60),山梨醇酐三硬脂酸酯(又名司盘65),山梨醇酐单油酸酯(又名司盘80)	乳化剂	1.6	以每千克大豆的使用量计

续表

添加剂	功能	最大使用量/(g/kg)	备注
ε-聚赖氨酸盐酸盐	防腐剂	0.3	
醋酸酯淀粉	增稠剂	适量使用	
单,双甘油脂肪酸酯(油酸、亚油酸、棕榈酸、山嵛酸、硬脂酸、月桂酸、亚麻酸)	乳化剂,被膜剂	适量使用	
柑橘黄	着色剂	适量使用	
瓜尔胶	增稠剂	适量使用	
果胶	增稠剂	适量使用	
海藻酸钠(又名褐藻酸钠)	增稠剂、稳定剂	适量使用	
槐豆胶(又名刺槐豆胶)	增稠剂	适量使用	
黄原胶(又名汉生胶)	稳定剂、增稠剂	适量使用	
卡拉胶	增稠剂	适量使用	
抗坏血酸(又名维生素 C)	抗氧化剂	适量使用	
抗坏血酸钠	抗氧化剂	适量使用	
抗坏血酸钙	抗氧化剂	适量使用	
酪蛋白酸钠(又名酪朊酸钠)	乳化剂	适量使用	
磷脂	抗氧化剂、乳化剂	适量使用	
氯化钾	其他	适量使用	
柠檬酸脂肪酸甘油酯	乳化剂	适量使用	
羟丙基二淀粉磷酸酯	增稠剂	适量使用	
乳酸	酸度调节剂	适量使用	
乳酸钠	水分保持剂、酸度调节剂、抗氧化剂、膨松剂、增稠剂、稳定剂	适量使用	
乳酸脂肪酸甘油酯	乳化剂	适量使用	
乳糖醇(又名 4-β-D 吡喃半乳糖-D-山梨醇)	甜味剂	适量使用	

续表

添加剂	功能	最大使用量/(g/kg)	备注
羧甲基纤维素钠	增稠剂	适量使用	
碳酸钙(包括轻质和重质碳酸钙)	面粉处理剂、膨松剂	适量使用	
碳酸钾	酸度调节剂	适量使用	
碳酸钠	酸度调节剂	适量使用	
碳酸氢铵	膨松剂	适量使用	
碳酸氢钾	酸度调节剂	适量使用	
碳酸氢钠	膨松剂、酸度调节剂、稳定剂	适量使用	
微晶纤维素	抗结剂、增稠剂、稳定剂	适量使用	
辛烯基琥珀酸淀粉钠	乳化剂	适量使用	
D－异抗坏血酸及其钠盐	抗氧化剂	适量使用	
5’－呈味核苷酸二钠(又名呈味核苷酸二钠)	增味剂	适量使用	
5’－肌苷酸二钠	增味剂	适量使用	
5’－鸟苷酸二钠	增味剂	适量使用	
DL－苹果酸钠	酸度调节剂	适量使用	
L－苹果酸	酸度调节剂	适量使用	
DL－苹果酸	酸度调节剂	适量使用	
α－环状糊精	稳定剂、增稠剂	适量使用	
γ－环状糊精	稳定剂、增稠剂	适量使用	
阿拉伯胶	增稠剂	适量使用	
半乳甘露聚糖	其他	适量使用	
冰乙酸(又名冰醋酸)	酸度调节剂	适量使用	
冰乙酸(低压羰基化法)	酸度调节剂	适量使用	
赤藓糖醇	甜味剂	适量使用	
改性大豆磷脂	乳化剂	适量使用	

续表

添加剂	功能	最大使用量/(g/kg)	备注
甘油(又名丙三醇)	水分保持剂、乳化剂	适量使用	
高粱红	着色剂	适量使用	
谷氨酸钠	增味剂	适量使用	
海藻酸钾(又名褐藻酸钾)	增稠剂	适量使用	
甲基纤维素	增稠剂	适量使用	
结冷胶	增稠剂	适量使用	
聚丙烯酸钠	增稠剂	适量使用	
磷酸酯双淀粉	增稠剂	适量使用	
罗汉果甜苷	甜味剂	适量使用	
酶解大豆磷脂	乳化剂	适量使用	
明胶	增稠剂	适量使用	
木糖醇	甜味剂	适量使用	
柠檬酸	酸度调节剂	适量使用	
柠檬酸钾	酸度调节剂	适量使用	
柠檬酸钠	酸度调节剂、稳定剂	适量使用	
柠檬酸一钠	酸度调节剂	适量使用	
葡萄糖酸-δ-内酯	稳定和凝固剂	适量使用	
葡萄糖酸钠	酸度调节剂	适量使用	
羟丙基淀粉	增稠剂、膨松剂、乳化剂、稳定剂	适量使用	
羟丙基甲基纤维素(HPMC)	增稠剂	适量使用	
琼脂	增稠剂	适量使用	
乳酸钾	水分保持剂	适量使用	
酸处理淀粉	增稠剂	适量使用	
天然胡萝卜素	着色剂	适量使用	
甜菜红	着色剂	适量使用	
氧化淀粉	增稠剂	适量使用	

续表

添加剂	功能	最大使用量/(g/kg)	备注
氧化羟丙基淀粉	增稠剂	适量使用	
乙酰化单、双甘油脂肪酸酯	乳化剂	适量使用	
乙酰化二淀粉磷酸酯	增稠剂	适量使用	
乙酰化双淀粉己二酸酯	增稠剂	适量使用	
L-苹果酸钠	酸度调节剂	适量使用	

参考文献

[1]于新，吴少辉，叶伟娟. 豆腐制品加工技术[M]. 北京：化学工业出版社，2012.

[2]杨月欣. 中国食物成分表 2004[M]. 北京：北京大学医学出版社，2005.

[3]刘志胜，辰巳英三. 大豆蛋白营养品质和生理功能研究进展[J]. 大豆科学，2000，19(3)：263－268.

[4]石彦国. 大豆制品工艺学[M]. 北京：中国轻工业出版社，2005.

[5]赵良忠，刘明杰. 休闲豆制品加工技术[M]. 北京：中国纺织出版社，2015.

[6]于新，黄小丹. 传统豆制品加工技术[M]. 北京：化学工业出版社，2011.

[7]范柳，刘海宇，赵良忠，等. 不同制浆工艺对豆浆品质的影响[J]. 食品与发酵工业，2020，46(7)：148－154.

[8]中国标准化委员会. GB 4806.9—2016 食品安全国家标准 食品接触用金属材料及制品[S]. 北京：中国标准出版社，2016.

[9]张振山. 中式非发酵豆制品加工技术与装备[M]. 北京：中国农业科技出版社，2018.

[10]周淑红. 浓浆豆腐制备工艺及其物性的研究[D]. 天津：天津科技大学，2013.

[11]刘允毅，苏克曼，朱明华，等. 高效液相色谱法应用于 D－葡萄糖酸－δ－内酯的水解研究[J]. 色谱，1990(4)：259－261，236.

[12]陈璐. 酸豆奶稳定性研究及配方设计[D]. 长春：吉林大学，2013.

[13]徐清萍. 调味品加工工艺与配方[M]. 北京：中国纺织出版社，2019.

[14]李里特，李再贵，殷丽君. 大豆加工与利用[M]. 北京:化学工业出版社，2003.
[15]周小虎. 二次浆渣共熟—豆清蛋白发酵液点浆豆干自动化生产工艺研究及工厂设计[D]. 邵阳:邵阳学院,2015.
[16]中国标准化委员会. GB 1352—2009 大豆[S]. 北京:中国标准出版社,2009.
[17]中国标准化委员会. GB/T 22106—2008 非发酵豆制品[S]. 北京:中国标准出版社,2008.
[18]中国标准化委员会. SB/T 10170—2007 腐乳[S]. 北京:中国标准出版社,2007.
[19]中国标准化委员会. GB 7718—2011 食品安全国家标准　预包装食品标签通则[S]. 北京:中国标准出版社,2011.
[20]彭述辉，熊波，庞杰. 我国豆制品标准体系现状及修订建议[J]. 现代食品科技，2012，28(5):545－548.
[21]科学归类 清晰定位——《大豆食品分类》标准发布实施[J]. 大豆科技,2012(6):13－16.
[22]"十一五"期间我国大豆食品产业发展状况[J]. 大豆科技,2012(3):7.
[23]何娟华. 邵阳市豆制品质量抽样检验指标调查与分析[D]. 长沙:中南林业科技大学,2014.
[24]张莉. 豆制品质量安全监控体系研究[D]. 济南:山东大学,2008.
[25]乔娟. 中国大豆国际竞争力研究[D]. 北京:中国农业科学院,2004.
[26]邢国虎. 豆制品加工行业清洁生产评价方法研究[D]. 成都:西南交通大学,2013.
[27]刘宝家,李素梅,柳东. 食品加工技术、工艺和配方大全[M]. 北京:科学技术文献出版社，1995.
[28]废物处理与综合利用[J]. 环境科学文摘,2007(5):52－84.
[29]张永锋，郭元新. 食品工厂设计中劳动力计算的新方法[J]. 食品工业科技，2003，24(8):108－109.

[30]王盼盼. 食品工厂的卫生设计[J]. 肉类研究,2010(10):3.

[31]杨勤林. 食品工厂的电气卫生设计和安装[J]. 中国高新技术企业,2013(19):36 - 37.

[32]段旭昌, 李忠宏, 袁亚宏,等. 食品新技术和食品安全及可持续发展理念在《食品工厂设计》教学中的实践[J]. 教育教学论坛, 2013(3):227 - 228.

[33]艾克热木・亚森. 食品类工厂参观空间建筑设计分析[J]. 轻工科技,2012(7):98 - 99.

[34]臧高超. 厂区绿地规划及设计[J]. 新农业,2013(9):40 - 41.

[35]严杰源. 标准厂房改建为食品厂的初探[J]. 工业建筑,2012(1):66 - 69.

[36]刘静,田建珍. 食品工厂设计方案多级模糊评价方法的研究[J]. 粮油加工,2006(6):67 - 69.

[37]郭文韬. 略论中国栽培大豆的起源[J]. 南京农业大学学报社会科学版, 2004, 4(1):60 - 69.

[38]曲敬阳, 刘玉田, 仲崇良. 现代大豆蛋白食品生产技术[M]. 济南:山东科学技术出版社, 1991.

[39]曾洁, 赵秀红. 豆类食品加工[M]. 北京:化学工业出版社, 2011.

[40]李润生. 霉豆渣生产工艺的研究报告[J]. 食品科学, 1982, 3(9):45 - 48.

[41]孙义章, 张咸益. 大豆综合利用[M]. 北京:中国农业科技出版社, 1986.

[42]赵良忠. 适合宝庆丸子工业化生产的豆腐生产工艺研究[J]. 大豆科技, 2005(4):23 - 24.

[43]周小虎, 赵良忠, 卜宇芳,等. 休闲卤豆干开发[J]. 安徽农业科学, 2015(4):289 - 291.

[44]余有贵, 曾传广, 危兆安,等. 邵阳风味豆干生产中过程控制的研究[J]. 食品科学, 2008, 29(12):219 - 221.

[45]陈楚奇, 赵良忠, 尹乐斌,等. 湘派豆干卤制工艺优化研究[J].

邵阳学院学报(自然科学版),2016(3):113－120.
[46]于寒松,张岚,王玉华,等.传统食用豆制品加工现状及发展趋势[J].粮油加工:电子版,2015(3):40－45.
[47]张臣飞,夏秋良,尹乐斌,等.湖南邵阳市豆制品产业发展现状及对策[J].农产品加工月刊,2016(3):60－62.

附　录

附录 A　包装物或包装容器最大表面积的计算方法

A.1　长方体形包装物或长方体形包装容器计算方法

长方体形包装物或长方体形包装容器的最大一个侧面的高度(cm)乘以宽度(cm)。

A.2　圆柱形包装物、圆柱形包装容器或近似圆柱形包装物、近似圆柱形包装容器计算方法

包装物或包装容器的高度(cm)乘以圆周长(cm)的40%。

A.3　其他形状的包装物或包装容器计算方法

包装物或包装容器的总表面积的40%。

如果包装物或包装容器有明显的主要展示版面,应以主要展示版面的面积为最大表面积。

包装袋等计算表面面积时应除去封边所占尺寸。瓶形或罐形包装计算表面积时不包括肩部、颈部、顶部和底部的凸缘。

附录 B　食品添加剂在配料表中的标示形式

B.1　按照加入量的递减顺序全部标示食品添加剂的具体名称

配料:水、全脂奶粉、稀奶油、植物油、巧克力(可可液块、白砂糖、可可脂、磷脂、聚甘油蓖麻醇酯、食用香精、柠檬黄)、葡萄糖浆、丙二醇脂肪酸酯、卡拉胶、瓜尔胶、胭脂树橙、麦芽糊精、食用香料。

B.2　按照加入量的递减顺序全部标示食品添加剂的功能类别名称及国际编码

配料:水、全脂奶粉、稀奶油、植物油、巧克力[可可液块、白砂糖、可可脂、乳化剂(322、476)、食用香精、着色剂(102)]、葡萄糖浆、乳化剂(477)、增稠剂(407、412)、着色剂(160b)、麦芽糊精、食用香料。

B.3　按照加入量的递减顺序全部标示食品添加剂的功能类别名称及具体名称。

配料:水、全脂奶粉、稀奶油、植物油、巧克力(可可液块、白砂糖、可可脂、乳化剂(磷脂、聚甘油蓖麻醇酯)、食用香精、着色剂(柠檬黄))、葡萄糖浆、乳化剂(丙二醇脂肪酸酯)、增稠剂(卡拉胶、瓜尔胶)、着色剂(胭脂树橙)、麦芽糊精、食用香料。

B.4　建立食品添加剂项一并标示的形式

B.4.1　一般原则

直接使用的食品添加剂应在食品添加剂项中标注。营养强化剂、食用香精香料、胶基糖果中基础剂物质可在配料表的食品添加剂项外标注。非直接使用的食品添加剂不在食品添加剂项中标注。食品添加剂项在配料表中的标注顺序由需纳入该项的各种食品添加剂的总重量决定。

B.4.2　全部标示食品添加剂的具体名称

配料:水、全脂奶粉、稀奶油、植物油、巧克力(可可液块、白砂糖、可可脂、磷脂、聚甘油蓖麻醇酯、食用香精、柠檬黄)、葡萄糖浆、食品添加剂(丙二醇脂肪酸酯、卡拉胶、瓜尔胶、胭脂树橙)、麦芽糊精、食用香料。

B.4.3　全部标示食品添加剂的功能类别名称及国际编码

配料:水、全脂奶粉、稀奶油、植物油、巧克力[可可液块、白砂糖、可可脂、乳化剂(322、476)、食用香精、着色剂(102)]、葡萄糖浆、食品添加剂[乳化剂(477)、增稠剂(407、412)、着色剂(160b)]、麦芽糊精、食用香料。

B.4.4　全部标示食品添加剂的功能类别名称及具体名称

配料:水、全脂奶粉、稀奶油、植物油、巧克力[可可液块、白砂糖、可可脂、乳化剂(磷脂、聚甘油蓖麻醇酯)、食用香精、着色剂(柠檬黄)]、葡萄糖浆、食品添加剂[乳化剂(丙二醇脂肪酸酯)、增稠剂(卡拉胶、瓜尔胶)、着色剂(胭脂树橙)]、麦芽糊精、食用香料。

附录C　部分标签项目的推荐标示形式

C.1　概述

本附录以示例形式提供了预包装食品部分标签项目的推荐标示形式,标示相应项目时可选用但不限于这些形式。如需要根据食品特性或包装特点等对推荐形式调整使用的,应与推荐形式基本含义保持一致。

C.2　净含量和规格的标示

为方便表述,净含量的示例统一使用质量为计量方式,使用冒号为分隔符。标签上应使用实际产品适用的计量单位,并可根据实际情况选择空格或其他符号作为分隔符,便于识读。

C.2.1　单件预包装食品的净含量(规格)可以有如下标示形式

净含量(或净含量/规格):450 g;

净含量(或净含量/规格):225 g(200 g + 送 25 g);净含量(或净含量/规格):200 g + 赠 25 g;

净含量(或净含量/规格):(200 +25)g。

C.2.2　净含量和沥干物(固形物)可以有如下标示形式(以"糖水梨罐头"为例)

净含量(或净含量/规格):425 g 沥干物(或固形物或梨块):不低于 255 g(或不低于 60%)。

C.2.3　同一预包装内含有多件同种类的预包装食品时,净含量和规格均可以有如下标示形式

净含量(或净含量/规格):40 g×5;

净含量(或净含量/规格):5 ×40 g;

净含量(或净含量/规格):200 g(5 ×40 g);净含量(或净含量/规格):200 g(40 g×5);净含量(或净含量/规格):200 g(5 件);

净含量:200 g;规格:5 ×40 g;

净含量:200 g;规格:40 g×5;

净含量:200 g;规格:5 件;

净含量(或净含量/规格):200 g(100 g + 50 g×2);净含量(或净含量/规格):200 g(80 g×2 + 40 g);

净含量:200 g;规格:100 g + 50 g×2;

净含量:200 g;规格:80 g×2 + 40 g。

C.2.4 同一预包装内含有多件不同种类的预包装食品时,净含量和规格可以有如下标示形式

净含量(或 净含量/规格):200 g(A 产品 40 g×3,B 产品 40 g×2);

净含量(或 净含量/规格):200 g(40 g×3,40 g×2);

净含量(或 净含量/规格):100 g A 产品,50 g×2 B 产品,50 g C 产品;净含量(或 净含量/规格):A 产品:100 g,B 产品:50 g×2,C 产品:50 g;净含量/规格:100 g(A 产品),50 g×2(B 产品),50 g(C 产品);

净含量/规格:A 产品 100 g,B 产品 50 g×2,C 产品 50 g。

C.3 日期的标示

日期中年、月、日可用空格、斜线、连字符、句点等符号分隔,或不用分隔符。年代号一般应标示 4 位数字,小包装食品也可以标示 2 位数字。月、日应标示 2 位数字。

日期的标示可以有如下形式:

2010 年 3 月 20 日;

2010 03 20; 2010/03/20; 20100320;

20 日 3 月 2010 年;3 月 20 日 2010 年;

(月/日/年):03 20 2010; 03/20/2010; 03202010。

C.4 保质期的标示

保质期可以有如下标示形式:

最好在……之前食(饮)用; ……之前食(饮)用最佳; ……之前最佳;

此日期前最佳……; 此日期前食(饮)用最佳……;

保质期(至)……;保质期××个月(或 ××日,或 ××天,或 ××周,或 ×年)。

C.5　贮存条件的标示

贮存条件可以标示“贮存条件”“贮藏条件”“贮藏方法”等标题，或不标示标题。贮存条件可以有如下标示形式：

常温(或冷冻,或冷藏,或避光,或阴凉干燥处)保存；

×× ～ ×× ℃保存；

请置于阴凉干燥处；

常温保存,开封后需冷藏；

温度:≤××℃,湿度:≤×× %。

附录D　相关标准及检测项目

附表D1为豆制品生产加工涉及的主要食品安全强制性标准,仅供参考,其版本号以国家最新有效版本为准。

附表D1　豆制品生产所涉及的强制性标准

序号	标准号	标准名称
1	GB 2712	食品安全国家标准　豆制品
2	GB 1352	大豆
3	GB 2715	食品安全国家标准　粮食
4	GB 2721	食品安全国家标准　食用盐
5	GB 2757	食品安全国家标准　蒸馏酒及其配制酒
6	GB 2758	食品安全国家标准　发酵酒及其配制酒
7	GB 2716	食品安全国家标准　植物油
8	GB 5749	生活饮用水卫生标准
9	GB 2760	食品安全国家标准　食品添加剂使用标准
10	GB 2761	食品安全国家标准　食品中真菌毒素限量
11	GB 2762	食品安全国家标准　食品中污染物限量
12	GB 2763	食品安全国家标准　食品中农药最大残留限量

续表

序号	标准号	标准名称
13	GB 7718	食品安全国家标准　预包装食品标签通则
14	GB 28050	食品安全国家标准　预包装食品营养标签通则
15	GB 14880	食品安全国家标准　食品营养强化剂使用标准
16	GB 14881	食品安全国家标准　食品生产通用卫生规范
17	GB 4806.1	食品安全国家标准　食品接触材料及制品通用安全要求
18	GB 9683	复合食品包装袋卫生标准
19	GB 4806.7	食品安全国家标准　食品接触用塑料材料及制品
20	GB 14930.1	食品安全国家标准　洗涤剂
21	GB 14930.2	食品安全国家标准　消毒剂
22	GB 14932	食品安全国家标准　食品加工用粕类
23	GB 20371	食品安全国家标准　食品加工用植物蛋白

附表 D2 为豆制品生产加工涉及的主要推荐性标准，仅供参考，其版本号以国家最新有效版本为准。

附表 D2　豆制品生产所涉及的推荐性标准

序号	标准号	标准名称
1	SB/T 10170	腐乳
2	GB/T 23494	豆腐干
3	GB/T 22106	非发酵性豆制品
4	SB/T 10453	膨化豆制品
5	GB/T 22493	大豆蛋白粉
6	GB/T 22494	大豆膳食纤维粉
7	GB/T 13382	食用大豆粕
8	NY/T 1052	绿色食品　豆制品
9	GB/T 10462	绿豆
10	GB/T 10461	小豆
11	GB/T 10459	蚕豆

续表

序号	标准号	标准名称
12	NY/T 599	红小豆
13	GB/T 5461	食用盐
14	GB/T 28118	食品包装用塑料与铝箔复合膜、袋
15	BB/T 0039	商品零售包装袋
16	GB/T 191	包装运输图示标志
17	GB/T 22492	大豆肽粉
18	SB/T 10649	大豆蛋白制品
19	LS/T 3301	可溶性大豆多糖
20	GB/T 22491	大豆低聚糖
21	SB/T 10948	熟制豆类
22	LS/T 3241	豆浆用大豆
23	NY/T 598	食用绿豆
24	SB/T 10632	卤制豆腐干
25	SB/T 10633	豆浆类
26	GB/T 10460	豌豆
27	NY/T 954	小粒黄豆
28	SB/T 10528	纳豆
29	SB/T 10527	臭豆腐(臭干)
30	GB/T 317	白砂糖
31	GB/T 1535	大豆油

非发酵性豆制品检测项目如附表 D3 所示。

附表 D3　非发酵性豆制品检测项目一览表

序号	检验项目	发证	监督	出厂	备注
1	标签	√	√		适用于预包装产品
2	净含量	√	√	√	适用于定量包装产品
3	感官	√	√	√	

续表

序号	检验项目	发证	监督	出厂	备注
4	总砷	√	√	*	
5	铅	√	√	*	
6	菌落总数	√	√	√	腐竹等非直接入口的食品不做要求
7	大肠菌群	√	√	√	腐竹等非直接入口的食品不做要求
8	致病菌（沙门氏菌、志贺氏菌、金黄色葡萄球菌）	√	√	*	腐竹等非直接入口的食品不做要求
9	脲酶试验	√	√	*	豆浆检验项目，检验结果应为阴性。
10	苯甲酸	√	√	*	直接入口食品检测项目
11	山梨酸	√	√	*	直接入口食品检测项目
12	糖精钠	√	√	*	直接入口食品根据产品实际情况选择
13	甜蜜素	√	√	*	直接入口食品根据产品实际情况选择
14	色素	√	√	*	直接入口食品根据产品实际情况选择
15	次硫酸氢钠甲醛	√	√	*	腐竹检测项目

发酵性豆制品检测项目如附表 D4 所示。

附表 D4　发酵性豆制品检测项目一览表

序号	检验项目	发证	监督	出厂	备注
1	标签	√	√		
2	净含量	√	√	√	
3	感官	√	√	√	
4	水分	√	√	√	腐乳检测项目
5	氨基酸态氮	√	√	√	腐乳检测项目
6	水溶性无盐固形物	√	√	√	腐乳检测项目
7	食盐	√	√	√	腐乳检测项目

续表

序号	检验项目	发证	监督	出厂	备注
8	总砷	√	√	*	
9	铅	√	√	*	
10	黄曲霉毒素 B_1	√	√	*	
11	大肠菌群	√	√	√	
12	致病菌(沙门氏菌、志贺氏菌、金黄色葡萄球菌)	√	√	*	
13	糖精钠	√	√	*	
14	甜蜜素	√	√	*	
15	苯甲酸	√	√	*	
16	山梨酸	√	√	*	
17	脱氢乙酸钠	√	√	*